심전도 응용을 중심으로

MSP430을 활용한 신호 획득 및 처리

+

이종실 · 김인영 · 김범룡 · 김선일 지음

머리말

본서를 쓰게 된 동기는 현재 한양대학교 공과대학 생체공학과 3학년 2학기에 개설되어 있는 “생체시스템 설계 프로젝트”라는 과목의 교과서로 쓰기 위함이다. “생체시스템 설계 프로젝트” 과목에서는 1 채널 심전도의 하드웨어를 제작하고 이에 필요한 소프트웨어를 작성하고 PC와의 인터페이스를 통하여 디스플레이 및 신호처리 과정으로 구성되어 있다. 그러나 책을 써 나가는 과정에서 한양대학 생체공학과 학생뿐만 아니라 전기/전자공학 관련 학문을 전공하는 학생 및 IT 관련 종사자들에게도 도움이 될 수 있도록 다양한 기능들을 추가하여 범위를 확장하여 집필하게 되었다.

본서에서 사용하는 시스템(BMDAQ)에서는 TI사의 MSP430이라는 마이크로컨트롤러 칩을 사용하는데 이 칩은 범용으로 여러 분야에서 많이 쓰이고 있지만 MSP430에 관한 소개서나 교재가 별로 없다는 것을 알게 되었다. MSP430TM 마이크로컨트롤러는 8비트 가격으로 16비트의 성능을 발휘하며 초저전력 소모량을 유지하는 마이크로컨트롤러로서 컨수머 제품, 개인 건강 및 피트니스, 체온계 등의 지능형 센서, 터치패드, 안전 및 보안 등 그 응용분야가 다양하다. 특히, u-헬스케어 시대 도래로 인하여 환자의 모니터링과 치료를 위한 휴대용 전자 의료용 디바이스의 도입이 증가함에 따라, 제조업체들은 완성품의 설계와 관련된 복잡도를 줄일 수 있는 기술을 모색하고 있다. 이러한 복잡도를 줄이기 위해 TI사는 고성능 주변부품과 결합된 저전력 마이크로컨트롤러(MSP430)를 이용하여 다양한 응용 솔루션을 제공하고 있다. 따라서, 본서에서는 MSP430에 대해 전반적인 이해를 할 수 있도록 상세 기술하였으며, 생체신호의 가장 대표적인 신호인 심전도를 획득, 처리함으로써 다른 다양한 분야에 응용할 수 있는 능력을 다질 수 있도록 노력하였다.

이 책의 목표는 독자들로 하여금;

1. 아날로그 증폭회로 및 필터의 설계 및 구현

2. 마이크로컨트롤러 프로그래밍
3. PC 인터페이스와 PC 프로그래밍
4. 간단한 아날로그 및 디지털 신호처리
5. 환자를 전기적인 위험으로부터 보호하기 위한 전기적 안정장치

등에 관한 사항들을 배우고 예제를 통하여 실험, 실습을 함으로써 각 단계별로 스스로 터득하게 하는 것으로 구성되어 있다.

따라서 독자들은 다음과 같은 사전지식을 요한다.

1. 일반적인 심전도의 이해
   A. 심장 박동의 메커니즘과 이때 발생되는 전기적 신호의 이해
   B. 오른발 구동회로(DRL, Driven Right Leg Circuit)
2. 기초 회로이론
   A. RC 필터(수동 및 능동)
   B. 증폭기(주로 연산증폭기)
   C. 시스템의 주파수 응답
3. 디지털 공학
   A. 아날로그-디지털 변환
   B. 기초 마이크로컨트롤러 프로그래밍
      i. TI MSP430 마이크로컨트롤러
      ii. 타이머, 인터럽트, 각종 통신에 대한 기본 개념
4. 소프트웨어 프로그래밍
   A. MFC 프로그래밍
   B. 통신 프로그래밍
5. 기초 신호처리 이론
   A. 아날로그 필터
   B. 디지털 필터

본서에서는 상기 내용의 사전지식에 대해 요약적으로는 기술하여 독자들로 하여금 쉽게 이해하도록 노력하였으나 폭 넓은 이해를 위해서는 추가적인 관련 전공서적을 통하여 습득하길 바란다.

본서는 기초편, MSP430을 활용한 신호 측정 및 응용편, 신호처리 응용 및 BMDAQ 활용편으로 구성되어 있으며, 단순히 하나의 마이크로컨트롤러를 학습하는 것이 아닌 아날로그 설계, 디지털 설계 및 신호처리를 일목요연하게 학습할 수 있도록 노력하였다. 가장 대표적인 생체신호 중 하나인 심전도 신호를 아날로그-디지털 변환하여 이를 PC로 전송 및 디스플레이 하여 실제 계측한 데이터를 PC 화면에서 볼 수 있도록 하였으며 필터링을 포함한 각종 신호처리 방법을 이용하여 신호로부터 유효한 정보를 뽑아 낼 수 있도록 하였다. 이 책을 충실하게 학습한다면 심전도 신호를 포함한 생체신호뿐만 아니라 각종 신호수집 및 처리, 펌

웨어 프로그래밍 그리고 PC 통신에 있어 자신감을 가질 수 있을 것이라 확신한다.

또한 본서에서 다루지 못한 BMDAQ 보드의 다양한 응용에 대한 자료를 www.ecga2z.com 을 통해 제공하므로 참고하길 바란다.

본서에서 사용하는 BMDAQ 보드 보급 확대를 위해 MSP430 계열 마이크로컨트롤러를 포함한 8종의 부품을 무상으로 제공해주신 TI 코리아의 대학 지원 프로그램과 직원 여러분들에게 진심으로 감사드립니다. 또한, 이 책이 출판되기까지 수고해 주신 아이티씨 출판사의 사장님을 비롯한 직원 여러분들에게도 진심으로 감사드립니다.

2012년 1월

대표저자 김선일

BMDAQ 보드 별매 :

본서에서 사용하는 BMDAQ 보드는 별매품이며, 아이티스텐다드(www.itstandard.co.kr)나 www.ecga2z.com을 통해 부품 및 완성품 구매가 가능.

www.ecga2z.com 제공 내용 :

1. 본서에 수록된 예제에 대한 소스코드
2. 개발환경 관련 소프트웨어, 윈도우 드라이버, 데이터시트 등
3. BMDAQ 보드를 이용한 다양한 애플리케이션
4. 기타 게시판을 통한 정보 교환

BMDAQ 보드 사용시 주의사항 :

본서에서 사용하는 BMDAQ 보드는 실습용으로 제작되었으며 의료기기로 허가를 받은 제품이 아니기 때문에 1장의 1.1절 끝부분의 주의사항을 반드시 숙지하고 사용.

차 례

제1편 기초편 1

차례

차례

실습 차례

제 1 편

기초편

제 1 장

개 요

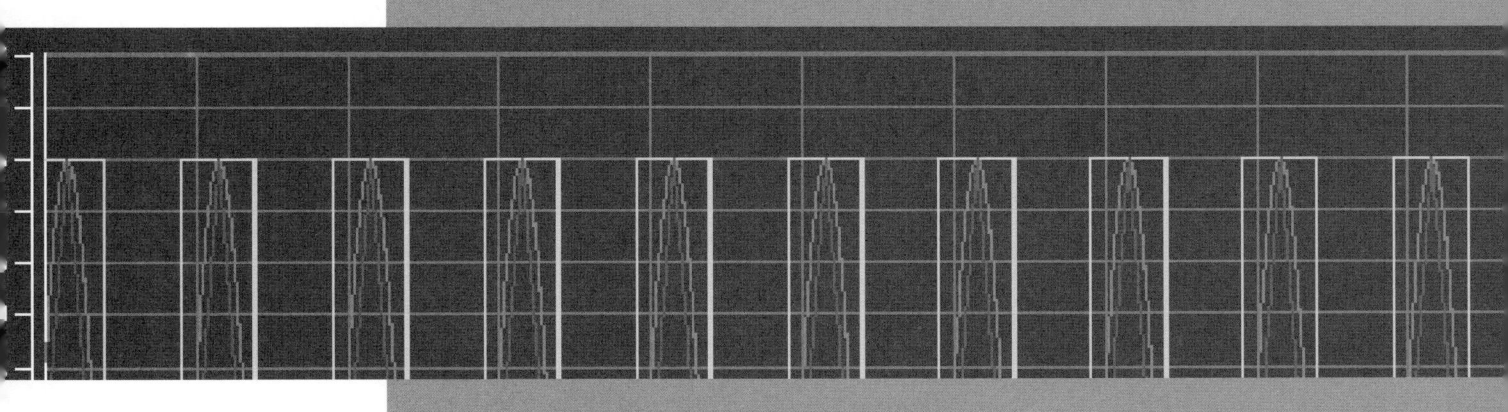

1.1 전체 시스템 구성

본 BMDAQ 시스템은 크게 아날로그 보드, 디지털 보드, PC 인터페이스, PC 프로그래밍으로 이루어져 있다.

먼저 아날로그 보드는 인체에서 발생되는 아주 미약한 신호(약 1mV 내외)를 인체에 부착된 전극을 통해 받아들여 약 1,000배 증폭하여 1V 정도로 증폭된 신호를 디지털 보드로 넘기는 역할을 한다. 이때 인체에서 발생되는 신호는 너무나 미약해서 필연적으로 많은 잡음을 동반하게 된다. 다음 장에서 설명을 다시 하겠지만 인체는 자체의 높은 내부 임피던스를 가지고 있으므로 이 신호를 획득하기 위해서는 아주 높은 입력 임피던스를 갖는 증폭기가 필요하게 된다. 아날로그 보드에서는 이 미약한 신호를 증폭하는 동시에 수동 및 능동 소자를 사용하여 필터링을 함으로써 우리가 원하는 심전도 신호만을 디지털 보드로 넘긴다. 아날로그 부분에는 총 6개의 테스트 포인트(TP1~6)가 있고, 여기에서 검출된 신호들이 커넥터를 통하여 디지털 보드로 넘어간다.

디지털 보드에서는 아날로그 보드에서 들어온 신호를 아날로그-디지털 변환(Analog-to-Digital Conversion: A/D conversion, ADC)을 하고 간단한 신호처리를 한 후 PC에 신호를 전달하는 역할을 한다. 이때 마이크로컨트롤러는 TI사의 MSP430 칩을 사용한다. 아날로그-디지털 변환은 마이크로컨트롤러 칩 내에 내장된 12비트 아날로그-디지털 변환기를 사용하는데, 그 외에도 고해상도로 데이터를 얻기 위해 별도의 외부 고해상도 24비트 아날로그-디지털 변환기를 장착하였다.

다음은 PC 인터페이스에 대해 설명하면 다음과 같다. 과거에는 시리얼 포트를 통한 통신을 많이 하였는데, 요즈음은 USB가 보편화 되어 있다. 본 시스템에서도 USB를 사용하게 되는데, 불행히도 MSP430에서는 USB 통신이 불가능하기 때문에 RS232와 USB 신호 사이에 변환이 필요하다. 따라서 본 시스템에서는 USB와 RS232 사이의 신호 변환을 담당하는 소자를 사용하여 PC의 USB 포트와 마이크로컨트롤러의 범용 비동기화 송수신기(UART, Universal Asynchronous Receiver/Transmitter)를 통하여 통신을 하게 된다.

PC에서는 별도의 모니터링 프로그램을 사용하여 MSP430으로부터 전송된 데이터를 실시간으로 디스플레이하거나 각종 필터링 기법을 적용한다. 심전도의 경우에 QRS 검출 알고리즘을 이용하여 분당 심박수를 구할 수 있고, 또한 데이터를 저장하였다가 차후에 별도의 신호처리 과정을 적용해볼 수도 있다.

그림 1-1 하단에 보이는 PC 프로그램이 그 한 예로 이 프로그램의 경우 시리얼 통신을 이용하여 실시간으로 데이터를 전송 받아 신호처리를 통해 심박수를 구하는 과정이 보여지고 있다. 왼쪽에 있는 박스에는 MSP430으로부터 받은 데이터를 바이트 단위의 십육진법 코드(hexadecimal code)로 나타내고, 그 오른쪽에는 실제 신호가 처리되는 과정을 시각적으로 확인할 수 있도록 파형을 보여 주고 있다. 그리고 아래쪽에는 신호처리의 결과인 60이라는

그림 1-1 전체 시스템 개요도

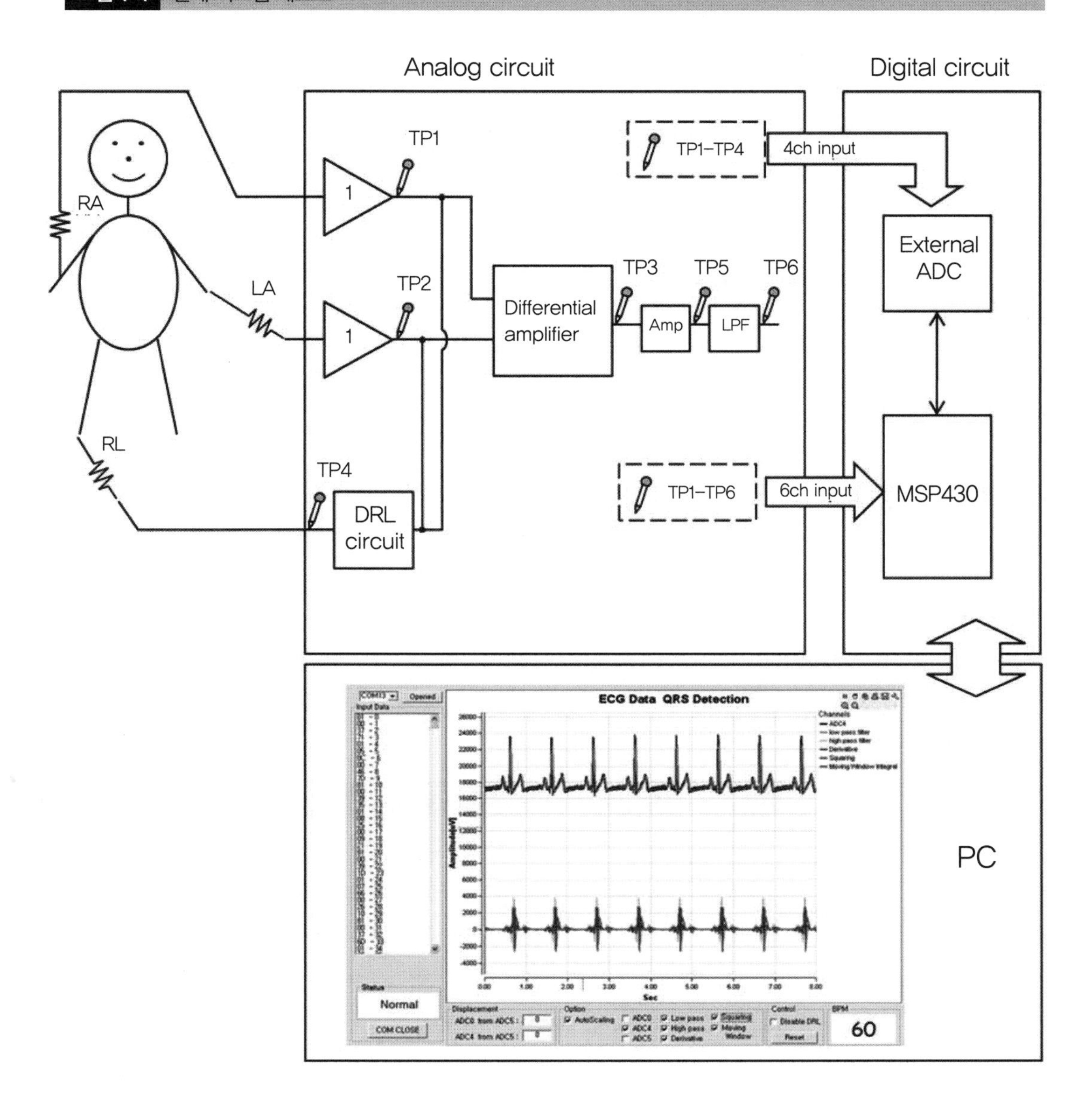

심박수를 보여주고 있다.

PC와의 데이터 통신 이외에 MSP430의 프로그램을 개발하기 위해서는 또 다른 인터페이스가 필요하다. 프로그램은 PC에서 코드를 작성하여 실행 가능한 형태로 변환한 후에 MSP430에 다운로드를 한다. 원래 MSP430로 작성한 내용을 다운로드 하려면 개발툴킷인 JTAG 에뮬레이터가 필요하다. 그러나 이 개발툴킷은 가격이 약 100불쯤 하는 관계로 에뮬레이터 없이도 MSP430 내부의 부트스트랩 로더(bootstrap loader)와 PC의 RS232를 통해서 작성한 코드를 다운로드 할 수 있도록 보드를 설계하였다.

독자들은 BMDAQ 보드의 블록다이어그램(그림 1-3 참조)에서 특이한 소자들을 발견하였을 것이다. 디지털 부분과 PC 인터페이스 사이가 구분되어 있고 그 사이에 ISO와 직류-직류 변환기(DC-to-DC converter) 소자로 연결이 되어 있다. 이는 디지털 보드와 PC 인터페이스 사이를 전기적으로 분리(Electrically isolate)시키기 위해서이다. 이 부분은 의료기기의 필수적인 사항으로 혹시라도 만에 하나 발생할 수 있는 전기적인 감전사고에서부터 환자를 보호하기 위함인데 매우 이해하기가 어려운 부분이므로 차후에 다시 설명하기로 하겠다.

범용 비동기화 송수신기 UART

UART(Universal Asynchronous Receiver/Transmitter)는 마이크로컨트롤러에 부착된 직렬 장치들로 향하는 인터페이스를 제어하는 프로그램이 들어 있는 마이크로칩이며, 정확하게 말하면 RS232 인터페이스를 제공함으로써 직렬장치들과 통신하거나 데이터를 주고받을 수 있게 한다.

심전도

심전도(ECG 혹은 EKG, Electrocardiography)란 심장의 전기적인 활동을 외부에서 전극을 이용, 측정하여 시간에 대해 기록한 것을 의미한다. ECG의 어원은 전기를 의미하는 electro와 심장을 의미하는 그리스어인 cardio, 그리고 그림을 의미하는 graph로부터 유래된 것이다. 심전도는 피부에 부착된 전극을 통해 비침습적이고 실시간으로 측정할 수 있기 때문에 매우 기본적이며 동시에 가장 중요한 생체신호이다. 자세한 내용은 부록 A를 참고하길 바란다.

주의사항

이 책에서 사용하는 심전도 보드(BMDAQ)는 안전성을 위해 국제적인 규정에 따라 전원부와 회로부분이 분리하여 설계되었으나, 회로의 고장 및 계측기를 통한 과전류에 대한 위험성이 존재할 수 있으므로 다음과 같은 수칙을 반드시 지켜야 한다.

- 신체에 전극을 직접 부착하지 말고 시중에서 판매되고 있는 심전도 시뮬레이터를 사용할 것을 권장.
- 또는 추후 배우게 될 DAC로 출력되는 신호를 입력으로 사용.
- 대학의 교재로 사용할 경우 담당교수와 조교의 안전성 검토 후 교수와 조교의 지시에 따라 자신의 몸에 전극을 부착하고 측정을 할 수 있음.
  - 이 경우에도 과전류의 위험성이 있는 계측장비로 계측을 하는 것은 절대로 시도하지 않는다.
  - 대학의 실습용으로 사용시 부록 C에 첨부되어 있는 확인서와 같은 양식을 수정 보완하여 학생들로부터 확인서를 받고 안전사고를 미연에 방지할 수 있도록 한다.

1.2 BMDAQ 개요 및 특징

그림 1-2와 그림 1-3은 이 책에서 사용할 보드(BMDAQ)의 외관도 및 블록다이어그램을 보여주고 있다.

그림 1-2 BMDAQ 보드 외관도

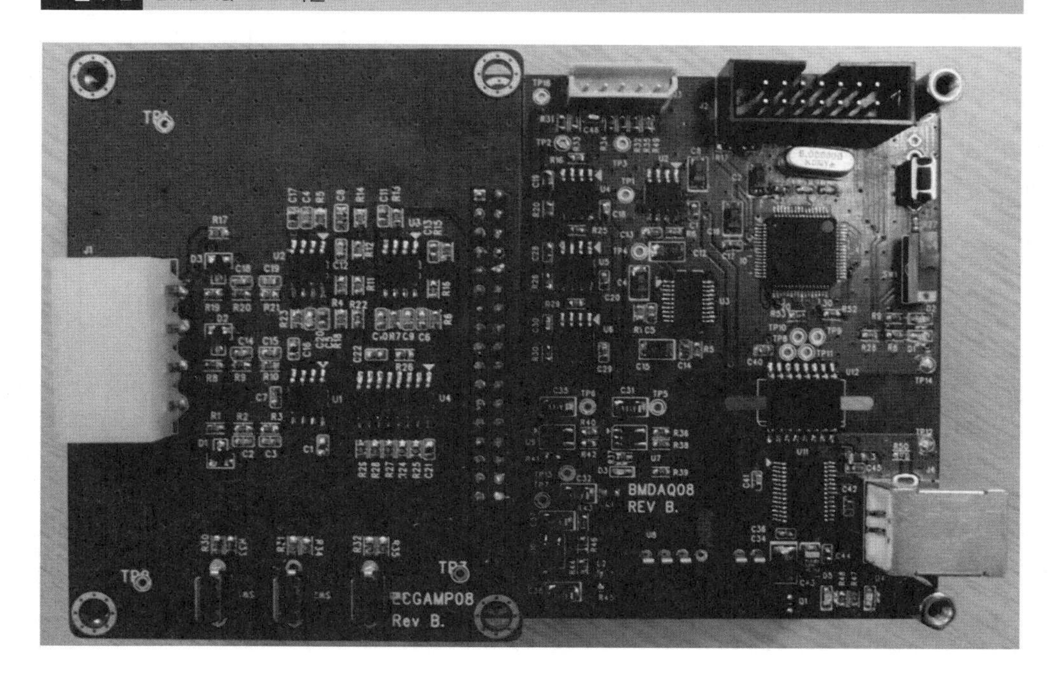

BMDAQ의 외형은 그림 1-2와 같으며, 가로 12cm, 세로 8cm, 2층 양면 PCB로 구성되어 있다. 보드는 크게 아날로그 부분과 디지털 부분으로 나누어지며, 이는 CON1으로 연결되어 있다. 아날로그 부분은 전극을 통해 들어온 심전도 신호를 증폭하고 필터링 하여 디지털 부분으로 보낸다. SW1, SW2, SW3는 나중에 사용자가 임의로 용도를 정할 수 있는 여분의 스위치이다.

전원은 PC의 USB에서 공급되는 5V를 사용한다. 레귤레이터 부근에 위치한 LED D3은 전원 확인용이다. USB UART(Universal Asynchronous Receiver/Transmitter)는 PC와 MSP430 사이의 시리얼 통신을 할 때 RS232 방식의 신호와 USB 신호 사이의 변환에 사용된다. 디지털 보드 하단에 위치한 D4, D5 LED는 보드가 통신 중인지 확인하는 용도이다. 검은색 2×7 핀의 JTAG 커넥터는 프로그램 다운로드 및 디버깅을 위해 사용하는 JTAG 에뮬레이터를 연결하는 데 사용한다. 박스 타입 커넥터이기 때문에 방향이 틀리면 연결되지 않으므로 연결할 때 주의해야 한다.

SW1은 시리얼 통신으로 데이터를 받을지, JTAG으로 데이터를 받을 것인지를 결정하는 스

그림 1-3 BMDAQ 블록다이어그램

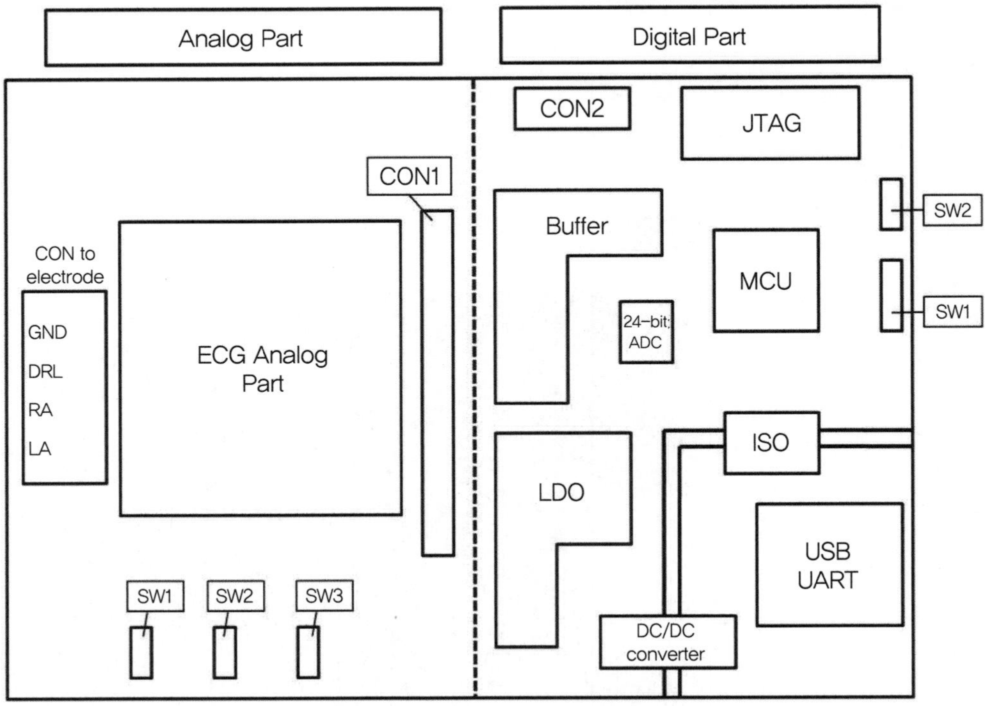

위치이다. 스위치가 JTAG 방향으로 되어 있을 때에는 USB로 프로그램을 다운로드하며, USB 커넥터 방향으로 되어 있을 때에는 JTAG으로 다운로드 한다. SW2는 리셋용 버튼이다. 자세한 내용은 4장의 개발환경에서 설명하겠지만 다시 정리하여 설명하면 다음과 같다.

PC의 통합 개발환경(IAR complier)에서 작성한 코드를 BMDAQ에 다운로드 하는 방식에는 다음과 같은 두 가지 방식이 가능하도록 보드를 설계하였다. 한 가지 방법은 JTAG 에뮬레이터를 이용하는 방법이며, 다른 한 방법은 USB 시리얼 통신을 이용하는 부트스트랩 로더를 이용하는 방법이다.

1) **JTAG 에뮬레이터를 이용하는 방법**
   JTAG 에뮬레이터를 JTAG 커넥터에 연결하여 프로그램을 다운로드 방법으로 SW1의 위치를 JTAG 커넥터가 있는 부분으로 한다. 다운로드 시나 실행 시 모두 동일 위치에 둠(그림 1-2에서 SW1을 위 방향으로 둠).

2) **부트스트랩 로더를 이용하는 경우**
   이 방법은 고가의 JTAG 에뮬레이터 없이 시리얼로 프로그램을 다운로드 할 수 있는 방법으로 다운로드 할 때에는 SW1을 USB 커넥터 부분으로 둠(그림 1-2에서 아래 방향).
   실행 시에는 SW1을 JTAG 커넥터 있는 부분으로 둠(그림 1-2에서 위 방향).

24-bit ADC는 앞에서 언급한 외부 고해상도 아날로그-디지털 변환기로서 아날로그 부분에서 증폭되지 않은 작은 신호를 디지털로 변환하는 데 사용되며 SPI(Serial Peripheral

Interface)방식을 통해 마이크로컨트롤러와 신호를 주고받는다. 우리가 사용하는 마이크로 컨트롤러는 64핀의 MSP430F1610 또는 MSP430F1611이다.

직류-직류 변환기(DC/DC converter)인 DCV0105050는 USB의 5V의 공급전압을 ±4.5V 등 BMDAQ 보드에서 필요한 전원으로 바꾸어주며 ISO(분리자, isolator)와 함께 회로를 전원으로부터 분리(isolating)한다. 전원을 분리해야 하는 이유는 환자의 안정성과 관련된 문제로 나중에 자세히 설명을 하도록 하겠다. 레귤레이터는 보드에 안정적인 전압을 공급하며, 열과 과도전류로부터 회로를 보호해주는 역할을 한다. 또한 회로를 통해 전압을 분배하여 회로에 필요한 전압 값을 공급한다.

상기 내용을 정리하면 다음과 같다.

BMDAQ의 외형은 그림 1-2와 같으며 가로 12cm, 세로 8cm, 2층 양면 PCB로 구성되어 있다. 보드는 크게 아날로그 및 디지털 부분으로 나누어진다.	
Analog part	
Con to electrode	전극을 통해 들어온 심전도 신호를 아날로그 회로로 전달한다.
ECG analog part	심전도 신호를 증폭하고 아날로그 필터링 한다.
SW1,SW2,SW3	사용자가 임의로 용도를 정할 수 있는 프로그램이 가능한 여분의 스위치이다.
CON1	아날로그 부분에 전원을 공급하며, 처리된 아날로그 신호를 디지털 부분에 전달한다.
Digital part	
Buffer	아날로그 부분에서 입력된 신호가 왜곡 없이 디지털 부분으로 전달되게 한다.
JTAG	JTAG 에뮬레이터를 연결하는 커넥터이다. 박스 형태의 커넥터이기 때문에 방향이 틀리면 연결되지 않으므로 연결할 때 주의해야 한다.
24-bit ADC	증폭되지 않은 작은 신호를 아날로그-디지털 변환하고, 마이크로컨트롤러와 SPI 통신을 한다.
MCU	64핀의 MSP430F1610 또는 MSP430F1611을 사용한다. 12비트 아날로그-디지털 변환기를 포함하고 있으며 범용 비동기화 송수신기(UART) 통신이 가능하다.
SW1	PC로부터 프로그램 다운로드 하는 방법을 선택하는 스위치로 그림 1-3에서 JTAG 커넥터 방향일 때 USB로, USB 커넥터 방향일 때 JTAG으로 프로그램을 다운로드 한다.
SW2	리셋용 스위치이다.

Regulator	안정적인 전압을 공급하며, 열과 과도전류로부터 회로를 보호한다.
ISO	회로를 전원으로부터 분리한다.
DC/DC converter	5V의 공급전압을 ±4.5V로 바꾸고, 회로를 전원으로부터 분리한다.
USB UART	5V의 전원을 공급하며, PC의 시리얼 포트를 연결하여 시리얼 통신을 할 때 사용된다. 또는 JTAG 에뮬레이터 없이 프로그램 다운로드 할 때 사용한다.
CON2	MCU의 DAC pin과 연결되어 있다.
LED	
D1, D2	마이크로컨트롤러의 28번, 29번 pin에 연결되어 있으며 프로그램이 가능한 여분의 LED이다.
D3	전원 확인용이다.
D4, D5	PC와 통신 여부를 확인을 할 수 있다.

BMDAQ 특징을 나열하면 다음과 같다.

- 64핀의 MSP430F1610 또는 MSP430F1611 사용
- USB 전원 사용(DC 5V)
- JTAG을 이용한 펌웨어 다운로드 및 디버깅
- 펌웨어 시리얼 다운로드 가능
- 안정성을 고려한 전원부의 분리 설계(광학적, 전기적)
- 아날로그 신호 입력 범위 : ±4.5V
- MCU 내부 12비트 6채널의 아날로그-디지털 변환기와 SPI를 이용한 24비트 4채널 아날로그-디지털 변환기
- 아날로그 입력신호의 확장 용이성

1.3 이 책의 구성

이 책은 단순히 하나의 마이크로컨트롤러를 학습하는 것이 아닌 아날로그 설계, 디지털 설계 및 신호처리를 일목요연하게 학습할 수 있도록 노력하였다. 가장 대표적인 생체신호 중 하나인 심전도 신호를 아날로그-디지털 변환하여 이를 PC로 전송 및 디스플레이 하여 실제 계측한 데이터를 PC 화면에서 볼 수 있도록 하였으며 필터링을 포함한 각종 신호처리 방법을 이용하여 신호로부터 유효한 정보를 뽑아낼 수 있도록 하였다. 이 책을 충실하게 학습한다면 심전도 신호를 포함한 생체신호뿐만 아니라 각종 신호수집 및 처리, 펌웨어 프로그래밍 그리고 PC 통신에 있어 자신감을 가질 수 있을 것이라 확신한다.

본 교재는 기초편, MSP430을 활용한 신호 측정 및 응용편, 신호처리 응용 및 BMDAQ 활용편으로 이루어져 있다.

기초편에서는 전체시스템 구성 및 BMDAQ 보드의 특징 등에 대해 소개하고 심전도의 아날로그 보드와 디지털 보드에 대해 상세하게 살펴본다.

제1편 기초편

- 제1장 : 개요
- 제2장 : BMDAQ 아날로그 보드 분석
- 제3장 : BMDAQ 디지털 보드 분석

제2편에서는 Texas Instrument 사의 MSP430 특징에 대해 살펴보고, MSP430을 이용하기 위해서는 어떠한 개발환경이 필요한지를 살펴보며, 실제 예제를 중심으로 MSP430의 각 기능들을 하나씩 실습할 수 있도록 하였다. 특히 실제 데이터를 획득, 처리, 전송 등을 통하여 MSP430을 잘 활용할 수 있도록 하였다.

제2편 MSP430을 활용한 신호 측정 및 응용편

- 제4장 : MSP430 소개 및 개발환경
- 제5장 : 입출력 제어
- 제6장 : 타이머 및 인터럽트
- 제7장 : SCI 통신
- 제8장 : A/D, D/A 변환
- 제9장 : SPI 통신
- 제10장 : DMA 활용

제3편에서는 신호처리 응용편으로서 Matlab을 활용하여 디지털 필터를 설계하고 설계된 필터 계수들을 직접 펌웨어 및 PC 프로그램에서 구현, 적용하여 필터링에 대한 이해를 도울 수 있도록 하였으며, 심전도 신호를 대상으로 QRS Complex 검출 및 심박수를 계산하는 응용방법을 소개한다. 또한 본 보드에서 심전도 아날로그 보드를 다른 아날로그 보드로 교

체하여 BMDAQ 보드를 확장하는 예제를 소개한다.

제3편 신호처리 응용 및 BMDAQ 활용편

제11장 : 디지털 필터 설계 및 활용
제12장 : 심전도 파형 분석 및 신호처리
제13장 : BMDAQ 보드 활용

이 책은 전자 및 전기회로, 신호처리, 프로그래밍 등의 선험 지식이 있는 의공학 계열 및 전기/전자계열 3~4학년 대상으로 한 학기 교재로 적합하도록 작성되었으며, 자습서로서도 활용할 수 있도록 상세한 가이드 및 예제를 중심으로 이루어져 있다.

전자 및 전기회로나 마이크로컨트롤러 전반에 관한 내용을 모두 이 책 한 권에 담는다는 것은 불가능했기 때문에 특히 전자 및 전기회로에 대한 선행 지식이 부족한 경우는 별도의 교재를 참고하길 바란다. 심전도와 PC 프로그래밍에 대한 선행 지식이 부족한 경우는 부록 A, B를 참조하면 쉽게 이해할 수 있을 것으로 생각된다.

MSP430이라는 마이크로컨트롤러에 대한 기능 및 응용 습득을 원하는 경우 제2편을 집중적으로 학습하기를 권장하며, 생체신호처리를 포함한 신호처리에 관심이 있는 경우 제2, 3편을 집중적으로 학습하길 바란다.

본서에서 수록된 예제에 대한 소스코드 및 개발환경 관련 소프트웨어, 데이터시트 등은 http://www.ecga2z.com 또는 http://www.ecga2z.net을 통해 다운 받아 사용하길 바란다.

제 2 장

BMDAQ 아날로그 보드 분석

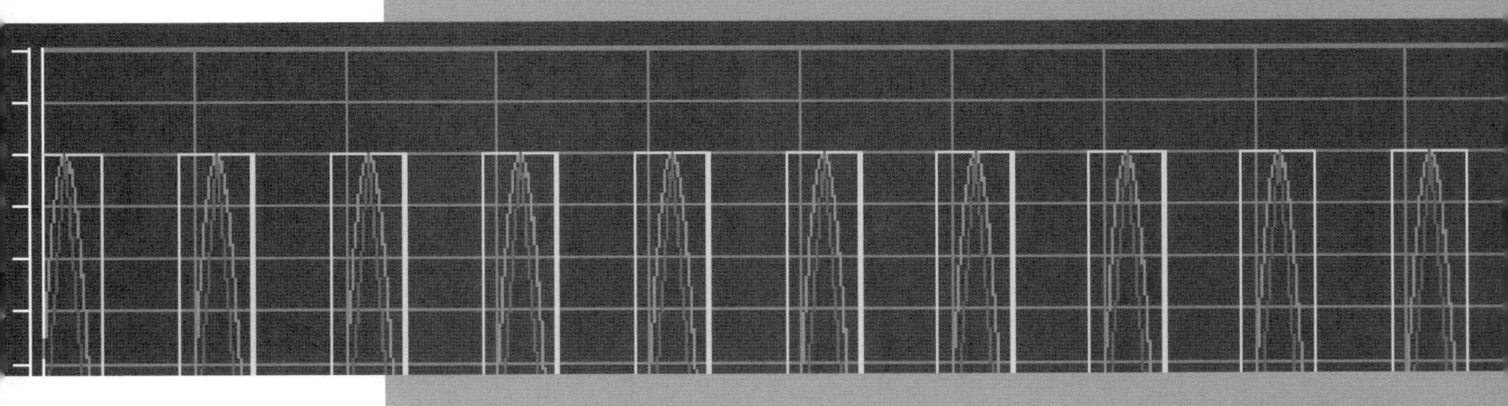

2.1 개 요

독자들은 영화나 드라마에서 가끔 병원의 응급실에서 환자가 누워 있고 그 옆에 이상한 파형이 모니터에 표시되면서 '삑 삑' 소리를 내다가, 환자가 숨지게 되면 '삐이이이' 하며 심장의 박동이 멈추었음을 알리는 기계장치를 본 적이 있을 것이다. 이 장치는 환자감시장치(Patient Monitor)라고 하는데, 이 중 화면에 심장에서 나오는 전기적 신호를 표시하는 것이 심전도이다. 의료기기는 우리가 가장 흔하게 보는 엑스레이 장치를 포함하여 현재 약 2만 가지가 있다고 한다. 사람의 심장 상태를 나타내는 의료기기는 여러 가지가 있는데 심전도는 그 중에 가장 보편적으로 쓰이는 기기이다. 약자로는 ECG(Electro-Cardiography)라고 한다.

심장은 심장의 근육이 일정하게 수축, 이완을 하면서 혈액을 전신에 순환하도록 하는 펌프의 작용을 한다. 심장의 오른쪽 심방에는 굴심방결절(Sinoartrial Node)이라는 기관이 있는데 이 기관에서 자율적으로 발생되는 전기적인 펄스(pacemaker)가 심장의 근육을 수축시키는 트리거 신호가 되어 심장이 뛰게 되는 것이다. 이때 심장이 박동할 때마다 심장근육으

그림 2-1 아날로그 보드 회로도

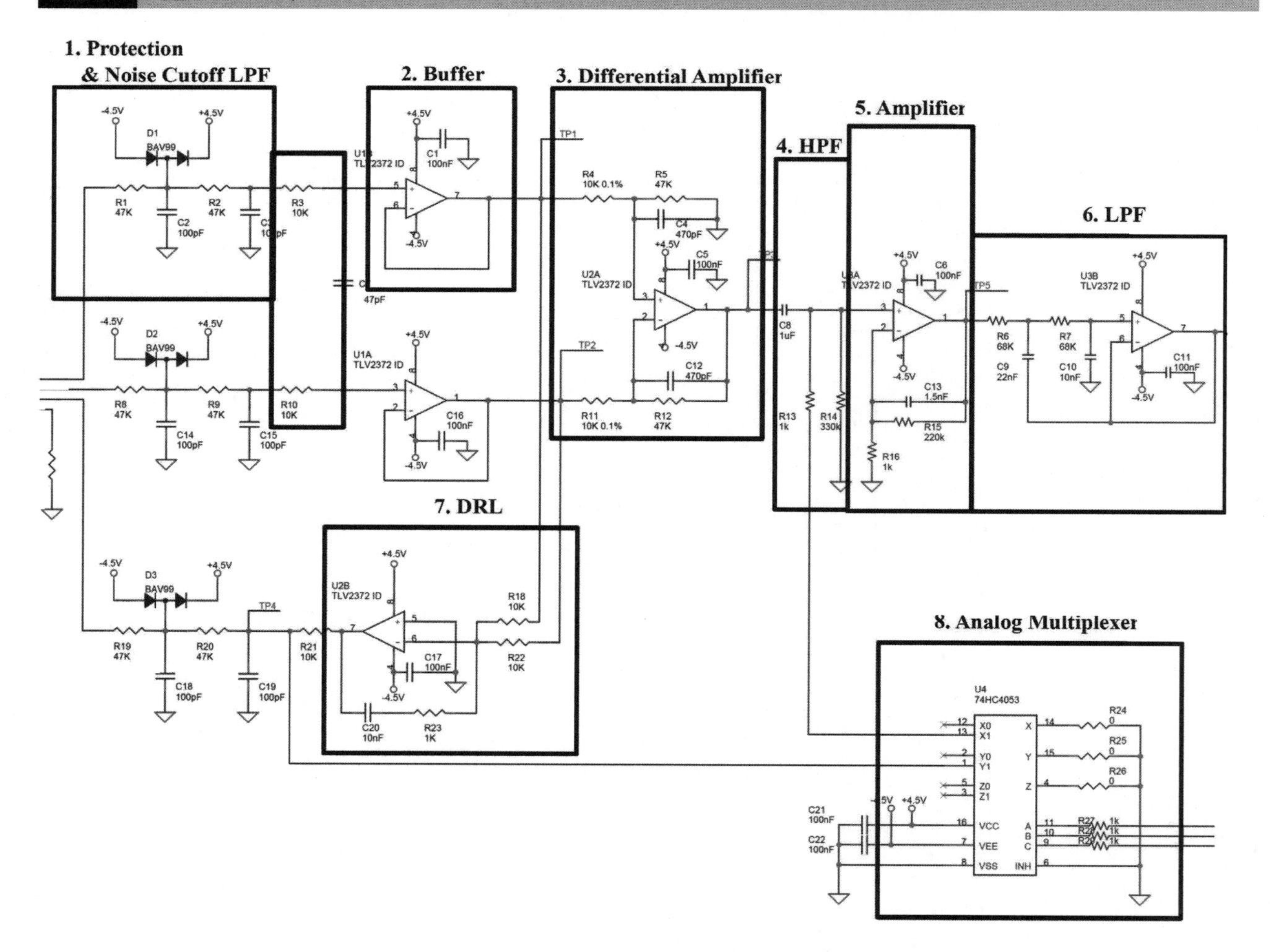

로부터 전기신호가 발생되어 체내에 아주 미약한 전류가 흐르게 되는데 이 전류가 체내의 조직을 통해 표면에 전달되어 체표면에 전위분포가 형성된다.

그림 2-1은 아날로그 보드의 회로를 나타낸 것으로 모두 8개의 기능으로 구분된다. 전체적인 구성을 보면 회로의 왼쪽에서 신호가 입력되어 오른쪽으로 전달되며 처리되는 것을 알 수 있다. 입력 단부터 한 단계씩 살펴보면, 가장 처음에는 각각의 입력 단마다 회로를 보호하고 잡음을 줄이는 필터가 있다. 그 다음에 입력신호의 부하효과(loading effect)를 줄이기 위한 버퍼를 통과한다. 각각의 두 신호가 차동 증폭기에서 모이면서 공통성분(common mode)을 제거하고 약간의 증폭이 가해진다. 증폭된 신호에서 DC성분 및 아주 낮은 주파수의 신호를 없애기 위해 고역통과필터가 사용되고 DC성분이 없어진 이 신호는 다시 큰 비율로 증폭된다. 마지막으로 고주파 성분을 확실히 제거하기 위하여 2차 저역통과필터를 통과한다. 이 회로의 특성을 간단하게 보면 3번의 차동증폭기에서 4.7배, 5번 증폭기에서 220배 증폭을 통해 결과적으로 약 1,000배의 증폭이 이루어지고, 여러 단의 저역통과필터와 고역통과필터를 거치면서 약 0.5~150 Hz의 통과대역을 가진다.

제2장에서는 앞서 간단하게 소개한 아날로그 보드의 실제 회로를 분석한다. 즉 심전도 신호를 얻는 것으로부터 증폭 및 필터링 하는 과정에 대하여 자세히 알아본다. 또한 주요 신호처리 부와 더불어서 잡음 제거와 오른발 구동회로(DRL circuit, Driven-Right-Leg circuit), 오른발 구동회로와 고역통과필터 회로에 포함된 스위치를 조절하는 멀티플렉서(MUX, Multiplexer)에 대해서도 알아본다.

2.2 보호 및 필터 회로

그림 2-1의 회로 1은 보호(Protector) 및 필터링을 수행하는 회로이다. 그림 2-2에서 보이는 두 개의 다이오드로 구성된 전압 클리핑 회로는 외부에서 인가되는 고전압으로부터 연산증폭기를 보호한다. 이 고전압의 주된 원인은 정전기적 잡음(정전기, electrostatic noise)이나 전기를 이용하는 수술장비이다. 다이오드는 소자 내에 0.7V의 전위장벽이 있기 때문에 허용 전압의 범위는 $-4.5 - 0.7 < V < 4.5 + 0.7$이 된다. 그러므로 5.2V보다 높은 전압이 걸리게 되면, 회로의 모든 전류가 +4.5V 쪽으로 흐르며, −5.2V보다 낮은 전압이 인가되는 경우에는 −4.5V 쪽으로 흐르게 되어 입력 단에서 고전압이 인가될 경우 뒤 단에 있는 연산증폭기를 보호하게 된다.

저항과 커패시터로 이루어진 회로는 외부에서 입력되는 고주파의 잡음를 제거하고 저주파 성분만을 통과시키는 필터이다. 커패시터의 임피던스는 주파수가 높아짐에 따라 작아지므로, 고주파 성분이 들어오면 상대적으로 임피던스가 작은 커패시터 쪽으로 전류가 흐르게 된다. 이때 제거하는 잡음은 주로 주변 수술기구에 의한 것인데, 수술기구가 고주파의 신호

그림 2-2 보호 및 필터 회로

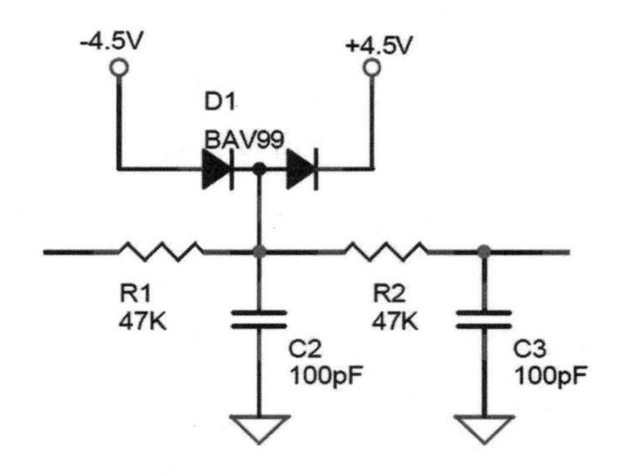

를 사용하기 때문에 이를 제거하기 위해서 고주파 성분을 제거하는 저역통과필터를 사용하는 것이다.

이 회로의 전달함수를 구하면 식 2-1과 같다.

$$H(j\omega) = \frac{\frac{1}{j\omega C}}{R + \frac{1}{j\omega C}} = \frac{1}{1 + j\omega RC} \qquad 2\text{-}1$$

이 전달함수의 크기를 구하면 다음과 같이 되고,

$$|H(j\omega)| = \frac{1}{\sqrt{1 + (\omega RC)^2}} \qquad 2\text{-}2$$

식 2-2를 이용하여 다음과 같이 차단주파수를 구할 수 있다.

$$f_c = \frac{1}{2\pi RC} = \frac{1}{2\pi(47\text{k}\Omega)(100\text{pF})} \approx 33.9\text{kHz} \qquad 2\text{-}3$$

그림 2-3에서 보여주는 회로 또한 저역통과필터 회로이다. 고주파 성분이 들어오면 커패시터 쪽으로 전류가 흐르게 된다. 단, 그림 2-2의 필터와는 다르게 커패시터를 접지로 연결하지 않고 두 개의 전극에서 들어오는 입력신호의 전압 차 신호에 대해 필터링을 수행하게 된다.

식 2-3에 대입하여 차단주파수를 구하면 식 2-4와 같다.

$$f_c = \frac{1}{2\pi(R_3 + R_{10})C} = \frac{1}{2\pi(20\text{k}\Omega)(47\text{pF})} \approx 169\text{kHz} \qquad 2\text{-}4$$

그러나 이 회로는 그림 2-2에 표시된 필터의 출력에 연결되어 있어 이 필터의 영향을 크게 받고 있으므로 차단주파수의 계산이 식 2-4와 같게 되지는 않고, 실제로는 훨씬 낮은 주파수에서 차단된다.

그림 2-3 필터링 회로

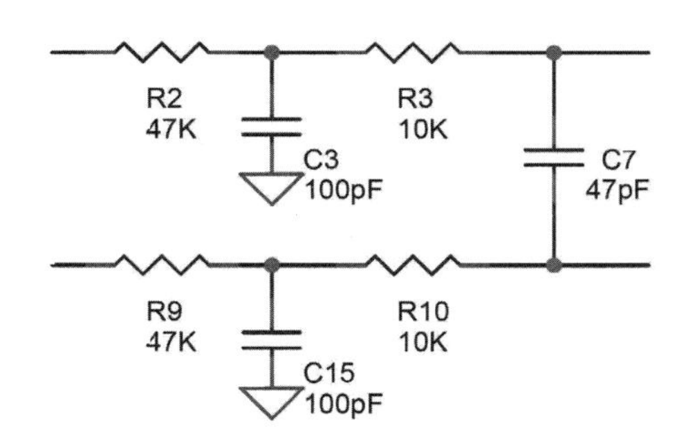

잡음을 제거하기 위해 초단에 저역통과필터를 사용하는 이유는 다음과 같다. 환자의 심전도 신호의 왜곡을 일으키는 원인에는 여러 가지가 있다. 전극에 갑자기 높은 전압이 가해지거나 심전계의 증폭기가 적절하게 조정되어 있지 않으면 포화 왜곡이나 차단 왜곡을 일으켜

보드선도(bode plot)

보드선도(Bode plot)란 일반적으로 필터의 특성을 보기 위하여 사용하는 방법으로 그림 2-4는 1kHz의 차단주파수를 가지는 저역통과필터의 특성을 보여준다. 필터의 차수가 1차이면 차단주파수로부터 주파수가 10배가 될 때마다 20dB가 감소되며, 차수가 증가할수록 감쇄율도 비례하여 증가한다. 2차이면 40dB가 감소하게 되고, 4차일 때는 80dB가 감소한다. BMDAQ 보드에서는 1차와 2차 필터를 사용하였다.

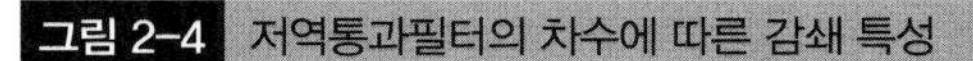
그림 2-4 저역통과필터의 차수에 따른 감쇄 특성

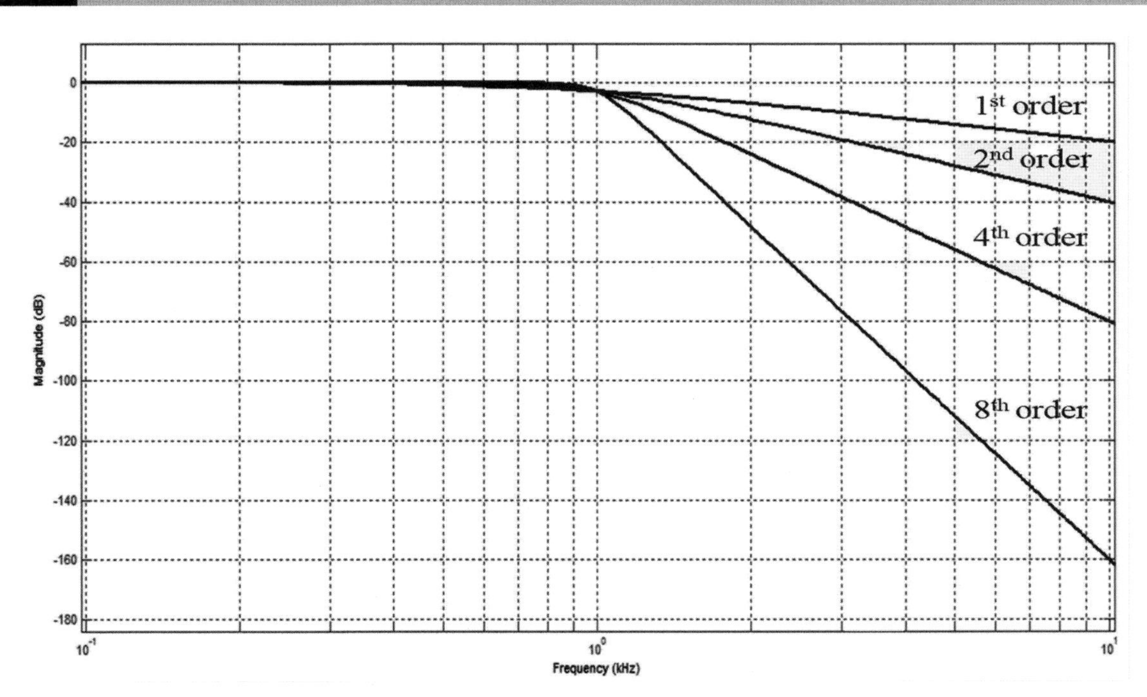

심전도의 모양을 변형시킨다. 심전도의 첨두 부분이 잘려서 나타나는 경우도 있고, 아래 부분이 잘려서 나오는 경우도 있다. 특히 병원에서 환자를 수술할 때에는, 병원 내의 고주파 발생기가 환자의 심전도 신호에 전자파 간섭을 일으킬 수 있다. 전기 수술장치도 전자파 간섭의 원인이 된다. 또한 x-ray 장치뿐만 아니라 병원의 강력한 전기장치에 들어 있는 스위치나 릴레이(relay)에서도 전자파가 방사될 수 있으므로 이것들로부터 간섭이 일어난다. 따라서 저역통과필터를 사용함으로써, 이러한 고주파 성분들을 제거해주어, 환자의 심전도 신호의 왜곡을 방지하는 것이다.

2.3 버퍼

버퍼(buffer)는 증폭기의 입력 임피던스를 높여주기 위한 회로로 이득이 1인 연산증폭기이다. 전압 폴로워(voltage follower)라고도 하며, 입력된 신호를 그대로 출력하지만 입력 임피던스를 높여주는 동시에 출력 전류도 높이기 때문에 다음 단의 부하효과를 없애주는 역할을 한다. 대부분의 생체신호는 신체의 깊은 곳에서 발생되므로 체외의 전극까지 전달되는 과정에서 체내의 자체 임피던스를 통과하게 된다. 따라서 이러한 신호를 획득하고 증폭해야 하는 증폭기의 입장에서 볼 때에는 신호원(signal source)의 임피던스가 매우 높다고 할 수 있다. 이때 증폭기의 입력 임피던스가 충분히 높지 않을 경우 몸 속에서 발생되는 미약한 신호가 증폭기의 입력 단에 제대로 걸리지 않게 된다.

그림 2-6에서 V_s에서 발생되는 전압이 1V인 경우 부하저항 R_m에 인가되는 전압은 R_s와 R_m의 비율에 의해 결정된다. 이때 전원저항 R_s가 1Ω 그리고 부하 저항 R_m도 1Ω이라고 가정하면 V_m은 0.5V로 측정이 될 것이다. 따라서 V_s를 정확히 측정하려면 부하저항이 무한대가 되어야 한다는 결론이 나온다. 즉 부하저항은 크면 클수록 정확한 값을 얻을 수가 있다. 본

그림 2-5 버퍼 회로

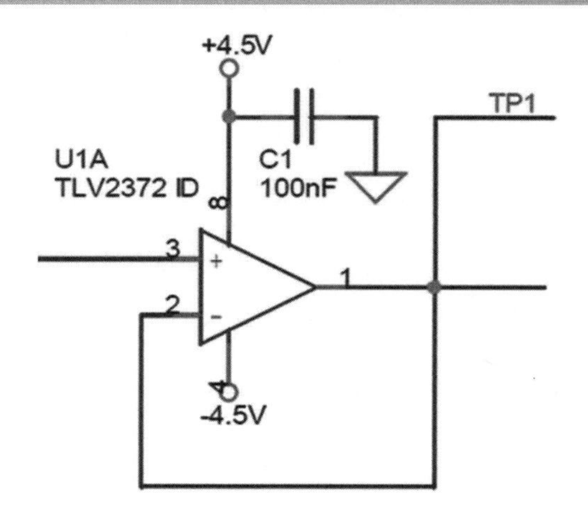

그림 2-6 부하효과 모식도

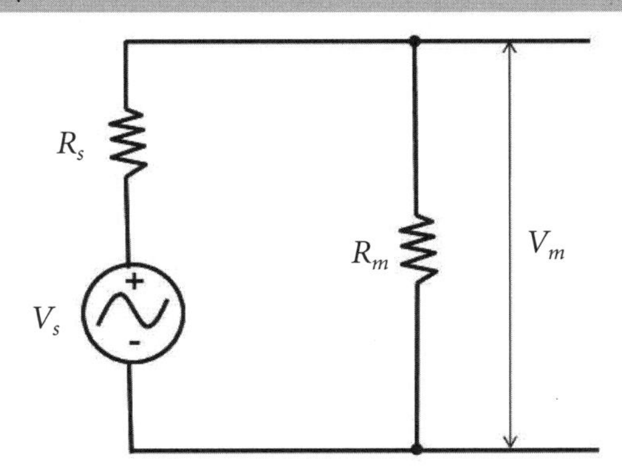

회로에서 채택한 버퍼도 입력 임피던스를 최대화하여 이러한 오차를 최소화 하기 위한 것이다.

연산증폭기의 전원공급 부분에 병렬로 연결되어 있는 커패시터는 디커플링 커패시터(decoupling capacitor)라고 한다. 커패시터를 전원공급과 접지 사이에 병렬로 연결하면, 커패시터의 특성에 따라 직류는 통과하지 못하고, 고주파 성분인 잡음은 접지를 통해 빠져나가게 된다. 또한 회로 쪽의 급작스런 전류 변화에 따라 전압 강하가 발생할 경우 회로의 전압을 일정하게 유지시켜주는 역할도 한다. 커패시터의 임피던스는 $1/j\omega C$이므로, 용량(C)이 클수록, 주파수가 높을수록 임피던스는 줄어든다. 임피던스가 줄어들면 잡음은 임피던스가 적은 쪽으로 흐르기 때문에 접지를 통해 빠져나갈 수 있는 것이다. 그렇지만 무작정 큰 용량의 커패시터를 사용하기에는 현실적인 문제가 있고, 대부분의 경우 0.1μF를 사용한다. 본 회로에 사용되는 모든 소자의 전원공급에는 이러한 디커플링 커패시터가 붙어 있다.

연산증폭기의 특성

부귀환(negative feedback)이 있는 연산증폭기(OP amp, operational amplifier) 회로를 해석할 때에는 이상적인 특성을 기본으로 하여 다음과 같은 법칙을 사용하게 된다.

이상적인 연산증폭기는

1) 이득이 무한대이다.
2) 입력 임피던스는 무한대이다.
3) 출력 임피던스는 0이다.
4) 대역폭은 무한대이다.

따라서

Rule 1. 입력 단에서 양단의 전압은 항상 같다. ($V_{in}+ = V_{in}-$)

Rule 2. 입력 단에서 양단 사이에는 전류가 흐르지 않는다. ($I_{in} = 0$)

이 책에 나오는 모든 연산증폭기 회로는 이와 같은 법칙을 적용하고 해석한다.

그림 2-7 연산증폭기 기본 회로

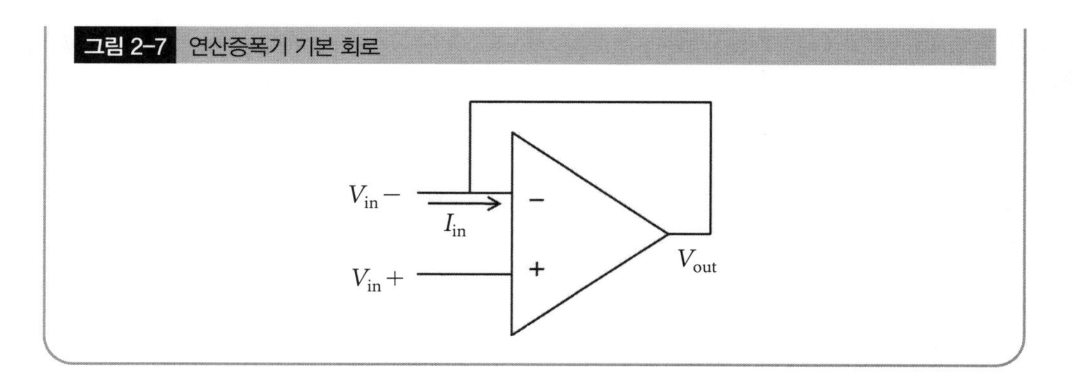

2.4 차동 증폭기

차동 증폭기(Differential amplifier)는 입력 단의 양 단 사이의 차이를 출력하는 회로로 흔히 양 단 사이의 공통성분(common mode)을 제거하기 위한 용도로 사용된다. 심전도 측정 시에는 이 공통성분이 교류전원 잡음인 60Hz 대역의 신호가 된다. 따라서 차동 증폭기 회로를 이용하여 전원 잡음을 비롯한 그 외의 공통성분의 잡음를 효과적으로 제거할 수 있다.

그림 2-8에서 R_4와 R_{11}에 인가되는 전압을 각각 V_1, V_2라고 한다면

$$V_{out} = \frac{R_5}{R_4}\frac{1}{1+j\omega R_5 C}(V_1 - V_2) \qquad 2\text{-}5$$

가 되고 통과대역에서의 이득은

그림 2-8 차동 증폭기 회로

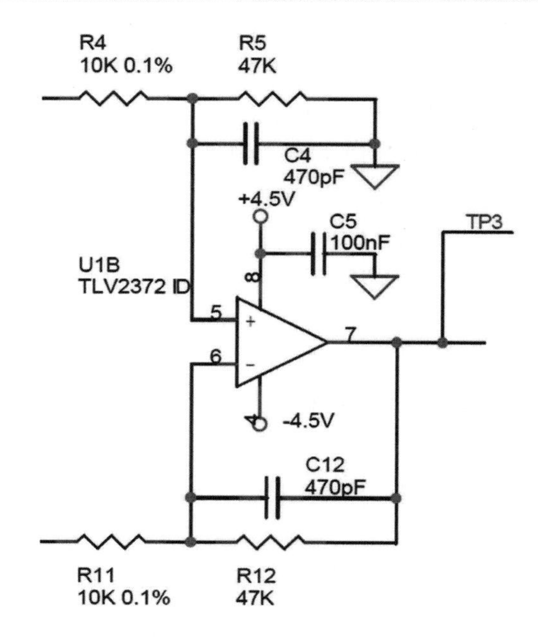

$$G = \frac{R_5}{R_4} = \frac{R_{12}}{R_{11}} = 4.7 \qquad 2\text{-}6$$

이 된다. 또한, 이 회로에서의 차단주파수는

$$f_c = \frac{1}{2\pi R_5 C} = \frac{1}{2\pi(47\text{k}\Omega)(470\text{pF})} \approx 7.2\text{kHz} \qquad 2\text{-}7$$

가 되는 것을 알 수 있다.

공통성분제거비

공통성분을 제거하는 비율을 CMRR(Common Mode Rejection Ratio)이라고 하며 다음과 같이 정의된다.

$$\text{CMRR} = \frac{G_d}{G_c}$$

이때 G_d는 차동성분 이득이고, G_c는 공통성분 이득이다. G_c는 1이며 G_d는 보통 10,000보다 큰 값이므로 이러한 두 개의 버퍼와 차동증폭단을 조합한 세 개의 연산증폭기(three-OP-amp 그림 2-1에서 2번의 버퍼와 3번의 차동증폭단)는 효과적으로 공통성분을 제거함과 동시에 높은 입력 임피던스를 제공하기 때문에 계기용 증폭기(instrumentation amplifier)라고 부르기도 한다.

2.5 고역통과필터

그림 2-9에서 보이는 회로는 고역통과필터(HPF, High Pass Filter)로 심전도의 주파수 대역보다 낮은 주파수 대역의 신호를 제거한다. 특히 심전도 신호의 DC성분을 제거하는 데 이용된다. 낮은 주파수대의 잡음이나 DC성분은 주로 환자의 움직임(motion artifact)이나 환자의 신체에 부착되는 전극의 불균형 또는 환자의 몸에서 발생되는 정전기에 의해 발생된다. 이러한 성분의 잡음을 제거하기 위해서 고역통과필터가 필요하다.

회로에서 R_{13}은 2.9절에서 설명할 멀티플렉서와 연결되어 마이크로컨트롤러에서 제어를 통해 개방(open) 및 단락(short)을 시키는 것이 가능하다. 현재는 R_{13}은 개방되어 ∞의 저항으로 생각하면 된다. 따라서 C_8과 R_{14}로 이루어진 고역통과필터로 생각하면 된다. 2.9절에서 다시 설명하겠지만 만약 R_{13}이 단락되면 상대적으로 R_{14}가 크게 되어 R_{13}만 있다고 생각하면 된다. 즉, 고역통과필터의 차단주파수가 증가하여 빠른 안정상태에 도달하게 만들 수 있다.

C_8과 R_{14}로 이루어진 고역통과필터의 차단주파수는 수식 2-8과 같다.

그림 2-9 고역통과필터 회로

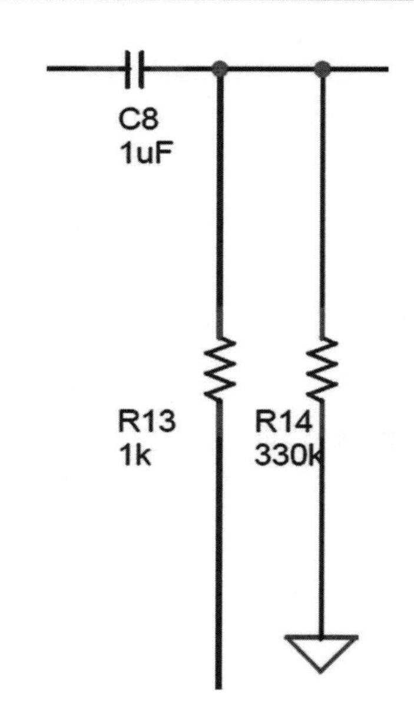

$$f_c = \frac{1}{2\pi RC} = \frac{1}{2\pi(1\mu\text{F})(330\text{k}\Omega)} \approx 0.482\text{kHz} \quad 2\text{-}8$$

환자로부터 심전도를 측정할 때 심장 제세동기(cardiac defibrillator)를 쓰는 경우가 있다. 이때 갑자기 매우 높은 전압이 환자에게 가해지면 동시에 전극에도 높은 전압이 걸리게 된다. 앞서 설명한 것과 같이 이러한 높은 전압은 입력 보호회로(input protection circuit)에 의해서 차단되지만 연산증폭기는 포화된다. 이때 고역통과필터의 높은 시정수 때문에 심전도 신호는 매우 느리게 제 자리로 돌아오게 된다. 이러한 상황에서 저항 R_{13}과 연결된 아날로그 멀티플렉서(그림 2-1의 8)를 제어하여 X_1을 접지에 연결시키면 고역통과필터의 시정수($\tau = CR$) 값이 작아져 C_8을 빠르게 충전할 수 있게 해준다. 즉, 고역통과필터가 빠르게 동작하도록 한다.

2.6 비반전 증폭기

그림 2-10은 전 단의 차동 증폭기에 의해 증폭된 미약한 신호를 증폭하기 위한 회로를 보여주고 있다. 증폭된 신호가 입력된 신호의 극성과 같은 극성을 나타내는 특성을 갖고 있다. 뒤에 설명하게 될 오른발 구동회로(DRL circuit)의 경우는 이와 반대되는 특성을 가진 반전 증폭기(inverting amplifier)를 사용한다.

그림 2-10 비반전 증폭기

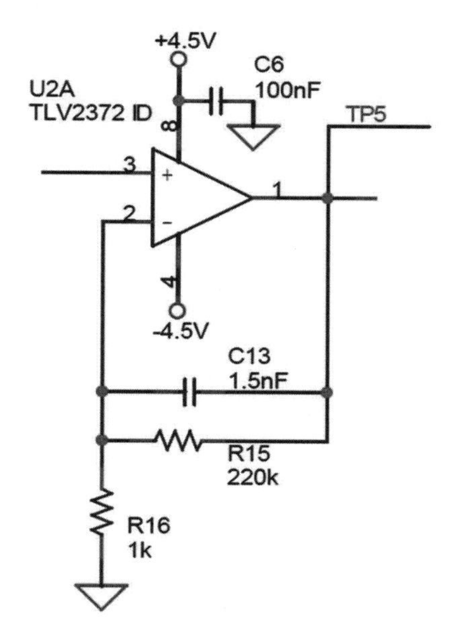

비반전 증폭기(non-inverting amplifier)의 전달함수는 다음과 같이 구해진다.

$$H(j\omega)=\frac{\frac{1}{j\omega C}\,||\,R_f}{R_i}=\frac{\frac{R_f}{1+j\omega R_f C}}{R_i}=\frac{R_f}{R_i}\frac{1}{1+j\omega R_f C} \qquad 2\text{-}9$$

주파수(ω)가 무한대로 갈 때 전달함수 $H(j\omega)$는 0에 수렴하므로 저역통과필터의 역할을 하며 이 필터의 차단주파수는 식 2-10과 같다.

$$f_c=\frac{1}{2\pi R_f C}=\frac{1}{2\pi R_{15}C_{13}}=\frac{1}{2\pi(220\text{k}\Omega)(1.5\text{nF})}\approx 482\text{Hz} \qquad 2\text{-}10$$

이 회로에서 이득은 다음과 같이 구할 수 있다.

$$v_{\text{out}}=v_{in}\left(1+\frac{R_f}{R_i}\right)=v_{in}\left(1+\frac{R_{15}}{R_{16}}\right)=v_{in}\left(1+\frac{220\text{k}\Omega}{1\text{k}\Omega}\right)=221v_{in}$$

$$\frac{v_{\text{out}}}{v_{in}}=221 \qquad 2\text{-}11$$

2.7 능동 저역통과필터

그림 2-11의 회로를 보면 2차 저역통과필터와 버퍼가 연결된 것으로 보이지만 첫 번째 필터의 커패시터가 접지에 연결되지 않고 연산증폭기의 부귀환루프(negative feedback loop)에 연결된 것을 볼 수 있다. 이 형태는 Sallen-Key 저역통과필터로서 이득은 1이지만 전류를 증폭하는 역할도 한다. 연산증폭기를 이용하는 이런 종류의 필터를 능동필터(LPF, Low Pass Filter)라고도 부른다. 차단주파수는 다음과 같이 구해진다.

$$f_c = \frac{1}{2\pi\sqrt{R_6 R_7 C_9 C_{10}}} = \frac{1}{2\pi\sqrt{(68\text{k}\Omega)(68\text{k}\Omega)(22\text{nF})(10\text{nF})}} \approx 157.9\text{Hz} \qquad 2\text{-}12$$

그림 2-11 저역통과필터 회로

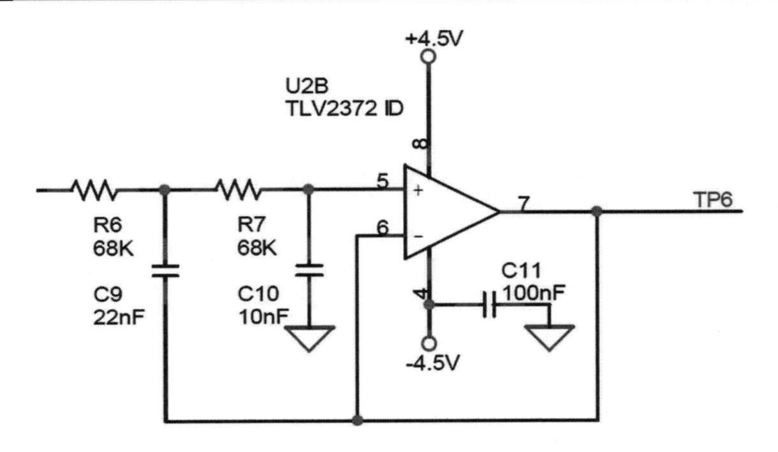

2.8 오른발 구동회로

모든 심전도 장비는 환자의 전기적인 안전을 위해서 의료기의 규격상 환자를 접지시키는 것을 금지하고 있다. 따라서 일반적으로 오른발 구동회로(Driven-Right-Leg circuit, DRL circuit)를 사용하여 환자를 가상 접지시킨다. 오른발 구동회로는 양팔에서 나온 신호들의 공통성분 전압을 반전시켜 오른다리로 넣어주는 시스템으로 이때 오른다리로 넣어주는 전압이 환자의 몸에서 가상 접지로 작용하게 되어 양팔에서 나오는 두 신호의 공통성분 전압을 제거해주는 역할을 한다. 차동 증폭기에서도 공통성분을 제거하는데, 차동 증폭기의 경우 신호를 처리하는 과정에서 잡음을 제거하는 반면 이 회로의 경우는 신호의 발생 지점에서 부귀환(negative feedback)을 걸어서 잡음을 억제하기 때문에 매우 좋은 성능을 기대할 수 있다. 이 회로는 또한 장치의 접지를 환자와 연결하지 않게 하여 장치의 전기적 안전도를

그림 2-12 오른발 구동회로의 개략도

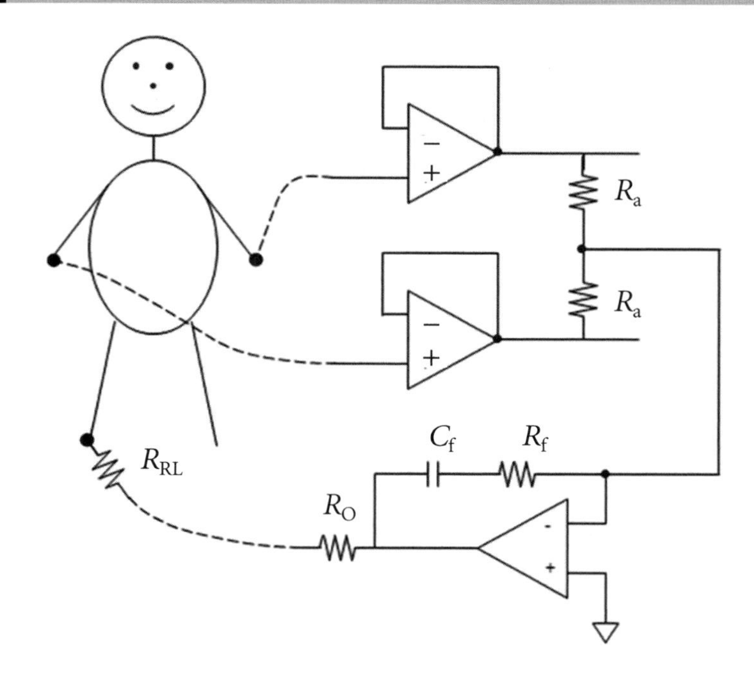

높여주는 역할도 한다. 오른발 구동회로에 의해 주로 전원선 잡음(power line interference)과 움직임으로 인한 동잡음(motion artifact)이 작아지게 된다.

그림 2-13을 보면 연산증폭기를 가산증폭기의 형태로 사용하여 R_{18}와 R_{22}에 걸리는 양팔의 신호를 같은 비율로 더하고 반전증폭기를 사용하여 공통성분의 음의 값으로 출력하는 구조로 되어 있다. 이때, 직렬로 연결된 C_{20}과 R_{23}은 높은 임피던스를 제공하여 연산증폭기의 출력전압이 몸으로 들어가기 충분하도록 증폭되게 한다. 또한 C_{20}의 경우 부귀환루프(negative feedback loop) 동작의 안정성을 향상시킨다.

R_{18}과 R_{22}에 인가된 전압을 각각 V_1, V_2라 하면 연산증폭기의 출력(7번 단자)은 다음과 같다.

출력전압 V_{out}은

$$V_{out} = -\left(\frac{\frac{1}{j\omega C_{20}} + R_{23}}{R_{18}} V_1 + \frac{\frac{1}{j\omega C_{20}} + R_{23}}{R_{22}} V_2 \right) \qquad 2\text{-}13$$

여기서 R_{18}과 R_{22}가 같은 값을 가지므로

$$V_{out} = -\frac{\frac{1}{j\omega C_{20}} + R_{23}}{R_{18}} (V_1 + V_2) \qquad 2\text{-}14$$

그림 2-13 실제 적용된 BMDAQ 보드의 오른발 구동회로

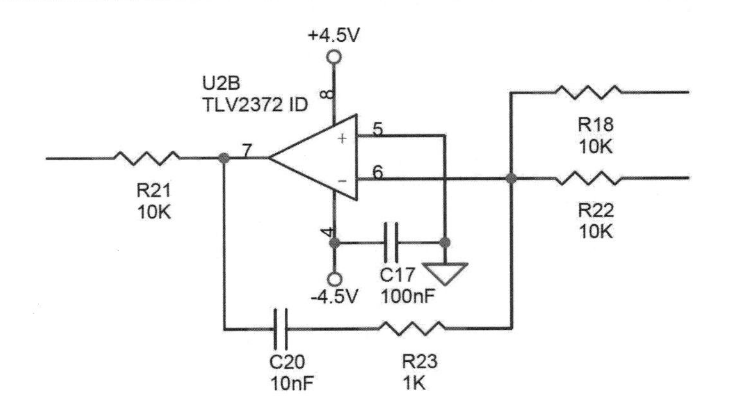

차단주파수는 의미가 없고, 주파수가 높아질수록 이득이 감소하는 것을 알 수 있다. 이 회로의 이득은 주파수에 따라 다르지만 우리가 관심이 있는 것은 전원 주파수인 60Hz이므로 이에 대해서 위상은 무시하고 이득을 구해보면 다음과 같다.

$$\frac{1}{\omega C_{20}} = \frac{1}{2\pi \cdot 60 \cdot C_{20}} = \frac{1}{2\pi \cdot 60 \cdot 10nF} \approx 2.65 \times 10^5 \qquad 2\text{-}15$$

$$V_{out} \approx 26.5 \times (V_1 + V_2) = 53 \times \frac{(V_1 + V_2)}{2} \qquad 2\text{-}16$$

즉, 공통성분 전압 $\left(\frac{V_1 + V_2}{2}\right)$에 대한 이득은 약 53배가 된다.

접지에 관하여

오실로스코프로 중간에 떠있는 저항의 양단 전압을 잴 때, CH1와 CH2로 각각 재서 마이너스 연산을 해야 한다. 안 그러면 그라운드끼리 단락이 된다.

즉, 접지가 되어 있지 않은 신호원으로부터 전압을 재려고 할 때 어디에다 기준을 두어야 하는지는 매우 복잡한 문제이다. 특히 인체에 부착이 되는 의료기기의 경우 법적으로 반드시 인체는 접지가 되면 안 된다. 이 경우 접지가 되어 있지 않은 신체의 전압 차이(Potential difference)를 재는 문제는 개념적으로 어렵다.

2.9 아날로그 멀티플렉서

고역통과필터(그림 2-9)의 빠른 복원(시정수 값을 조절하여 빨리 고역통과필터가 동작) 기능과 오른발 구동회로(그림 2-13)의 기능을 켜고 끄는 기능을 갖도록 멀티플렉서를 이용하였다. 그림 2-14에서 X1은 고역통과필터(그림 2-9)의 R13과 연결되어 있어 멀티플렉서의 X를 X1과 연결시키면 빠른 복원 기능이 실행되고, Y1은 오른발 구동회로의 출력단 R21과

그림 2-14 아날로그 멀티플렉서(analog multiplexer) 회로

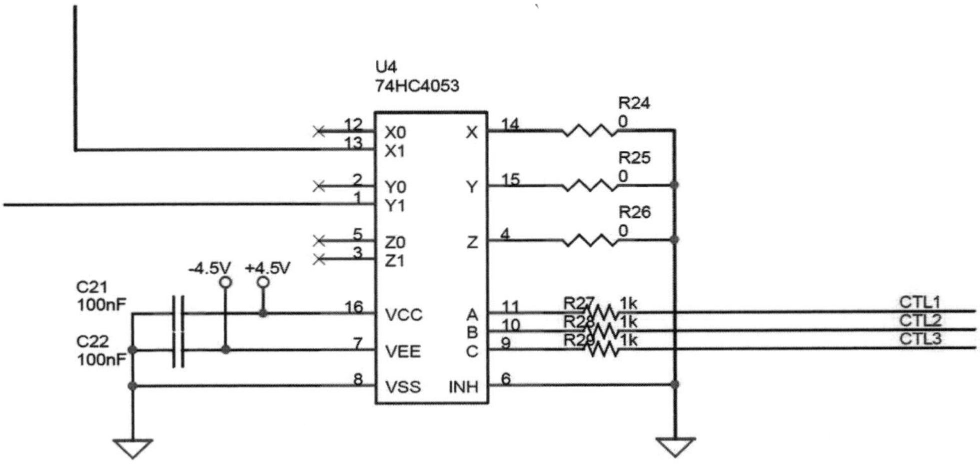

연결되어 있어 멀티플렉서의 Y를 Y1과 연결시킴으로써 오른발 구동회로의 출력신호가 오른다리로 들어가지 않고 접지로 흐르게 된다.

제 3 장

BMDAQ 디지털 보드 분석

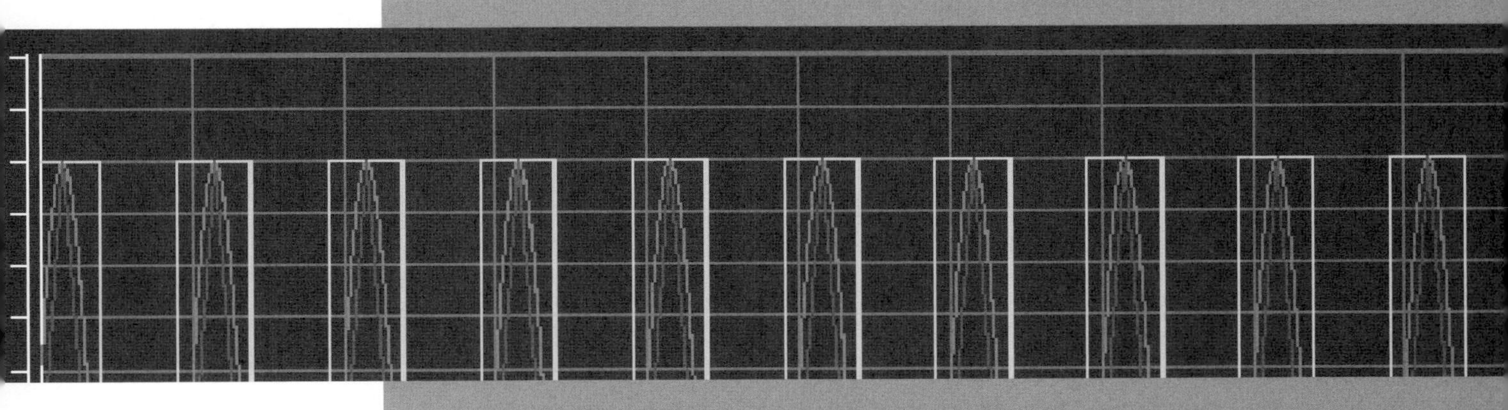

3.1 개 요

디지털 보드에서는 아날로그 보드에서 처리된 신호를 받아서 두 종류의 아날로그-디지털 변환기(MSP430 내부 ADC, SPI를 이용한 외부 ADC)를 사용하여 디지털로 변환하고, 디지털로 변환된 데이터에 대하여 신호처리 및 PC쪽으로의 전송이 주된 역할이다.

그림 3-1에서 보여주는 바와 같이 디지털 보드는 전원관리를 위한 전원관리부(Power management), 외부와의 통신을 위한 시리얼 통신부(serial communication), 아날로그 보드로부터 입력된 신호를 MSP430의 입력으로 변환하기 위한 아날로그 변환부, 처리 및 제어를 위한 프로세서부로 나뉜다.

이에 대한 자세한 회로도는 그림 3-2와 같다.

그림 3-2에서 보듯이 디지털 보드는 네 부분으로 구성되어 있다. 본 교재에서 사용하는 BMDAQ 보드는 별도의 전원을 사용하지 않고 USB를 통해 전원을 공급받아 사용한다. 따라서 전원관리부에서는 USB를 통해 들어온 +5V 전원을 이용하여 디지털 보드와 아날로그 보드에 ±4.5V와 +3.3V를 공급한다.

그림 3-1 디지털 보드 외관도

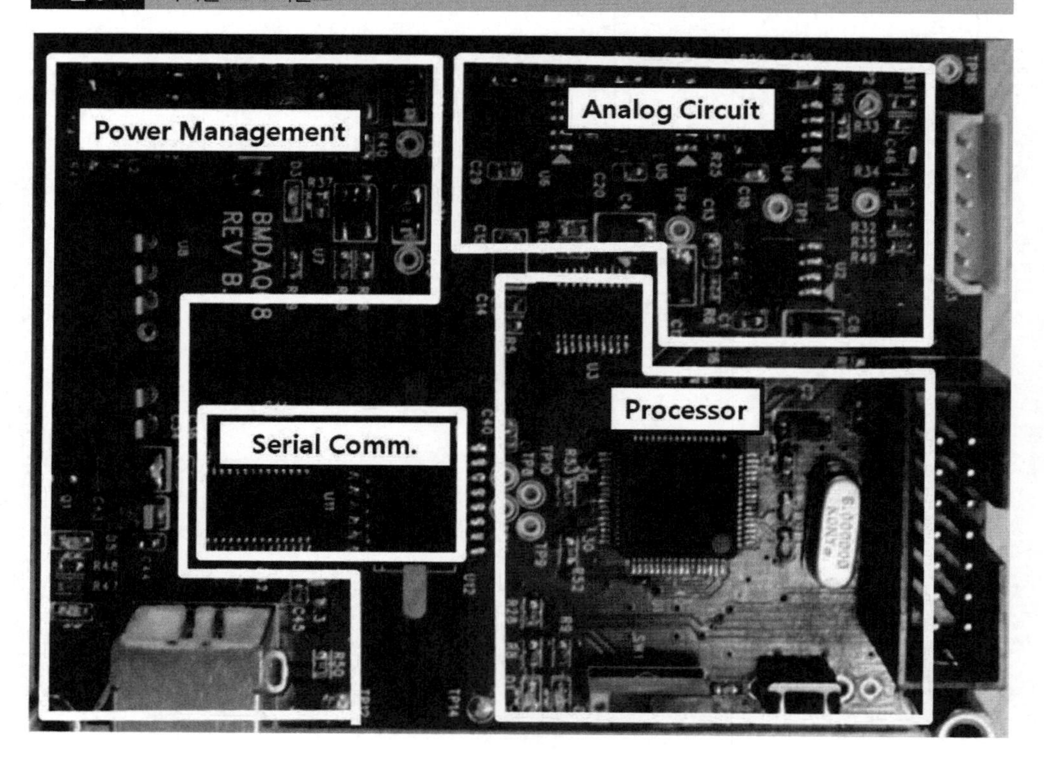

그림 3-2 디지털 보드 전체 회로도 및 구성

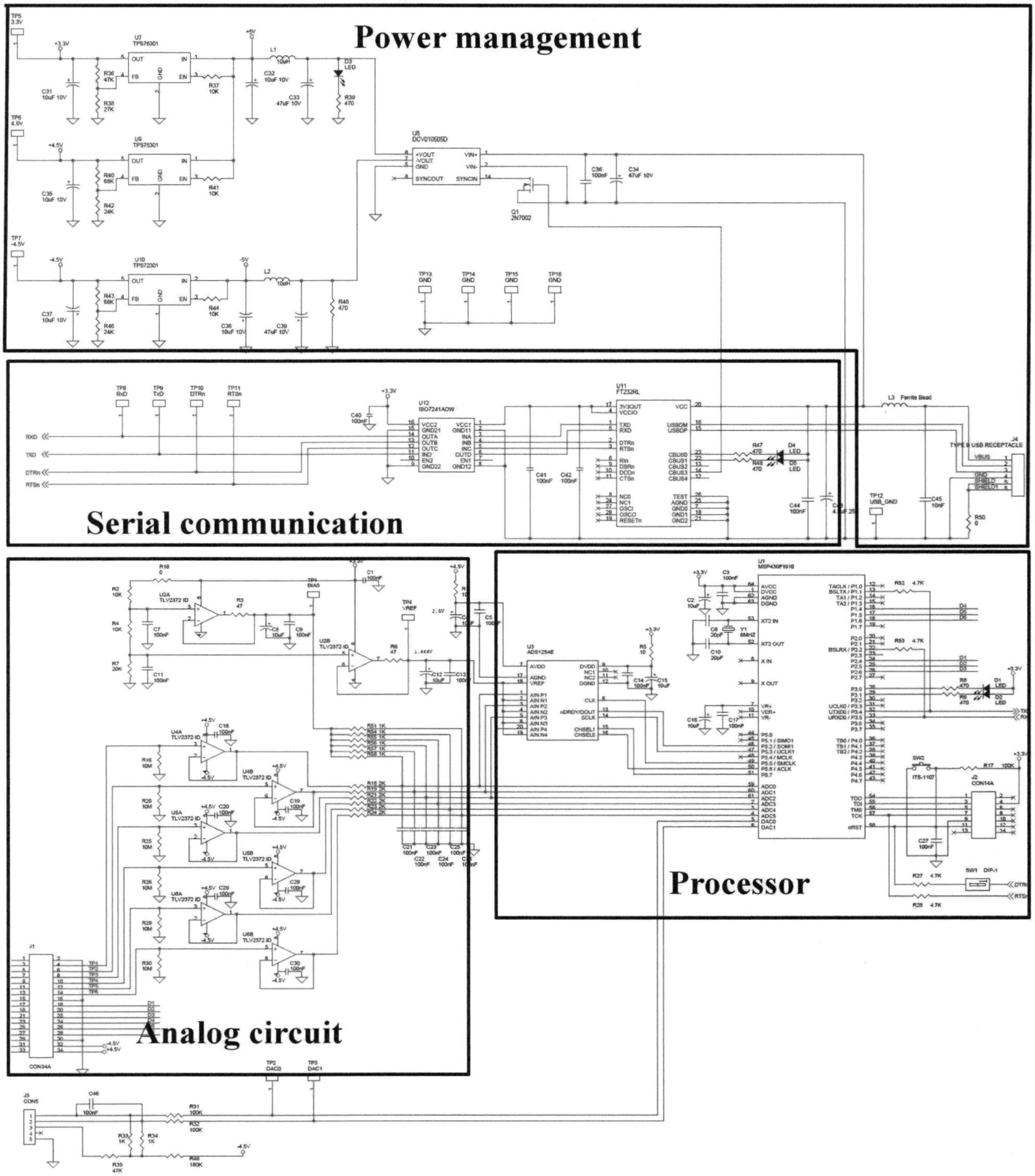

Power management

Serial communication

Analog circuit

Processor

그림 3-3 아날로그 및 디지털 보드 개념도

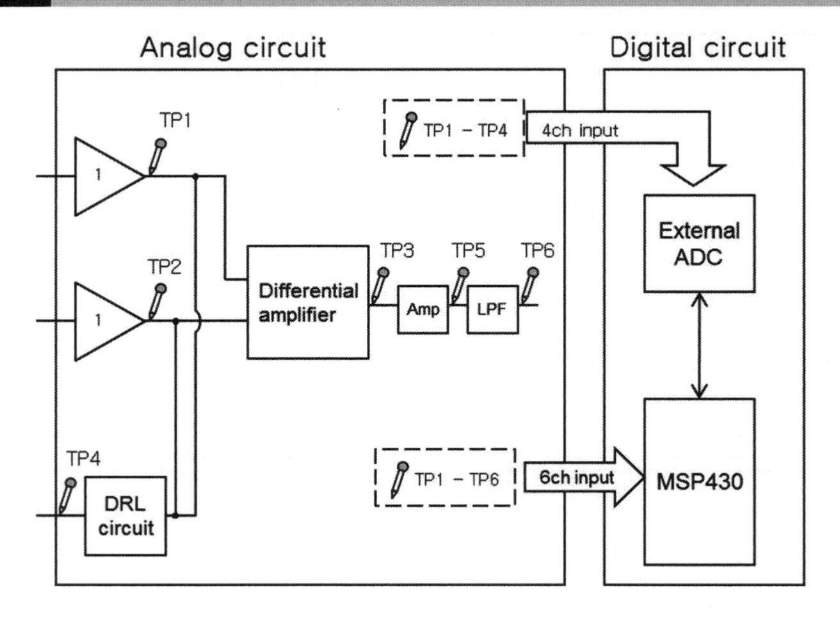

아날로그 보드로부터 전달된 신호들은 추가적인 아날로그 처리 과정을 통하여 아날로그-디지털 변환기(ADC, Analog to Digital Converter)의 입력신호에 적합하도록 변환된다. 적절하게 변환된 아날로그 신호는 두 가지의 방법을 통하여 디지털로 변환된다. 첫 번째는 마이크로컨트롤러의 내부 12비트 아날로그-디지털 변환기를 통하여 저해상도로 디지털로 변환된다. 두 번째는 외부에 별도의 아날로그-디지털 변환기를 사용하여 고해상도로 디지털로 변환할 수 있도록 설계하였다.

양자화 레벨(=$2^{\text{ADC의 bits 수}}$)이 높을수록 신호의 해상도를 높일 수 있으므로 양자화 레벨이 높은 외부 ADC를 사용하면 아날로그 회로에서의 필터나 증폭기 없이 미약한 신호도 잘 표현할 수 있다. 따라서 내부 및 외부 ADC를 사용하여 신호의 차이를 분석하고, 이러한 원리를 이해할 수 있도록 두 가지 방법을 제공하였다(그림 3-3 참조).

마지막으로 USB-시리얼 변환기 역할을 하는 FT232에서는 RS-232 방식의 시리얼 데이터를 USB 방식에 맞게 변환하여 PC로 전송한다.

3.2 전원관리

그림 3-4는 그림 3-2의 시리얼 통신부의 우측 부분이다. J4는 PC와 BMDAQ 보드를 USB로 연결하는 커넥터이다. J4에서 1번과 4번 핀을 통해 전원을 공급 받고 2, 3번 핀에서는 PC

그림 3-4 USB 연결 단자와 주변 회로

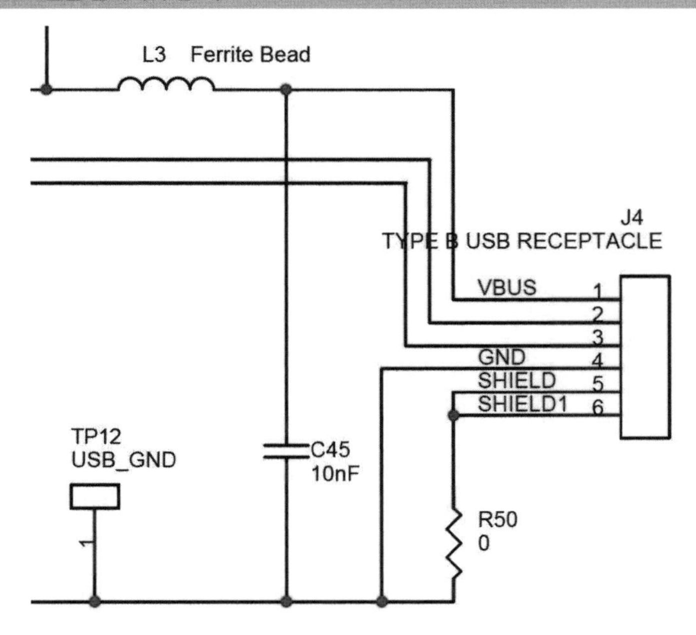

와의 시리얼 통신에 관한 신호가 전달된다. 5, 6번 핀은 다른 핀들을 감싸고 USB 케이블의 쉴드(shield)와 연결되어 외부 잡음에 의한 간섭을 줄인다.

USB를 통하여 들어온 DC 전원은 LC 저역통과필터를 통과하여 스파이크 잡음(spike noise) 등을 제거한다. L3의 페라이트 비드(Ferrite Bead)는 코일(inductor)의 일종이지만 자체만으로도 훌륭한 저역통과필터의 역할을 수행한다. 전류가 흐르는 전선을 파이프 형태의 페라이트 코어(ferrite core)가 감싸고 있는 형태인데 전류가 코어를 통과하면서 페라이트의 성질 중의 하나인 자기감쇄효과가 고주파의 잡음성분을 없앤다. PC의 모니터 케이블이나 전자장비의 전원 케이블 등을 보면 중간에 굵은 원통 모양이 달려 있는데 그것이 페라이트 비드이다(그림 3-5).

그림 3-5 페라이트 비드(Ferrite bead)를 사용한 예

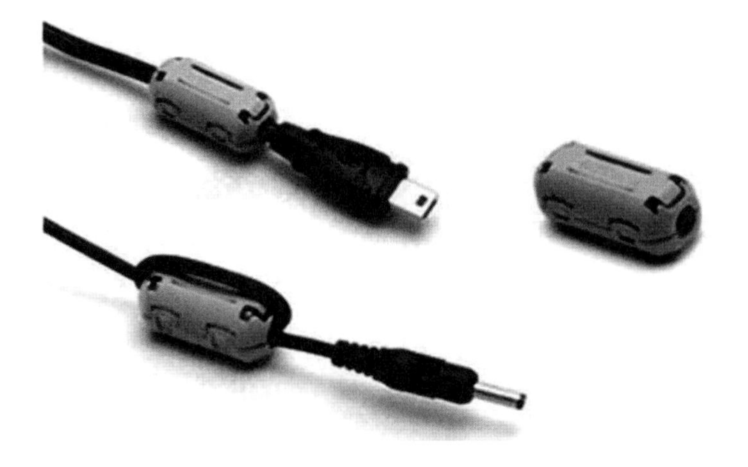

그림 3-6 직류-직류 변환기 회로

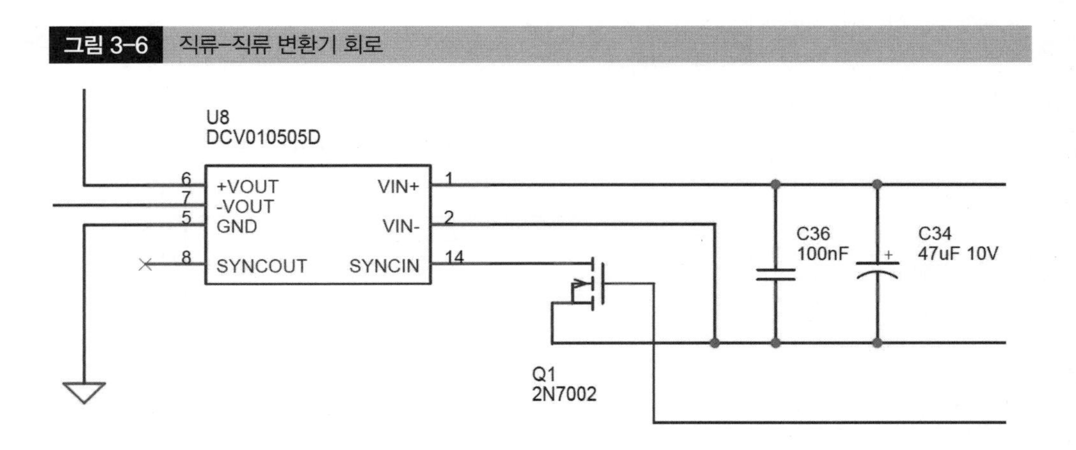

환자에게 직접 연결되어 사용되는 의료기기는 작은 오작동으로도 인체에 치명적인 영향을 줄 수가 있다. 따라서 이러한 의료기기를 만들 때에는 전원과 신호처리 부분을 분리(isolation)하는 것이 의무화 되어 있다. 그림 3-6에서 보이는 회로는 이런 분리를 담당하는 회로로 전원 공급단과 신호처리 단의 전류가 직접적으로 연결되지 않도록 설계하였다. 그림 3-7은 직류-직류 변환기(DC-DC converter)의 내부 구성도를 보여주고 있다.

회로에서 사용된 DCV010505D라는 소자는 5V 직류 전원을 받아서 ±5V DC출력을 내보낸다. 전원을 변환하는 방식은 교류 변환(AC transform) 방식으로 발진기(oscillator)를 사용하여 DC를 AC로 변환한 후에 전압을 바꾸고 다시 변환된 AC 전압을 DC로 변환하여 출

그림 3-7 DCV010505D의 내부 구성도

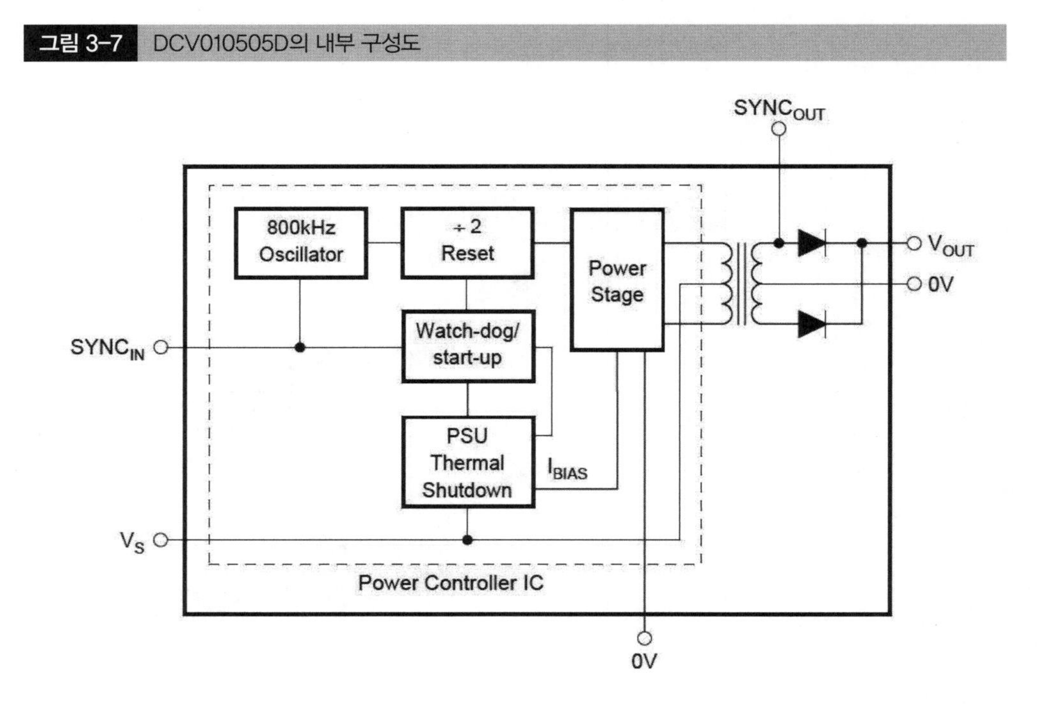

력하는 방식이다. 또한 이 소자는 소모전력이 과다하여 발열이 회로에 위험한 수준(150℃)까지 도달하면 온도가 다시 정상동작이 가능한 수준으로 떨어질 때까지 기능을 멈추어서 회로와 환자를 보호한다.

교류 변환을 하기 위하여 기본적으로 800kHz짜리 발진기를 사용하기 때문에 400kHz의 스위칭 주파수를 보인다. 여기서 출력 전원에 리플(ripple)이 포함되어 나오는데 이것을 없애야만 안정적인 DC전원을 공급할 수 있다. 이 리플을 없애기 위해서 출력단자 쪽에 커패시터를 연결하는데 본 회로에서는 그림 3-8과 같이 데이터시트에서 제공하는 성능을 충분히 만족하는 4.7μF을 사용하였다.

DCV010505D의 14번 핀 SYNCIN은 외부 신호로 내부 800kHz 발진기의 주파수를 조절하는 용도로 사용하거나, 외부 신호에 따라 전원 공급을 ON/OFF하는 용도로 사용할 수 있다.

그림 3-6에서 14번에 연결된 MOSFET은 다음에 설명할 USB-시리얼 변환을 위한 FT232가 PC와 USB 방식으로 통신하여 USB 통신 준비가 완료될 때까지 ON 상태를 유지함으로써 전원공급을 차단하고 있다가, USB 통신 준비가 완료되면 OFF되어 SYNCIN 핀을 플로팅(floating) 상태로 만들어 전원공급을 시작한다.

DCV010505D의 6번 핀에서 전원 출력 여부는 그림 3-9에 보이는 LED(D3)에 불이 들어오는 것으로 확인할 수 있다. 양 전원과 음 전원은 각각 코일과 커패시터로 구성된 저역통과필터를 통과하여 세 개의 레귤레이터에 공급된다. 이 레귤레이터들은 입력 전압과 관계 없이 출력 단의 저항 비율을 변화시킴으로써 출력전압을 바꿀 수 있는 소자들로 회로에서는 ±4.5V와 +3.3V를 만든다. 출력 전압을 구하는 식은 다음과 같다.

그림 3-8 출력단의 커패시터 용량과 부하에 따른 리플 크기

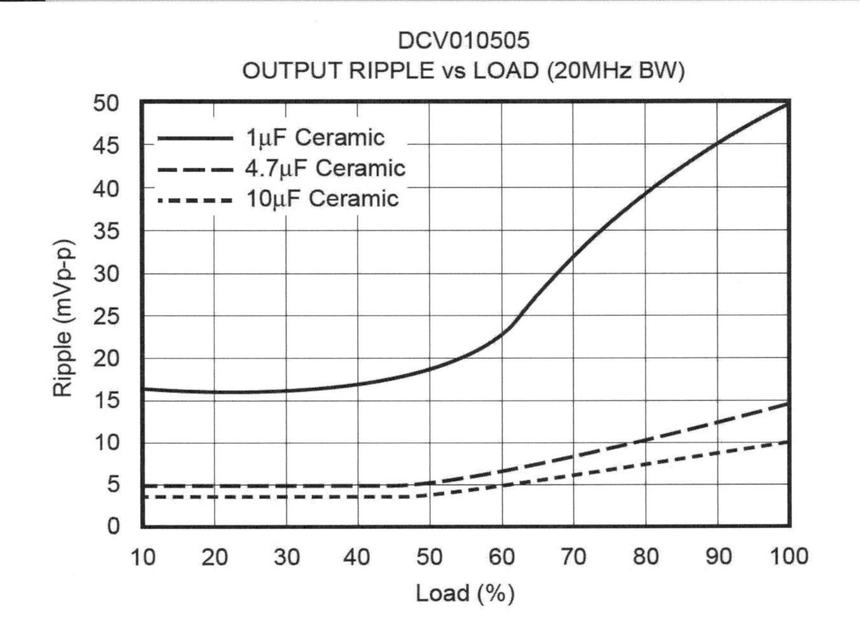

그림 3-9 양의 직류 전원을 출력으로 하는 TPS76301과 주변회로

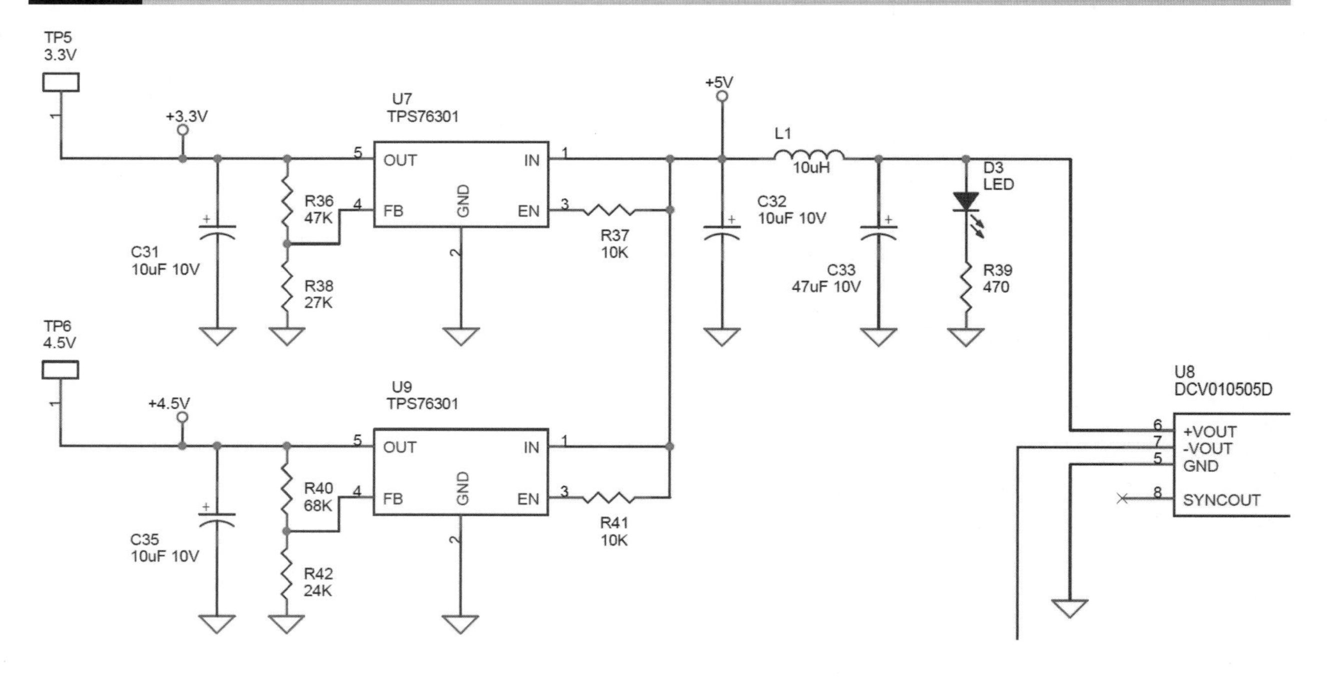

그림 3-10 음의 직류 전원을 출력으로 하는 TPS72301과 주변회로

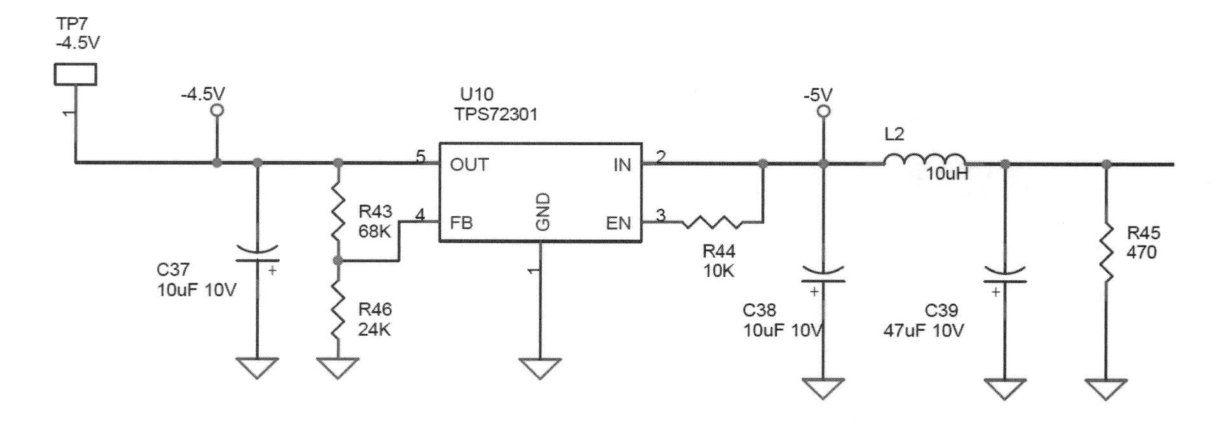

$$V_o = 0.995 \times V_{ref} \times \left(1 + \frac{R_1}{R_2}\right), \ \{V_{ref} = 0.192V\} \qquad 3\text{-}1$$

OUT과 FB 핀 사이의 저항이 R_1, FB와 GND 사이의 저항이 R_2이다. 3.3V(TP5)의 경우를 보면 R_1은 47kΩ, R_2는 27kΩ로서 V_o는 3.3V(=3.25V)이다.

3.3 시리얼 통신

MSP430을 포함한 대부분의 MCU들은 외부 장비 또는 PC와의 통신을 위해 시리얼 통신을 제공하고 있다. 그러나 요즈음 시리얼 통신(Serial communication)은 USB를 통해 주로 이루어지고 있다. 따라서 시리얼을 USB 형태에 맞게 변환하는 부가적인 회로가 필요하다. 이러한 역할을 할 수 있도록 본 보드에서는 FT232를 사용하였다.

또한 의료기기 측면에서 안정성을 보장하기 위하여 전기적으로 분리를 할 수 있는 소자(ISO7241)를 사용하였다.

그림 3-11은 USB-시리얼 변환을 위한 FT232 및 주변 회로를 보여주고 있다. FT232R 칩의

그림 3-11 FT232 및 주변회로

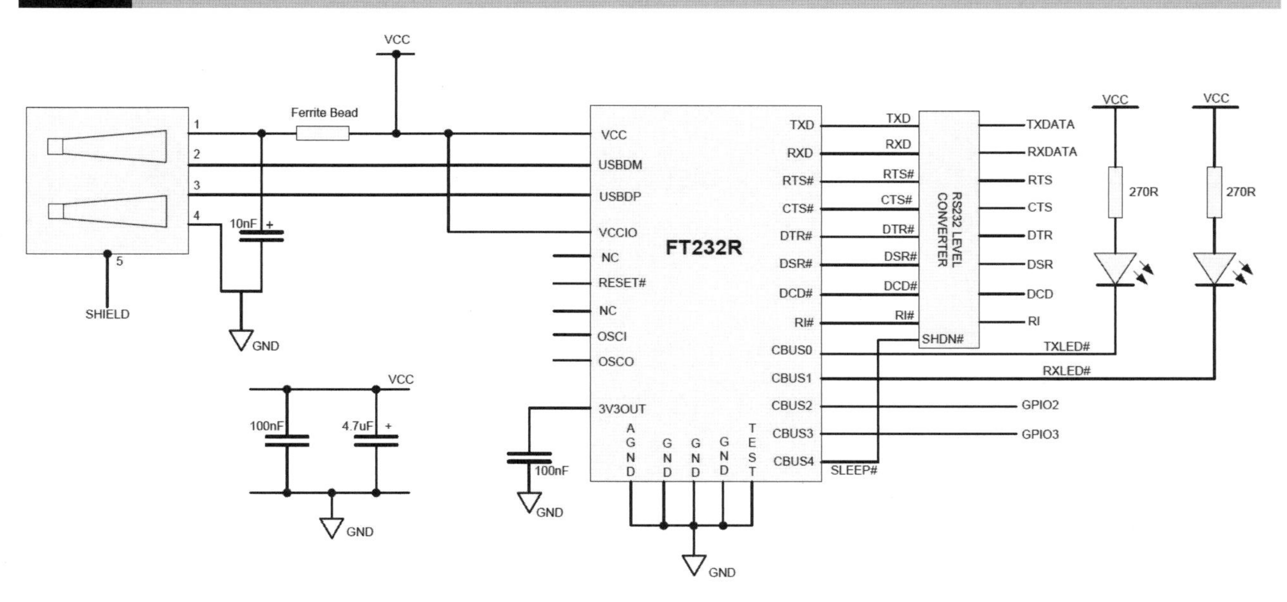

오른쪽 하단의 CBUS1 핀은 수신이 이루어지지 않을 때는 'high' 상태로 있으므로 LED에 불이 들어오지 않는다. USB를 통해서 데이터가 수신될 때 'low' 상태가 되어 LED에 불이 켜지게 된다. CBUS0에 연결된 LED는 CBUS1에 연결된 LED와 비슷하게 동작하며 이는 데이터를 전송할 때와 관련된다. CBUS0,1에 연결된 LED가 점등하는 것을 통해서 우리는 기기와 PC가 통신을 하고 있는지의 여부를 판별할 수가 있다.

FT232는 마이크로컨트롤러 및 PC와 각각 통신을 하여 데이터를 주고받는데, PC와는 USBDM, USBDP 핀을 통해서 USB 방식으로 통신하고, 마이크로컨트롤러와는 TXD, RXD 핀을 통해서 데이터를 주고 받는다. 마이크로컨트롤러와 FT232 사이의 통신은 핸드셰이크(handshake) 신호를 통해서 데이터를 주고 받기 전에 준비상태를 확인하는 것이 필요하다. 이러한 역할을 하는 핀은 DTRn, RTSn이다.

3V3OUT 핀은 FT232 내부의 레귤레이터를 통해서 자체적으로 3.3V를 만들어서 공급하는 것이고, VCCIO 핀은 3V3OUT으로부터 받은 3.3V의 전원을 범용 비동기화 송수신기(UART, Universal Asynchronous Receiver and Transmitter) 인터페이스와 CBUS에 공급한다. 상기 설명한 FT232 회로를 바탕으로 BMDAQ 보드에 적용한 회로는 그림 3-12와 같다.

그림 3-12의 좌측에 있는 ISO7241은 직류-직류 변환기처럼 내부에 이산화규소(SiO_2) 장벽이 존재하여 논리 입력(logic input)과 출력 버퍼 사이에 직접적인 전류의 흐름 없이 정전기 유도 현상을 통하여 신호를 전달한다. 입력 단과 출력 단에는 각각 독립된 전원이 인가되고, 입력단의 상태(high/low)에 따라 출력단의 상태도 바뀌게 된다. 따라서 안정적으로 전원을 분리하며, 직접적인 전류 흐름 없이 신호를 전달함으로써 안정성을 보장할 수 있다.

그림 3-12 USB-시리얼 변환을 담당하는 FT232와 BMDAQ 적용

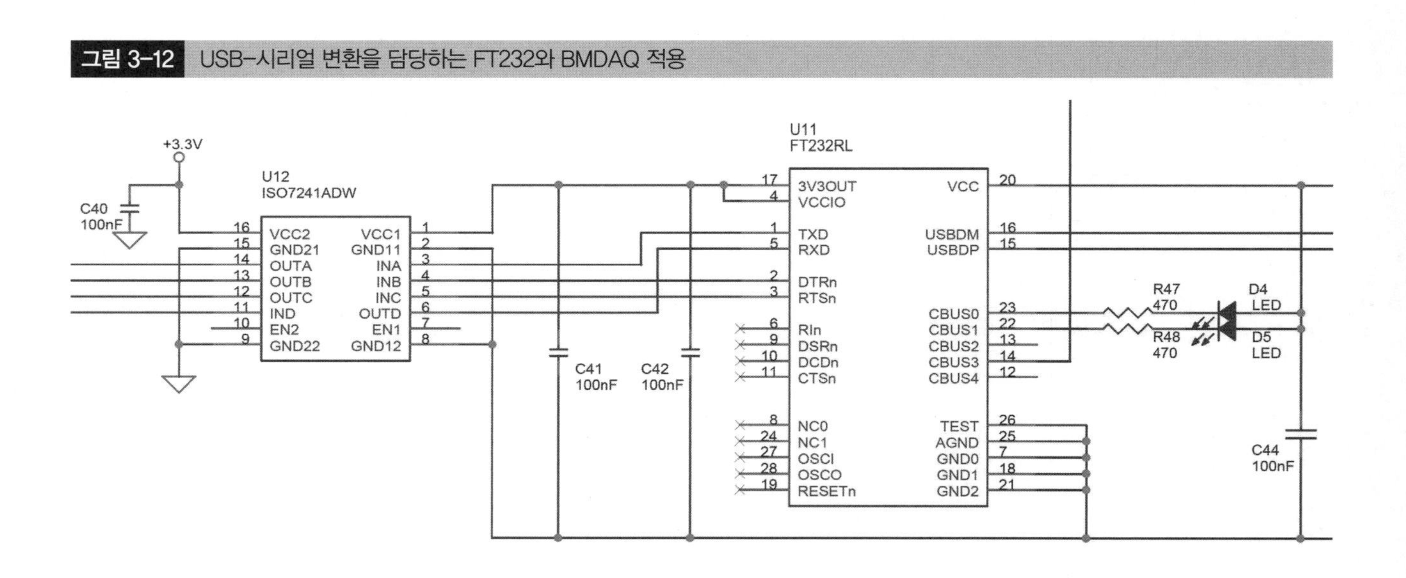

3.4 아날로그 변환

모든 IC들은 각각 정해진 입출력 범위를 가지며, 특히 입력 범위를 초과하는 경우에는 정상적인 동작을 보장하지 못하는 경우도 있다. 따라서 회로를 구성할 때에는 사용하는 IC들의 입력 범위에 맞추어 앞 단을 잘 설계하여야 한다. BMDAQ의 아날로그-디지털 변환 역할을 담당하는 MSP430과 ADS1254는 0V부터 3.3V의 입력 범위를 가지며 아날로그 보드는 −4.5V부터 +4.5V의 출력 범위를 가진다. 따라서 아날로그 보드와 아날로그-디지털 변환기 사이에 입력 신호의 진폭을 줄이고, DC 오프셋을 이동시키는 회로를 추가하여 해당 범위에 맞도록 설계하였다.

그림 3-13에서 보여주듯이 아날로그 보드에서 전달된 신호는 가장 먼저 풀-다운 저항과 버퍼를 지난다. 풀-다운 저항은 신호의 입력이 없을 때 그 전위를 0으로 만들고, 버퍼는 전압 이득은 1이지만, 전류를 높여주고 부하효과는 줄여준다.

디지털 논리 회로에서 'high' 도 'low' 도 아닌 상태를 'floating' 상태라고 한다. 풀-다운 저항은 디지털 회로에서 어떤 한 점이 'floating' 상태에 있을 때 그 점의 평상시 상태의 논리를 'low' 로 결정해주기 위해서 사용한다. BMDAQ의 경우 커넥터를 지나서 바로 풀-다운 저항이 설치되어 있는데 이는 아날로그 보드가 없는 경우, 즉 TP1-TP6의 핀들이 'floating' 상태가 되었을 때 연산증폭기의 입력을 0으로 만들어 뒤 단의 신호를 안정화하기 위한 것이다.

그림 3-14는 풀-다운 효과에 대하여 간단한 예시를 보여주고 있다. 디지털 회로의 입력 핀에 스위치를 연결하고 다른 한쪽 단자를 +5V에 연결했다면 스위치가 눌린 경우 +5V가 되고 스위치가 눌리지 않은 경우 floating 상태가 된다. 하지만 이렇게 floating 상태가 되면 논리회로가 올바른 정보를 받아들일 수 없다. 따라서 여기에 풀-다운(접지와 스위치 사이에 저항을 연결)을 걸어주면 스위치가 눌리지 않은 경우에 입력 핀에 0V가 인가되고 눌린 경우는 +5V가 인가됨으로써 floating 상태가 존재하지 않는다.

풀-다운은 신호 이외의 잡음신호가 실리는 경우 이를 0V로 낮추어주는 효과가 있다. 또한 기판 패턴의 길이가 길거나 임피던스의 정합(matching)이 필요한 경우 풀-다운 저항 값에 의해 신호의 전달특성을 개선할 수 있는 효과가 있다. 하지만 너무 저항을 작게 하면 신호의 레벨 전체가 너무 낮아지거나 회로에 흐르는 전류가 증가하여 오동작이 발생할 수 있다.

버퍼는 2장에서 설명한 것과 같이 입력신호의 전압 레벨을 그대로 전달하는 것과 동시에 출력 전류를 높여주고 출력 임피던스를 낮춰 준다. 이런 특성을 이용해서 전기적 성질이 다른 두 회로를 전기적 문제가 생기지 않도록 연결하는 역할을 한다. 또한 상당히 긴 전선을 통해 신호가 전달되는 경우에 자연히 전선의 임피던스가 높아지게 되고 그에 따라 외부에서 발생하는 잡음의 영향을 쉽게 받을 수 있다. 이런 경우 버퍼를 이용하여 임피던스를 낮추어 잡

그림 3-13 아날로그 보드와 디지털 보드 간의 신호를 중계하는 버퍼 회로

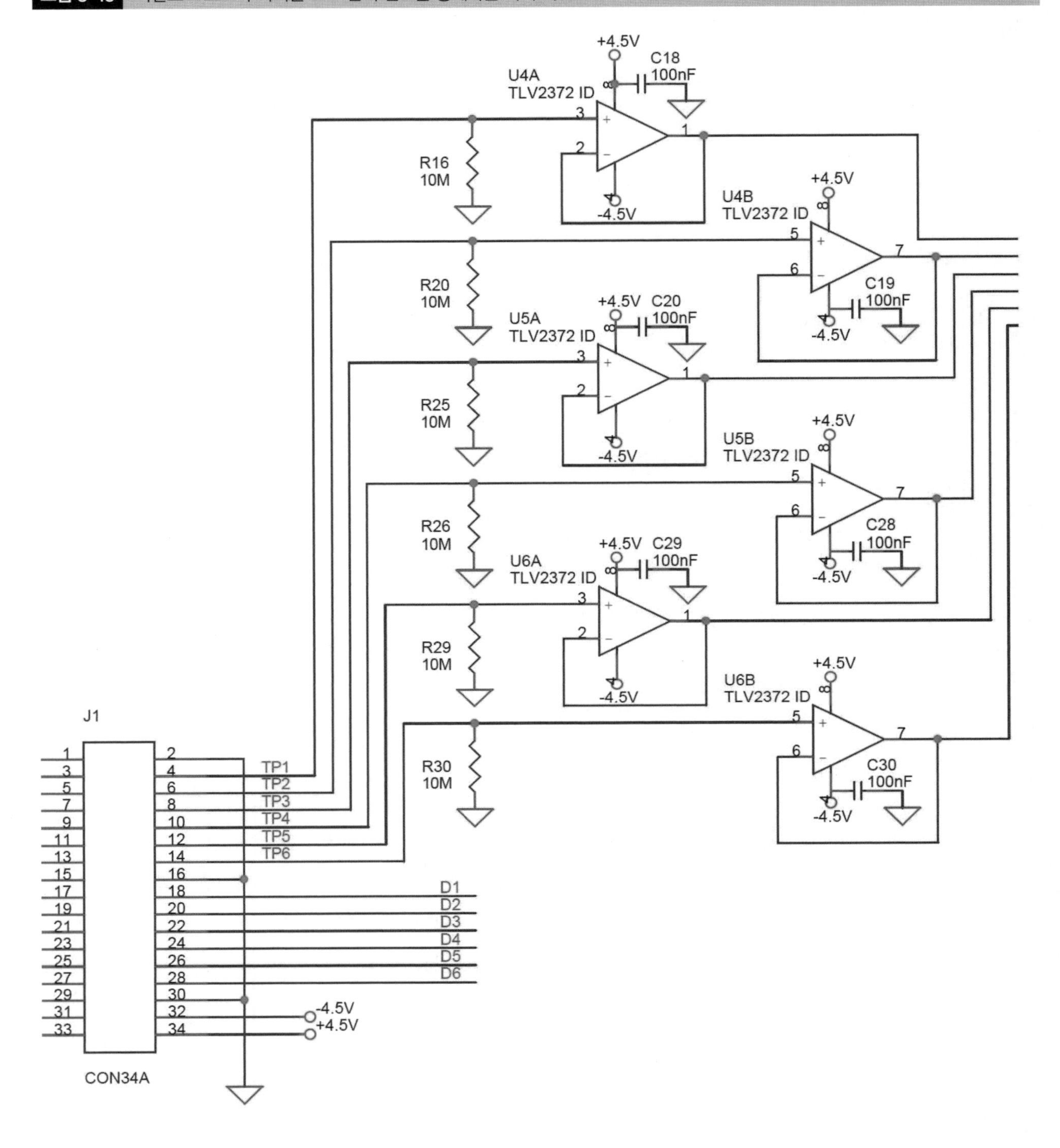

그림 3-14 Floating 회로와 풀-다운 저항이 적용된 회로의 비교

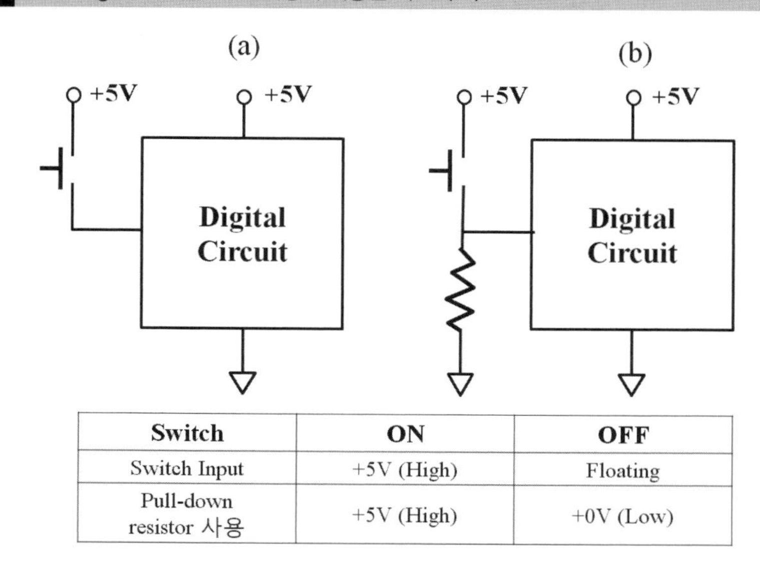

Switch	ON	OFF
Switch Input	+5V (High)	Floating
Pull-down resistor 사용	+5V (High)	+0V (Low)

음의 영향을 줄일 수 있다. 버퍼는 이렇게 외부 잡음을 감쇄(attenuation)시키거나 임피던스 정합, 용량성 부하 등을 구동하는 경우, 또는 뒤 단의 회로에서 발생하는 신호의 변화가 앞 단 회로에 영향을 미치지 못하게 하기 위해 사용한다.

버퍼를 통과한 신호를 마이크로컨트롤러의 내부 ADC를 이용하여 디지털로 변환하기 위해서는 마이크로컨트롤러의 입력 범위에 적합하도록 신호를 스케일링 해주어야 한다. 그림 3-15에서 V_s는 버퍼를 통과한 입력신호이며, 이 신호를 마이크로컨트롤러에 적합하도록 스케

그림 3-15 전압 분배기를 이용한 스케일링 회로

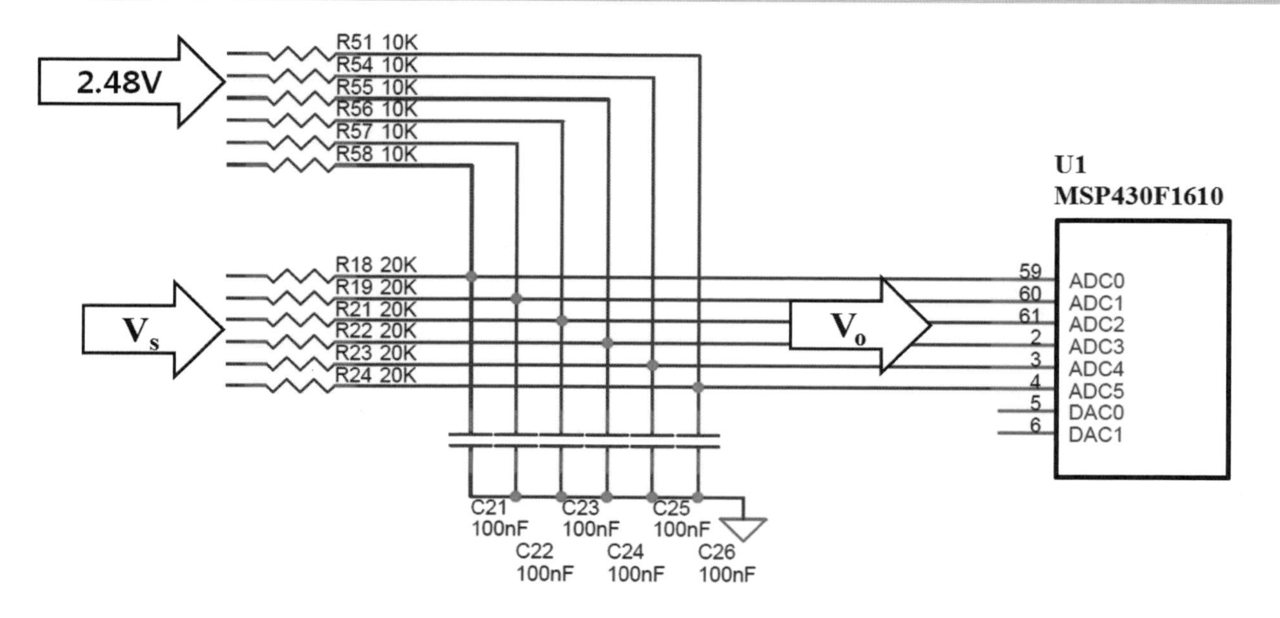

그림 3-16 그림 3-15를 단순화한 회로

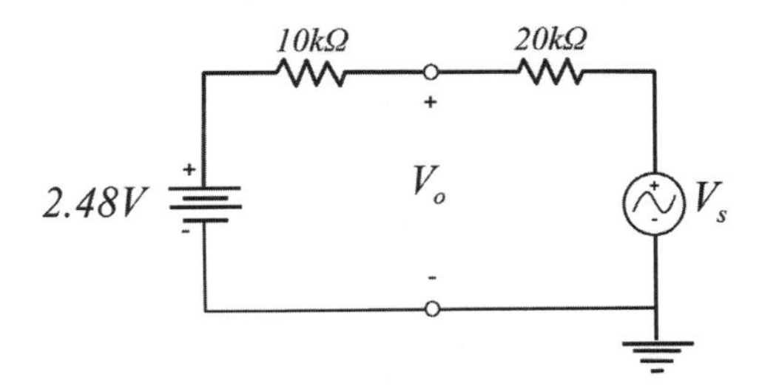

일링 할 수 있도록 2.48V의 전원과 10kΩ, 20kΩ의 저항을 이용하였다. 이 회로를 직관적으로 이해할 수 있도록 간략화 하여 그림 3-16에 도시하였다.

그림 3-16에서 10kΩ의 저항 전 단에 바이어스 전압(2.48V − 그림 3-17 설명 참조)이 인가되며 20kΩ의 저항 앞 단으로 측정한 심전도 신호(V_s)가 인가된다. V_o의 점에서 나오는 출력신호를 계산하면 이는 1.65 + 0.33Vs가 된다. 폐루프(closed loop) 시스템에서 흐르는 전류는 동일하므로 이를 이용하여 출력신호 V_o를 구하면 다음과 같다.

$$\frac{V_s - V_o}{20k} = \frac{V_o - 2.48V}{10k}$$

$$V_s - V_o = 2V_o - 4.96V$$

$$V_o = \frac{V_s + 4.96V}{3}$$

$$= 1.65 + \frac{V_s}{3}$$

$$= 1.65 + 0.33V_s$$

결과적으로 심전도 신호는 그 크기가 1/3로 되고, 1.65V의 전압이 더해져 0.15V에서 3.15V 사이의 신호로 바뀌어 MSP430의 내부 아날로그-디지털 변환기의 입력신호에 적합하도록 스케일링 된다. 접지 부분에 연결된 커패시터(C21~C26)는 높은 주파수일 때, 단락되어 잡음을 제거하는 데 사용된다.

MSP430 내부 ADC 외에 고해상도의 외부 ADC를 신호분석을 위하여 BMDAQ 보드에 추가하였으며, 본 교재에서 사용한 외부 ADC(ADS1254)는 ADC할 신호의 범위를 VREF 핀에 인가해주어야 한다(즉, 0~2 × VREF). 상기 언급한 바와 같이 MSP430 내부 ADC에 적합하도록 측정된 신호는 스케일링 되었으므로 이를 그대로 활용하기 위하여 3.3V의 1/2값인 1.65V를 VREF 핀에 인가하였다.

그림 3-17에는 회로를 지나면서 전압이 어떻게 분배되는지 보여주고 있다. 우선 3.3V의 전압은 R2, R4, R7에 의해 2.48V와 1.65V로 분배되며, 각각 U2A와 U2B로 전해진다.

그림 3-17 레퍼런스(reference) 전압과 바이어스(bias) 전압을 만들기 위한 전압 분배 회로

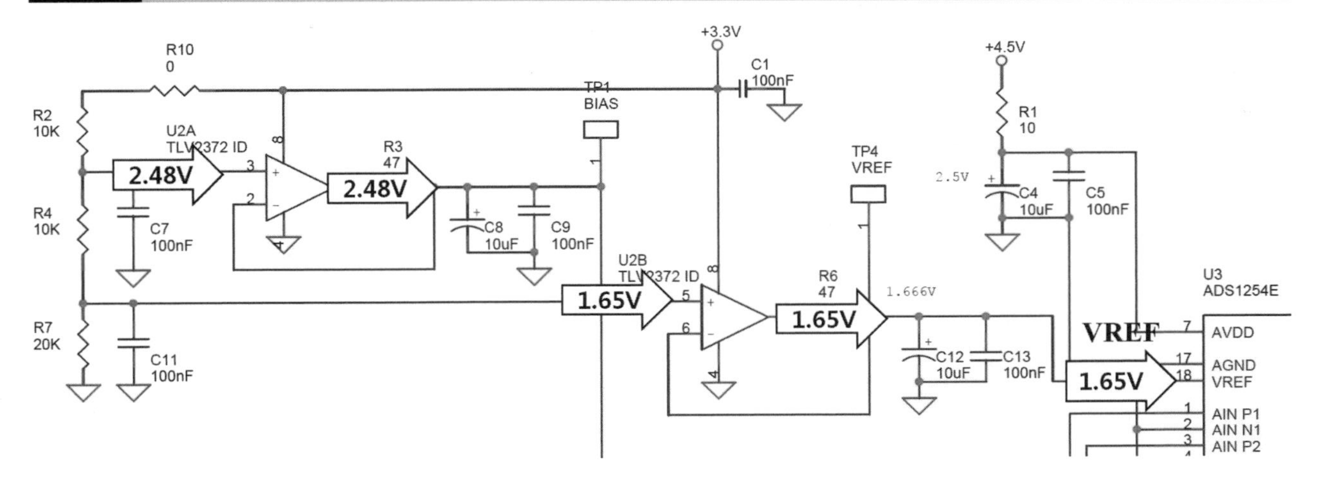

이를 식으로 나타내면 다음과 같다.

$$3.3V \times \frac{R4+R7}{R2+R4+R7} = 3.3V \times \frac{10k+20k}{10k+10k+20k} = 2.48V$$

$$3.3V \times \frac{R7}{R2+R4+R7} = 3.3V \times \frac{20k}{10k+10k+20k} = 1.65V$$

이렇게 만들어진 2.48V는 심전도 신호의 바이어스 전압으로 사용되고, 1.65V는 아날로그-디지털 변환을 하기 위한 레퍼런스 전압으로 사용된다.

심전도 신호 중 TP1-TP4는 12비트 아날로그-디지털 변환기인 MSP430 내부 ADC와 24비트 아날로그-디지털 변환기인 ADS1254에 입력된다. 이는 아날로그 회로에서 거의 증폭되지 않은 신호이기에 전압 값이 작아서 보다 더 촘촘히 아날로그-디지털 변환을 하기 위함이다. 24비트 아날로그-디지털 변환기의 AIN P1-P4은 양의 아날로그 입력을 뜻하고, AIN N1-N4은 음의 아날로그 입력을 뜻한다. 이 ADC는 입력 값으로 차동 전압(differential voltage)을 사용하는데 그 값은 Vin - (-Vin)이다. 그러므로 AIN P1-P4에는 우리가 원하는 신호를 넣고, AIN N1-N4에는 VREF과 같은 전압을 넣는다.

디커플링 커패시터

회로에 있는 병렬로 연결된 두 개의 커패시터는 디커플링 커패시터(decoupling capacitor) 또는 바이패스 커패시터(bypass capacitor)라고 하며, 전압 변동(voltage fluctuation)을 줄이고 전원을 안정적으로 공급하게 한다. 커패시터는 증폭기의 떨어지는 전원공급거부율(PSRR, Power Supply Rejection Ratio)을 손쉽게 보상해주는 역할을 한다. 수많은 주파수에 대해 접지로 임피던스 경로를 낮게 유지하면 연산 증폭기에 원치 않는 잡음이 생기지 않도록 할 수 있다. 낮은 주파수 대역에서는 대용량 커패시터가 접지에 대해 낮은 임피던스 경로를 제공한다. 뿐만 아니라 커패시터의 값이 작을수록 고주파 응답률이 뛰어나다. 하지만 주로 디커플링 커패시터로 값이 작은 하나의 커패시터가 아닌 두 개의 커패시터를 병렬로 연결하여 사용하는데, 이는 커패시터가 자기 공진 상태에 이르면 커패시터의 정전용량 품질이 감소하면서 유도성 성분을 띄기 때문이다. 이상적인 커패시터와 달리 실제 커패시터 내부에는 그림과 같이 인덕턴스나 저항의 요소가 들어 있다. 그러므로 커패시터가 고주파의 신호를 통과시키지 못하고, 고주파에서 인덕턴스에 의해 그 임피던스 값이 증가한다. 따라서 서로 다른 커패시터 값을 병렬로 연결하면 전원 핀의 한 커패시터의 주파수 응답이 롤오프(roll-off) 되면 다른 커패시터의 응답은 유효 상태가 되어 AC 임피던스가 광범위한 주파수 대역에서 낮게 유지된다. 이는 연산 증폭기의 전원 공급거부율(PSRR)이 롤오프 되는 주파수에서 특히 중요하다.

그림 3-18 커패시터의 용량에 따른 주파수 응답

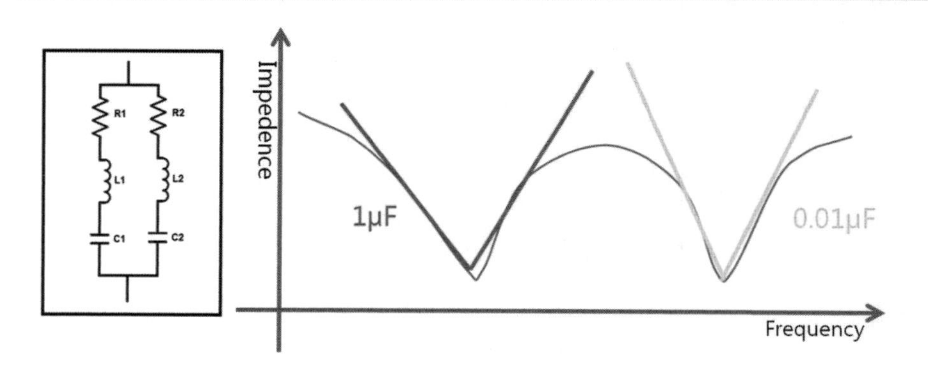

주로 높은 주파수 대역을 조절하는 작은 커패시터로는 0.01μF 용량의 세라믹 커패시터와 중간 대역의 주파수를 조절하는 큰 커패시터로는 1μF 용량의 전해질 커패시터를 사용한다. 대개 두 개의 병렬 커패시터로 충분하지만 일부 회로의 경우 커패시터를 병렬로 추가하면 또 다른 이점을 얻을 수도 있다. 커패시터는 회로와 최대한 가깝게 연결해야 하며, 고주파 특성이 좋고, 필요 충분한 용량을 가진 소형의 저가격 커패시터를 사용하는 것이 좋다.

3.5 프로세서

BMDAQ에서 사용하는 MCU는 MSP430F1610 (또는 MSP430F1611)로 두 개의 내장 16비트 타이머, 고속 12비트 ADC, 두 개의 12비트 디지털-아날로그 변환기, 두 개의 범용 시리얼 동기식/비동기식 통신 인터페이스(USART, Universal Serial Synchronous / Asynchronous Communication Interfaces), I2C, DMA, 48개의 입출력 핀 등으로 구성된 마이크로컨트롤러이다.

그림 3-19의 MSP430을 중심으로 주변회로를 왼쪽 위부터 반 시계 방향으로 설명해보면, 우선 제일 처음 회로는 전원입력 핀으로 마이크로컨트롤러 내부의 논리회로와 아날로그 회로에 필요한 전원을 공급해야 한다. VCC와 GND 앞의 'A'와 'D'가 각각 아날로그와 디지털을 의미하는 것으로 필요에 따라서 개별로 전원을 넣어 줄 수 있다. 앞서 설명한 전원관리부의 레귤레이터에서 만들어진 3.3V 전원을 공급하며, 잡음을 제거하고 안정적으로 전원공급을 하기 위하여 커패시터를 부착하였다(그림 3-20 참조).

그림 3-19 MSP430과 24비트 ADC인 ADS1254 주변회로

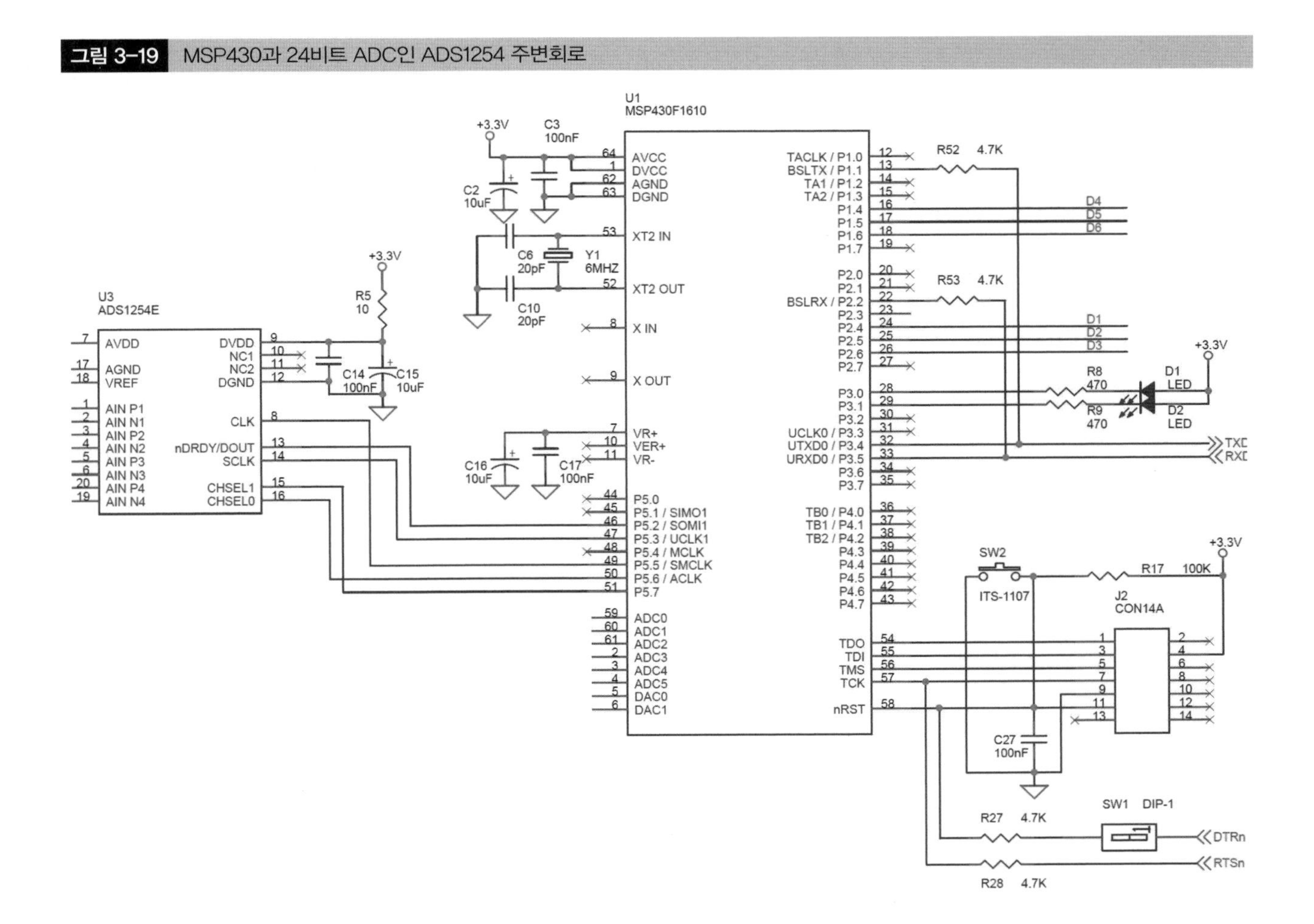

그림 3-20 전원 입력 단자

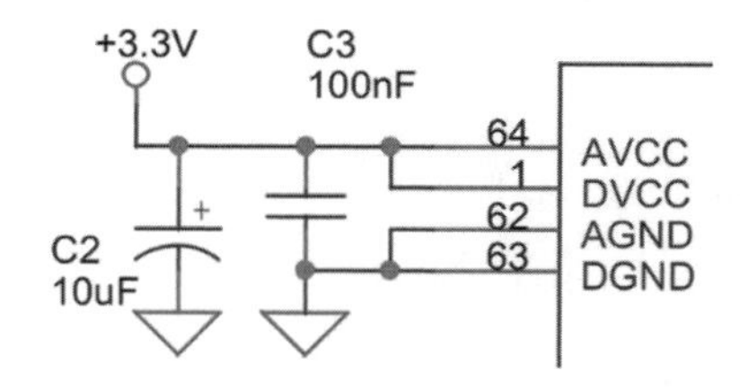

그림 3-21 클록(clock) 신호원 단자

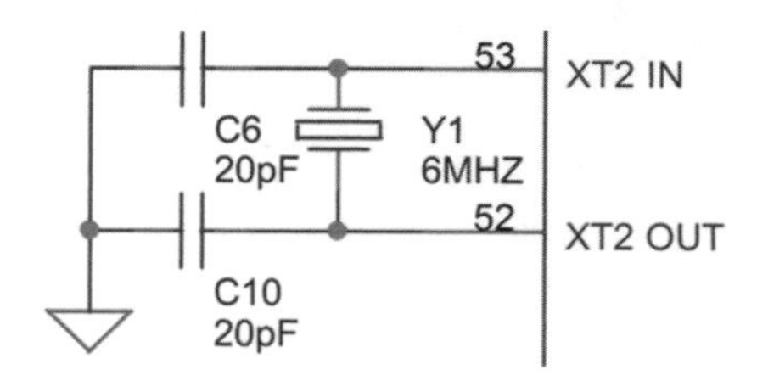

그림 3-21은 클록 신호원을 위한 회로이다. 이 회로의 경우 XT2에 6MHz의 크리스탈을 연결하여 클록 신호원으로 사용하였다.

그림 3-22는 내부 ADC의 레퍼런스 전압과 관련된 부분이다. 7번 VR+ 핀은 내부에서 생성된 레퍼런스 전압을 출력하는 핀이고, VER+, VR-는 외부에서 레퍼런스를 만들어서 넣어주는 핀이다. 여기서는 커패시터를 사용하여 7번 핀에서 나오는 내부 레퍼런스를 안정화 하였다. 내부 12비트 아날로그-디지털 변환기에서 사용되는 전원은 0~VR+이고, 이 범위 안의 값을 4096(2^{12})개로 나누어 디지털로 변환한다.

그림 3-23에서는 MSP430이 외부 ADC와 연결된 회로를 보여주고 있다. 포트 5(P5.x)의 경우 시리얼 통신과 관련된 주변 모듈이 할당되어 있다. 이 회로에서는 외부 24비트 ADC와 SPI 통신을 하는 데 사용된다. P5.5의 SMCLK(sub-master clock) 출력을 ADC의 주 클록(main clock)으로 공급하고, P5.3을 통해 시리얼 통신을 위한 동기화 클록(synchronize clock)을 공급한다. P5.2는 P5.3의 sync에 맞추어 데이터가 전송되며, P5.6, P5.7을 이용하여 ADC의 채널을 선택한다.

그림 3-24는 ADC와 DAC 입출력 단자를 보여준다. 포트 6(P6.x)의 주변 모듈은 아날로그와 디지털 신호를 서로 변환하는 역할을 담당한다. ADC0~5까지의 6개 핀은 아날로그 값을 입력 받아 디지털로 바꾸는 역할을 하고, DAC0~1의 두 개의 핀은 디지털 값을 아날로그로 변환하여 출력한다.

그림 3-22 레퍼런스 전압 출력 단자

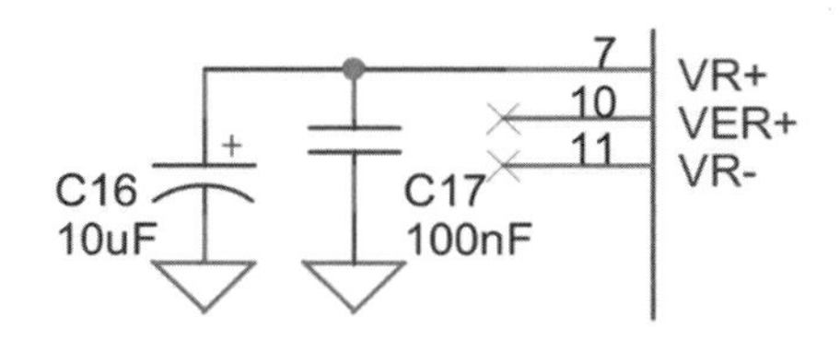

그림 3-23 MCU와 외부 ADC(ADS1254) 사이의 SPI 통신 연결

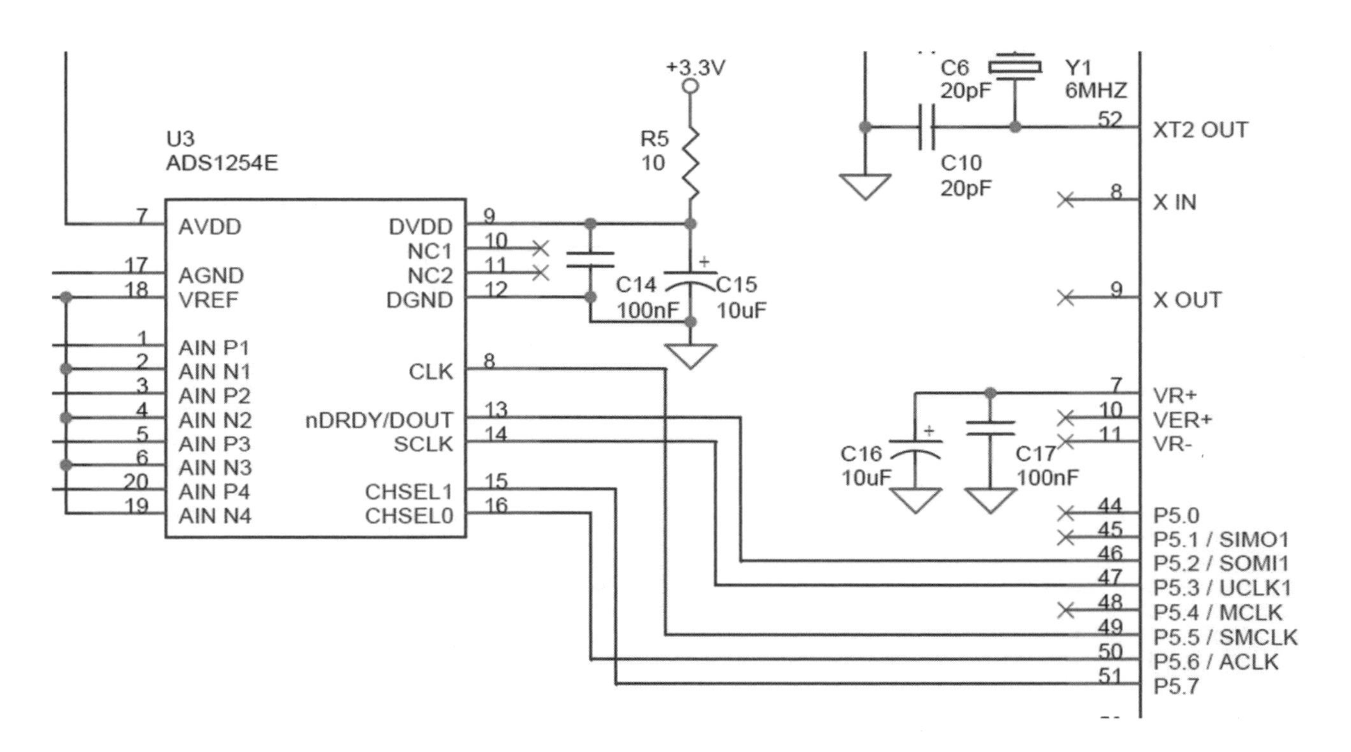

그림 3-24 ADC와 DAC신호의 입출력 단자

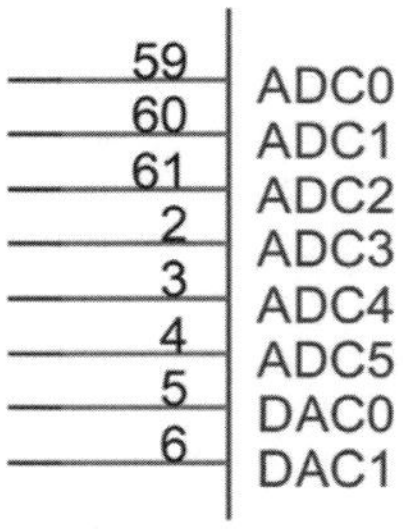

59 ADC0
60 ADC1
61 ADC2
2 ADC3
3 ADC4
4 ADC5
5 DAC0
6 DAC1

그림 3-25 JTAG과 리셋 제어 회로

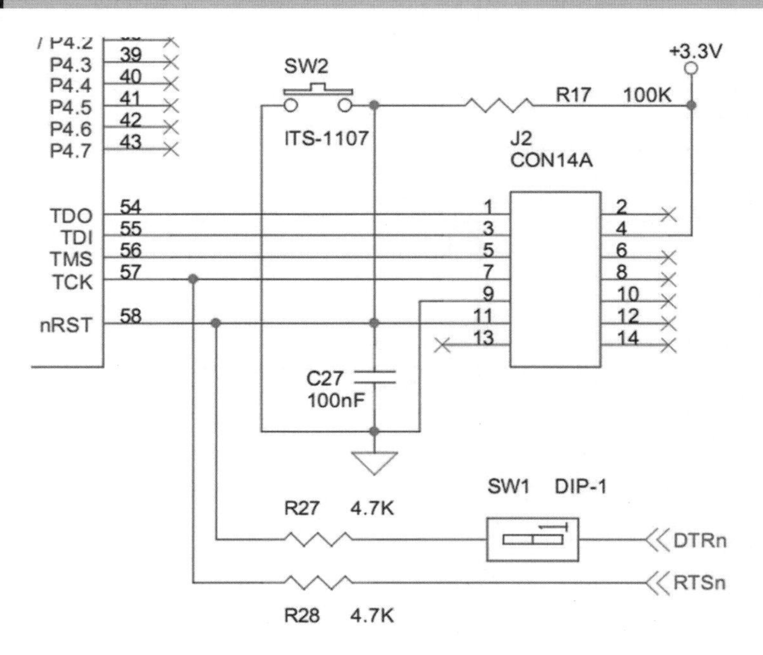

그림 3-25는 MSP430의 프로그램 다운로드와 디버깅을 위한 JTAG 관련 회로이다. J2는 JTAG이 연결되는 커넥터이며 리셋 스위치(SW2)와 연결되어 있다. SW1은 프로그램의 다운로드 방법을 설정하는 스위치로 JTAG와 USB를 통한 다운로드를 가능하게 한다.

그림 3-26에서는 포트 1부터 3까지의 핀들의 연결을 보여주고 있다. 포트 1과 2에 연결된 D1~6은 아날로그 보드의 멀티플렉서와 스위치에 연결되어 제어를 담당하고, 포트 3에 연결된 LED는 프로그램 내에서 조절하여 동작을 확인하는 용도로 사용한다. 포트 1부터 3에 걸쳐 연결된 통신부는 기본적으로 시리얼 통신에 사용되고, 포트 1.1의 BSLTX와 포트 2.2의 BSLRX는 내부의 부트스트랩 로더(Bootstrap loader)를 사용하여 시리얼을 사용한 프로그램 다운로드에 사용된다.

그림 3-26 시리얼 통신과 프로그램이 가능한 LED, 아날로그 보드와의 연결부

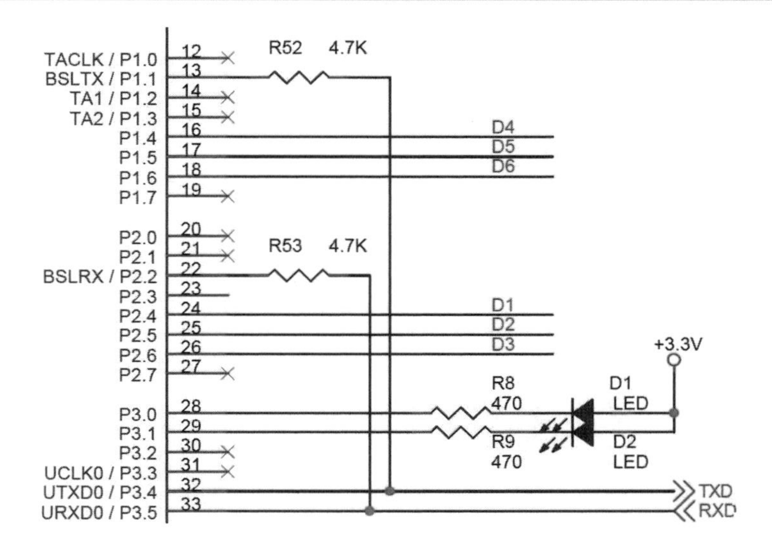

제 2 편

MSP430을 활용한 신호 측정 및 응용편

제 4 장

MSP430의 소개 및 개발환경

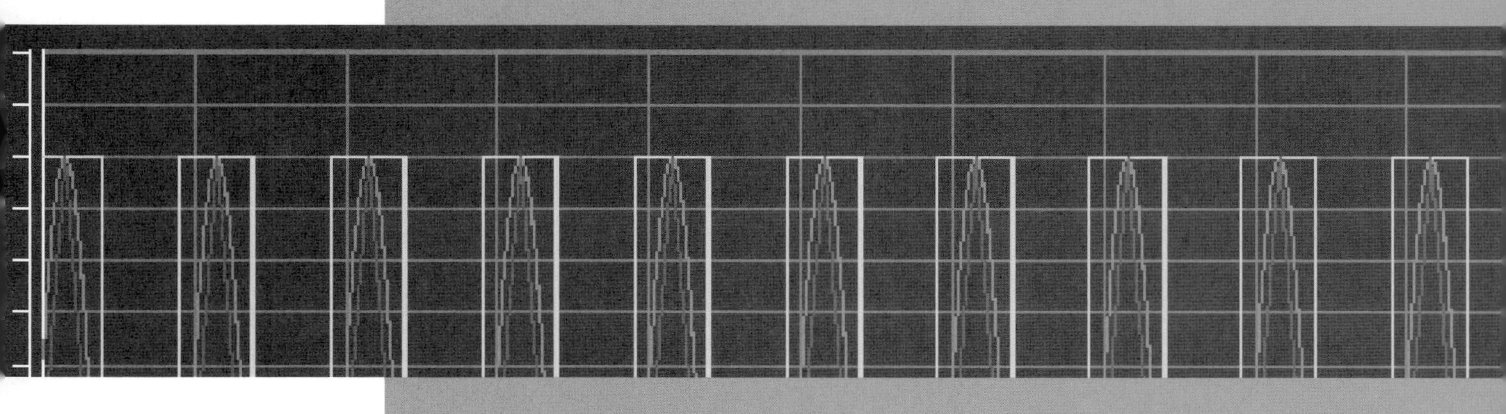

4.1 MSP430 개요

MSP430은 TI(Texas Instruments)에서 만든 마이크로컨트롤러 패밀리 중의 하나로 16비트, RISC(Reduced Instruction Set Computer) 구조 기반의 복합신호프로세서(mixed signal processor)로 특별히 저전력을 위해 설계되었다. 세부적인 특징에 따라 여러 개의 제품군으로 세분되어 있다.

4.1.1 제품군별 특징

MSP430 제품군으로는 그림 4-1에서 보여주듯이 F1xx, F2xx(G2xx), F4xx, 5xx, CC430이 있다. 이러한 제품군은 모두 1.8~3.6V의 동작범위를 가지며 속도, 플래시(flash) 메모리 용량, 램(RAM) 용량, 입출력 포트의 개수, 특수 기능 내장 등에 따라 구분된다. 각 제품군들의 세부 특성에 대해서 알아보면 다음과 같다.

■ MSP430x1xx 시리즈

LCD 컨트롤러가 내장되어 있지 않은 저전력 제품군으로 8MIPS의 처리속도, 60KB까지의 플래시 메모리 용량, 10KB까지의 램을 제공하며, 입출력 개수는 14~48개를 제공한다. 주로 실용적인 고성능 아날로그와 정보처리 기능을 가진 디지털 주변장치를 가지고 있다.

■ MSP430F2xx 시리즈

x1xx 시리즈와 비슷하지만 더욱 더 낮은 전력에서 동작하고 16MIPS의 처리속도, 120KB까

그림 4-1 MSP430 패밀리

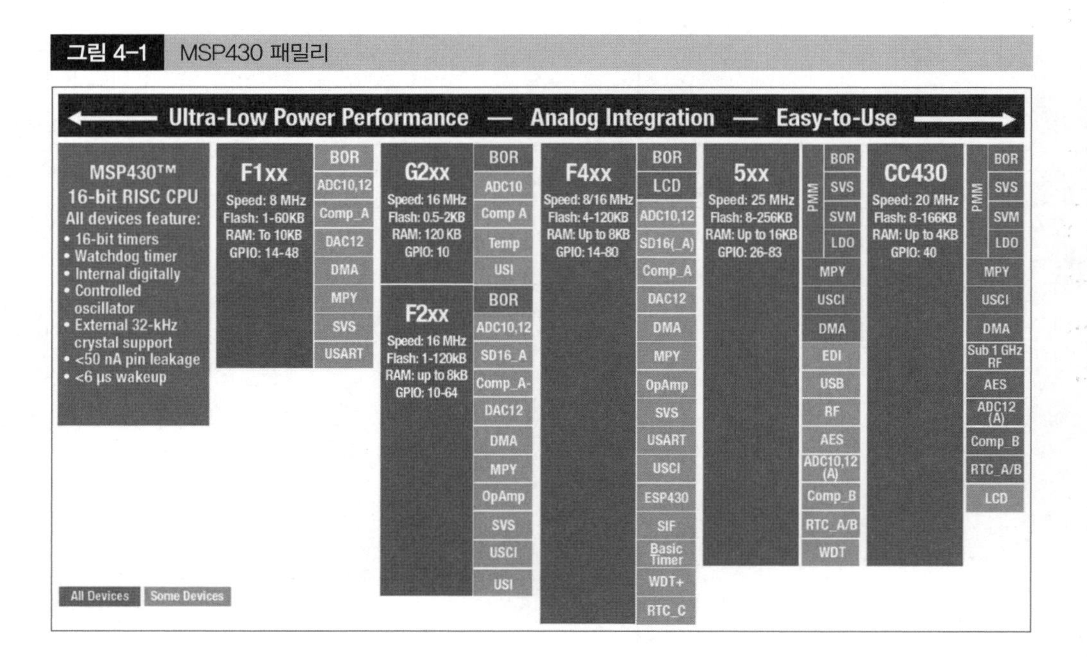

지의 플래시 메모리 용량, 8KB까지의 램, 10~64개의 입출력을 제공한다. 더욱 정확한(±2% 오차) 온칩 클록(on-chip clock)을 가지고 있어서 손쉽게 외부 크리스탈이 없이 동작할 수 있으며, 초저전력 발진기(VLO, Very-Low power Oscillator), 내장 풀-업/풀-다운 저항(pull-up/pull-down resistors) 등을 포함한다.

■ **MSP430G2xx 시리즈**

G2xx 제품군은 F2xx 제품군의 기능을 축소한 형태로 동일한 연산 능력에 2KB까지의 플래시 메모리 용량, 120KB의 램, 10개의 입출력을 가진다. 기능을 축소한 만큼 F2xx 제품군보다 가격이 싸다.

■ **MSP430x4xx 시리즈**

LCD 컨트롤러와 함께 다양한 특수 기능을 내장하고 있는 제품군으로 8/16MIPS, 120KB까지의 플래시 메모리 용량, 8KB까지의 램, 14~80개의 입출력을 가진다. 전력 계량기와 의학적 응용에 이상적인 제품군이다.

■ **MSP430x5xx Series**

x5xx 제품군은 25MIPS의 처리 속도, 256KB까지의 플래시, 16KB까지의 램, 26~83개의 입출력을 지원한다. 특히 최저 전력 소모(165uA/MIPS)를 위한 최적의 혁신적인 전력 관리 모듈을 포함하고 있다. 이 제품군의 다수는 내장된 USB 연결 기능을 가지고 있다.

우리가 사용하는 제품은 MSP430x1xx 제품군에 속하는 MSP430F1610이다(또는 MSP430F1611).

4.1.2 제품명으로 기능 파악하기

TI사에서 판매하는 마이크로컨트롤러는 맨 앞에 MSP라는 접두사가 붙는다. 내부적으로는 XMS를 붙여 개발중인 제품을 표시하기도 한다. 하지만 일반적으로 시장에서 구할 수 있는 것은 MSP로 시작하는 것뿐이기 때문에 그 뒤에 따르는 430이라는 숫자는 MSP430™ 제품군의 모든 제품을 아우르는 것으로 DSP 계열이나 ARM 등과의 차별성을 나타낸다. 그 다

그림 4-2 제품명 각 부분별 의미

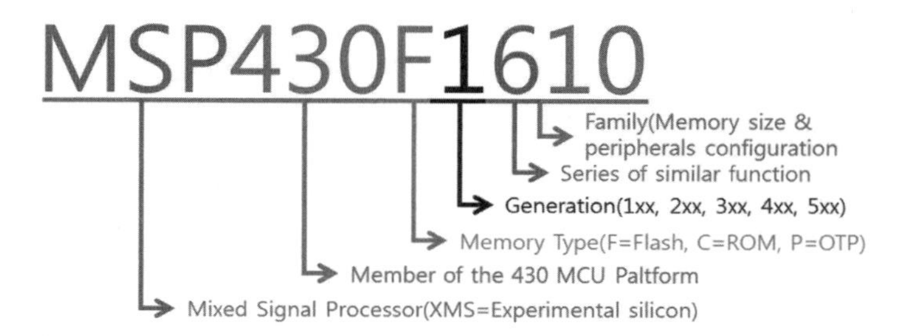

음으로는 F, C 또는 P가 오도록 되어 있다. 이중 C와 P의 경우 각각 ROM(Read Only Memory)과 OTP(One-time Programmable memory)를 사용하는 것으로 주로 대량 생산에 쓰이는 것들이고, 일반적으로는 자유롭게 프로그램을 쓰고 지울 수 있는 플래시(Flash) 방식의 F를 사용한다. 그 뒤에 붙는 숫자들은 제품의 종류를 나타내는데, 앞에서 설명한 것과 같이 1xx, 2xx, 4xx, 5xx의 다양한 제품군들이 이에 해당하며, 우리가 사용하는 MSP430F1610/1611의 경우 1xx제품군 중에 6번에 해당하는 기능을 가진다는 것을 나타낸다. 마지막 숫자(1자리 혹은 2자리)에 따라 해당 제품의 메모리 크기를 알 수 있으며, MSP430F1610에 비해 MSP430F1611이 더 큰 용량을 가지고 있다.

4.1.3 MSP430F1610/1611의 주요 특징

- 폰 노이만(Von Neumann) 구조를 사용한 RISC(Reduced Instruction Set Computer)
- 낮은 입력 전원 범위: 1.8V to 3.6V
- 초저전력소모
  - Active Mode: 330μA at 1MHz, 2.2V
  - Standby Mode: 1.1μA
  - Off Mode(RAM Retention): 0.2μA
- 5가지의 전력 절약모드(mode)
- 6μs 이내에 대기상태에서 wake-up
- 16-bit RISC 구조
- 최대 8MIPS의 성능, 한 명령어를 수행하는 데 최대 125ns의 빠르기로 수행
- 3개의 내부 DMA 채널
- 내부 레퍼런스 전압, 샘플-홀드(sample-and-hold) 회로, 자동스캔(auto-scan)의 특징을 가진 12비트 ADC
- 동기화가 가능한 2개의 12비트 DAC
- 두 종류의 타이머 모듈
  - 3개의 Capture/Compare 레지스터가 있는 16비트 Timer_A
  - 3개 혹은 7개의 Capture/Compare-With-Shadow 레지스터가 있는 16비트 Timer_B
- 내장 비교기(Comparator)
- UART, SPI 또는 I2C로 동작 가능한 시리얼 통신 인터페이스(Serial Communication Interface, USART0)
- UART 또는 SPI로 동작 가능한 시리얼 통신 인터페이스(USART1)
- 부트스트랩 로더(Bootstrap Loader)
- MSP430F1610/1611의 차이

그림 4-3에서 보듯이 MSP430F1610과 MSP430F1611은 거의 모든 특징이 동일하게 구성되어 있고 다만 프로그램 메모리(Program memory)와 SRAM 크기에서 차이를 보인다. MSP430F1610의 경우 32KB의 프로그램 메모리와 5,120B의 SRAM을 가진 데 비해

그림 4-3 MSP430F1610과 MSP430F1611의 공통점과 차이점

(F) Flash	Program (KB)	SRAM (B)	I/O	16-Bit Timers Total	A[2]	B[2]	Watchdog	BOR	SVS	USART: (UART/SPI)	DMA	MPY (16x16)
MSP430F1610	32	5120	48	2	3	7	✔	✔	✔	2 with I^2C	✔	✔
MSP430F1611	48	10240	48	2	3	7	✔	✔	✔	2 with I^2C	✔	✔

	Comp_A	Temp Sensor	ADC Ch/Res	Additional Features	Package(s)	1 kU Price[1]
MSP430F1610	✔	✔	8ch, ADC12	(2) DAC12	64 PM, RTD	8.25
MSP430F1611	✔	✔	8ch, ADC12	(2) DAC12	64 PM, RTD	8.65

MSP430F1611은 48KB의 프로그램 메모리와 10,240B의 SRAM을 지원한다. 따라서 프로그램 크기의 문제만 없다면 두 제품 간의 프로그램 소스코드는 동일하게 쓸 수 있다.

4.1.4 MAP430F1610/1611의 각 핀들의 기능

MSP430F1610/1611은 그림 4-5와 같은 핀 배치를 가지고 있다.

64개의 다리를 가지는 LQFP(Low-profile Quad Flat Package) 타입 패키지로 구성되어 있으며 몇 개의 핀을 제외하면 하나의 핀이 여러 가지 기능을 할 수 있도록 설계되어 있다.

각 핀의 기능은 그림 4-5와 같다. 핀 이름에서 여러 개의 이름이 할당되어 있는 것은 레지스

그림 4-4 MSP430F161x의 내부 구조를 보여주는 블록다이어그램

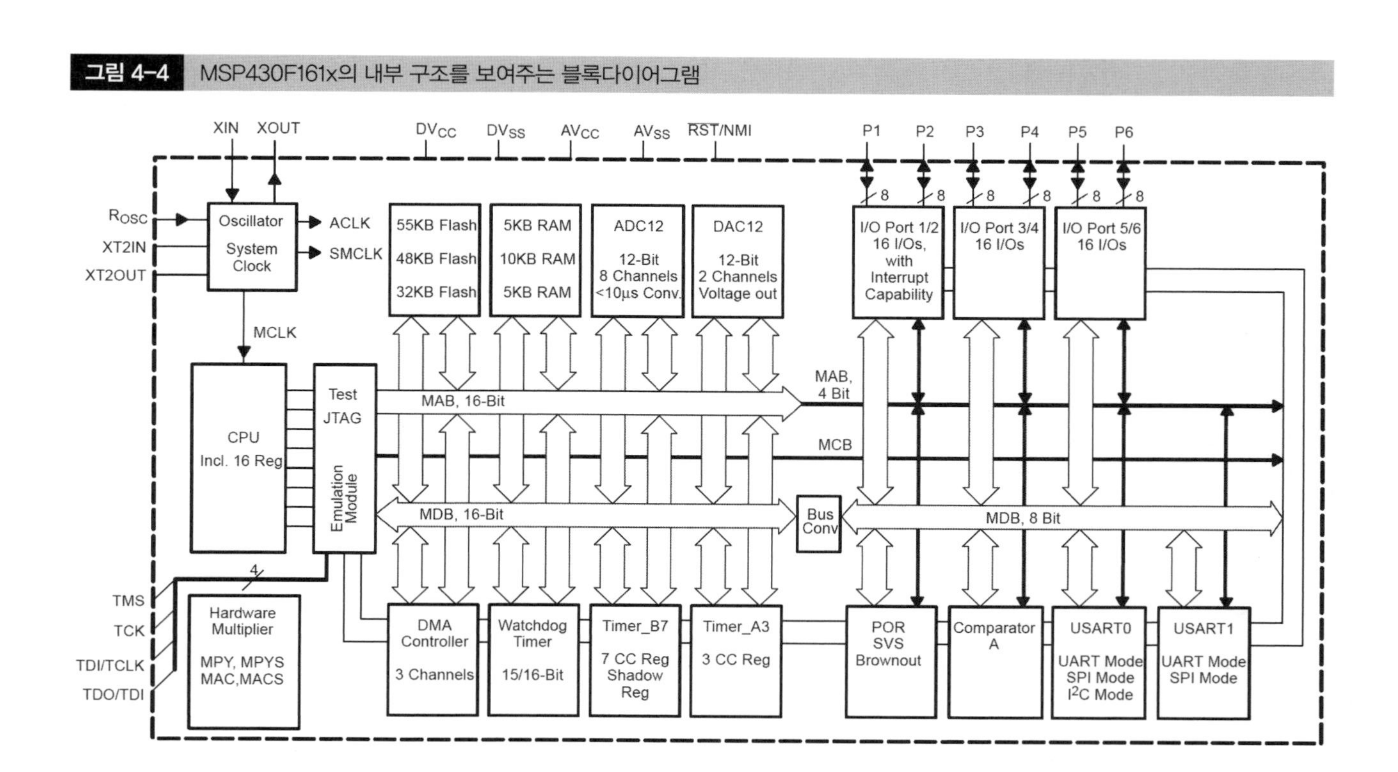

그림 4-5 외부 핀 배치도

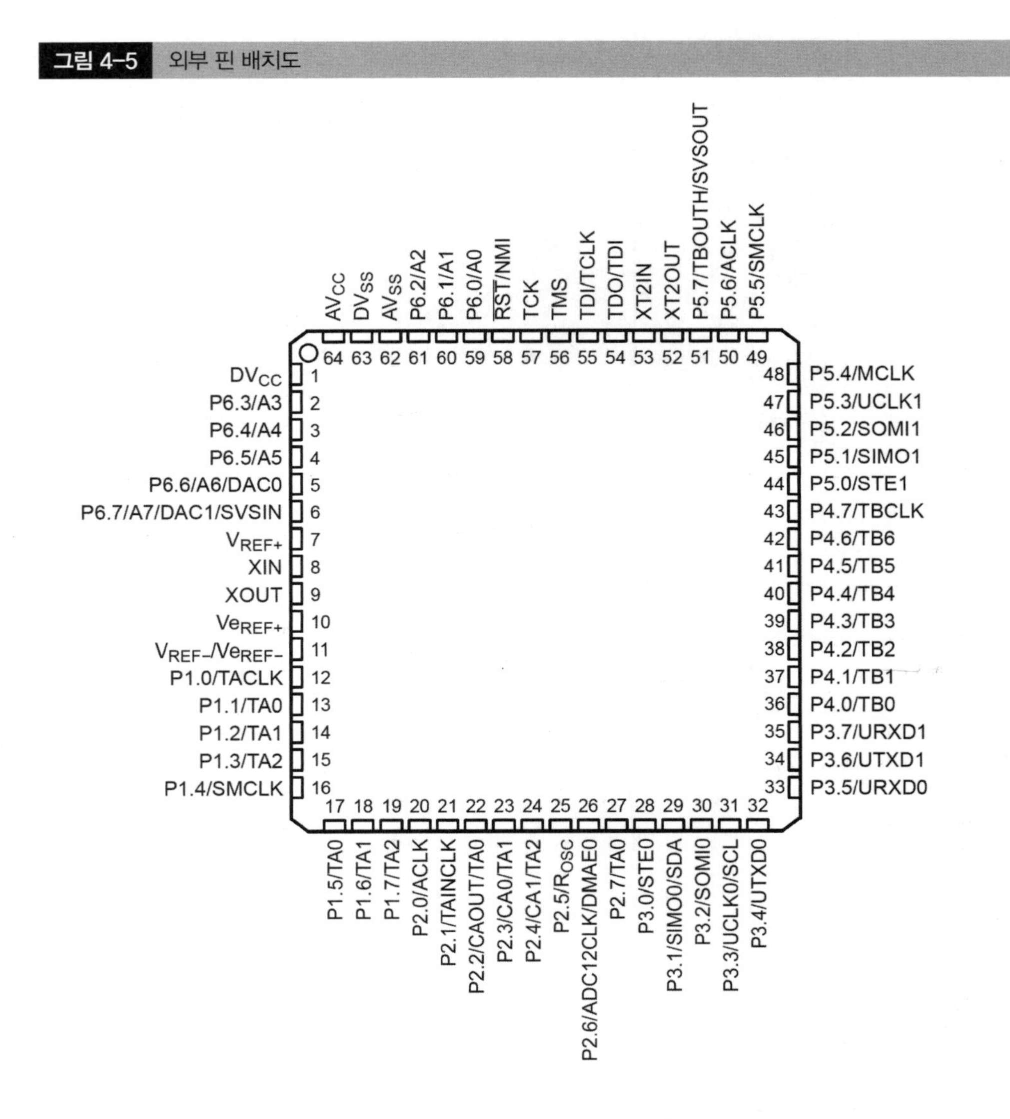

터 설정에 따라 핀의 기능이 달라지는 것이며, GPIO는 범용 입출력 포트(General Purpose Input/Output port)를 뜻한다. I/O는 각 핀의 입출력 방향을 나타내는 것으로 I 또는 O가 있을 때는 각각 입력 또는 출력만 가능하고 I/O로 표기되어 있을 때에는 입출력이 모두 가능하다.

핀 이름	번호	I/O	상세 내용
AV_{CC}	64		A/D, D/A 변환기에서 양의 기준전원을 인가
AV_{SS}	62		A/D, D/A 변환기에서 음의 기준전원을 인가
DV_{CC}	1		Digital 회로에서 사용하는 양 전원(3.3V)을 인가
DV_{SS}	63		Digital 회로에서 사용하는 음 전원(0V)을 인가
P1.0/TACLK	12	I/O	GPIO Port 1의 0번 입출력/Timer_A의 clock 신호(TACLK)입력

P1.1/TA0	13	I/O	GPIO Port1의 1번 입출력/Timer_A capture: CCI0A 입력, compare: Out0 출력/BSL 전송
P1.2/TA1	14	I/O	GPIO Port1의 2번 입출력/Timer_A capture: CCI1A 입력, compare: Out1 출력
P1.3/TA2	15	I/O	GPIO Port 1의 3번 입출력/Timer_A capture: CCI2A 입력, compare: Out2 출력
P1.4/SMCLK	16	I/O	GPIO Port 1의 4번 입출력/SMCLK 신호 출력
P1.5/TA0	17	I/O	GPIO Port 1의 5번 입출력/Timer_A compare: Out0 출력
P1.6/TA1	18	I/O	GPIO Port1의 6번 입출력/Timer_A compare: Out1 출력
P1.7/TA2	19	I/O	GPIO Port1의 7번 입출력/Timer_A compare: Out2 출력
P2.0/ACLK	20	I/O	GPIO Port2의 0번 입출력/ACLK 출력
P2.1/TAINCLK	21	I/O	GPIO Port2의 1번 입출력/Timer_A clock 신호(INCLK) 입력
P2.2/CAOUT/TA0	22	I/O	GPIO Port2의 2번 입출력/Timer_A capture: CCI0B 입력/Comparator_A출력/BSL 수신
P2.3/CA0/TA1	23	I/O	GPIO Port2의 3번 입출력/Timer_A compare: Out1 출력/Comparator_A입력
P2.4/CA1/TA2	24	I/O	GPIO Port2의 4번 입출력/Timer_A compare: Out2 출력/Comparator_A입력
P2.5/Rosc	25	I/O	GPIO Port2의 5번 입출력/DCO 주파수 설정을 위한 외부저항 입력
P2.6/ADC12CLK/ DMAE0	26	I/O	GPIO Port2의 6번 입출력/12-bit ADC,DMA channel 0 외부 trigger
P2.7/TA0	27	I/O	GPIO Port2의 7번 입출력/Timer_A compare: Out0 출력
P3.0/STE0	28	I/O	GPIO Port3의 0번 입출력/USART0-SPI 방식에서 slave transmit enable
P3.1/SIMO0/SDA	29	I/O	GPIO Port3의 1번 입출력/USART0-SPI mode에서 slave in, master out/USART0-I2C mode에서 I2C data
P3.2/SOMI0	30	I/O	GPIO Port3의 2번 입출력/USART0-SPI mode에서 slave out, master in
P3.3/UCLK0/SCL	31	I/O	GPIO Port3의 3번 입출력/USART0-UART 또는 SPI mode에서 외부 clock 입력 /USART0-SPI mode에서 clock 출력/USART0-I2C mode에서 I2C clock
P3.4/UTXD0	32	I/O	GPIO Port3의 4번 입출력/USART0-UART mode에서 data 전송
P3.5/URXD0	33	I/O	GPIO Port3의 5번 입출력/USART0-UART mode에서 data 수신
P3.6/UTXD1†	34	I/O	GPIO Port3의 6번 입출력/USART1-UART mode에서 data 전송
P3.7/URXD1†	35	I/O	GPIO Port3의 7번 입출력/USART1-UART mode에서 data 수신
P4.0/TB0	36	I/O	GPIO Port4의 0번 입출력/Timer_B capture: CCI0A/B 입력/compare: Out0 출력
P4.1/TB1	37	I/O	GPIO Port4의 1번 입출력/Timer_B capture: CCI1A/B 입력/compare: Out1 출력
P4.2/TB2	38	I/O	GPIO Port4의 2번 입출력/Timer_B capture: CCI2A/B 입력/compare: Out2 출력

P4.3/TB3[†]	39	I/O	GPIO Port4의 3번 입출력/Timer_B capture: CCI3A/B 입력/compare: Out3 출력
P4.4/TB4[†]	40	I/O	GPIO Port4의 4번 입출력/Timer_B capture: CCI4A/B 입력/compare: Out4 출력
P4.5/TB5[†]	41	I/O	GPIO Port4의 5번 입출력/Timer_B capture: CCI5A/B 입력/compare: Out5 출력
P4.6/TB6[†]	42	I/O	GPIO Port4의 6번 입출력/Timer_B capture: CCI6A 입력/compare: Out6 출력
P4.7/TBCLK	43	I/O	GPIO Port4의 7번 입출력/Timer_B clock 신호(TBCLK)입력
P5.0/STE1[†]	44	I/O	GPIO Port5의 0번 입출력/USART1-SPI mode에서 slave transmit enable
P5.1/SIMO1[†]	45	I/O	GPIO Port5의 1번 입출력/USART1-SPI mode에서 slave in, master out
P5.2/SOMI1[†]	46	I/O	GPIO Port5의 2번 입출력/USART1-SPI mode에서 slave out, master in
P5.3/UCLK1[†]	47	I/O	GPIO Port5의 3번 입출력/USART1-UART 또는 SPI mode에서 외부 clock 입력/USART1-SPI mode에서 clock 출력
P5.4/MCLK	48	I/O	GPIO Port5의 4번 입출력/main system clock(MCLK)출력
P5.5/SMCLK	49	I/O	GPIO Port5의 5번 입출력/submain system clock (SMCLK)출력
P5.6/ACLK	50	I/O	GPIO Port5의 6번 입출력 /auxiliary clock(ACLK)출력
P5.7/TBOUTH/SVSOUT	51	I/O	GPIO Port5의 7번 입출력/TB0부터 TB6까지의 pin을 high impedance로 하기 위한 switch/SVS comparator 출력
P6.0/A0	59	I/O	GPIO Port6의 0번 입출력/12-bit ADC analog 입력 a0
P6.1/A1	60	I/O	GPIO Port6의 1번 입출력/12-bit ADC analog 입력 a1
P6.2/A2	61	I/O	GPIO Port6의 2번 입출력/12-bit ADC analog 입력 a2
P6.3/A3	2	I/O	GPIO Port6의 3번 입출력/12-bit ADC analog 입력 a3
P6.4/A4	3	I/O	GPIO Port6의 4번 입출력/12-bit ADC analog 입력 a4
P6.5/A5	4	I/O	GPIO Port6의 5번 입출력/12-bit ADC analog 입력 a5
P6.6/A6/DAC0	5	I/O	GPIO Port6의 6번 입출력/12-bit ADC analog 입력 a6/12-bit DAC0 출력
P6.7/A7/DAC1/SVSIN	6	I/O	GPIO Port6의 7번 입출력/12-bit ADC analog 입력 a7/12-bit DAC1 출력/SVS 입력
RST/NMI	58	I	Reset 신호입력(non-maskable interrupt 입력, bootstrap loader 시작)
TCK	57	I	JTAG 또는 bootstrap loader의 clock
TDI/TCLK	55	I	JTAG data 입력
TDO/TDI	54	I/O	JTAG data 출력
TMS	56	I	JTAG test mode 선택
Ve_{REF+}	10	I	외부 기준전원 입력
V_{REF+}	7	O	ADC12의 양 기준전원 출력
V_{REF-}/ Ve_{REF-}	11	I	ADC12의 음 기준전원 입력

XIN	8	I	Crystal oscillator(XT1)의 입력. 표준, 시계용 crystal 부착 가능
XOUT	9	O	Crystal oscillator(XT1)의 출력
XT2IN	53	I	Crystal oscillator(XT2)의 입력. 표준 crystal만 부착 가능
XT2OUT	52	O	Crystal oscillator(XT2)의 출력.

4.1.5 메모리 맵

MSP430은 폰 노이만 구조를 가지고 있기 때문에 그림 4-6과 같이 하나의 메모리 공간을 플래시(Flash)/롬(ROM), 램(RAM), 특수기능 등이 공유하는 구조로 이루어져 있다. 그림에서 보듯이 주소를 할당할 수 있는 전체 메모리는 0h부터 0FFFFh까지의 64KB의 공간을 가지고 있다.

그 중에 잘 알아두어야 할 부분은 Interrupt vector table, Flash/ROM, RAM으로 interrupt vector table은 인터럽트를 발생시키는 데 필요한 우선순위를 나타내고 Flash/ROM은 실제 수행될 코드나 프로그램 수행에 필요한 데이터를 담는다. 램은 실시간으로 진행되는 코드와 수행중인 데이터를 보관하는 역할을 한다.

Flash/ROM의 시작 주소는 각 제품의 Flash/ROM의 용량에 따라 달라지며 그 끝은 항상 0FFFFh이다. Flash 영역은 코드와 데이터 영역으로 사용될 수 있으며, Flash/ROM에 저장된 word/byte table들은 램으로의 복사 없이 바로 읽어서 사용할 수 있다. 또한 interrupt

그림 4-6 MSP430F1xx 제품군의 메모리 맵(Memory map)

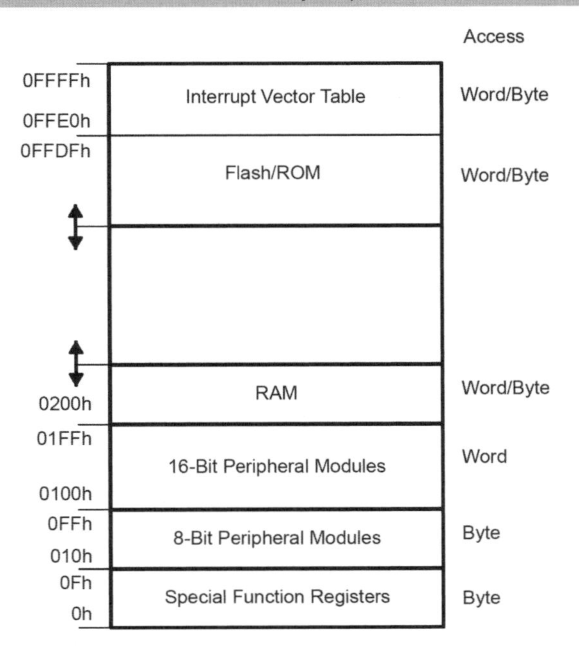

vector table은 Flash/ROM 공간 중 상위 16word 공간에 위치하여 최상위 interrupt vector는 Flash/ROM 공간의 최상위 주소인 0FFFEh를 가리키고 있다. RAM은 항상 0200h를 시작주소로 가지며 끝은 RAM의 용량에 따라 달라진다. RAM도 Flash와 마찬가지로 코드와 데이터를 모두 쓸 수 있다.

RISC 구조

RISC(Reduced Instruction Set Computer)는 CPU 명령어의 개수를 줄여 하드웨어 구조를 좀 더 간단하게 만드는 방식으로, 마이크로프로세서를 설계하는 방법 가운데 하나이다.

전통적인 CISC(Complex Instruction Set Computer) CPU에는 프로그래밍을 돕기 위한 많은 수의 명령어와 주소 모드가 존재했다. 그러나 그 중에서 실제로 쓰이는 명령어는 몇 개 되지 않는다는 사실을 바탕으로, 적은 수의 명령어만으로 명령어 집합을 구성한 것이 RISC이다. 따라서 RISC는 CISC보다 구조가 더 단순하다. 복잡한 연산도 적은 수의 명령어들을 조합하는 방식으로 수행 가능하다.

그리고 CISC 형식의 CPU 내 롬에 소프트웨어적으로 적재된 내부 명령어들을 하드웨어적으로 구성하여 제어기가 제거된 부분에 프로세서 레지스터 뱅크와 캐시를 둔다. 이렇게 함으로써 CPU가 상대적으로 느린 메인 메모리에 접근하는 횟수를 줄여주어 파이프라이닝(pipelining) 등 시스템 수행 속도가 전체적으로 향상된다.

특징

(1) 고정 길이의 명령어를 사용하여 더욱 빠르게 해석할 수 있다.
(2) 모든 연산은 하나의 클록으로 실행되므로 파이프라인을 기다리게 하지 않는다.
(3) 레지스터 사이의 연산만 실행하며, 메모리 접근은 세이브(save), 로드(load) 등 명령어 몇 개로 제한된다. 이렇게 함으로써 회로가 단순해지고, 불필요한 메모리 접근을 줄일 수 있다.
(4) 많은 수의 레지스터를 사용하여 메모리 접근을 줄인다.
(5) 지연 실행 기법을 사용하여 파이프라인의 위험을 피한다.

4.2 개발환경

본 교재에서는 TI의 MSP430 제품군의 개발용 통합환경(IDE, Integrated Development Environment)으로서, IAR사의 Embedded Workbench for MSP430을 사용한다. 이러한 통합환경은 프로그램을 작성하고, 컴파일하며 다운로드하는 모든 과정을 단 하나의 개발환경 하에서 모두 가능하게 한다. 또한, 자체적으로 지원하는 Simulation 기능과 JTAG을 이용한 Emulation기능을 이용하여 프로그램을 작성하고 수정하는 데에 도움을 얻을 수 있다.

Embedded Workbench for MSP430은 고가의 통합환경 프로그램이지만 시험용 사용자들이나 학생들을 위하여 IAR사의 홈페이지(http://iar.com/website1/1.0.1.0/675/1/)에서 기능이 한정된 무료 버전을 제공하고 있다. 무료로 제공되는 개발 툴은 두 가지로 용량제한이 없

그림 4-7 IAR Systems사의 홈페이지

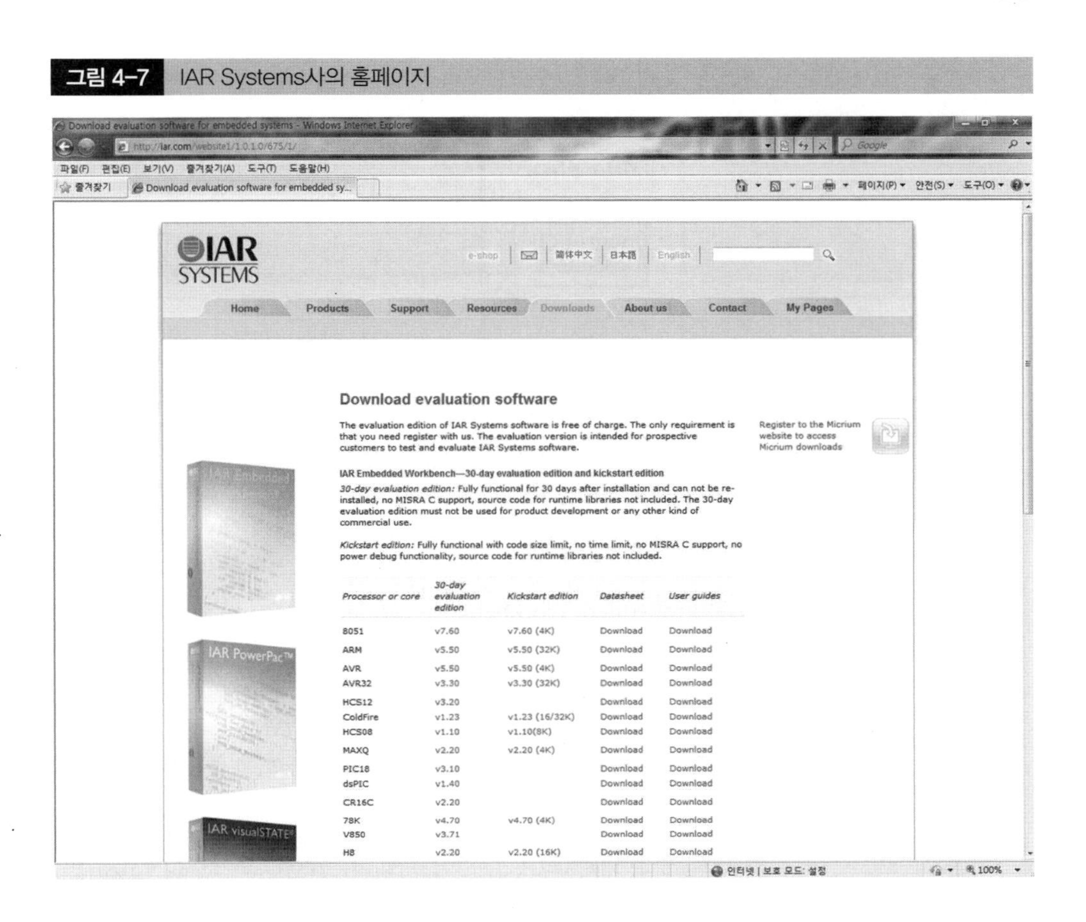

으나 기간이 30일로 제한되는 버전과 기간 제한이 없는 대신 용량 제한(4KB)이 있는 버전이 있다. 본 교재에서는 용량 제한이 없는 평가판 V5.10로 예제를 구성하였다.

이미 머리말 및 1장 3절에서 언급한 바와 같이 모든 소스 및 개발 환경 관련 소프트웨어를 본서의 커뮤니티 사이트인 http://www.ecga2z.com 또는 http://www.ecga2z.net을 통해 다운로드하여 사용할 수 있다.

그림 4-8과 같이 본 교재에 포함된 BMDAQ 보드는 MSP430의 내장된 BSL(BootStrap Loader) 기능을 사용하여 시리얼로 다운로드 하는 방법(그림에서 윗부분)과 JTAG을 이용한 다운로드 방법(그림에서 아랫부분) 두 가지를 지원한다. 앞으로 소개할 내용은 각 방법에 대한 것으로 공통이 되는 프로그램 작성 부분을 제외한 다운로드 부분은 JTAG 보유 여부에 따라 해당하는 부분을 참조하기 바란다.

4.2.1 Embedded workbench를 이용한 프로그램 작성 및 저장

IAR Embedded Workbench를 이용하여 프로그램을 작성하고 저장하기 위해 다음과 같이 단계별 절차를 수행한다.

먼저 단계별 절차를 살펴보면 1단계 작업공간을 확보하고 2단계 MSP430으로 설정하여 준 후에 3단계 새로운 File을 열어서 프로그램을 작성 및 저장을 하는 순서대로 진행한다.

그림 4-8 PC에서 작성한 프로그램을 BMDAQ 보드로 다운로드 하는 방법

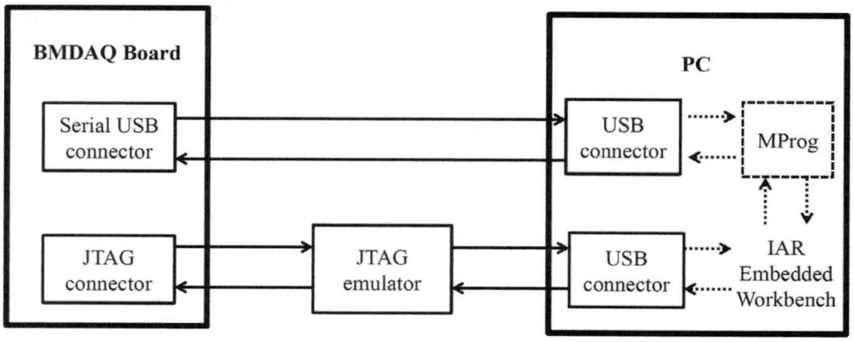

BMDAQ Board

Serial USB connector

JTAG connector

JTAG emulator

PC

USB connector

MProg

USB connector

IAR Embedded Workbench

1단계 : 작업공간 확보

IAR Embedded Workbench는 workspace와 project 개념의 단위로 프로그램을 관리하기 때문에 프로그램을 작성하기 전에 porject의 이름을 지정해주고, 파일들을 저장할 위치도 지정해주어야 한다.

먼저 IAR Embedded Workbench를 실행하면 그림 4-9와 같은 화면이 나타난다.

새로운 workspace를 만들기 위하여 File 메뉴를 선택하면 메뉴 바가 나타나고 메뉴 바에 있는 New메뉴에서 workspace를 선택한다([File] – [New] – [workspace]).

Project 메뉴를 선택하면 메뉴 바가 나타나고 메뉴 바에 있는 Create New Project를 선택하여 프로그램을 작성할 작업공간을 확보한다([Project] – [Create New Project]).

그림 4-9 IAR Embedded Workbench 시작 화면

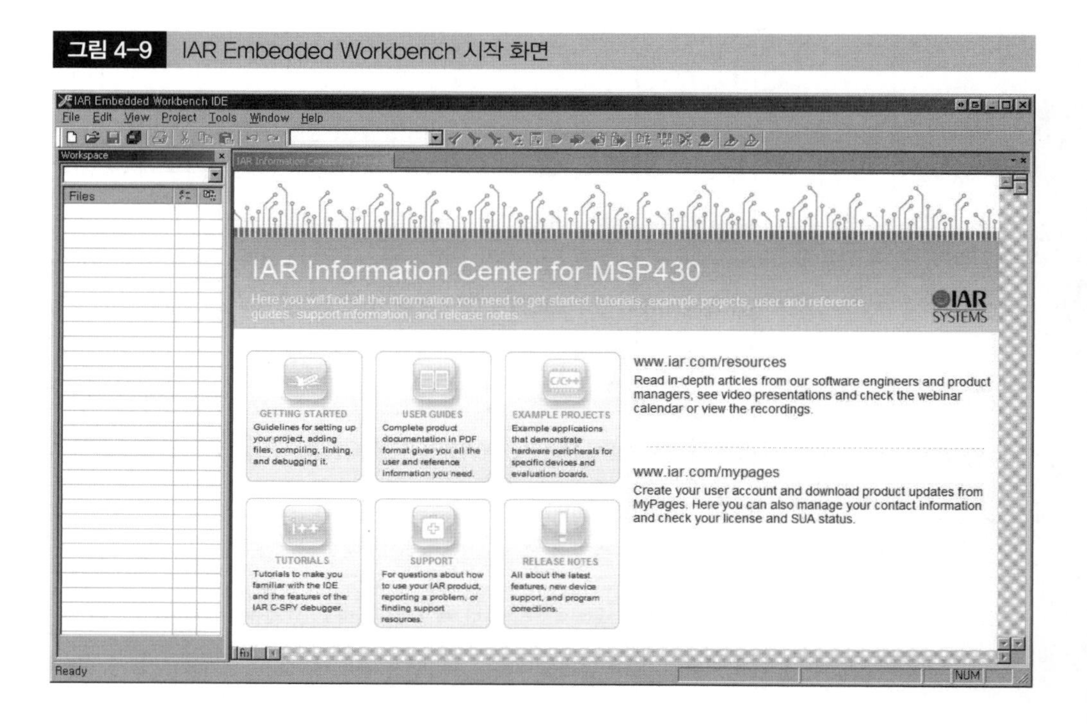

그림 4-10 MSP430 프로젝트 생성

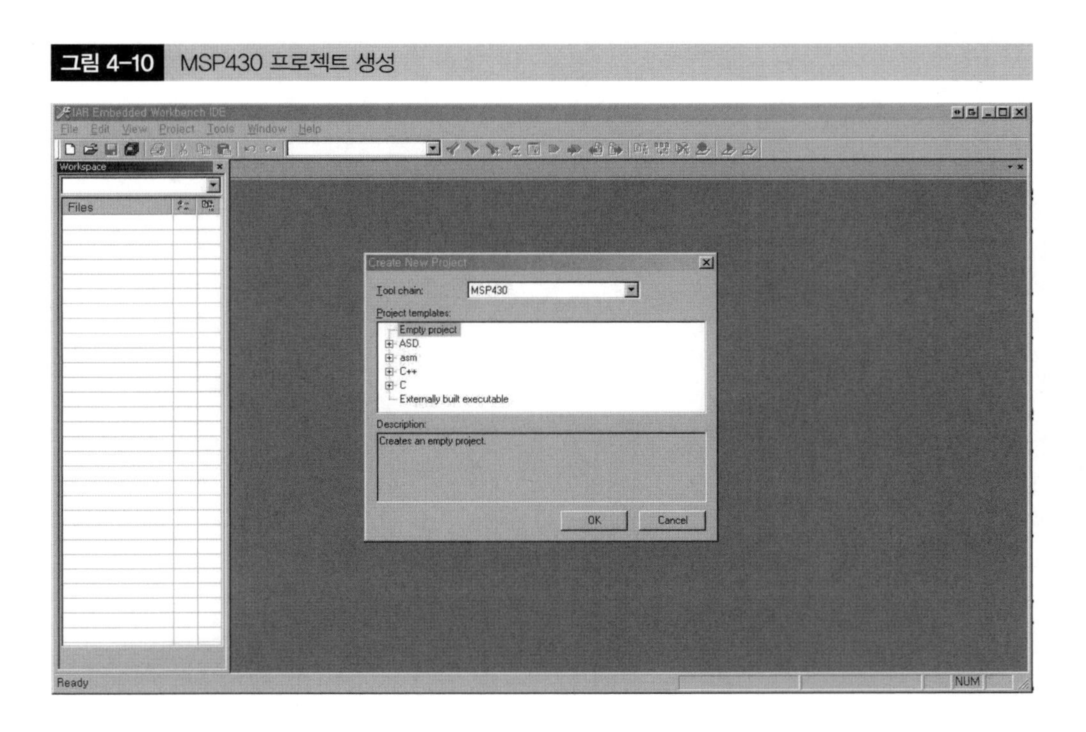

2단계 : MSP430 설정

Create New project 창에서 Tool chain을 MSP430으로 설정하고, Project templates에서 Empty project를 선택한 후 Project 이름을 쓰고 저장(예제로 ch_4.ewp로 저장)한다([Tool chain에서 MSP430설정] – [Empty project] – [Project 이름 쓰고] – [저장]). 또는 C 안에 있는 main을 선택한 후 OK 버튼을 선택한 후 영문으로 이름을 작성하여 설정도 가능하다. 여기서는 빈 프로젝트로 시작하도록 한다.

3단계 : Program 작성 및 저장

프로그램을 작성하기 위해 새로운 파일을 생성한 후에 프로그램을 작성한다. 실행방법은 File 메뉴를 선택하면 메뉴 바가 나타나고 메뉴 바에 있는 New 메뉴에서 File을 선택하여 파일을 생성한다([File] – [New] – [File]). 새로운 파일을 생성한 후에 Port3의 0번과 1번 각각에 연결되어 있는 D1, D2를 점멸하는 다음과 같은 프로그램을 작성한다. 추후 5장에서 소스 코드에 대한 자세한 내용을 다루기로 한다.

```
// ch4. LEDtest
// Include files ************************************************************
#include  <msp430x16x.h>
// Constants, macros and .... ***********************************************
#define   LED1ON                 (P3OUT &= (~BIT0))
#define   LED1OFF                (P3OUT |= BIT0)
#define   LED2ON                 (P3OUT &= (~BIT1))
```

```
#define   LED2OFF                        (P3OUT |= BIT1)

void main(void)
{
          unsigned int i;

          // ***** Watchdog Timer *****
          WDTCTL = WDTPW + WDTHOLD;   // Stop watchdog timer
          // ***** Basic Clock *****
          BCSCTL1 &= ~XT2OFF;         // XT2 on
          BCSCTL2 = SELM_2;           // MCLK = XT2CLK = 6 MHz
          BCSCTL2 |= SELS;            // SMCLK = XT2CLK = 6 MHz

          // ***** Port Setting *****
          P3SEL &= ~(BIT0 | BIT1);    // set P3.0,1 to GPIO
          P3DIR |= (BIT0 | BIT1);     // set direction of P3.0,1 as output

          // ***** Initialize LEDs *****
          LED1ON;
          LED2OFF;

          while(1)
          {
                   for(i=0;i<50000; ++i);

                   LED1OFF;
                   LED2ON;

                   for(i=0;i<50000; ++i);

                   LED1ON;
                   LED2OFF;
          }
}
```

상기와 같이 프로그램을 작성한 후 File 메뉴를 선택하면 메뉴 바가 나타나고 메뉴 바에 있는 Save를 선택하여 program을 저장(예제로 ledtest.c로 저장)한다.

작성한 ledtest.c 파일을 프로젝트에 포함시키기 위해서는 Project에 다른 file을 추가하는 방법은 마우스를 Workspace에서 위에 올려놓고 마우스의 오른쪽 버튼을 클릭하면 메뉴 바가 나타나고, 메뉴 바에 있는 Add를 선택하면 추가할 수 있는 파일이 보여지므로 선택하면 된다(위에서 작성한 ledtest.c를 선택).

그림 4-11 프로젝트에 작성한 파일 추가하기

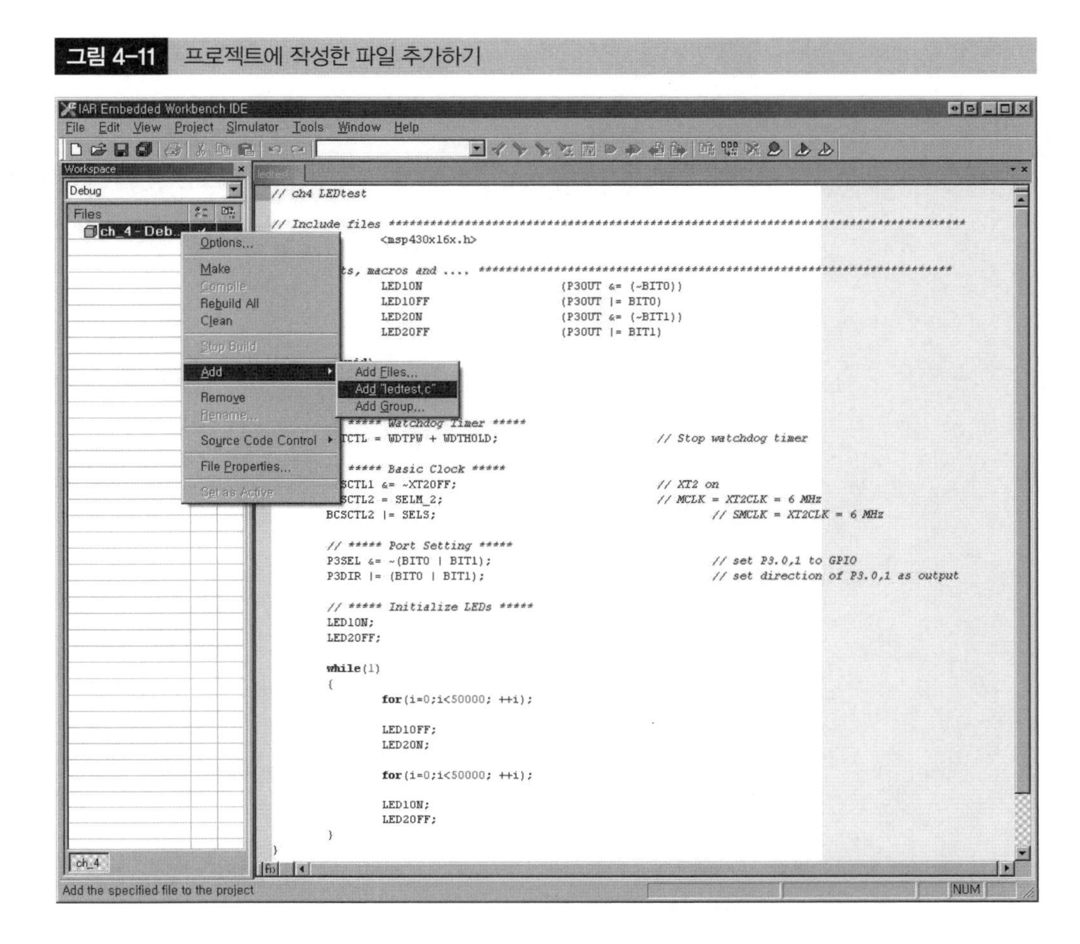

4.2.2 부트스트랩 로더 기능을 이용한 시리얼 다운로드

BMDAQ의 다운로드의 방법은 FT232RL으로 시리얼 통신을 이용하는 방법과 JTAG을 이용한 방법 모두 가능하도록 설계되었다. 이 두 가지 방법 중에 먼저 시리얼 다운로드 방법을 단계별로 살펴보자.

부트스트랩 로더(BSL, Bootstrap loader) 기능을 이용한 시리얼 다운로드 방법 설명 전에 준비해야 할 항목을 살펴보면 IAR Embedded Workbench와 BMDAQ 보드와 연결 USB 케이블로 그림 4-12와 같다.

1단계 : FT232R_USB 드라이버 다운로드 및 설치

BMDAQ 보드와 PC를 연결하기 위해 FT232R_USB 드라이버 다운로드 및 설치를 해야 하는데 Windows XP나 Vista의 경우 자동 설치되나 필요한 경우 PC에 USB 드라이버를 설치해야 한다. 설치할 수 있는 FT232R_USB 드라이버는 http://www.ftdichip.com/Drivers/D2XX.htm에서 다운로드가 가능하다. 또한 본서의 커뮤니티인 http://www.ecga2z.com에서 다운로드 가능하다.

그림 4-12 BSL 시리얼 다운로드를 위한 보드, 케이블, IAR 통합환경

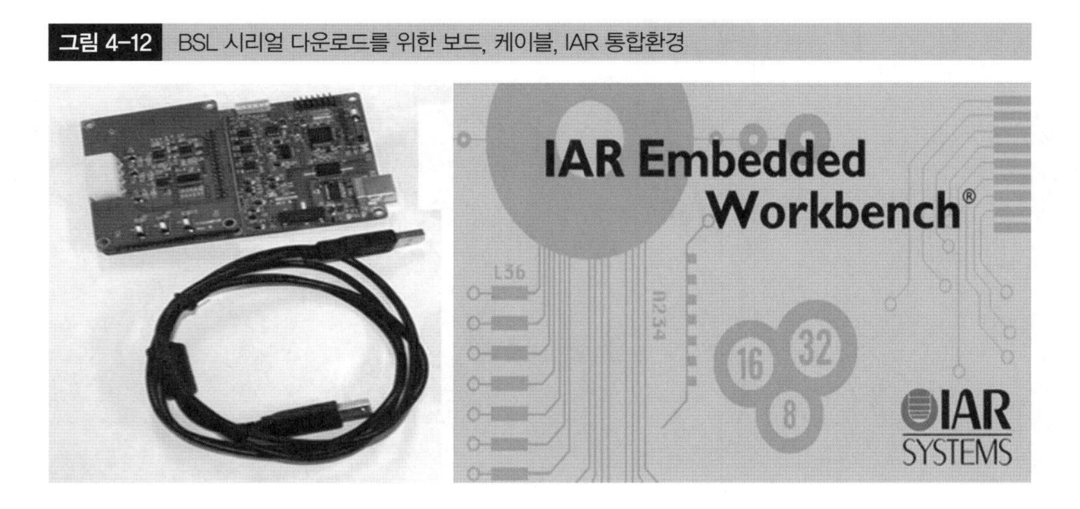

위의 사이트에 접속한 후에 스크롤 바를 아래로 내리면 그림 4-13과 같은 화면이 나타난다. 화면에서 PC 운영체제와 맞는 드라이버를 다운받아 PC에 설치하면 그림 4-14와 같이 된다.

다운로드 받은 드라이버 파일을 적당한 위치(여기서는 바탕화면에)에 압축을 푼 후에, BMDAQ 보드와 PC를 USB 케이블로 연결하면 그림 4-14와 같은 창이 뜨면 장치를 연결할

그림 4-13 FT232R_USB 드라이버 다운로드 사이트

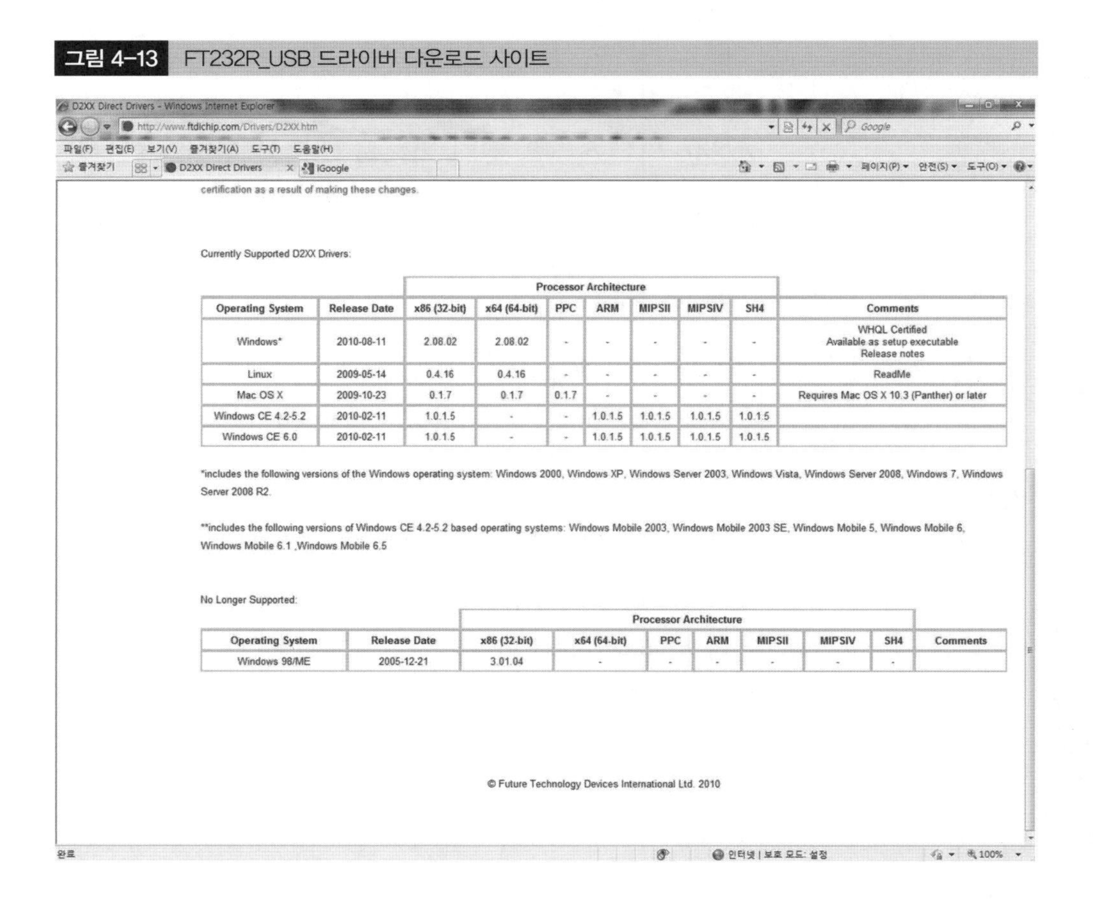

certification as a result of making these changes.

Currently Supported D2XX Drivers:

Operating System	Release Date	Processor Architecture							Comments
		x86 (32-bit)	x64 (64-bit)	PPC	ARM	MIPSII	MIPSIV	SH4	
Windows*	2010-08-11	2.08.02	2.08.02	-	-	-	-	-	WHQL Certified Available as setup executable Release notes
Linux	2009-05-14	0.4.16	0.4.16	-	-	-	-	-	ReadMe
Mac OS X	2009-10-23	0.1.7	0.1.7	0.1.7	-	-	-	-	Requires Mac OS X 10.3 (Panther) or later
Windows CE 4.2-5.2	2010-02-11	1.0.1.5	-	-	1.0.1.5	1.0.1.5	1.0.1.5	1.0.1.5	
Windows CE 6.0	2010-02-11	1.0.1.5	-	-	1.0.1.5	1.0.1.5	1.0.1.5	1.0.1.5	

*includes the following versions of the Windows operating system: Windows 2000, Windows XP, Windows Server 2003, Windows Vista, Windows Server 2008, Windows 7, Windows Server 2008 R2.

**includes the following versions of Windows CE 4.2-5.2 based operating systems: Windows Mobile 2003, Windows Mobile 2003 SE, Windows Mobile 5, Windows Mobile 6, Windows Mobile 6.1 ,Windows Mobile 6.5

No Longer Supported:

Operating System	Release Date	Processor Architecture							Comments
		x86 (32-bit)	x64 (64-bit)	PPC	ARM	MIPSII	MIPSIV	SH4	
Windows 98/ME	2005-12-21	3.01.04	-	-	-	-	-	-	

© Future Technology Devices International Ltd. 2010

그림 4-14 새 하드웨어 검색 마법사 화면

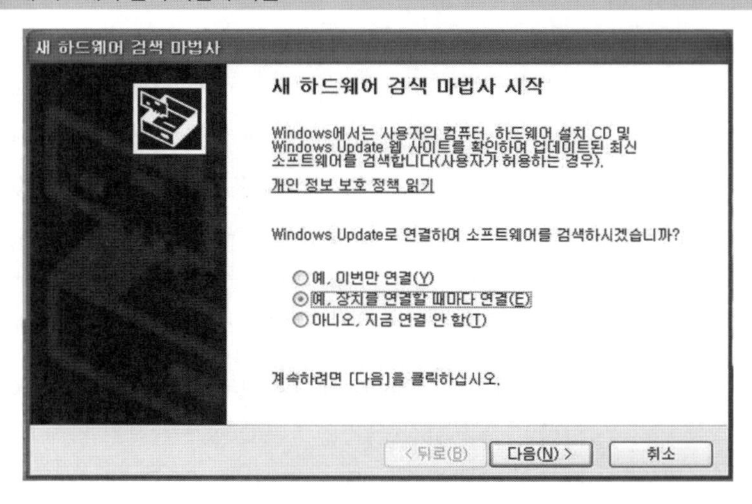

때마다 연결될 수 있도록 선택하여 준다. 물론 자동으로 설치되는 경우는 이후의 설치 과정 없이 바로 사용이 가능하다.

설치가 시작되면 설치경로를 지정해주기 위해 고급설정을 선택한다. 그리고 압축 파일을 푼 폴더를 경로로 지정해주면 설치 과정이 시작된다.

새 하드웨어 검색 마법사 완료 창이 뜨면 문제 없이 설치가 된 것이다. 또한, 드라이버가 정상적으로 PC와 연결되었는지는 BMDAQ 보드의 D3 LED의 동작유무로 확인할 수 있다. 드라이버가 정상적으로 PC와 연결되지 않았다면 BMDAQ 보드의 D3는 'off' 상태로 있을 것이고, 드라이버가 정상적으로 설치되었다면 'on' 상태로 바뀌는 것을 확인할 수 있다.

위와 같은 방법으로 두 번 실행되고 두 개의 드라이버가 설치된다. 설치 후 Windows 장치 관리자에서 COM 포트가 연결되었는지 확인하고 COM port에 연결된 번호를 알아둔다.

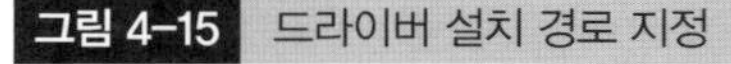
그림 4-15 드라이버 설치 경로 지정

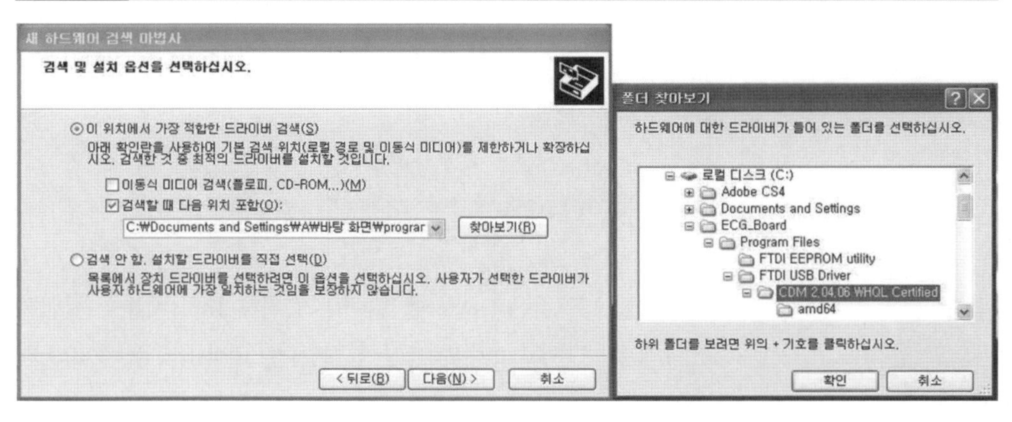

2단계 : MProg 다운로드 및 설정

MProg를 설치하는 이유는 BMDAQ 보드의 USB-시리얼 칩을 설정하여 다운로드가 용이하게 하는 역할을 하기 때문이다. MProg는 http://www.ecga2z.com에서 다운 받을 수 있다. 또한 정식 사이트인 http://www.ftdichip.com/Support/Utilities.htm에서 다운로드 받을 수 있다. 이 사이트에 접속을 하면 MProg x.x－EEPROM Programming Utility 항목에서 'MProg is available fro download by clicking here' 라는 문구 위치를 클릭하면 다운로드가 가능하다. 정식 사이트는 계속하여 업그레이드가 되므로 http://www.ecga2z.com에서 다운로드 받아 사용하길 권장한다. 본서에서는 MProg 3.5를 기준으로 설명하도록 한다.

다운로드 후 압축되어 있는 파일의 압축을 풀고 MProg를 실행한다. BMDAQ 보드의 USB-시리얼 칩을 설정한다. 연결된 Device를 찾기 위해 Device 메뉴를 선택하면 메뉴 바가 나타나고 메뉴 바에 있는 Scan을 선택한다([Device]－[Scan]).

그림 4-16 MProg Device Scan

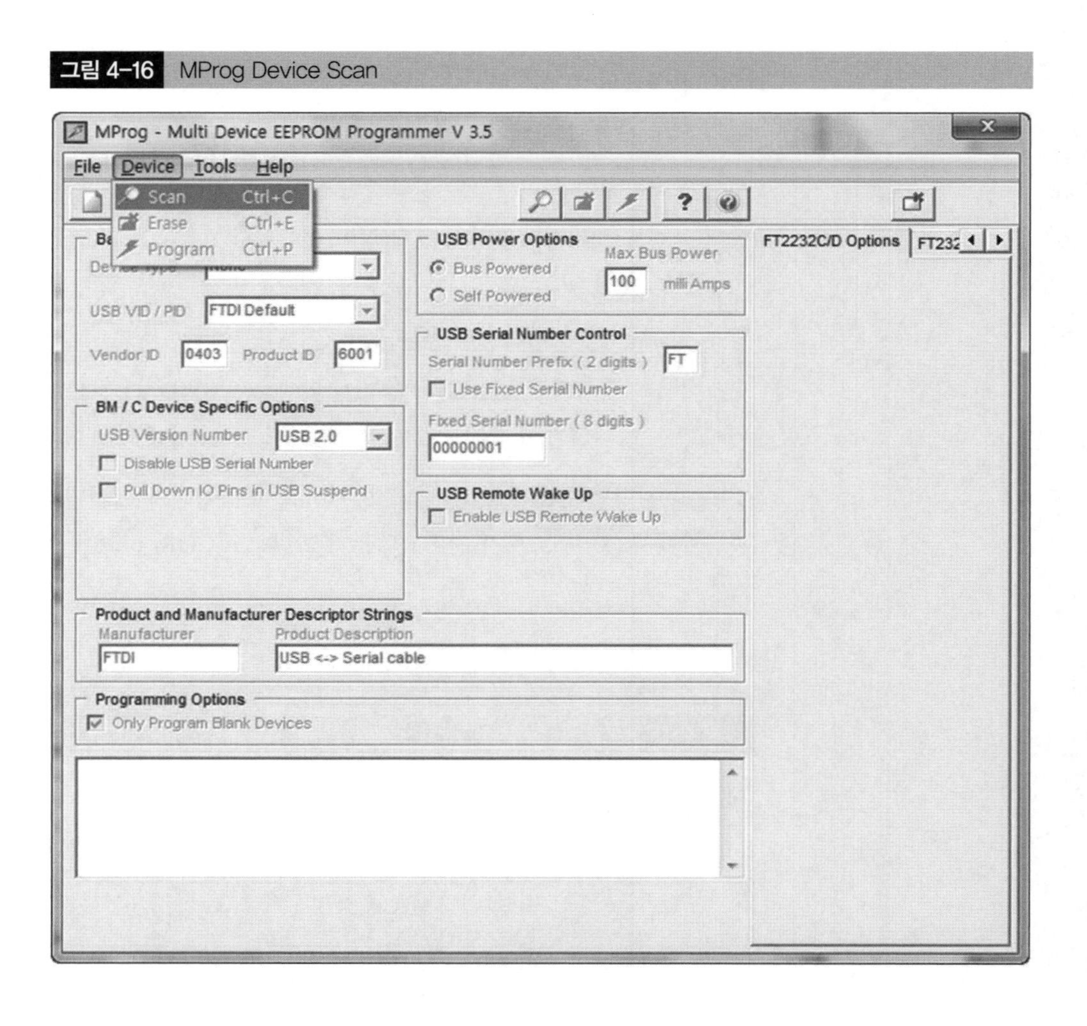

위의 방법으로 찾은 Device를 읽어주기 위해 Tools메뉴를 선택하면 메뉴 바가 나타나고 메뉴 바에 있는 Read and Parse를 선택한다([Tools]－[Read and Parse]).

그림 4-17 Tools – Read and Parse

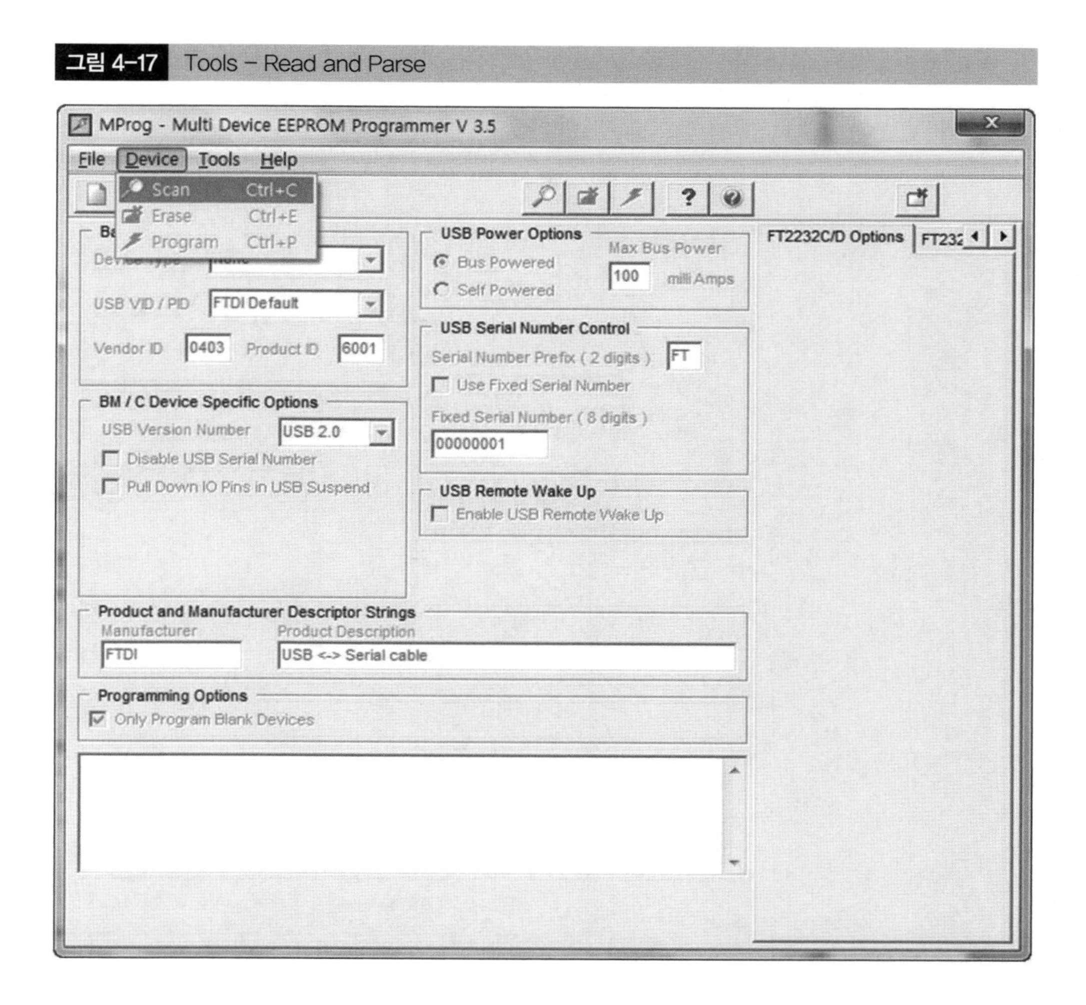

모두 default 값을 사용하지만 FT232R tab의 Invert RS232 Signals group에서 Invert RTS#과 Invert DTR#을 check 하고 디스크 모양의 Save 버튼을 선택하여 Save를 해야 program이 가능하다([FT232L tab] – [invert RTS# check] – [invert DTR# check] – [디스크 모양의 Save버튼]).

그림 4-18 MProg 설정 및 templates 저장

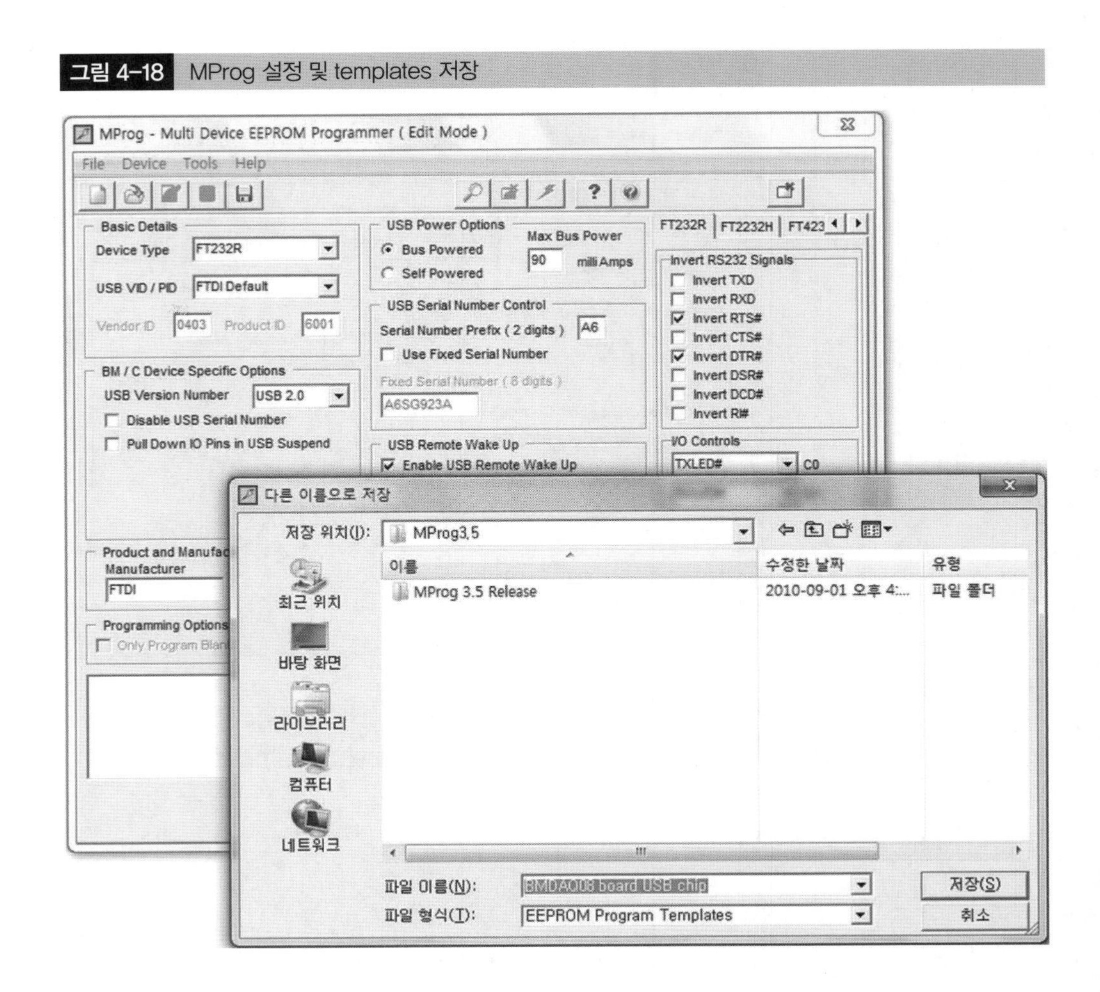

Device메뉴를 선택하면 메뉴 바가 나타나고 메뉴 바에서 Program을 선택하여 설정을 마친다. 특별한 에러 메시지 없이 'Programmed Serial Number : XXXXXXXX' 가 표시되면 정상적으로 프로그램 된 것이다.

3단계 : IAR Embedded Workbench의 환경설정

IAR Embedded Workbench 환경에는 다양한 디바이스가 존재하기 때문에 본서에서 사용하는 MSP430F1610(또는 1611)과 연동할 수 있도록 설정해주어야 한다. 또한 다양한 debugging tool을 제공하기 때문에 시리얼 다운로드에서 사용하는 Linker로 Option을 변경해 주어 환경설정을 한다.

먼저 http://www.ecga2z.com에서 BSLDEMO2.zip 파일을 다운받아 압축을 해제한 후 BSLDEMO2.exe 및 PATCH.TXT 파일을 IAR Embedded Workbench 폴더 > 430 > plugins 폴더 아래에 BSLDEM02 폴더를 만들고 복사한다([C:\Program Files\IAR Systems\ Embedded Workbench 6.0 Kickstart\430\plugins\BSLDEM02]). 물론 폴더를 다른 이름으로 설정해도 무관하다.

그림 4-19 BSLDEMO2을 폴더 생성 및 복사

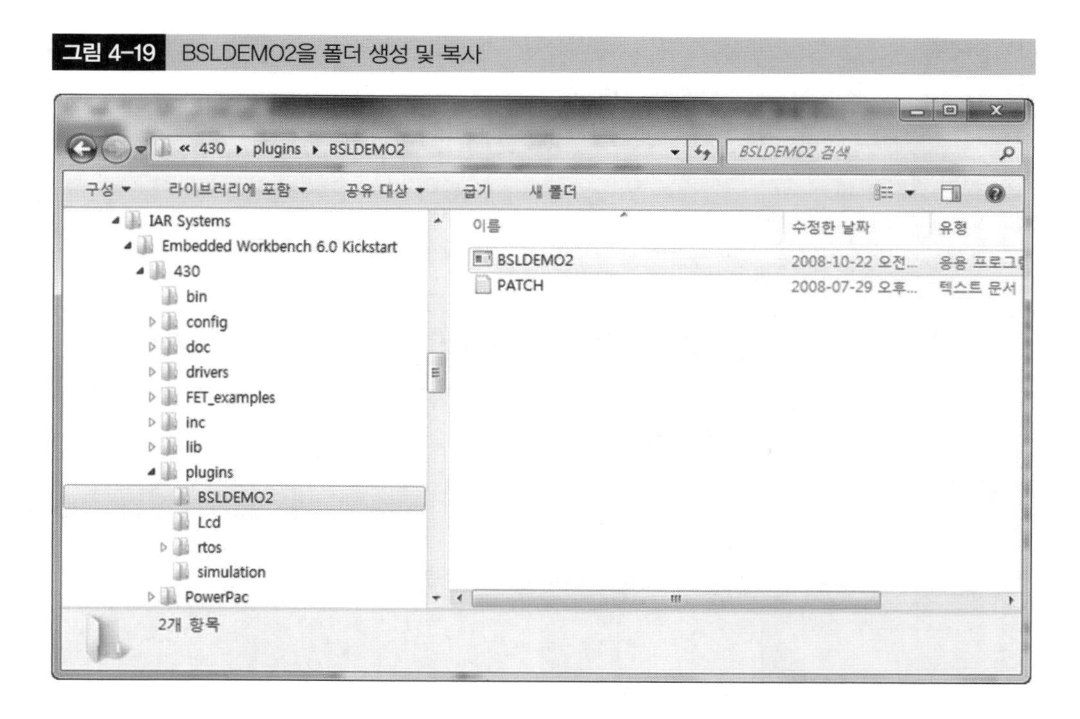

이제 IAR Embedded Workbench 통합환경에서 설정을 하도록 한다. 설정방법은 Workspace에서 해당 프로젝트를 클릭하고 마우스 오른쪽 버튼을 클릭하면 메뉴 바가 나타나고 메뉴 바에 있는 Options을 선택한다.

Options을 선택하면 Options for node '프로젝트 명' 창이 나타난다(예제에서는 Options for node "ch_4"). 창에서 category 메뉴에 있는 General Options을 선택하고 Target 탭에서 Device를 MSP430F1610(또는 1611)으로 맞추어준다.

그림 4-20 Target Device(MSP430F1610/1611) 설정

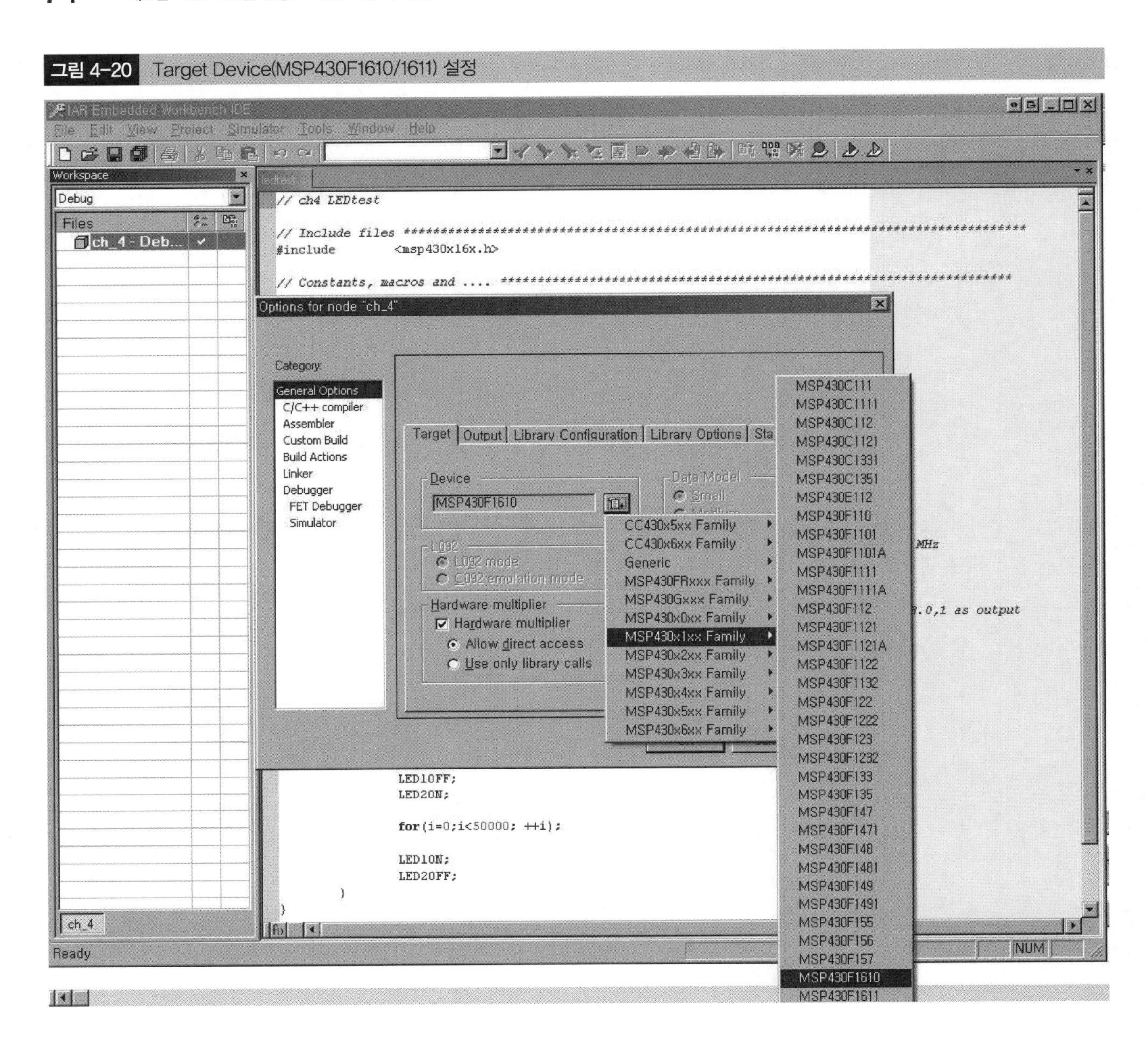

category메뉴에 있는 Linker를 선택하고 Output tab에서 Format을 Other msp430-txt로 설정한 후에 OK를 선택하여 설정을 저장한다.

그림 4-21 Format－Other－msp430-txt 설정

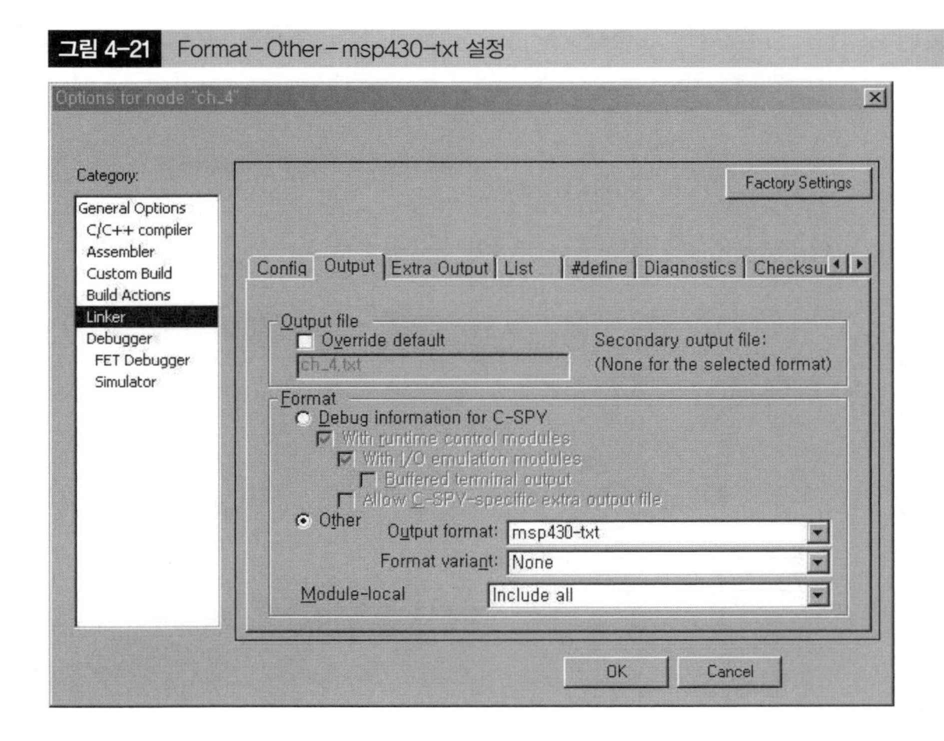

Tools을 선택하면 메뉴 바가 나타나고 메뉴 바에서 Configure Tools을 선택하면 Configure Tools 창이 열린다([Tools]－[Configure Tools]).

'New' button을 눌러서 새로운 Menu를 생성하고, 생성한 Menu Text에 'BMDAQ08 Bootloader via USB'를 입력한다. Command에서 Browse button을 눌러서 이미 복사한 BSLDEMO2 폴더에 있는 BSLDEMO2.exe를 선택한다. Argument 난에 '-cCOMx $TARGET_FNAME$' 라고 입력한다(여기서 x는 장치관리자로 확인한 COM port 번호를 기록하여 준다). Initial Directory 난에 '$TARGET_DIR$' 라고 입력하고, Redirect to Output Window를 check한다. Tool Available에서 Always를 선택하고 OK를 선택하여 설정을 저장한다([New]－[Menu Text에 BMDAQ08 Boot Load via USB]－[Command에서 Browse button]－[BSLDEMO2.exe]－[Argument에서 -cCOMx $TARGET_FNAME$(x는 port 번호)]－[Initial Directory에서 $TARGET_DIR$]－[Redirect to Output Window]－[Tool Available에서 Always]－[OK]).

그림 4-22 Tools 설정 화면

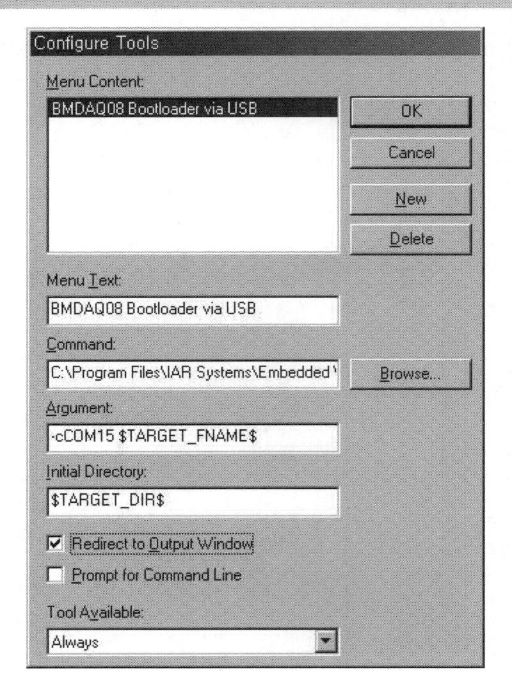

4단계 : 프로그램 컴파일, 링크, 다운로드

IAR Embedded Workbench를 사용하여 4.2.1절에서 작성한 프로그램을 다운로드 해보도록 한다. 프로그램을 다 작성한 후에 Project 메뉴를 선택하고 메뉴 바에서 Rebuild All을 클릭하면 Workspace를 저장하도록 창이 뜬다. 저장할 Workspace 명을 적절하게 명기한 후에 저장을 한다(예제로 BMDAQ_ws로 쓴 후 저장). 컴파일 및 링크를 수행하고 오류 없이 진행된 것을 그림 4-23에서 확인한다.

이제 작성한 프로그램을 다운로드 해보도록 한다. 먼저 BMDAQ 보드의 SW1을 프로그램 다운로드 위치(USB 커넥터가 있는 방향)로 둔다.

Tools를 선택하면 메뉴 바가 나타나고 메뉴 바에서 BMDAQ08 Bootloader via USB를 실행한다.

몇 초 경과 후 IAR Embedded Workbench 하부 message 창에 결과 message가 ‘Programming completed. ~’ 와 같이 표시된다.

이제 다운로드한 프로그램을 실행하기 위해 BMDAQ 보드의 SW1을 실행위치(SW2 리셋 스위치가 있는 방향)로 바꾼다. 그러면 바로 LED D1, D2가 번갈아 가면서 점멸함을 확인할 수 있을 것이다.

IAR Embedded Workbench와 BMDAQ 보드 부트스트랩 로더(BSL)의 기능은 사용자가 작성한 코드를 컴파일 및 링크를 수행하고 다운로드 하는 것까지이다. BMDAQ 보드에 응용 프로그램을 다운로드한 후에 진행되는 BMDAQ 보드와의 통신을 위한 PC 프로그램은

그림 4-23 오류 없는 Rebuild All 실행 결과 화면

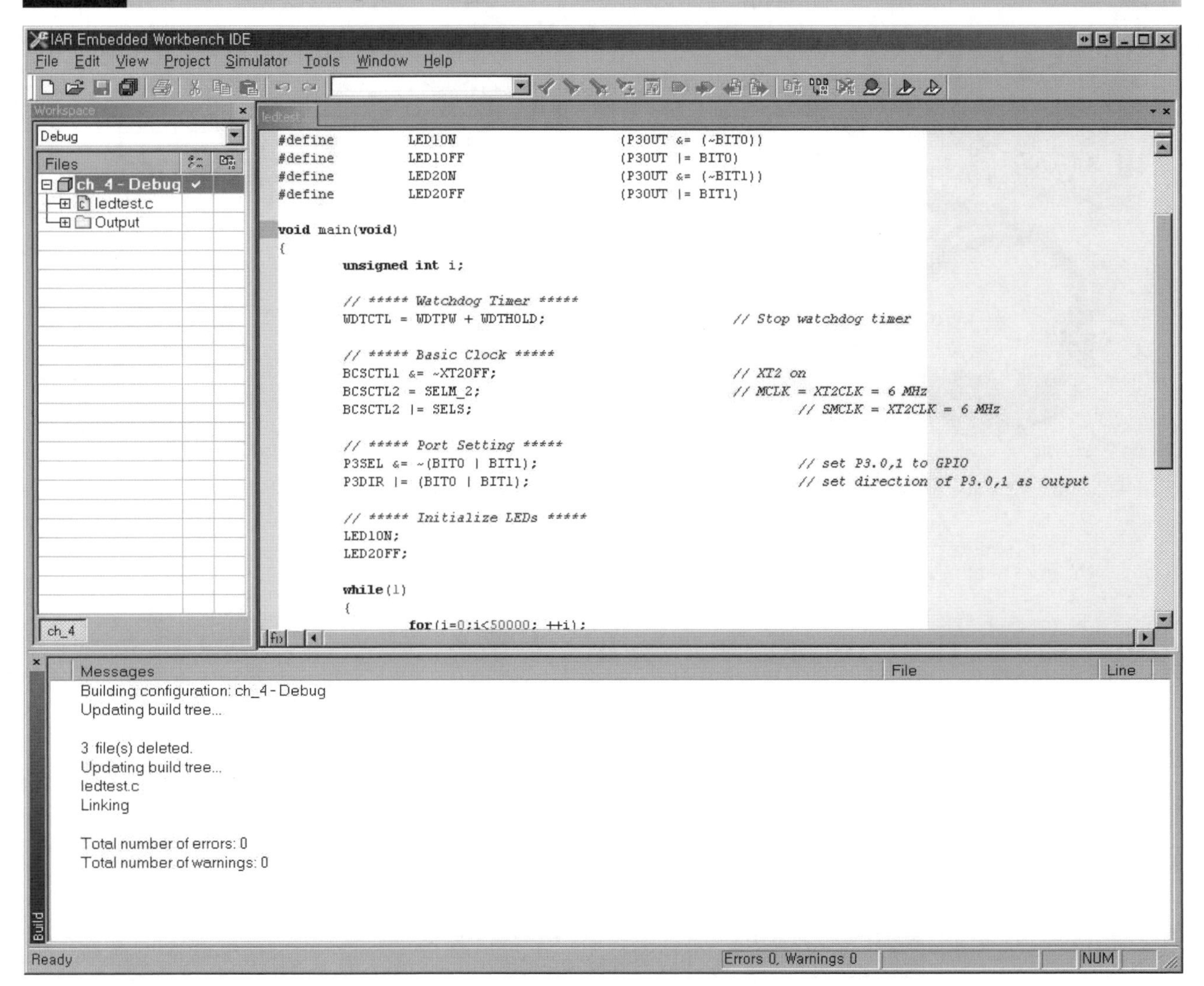

별도 작성하여야 하며, 이때 PC의 COM 포트 설정은 BMDAQ 보드의 프로그램에 맞추어 설정하여야 한다.

4.2.3 JTAG을 이용한 다운로드

이번에는 JTAG을 이용한 다운로드 방법을 단계별로 살펴보자. 살펴보기 전에 JTAG을 이용한 다운로드를 하기 위해 사용되는 IAR Embedded Workbench와 BMDAQ board와 JTAG emulator와 연결 케이블을 그림 4-24와 같이 준비한다.

그림 4-24 JTAG을 이용한 다운로드 준비 항목

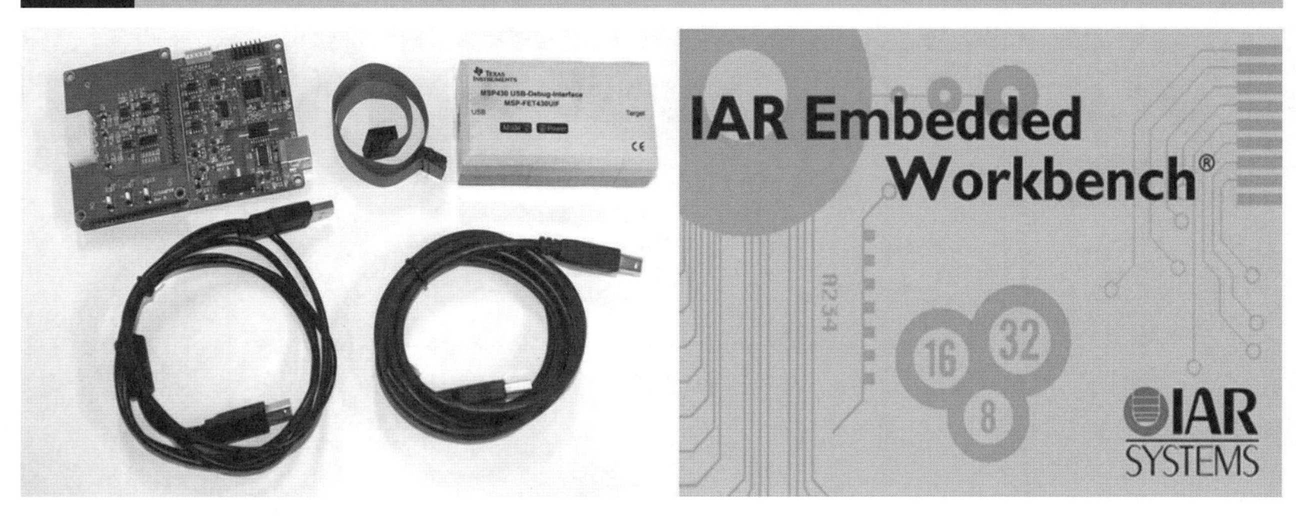

1단계 : JTAG(MSP-FET430UIF) 드라이버 설치

JTAG 드라이버를 설치하기 위해서 아래의 그림과 같이 JTAG의 USB케이블을 PC로 연결하고 Target 핀을 BMDAQ 보드에 연결한다. 보드와 JTAG 연결 방법은 1장을 참조하길 바란다.

그림 4-25 JTAG PC 및 BMDAQ 보드와의 연결

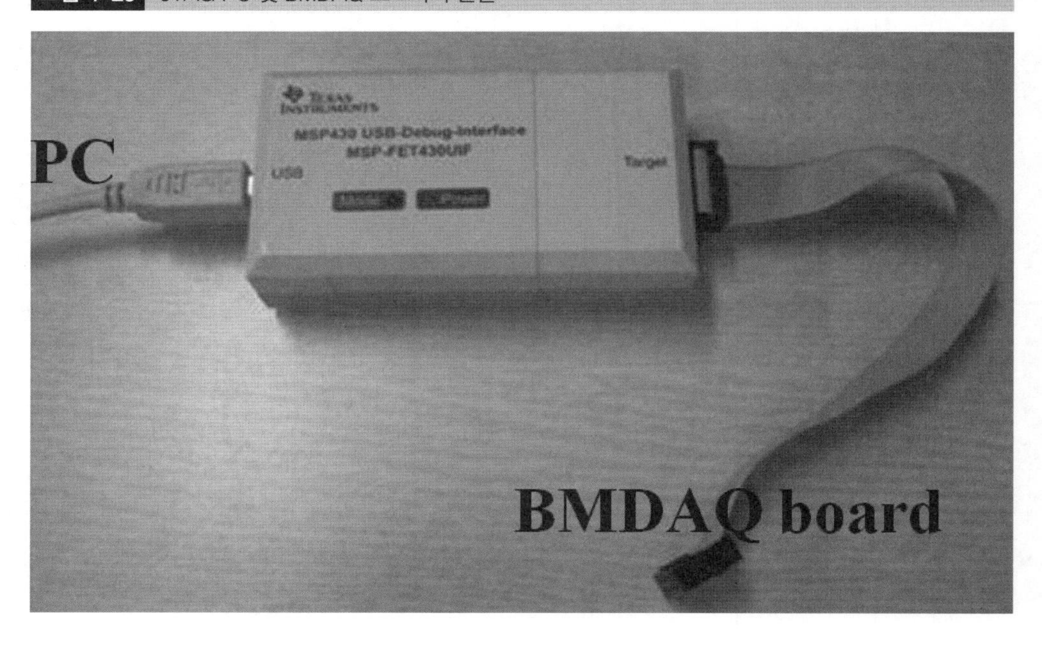

그림 4-25와 같이 JTAG을 PC에 연결하면 새 하드웨어 검색 마법사 창이 뜬다. 목록 또는 '특정 위치에서 설치(고급)(S)' 를 선택하고 다음을 클릭한다.

IAR Embedded Workbench가 설치되어 있는 경로를 선택하여 PC에서 사용하는 운영체제와 같은 폴더를 TIUSBFET 폴더 내에서 선택해주어 JTAG 드라이버를 설치한다. [Default: C:\Program Files\IAR Systems\Embedded Workbench 6.0 Kickstart\430\drivers\TIUSBFET\(사용하는 PC의 운영체제)]

그림 4-26 운영체제(OS)별 JTAG 드라이버 설치 화면

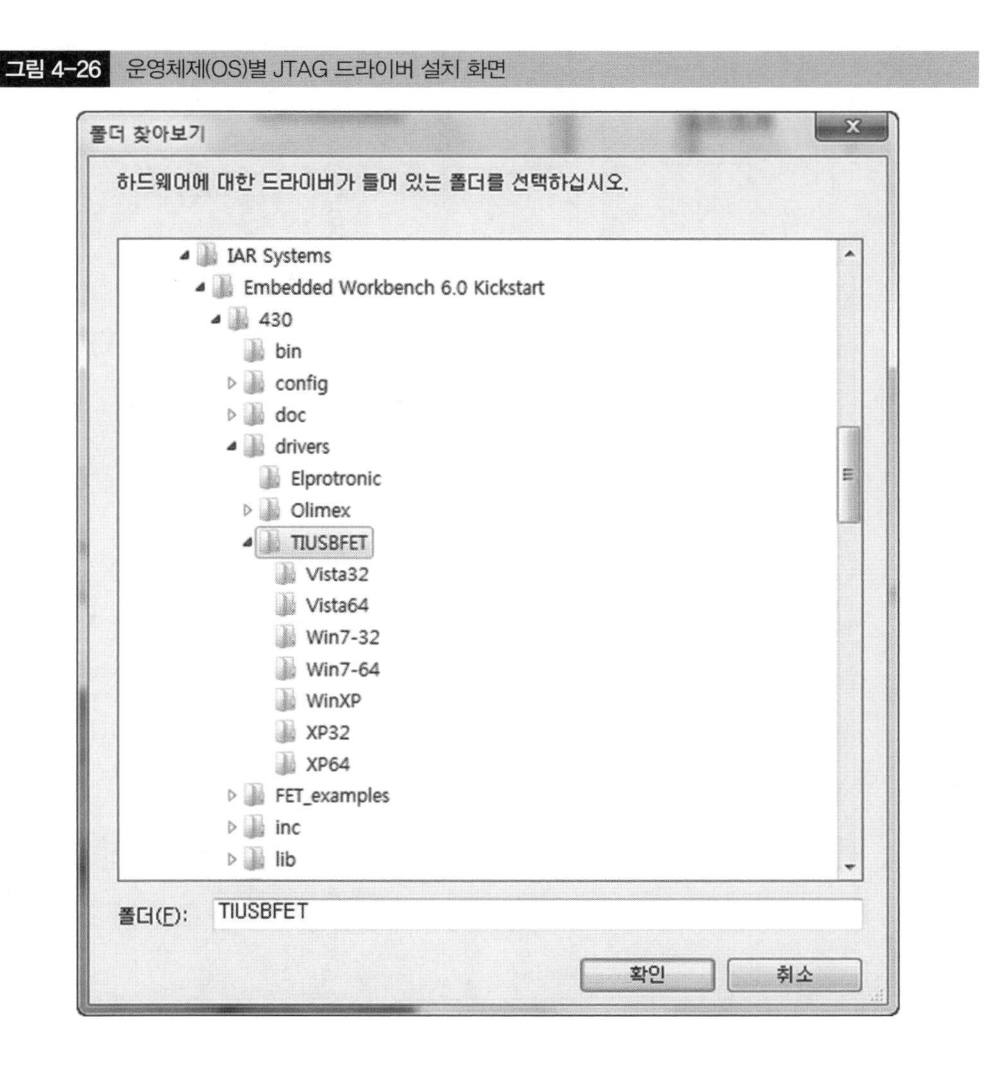

2단계 : IAR Embedded Workbench 환경설정

환경설정을 위해 BSL에서와 같이 workspace의 해당 프로젝트 위에 마우스를 놓고 오른쪽 버튼을 클릭하여 Options을 선택한다.

Category 메뉴에서 General Options을 선택하고 Target 탭의 Device를 MSP430F1610을 선택한다. 다음으로 Category메뉴에 있는 Linker를 선택하고 Output 탭의 Output Format에서 Debug information for C-SPY를 선택한 후 With runtime control modules 및 With I/O emulation modules를 체크한다(그림 4-27 참조).

그림 4-27 Linker options 설정

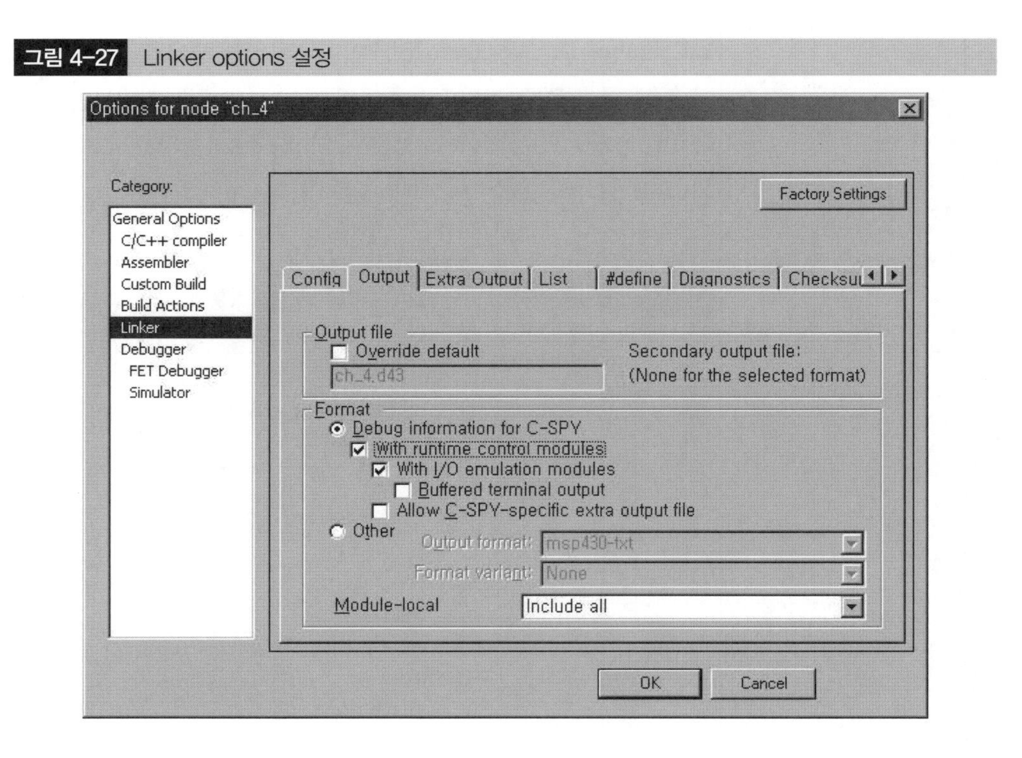

다음으로는 JTAG을 다운로드 및 debugger로 사용할 수 있도록 설정한다. Category메뉴에 있는 Debugger에서 Driver를 'FET Debugger' 선택한 후에 OK 버튼을 선택하여 설정을 저장한다. [category] – [Debugger] – [Driver를 FET Debugger 선택]

그림 4-28 Debugger 설정

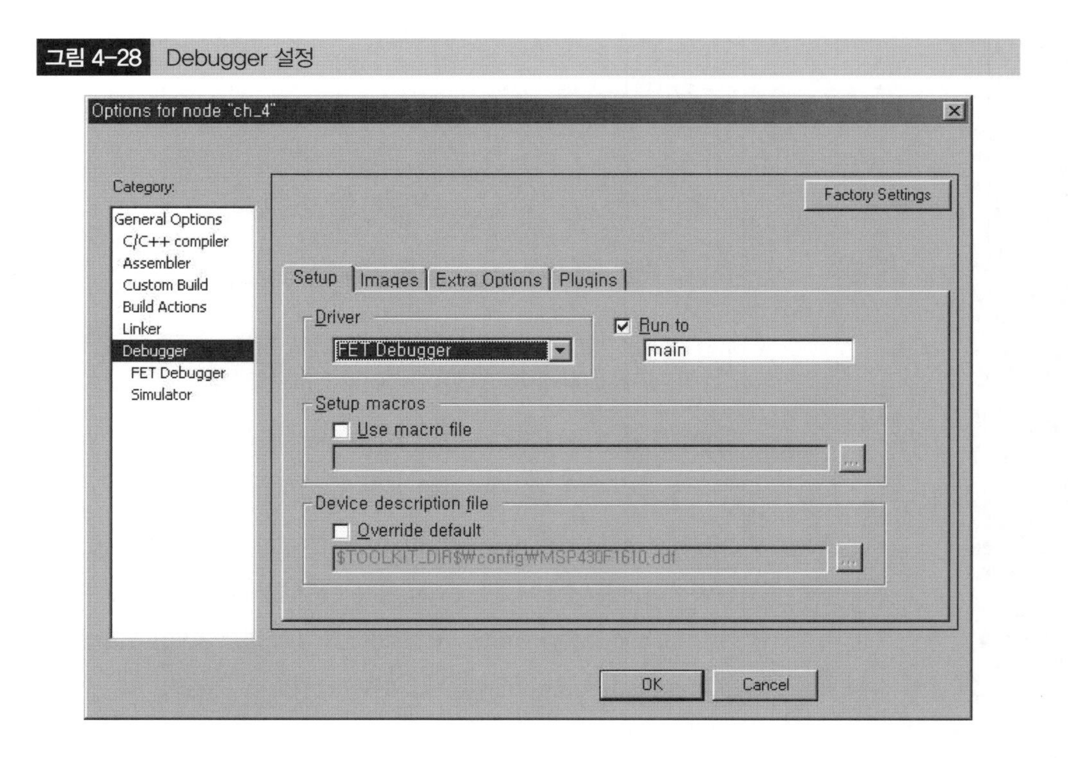

3단계 : 프로그램 컴파일, 링크, 다운로드

IAR Embedded Workbench를 사용하여 4.2.1절에서 작성한 프로그램을 다운로드 해보도록 한다. 프로그램을 다 작성한 후에 Project 메뉴를 선택하고 메뉴 바에서 Rebuild All를 클릭하면 Workspace를 저장하도록 창이 뜬다. 저장할 Workspace명을 적절하게 명기한 후에 저장을 한다(예제로 BMDAQ_ws로 쓴 후 저장). 컴파일 및 링크를 수행하고 오류 없이 진행된 것을 확인한다.

그림 4-29 오류 없는 Rebuild All 실행 결과 화면

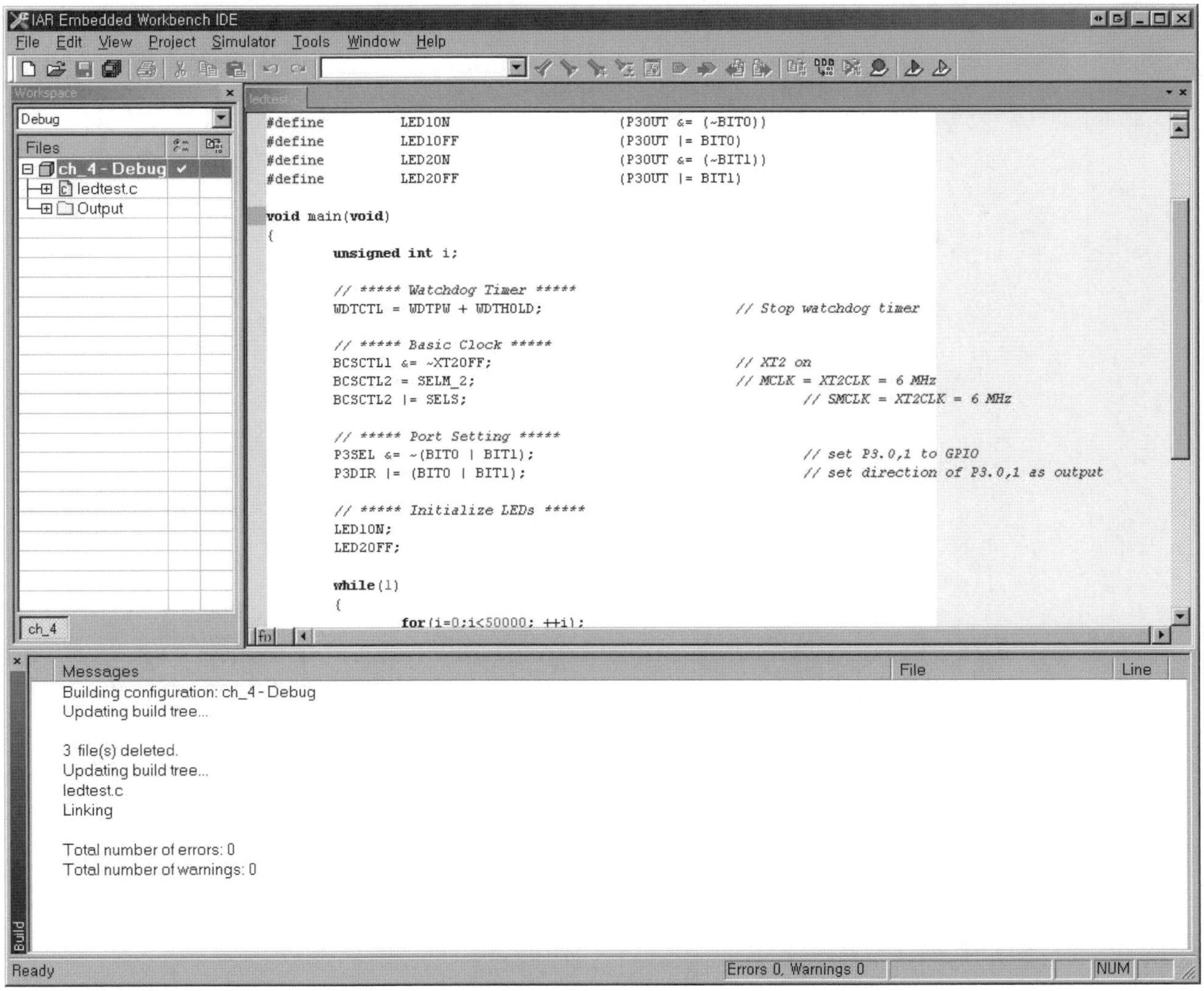

```
#define         LED1ON                  (P3OUT &= (~BIT0))
#define         LED1OFF                 (P3OUT |= BIT0)
#define         LED2ON                  (P3OUT &= (~BIT1))
#define         LED2OFF                 (P3OUT |= BIT1)

void main(void)
{
        unsigned int i;

        // ***** Watchdog Timer *****
        WDTCTL = WDTPW + WDTHOLD;                       // Stop watchdog timer

        // ***** Basic Clock *****
        BCSCTL1 &= ~XT2OFF;                             // XT2 on
        BCSCTL2 = SELM_2;                               // MCLK = XT2CLK = 6 MHz
        BCSCTL2 |= SELS;                                        // SMCLK = XT2CLK = 6 MHz

        // ***** Port Setting *****
        P3SEL &= ~(BIT0 | BIT1);                                // set P3.0,1 to GPIO
        P3DIR |= (BIT0 | BIT1);                                 // set direction of P3.0,1 as output

        // ***** Initialize LEDs *****
        LED1ON;
        LED2OFF;

        while(1)
        {
                for(i=0;i<50000; ++i);
```

```
Building configuration: ch_4 - Debug
Updating build tree...

3 file(s) deleted.
Updating build tree...
ledtest.c
Linking

Total number of errors: 0
Total number of warnings: 0
```

이제 작성한 프로그램을 다운로드 해보도록 한다. 먼저 BMDAQ 보드의 SW1을 USB 커넥터가 있는 방향으로 두고 다운로드 시나 실행 시 모두 변경 없이 그 상태에서 사용하면 된다.

메뉴의 Project－Download and Debug(Ctrl ＋ D)를 클릭하면 다운로드 및 디버깅이 실행된다. 실행된 후에는 메인 문의 상단의 명령 라인을 가리키며 디버깅을 시작하게 된다. 디버깅 없이 다운로드된 프로그램을 실행하고자 하면 Debug-Go를 선택하여 실행하면 된다. 실행 결과는 LED D1, D2가 번갈아 가면서 점멸되는 것을 확인할 수 있다.

수정을 하기 위해서는 다음과 같은 절차를 수행한다. 디버깅을 종료하고 프로그램을 수정하고자 할 때는 Debug-Stop Debugging을 선택하여 정지시키고 프로그램을 수정하면 된다. 수정 후에는 다시 Project-Rebuild All, Download and Debug, Go 순으로 반복하면 된다.

제 5 장

입출력 제어

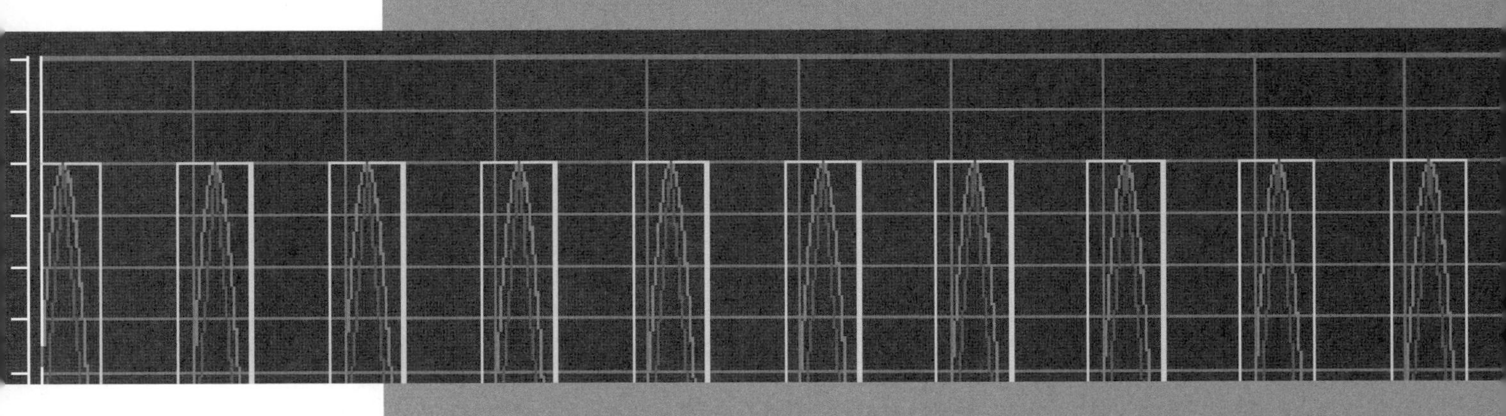

5.1 범용 입출력

범용 입출력(GPIO, General Purpose Input/Output)은 마이크로컨트롤러 포트의 기본적인 기능으로 high(1) 또는 low(0) 레벨로 신호를 내보내거나 외부에서 들어오는 신호 레벨을 받아들이는 기능이다. 입출력은 특정한 목적으로 쓰이기보다는 범용적으로 신호를 입출력하는 데에 사용되기 때문에 범용 입출력이라 한다.

MSP430F1610(1611)에는 6개의 포트가 존재하고 각 포트별 8개의 핀으로 구성되어 있다. 따라서 최대 48개(Px.0~Px.7, x=1~6)의 입출력 핀을 가지고 있다. 모든 핀은 입출력 기능 외에 다른 기능으로 사용하도록 설정할 수 있다. 따라서 입출력 핀을 사용하기 위해서는 반드시 입출력으로 사용할 것임을 정해주어야 한다.

GPIO를 사용하기 위해서는 네 개의 레지스터(PxSEL, PxDIR, PxIN, PxOUT)를 설정해주어야 한다. 각 레지스터는 각 포트의 핀 별로 독립적으로 설정할 수 있고, 그 종류를 보면 핀을 GPIO 기능으로 사용할지 주변 모듈 기능으로 사용할지 결정하는 Function Select Register(PxSEL), 핀을 출력으로 사용할지 입력으로 사용할지 결정하는 Direction Register (PxDIR), 입력 신호를 받아들이는 Input Register(PxIN), 출력 신호를 내보내는 Output Register(PxOUT)가 있다. 특히 그림 5-1에서 보는 바와 같이 각각 포트에 대해 네 개의 레지스터가 존재하며 P1, P2는 인터럽트(interrupt) 기능을 갖는 부가적인 레지스터들(PxIFG, PxIES, PxIE, x=1, 2)이 존재한다. 인터럽트에 대해서는 다음 장을 참조하기 바란다.

레지스터들에 대해 상세 설명은 다음과 같다.

■ **PxIN Register**

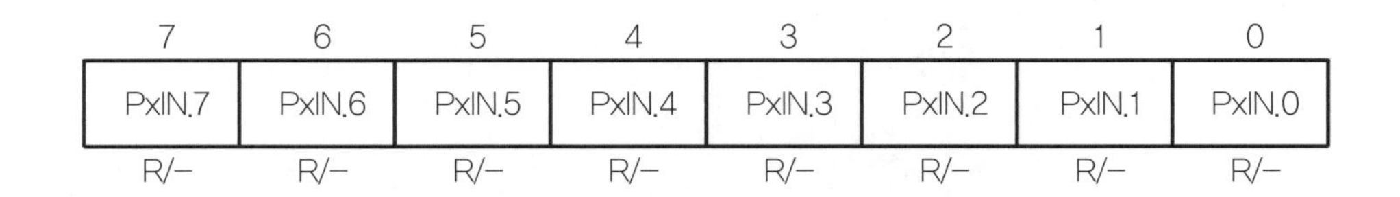

7	6	5	4	3	2	1	0
PxIN.7	PxIN.6	PxIN.5	PxIN.4	PxIN.3	PxIN.2	PxIN.1	PxIN.0
R/–	R/–	R/–	R/–	R/–	R/–	R/–	R/–

처음으로 레지스터에 대한 설명이 나왔으므로 데이터시트에서 레지스터를 보는 방법을 간단하게 소개하면 다음과 같다. 레지스터에서 각각의 한 칸은 비트를 나타내며 왼쪽의 끝이 MSB(Most Significant Bit), 오른쪽 끝이 LSB(Least Significant Bit)이며, 각 비트 및 여러 개의 비트를 합하여 보통 이름을 명기해놓는다. 그리고 위에 있는 숫자는 몇 번 비트인지를 말해주는 것이다. 끝으로 밑에 써 있는 값들은 다음과 같다. R은 읽을 수 있음을, W는 기록 가능, –/0/1은 리셋 후 초기값을 의미한다. 그리고 –일 때는 기존 값을 유지함을 의미한다.

PxIN 레지스터는 입력 신호를 받는 레지스터로 읽기만 가능하며 각 비트에는 각 핀의 전압

그림 5-1 GPIO 설정을 위한 Register들

Port	Register	Short Form	Address	Register Type	Initial State
P1	Input	P1IN	020h	Read only	-
	Output	P1OUT	021h	Read/write	Unchanged
	Direction	P1DIR	022h	Read/write	Reset with PUC
	Interrupt Flag	P1IFG	023h	Read/write	Reset with PUC
	Interrupt Edge Select	P1IES	024h	Read/write	Unchanged
	Interrupt Enable	P1IE	025h	Read/write	Reset with PUC
	Port Select	P1SEL	026h	Read/write	Reset with PUC
P2	Input	P2IN	028h	Read only	-
	Output	P2OUT	029h	Read/write	Unchanged
	Direction	P2DIR	02Ah	Read/write	Reset with PUC
	Interrupt Flag	P2IFG	02Bh	Read/write	Reset with PUC
	Interrupt Edge Select	P2IES	02Ch	Read/write	Unchanged
	Interrupt Enable	P2IE	02Dh	Read/write	Reset with PUC
	Port Select	P2SEL	02Eh	Read/write	Reset with PUC
P3	Input	P3IN	018h	Read only	-
	Output	P3OUT	019h	Read/write	Unchanged
	Direction	P3DIR	01Ah	Read/write	Reset with PUC
	Port Select	P3SEL	01Bh	Read/write	Reset with PUC
P4	Input	P4IN	01Ch	Read only	-
	Output	P4OUT	01Dh	Read/write	Unchanged
	Direction	P4DIR	01Eh	Read/write	Reset with PUC
	Port Select	P4SEL	01Fh	Read/write	Reset with PUC
P5	Input	P5IN	030h	Read only	-
	Output	P5OUT	031h	Read/write	Unchanged
	Direction	P5DIR	032h	Read/write	Reset with PUC
	Port Select	P5SEL	033h	Read/write	Reset with PUC
P6	Input	P6IN	034h	Read only	-
	Output	P6OUT	035h	Read/write	Unchanged
	Direction	P6DIR	036h	Read/write	Reset with PUC
	Port Select	P6SEL	037h	Read/write	Reset with PUC

인가 상태에 따라서 high일 때 1, low일 때 0의 신호가 저장된다.

- **PxOUT Register**

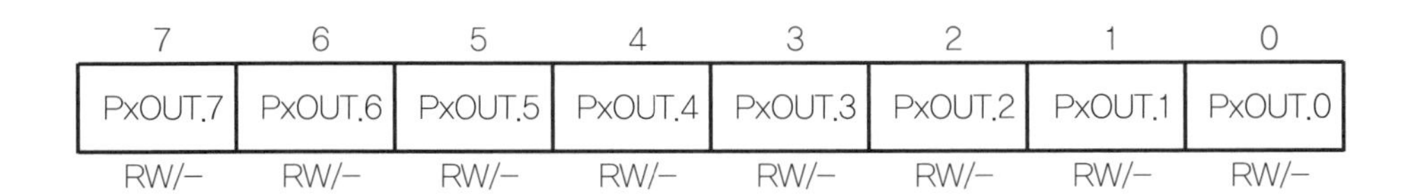

PxOUT은 출력 값을 설정하는 레지스터로 각 비트를 0으로 설정하면 해당 핀은 0V로 유지되고 1로 설정하면 해당 핀에서 3.3V가 출력된다.

■ **PxDIR Register**

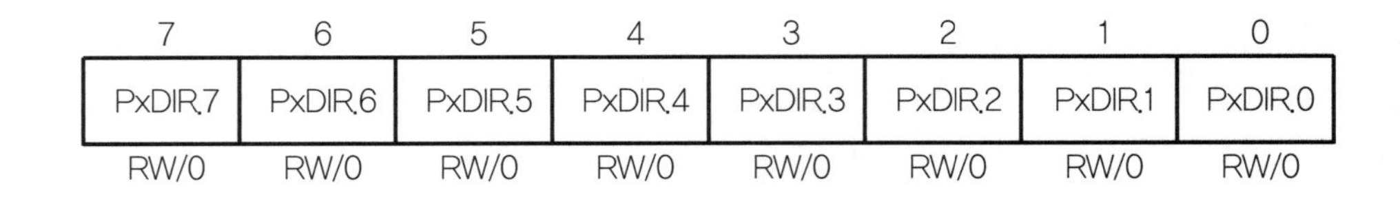

7	6	5	4	3	2	1	0
PxDIR.7	PxDIR.6	PxDIR.5	PxDIR.4	PxDIR.3	PxDIR.2	PxDIR.1	PxDIR.0
RW/0	RW/0	RW/0	RW/0	RW/0	RW/0	RW/0	RW/0

PxDIR은 입출력 방향을 선택하는 레지스터로 각 비트는 설정 값에 따라 0일 때 입력기능으로, 1일 때 출력기능으로 사용할 수 있다.

■ **PxSEL Register**

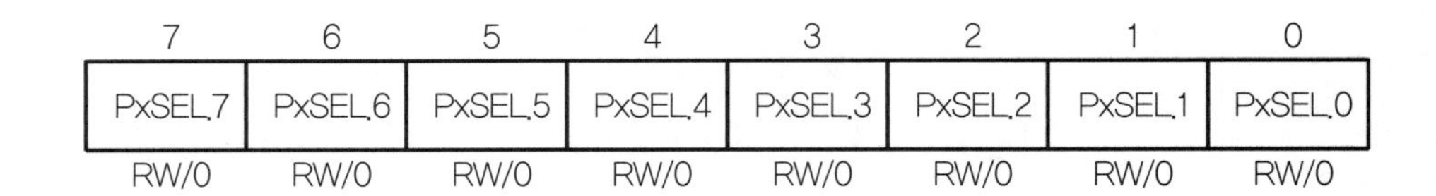

7	6	5	4	3	2	1	0
PxSEL.7	PxSEL.6	PxSEL.5	PxSEL.4	PxSEL.3	PxSEL.2	PxSEL.1	PxSEL.0
RW/0	RW/0	RW/0	RW/0	RW/0	RW/0	RW/0	RW/0

PxSEL은 기능 모듈 선택에 관한 레지스터로 각 비트는 설정 값에 따라 0일 때 GPIO 기능으로, 1일 때 주변 모듈(Peripheral module) 기능으로 사용할 수 있게 된다.

5.2 BMDAQ의 GPIO 활용

그림 5-2에서 보여주는 바와 같이 BMDAQ 보드에서의 GPIO 기능이 어떻게 사용될 수 있는지 알아보겠다. 포트 3의 0, 1번 핀은 저항과 LED로 연결되어 있다. 포트 3의 0번 핀에 low 레벨(0V)이 출력되면 LED(D1)에 순방향 바이어스(forward bias)가 걸려 LED가 켜진다. 그러나 high 레벨(3.3V)이 출력되면 LED 양단에 같은 전압이 걸려 있으므로 전류가 흐르지 않으므로 LED가 꺼지게 된다. D2의 경우도 동일하다.

LED를 제어하고자 할 때 순서는 다음과 같다.

① 먼저 포트 3의 0, 1번 핀을 입출력으로 사용하므로 P3SEL.0, P3SEL.1을 0으로 설정한다.

② 출력으로 사용하므로 P3DIR.0, P3DIR.1을 1로 설정한다.

③ P3OUT.0과 P3OUT.1은 해당 LED를 켜고자 할 때는 0으로, 끄고자 할 때는 1로 설정한다.

포트 1의 4, 5, 6번 핀을 입력으로 사용하여 아날로그 보드의 SW1, SW2, SW3을 조작함으로써 마이크로컨트롤러에 신호를 줄 수 있다. SW1과 연결된 포트 1의 4번 핀의 경우 SW1

그림 5-2 BMDAQ GPIO 활용

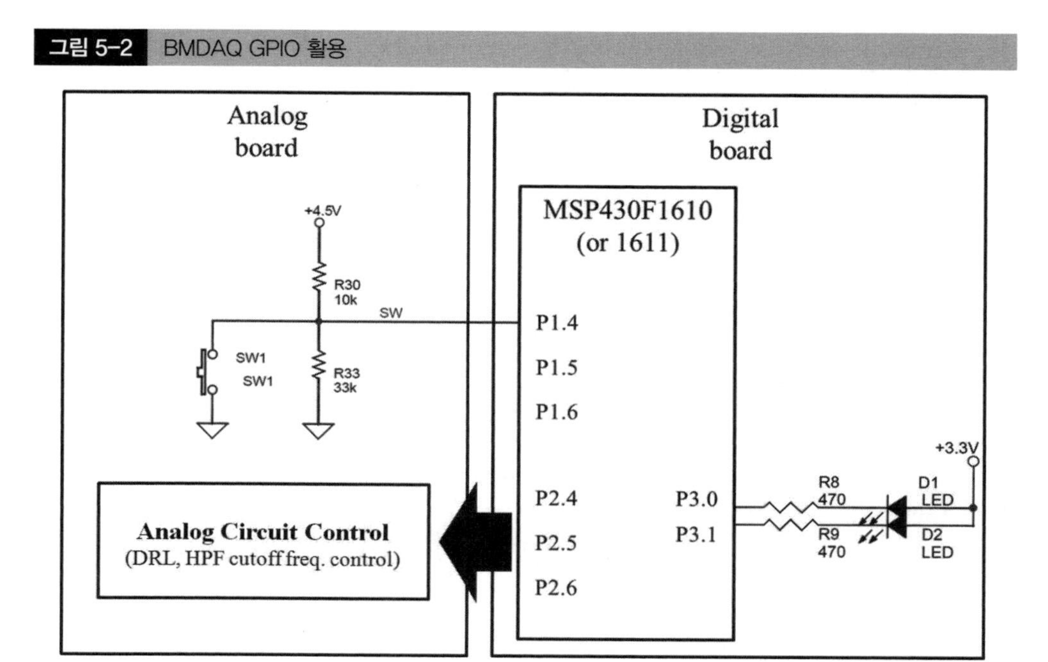

이 눌리면 접지와 연결되어 0V가 인가되어 low로 인식되고, SW1이 눌리지 않으면 3.45V (4.5V×33/43)가 인가되어 high로 인식된다. SW2, SW3의 경우도 동일하게 동작한다.

이를 제어하기 위해서는 다음과 같이 설정한다.

① 먼저 포트 1의 4, 5, 6번 핀을 입출력으로 사용하므로 P1SEL.4, P1SEL.5, P1SEL.6을 0으로 설정한다.

② 입력으로 사용하므로 P1DIR.4, P1DIR.5, P1DIR.6을 0으로 설정한다.

③ P1OUT.4, P1OUT.5, P1OUT.6의 값을 읽으면 각 핀에 인가된 입력 레벨을 알 수 있다.

포트 2의 4, 5, 6번 핀은 아날로그 보드의 아날로그 멀티플렉서(analog multiplexer, U4)에 연결되어 있으며 4번 핀은 그림 5-3에서 보여주는 바와 같이 고역통과필터의 시정수 값을 변화시키는 데 사용되며 즉, 차단주파수를 제어하는 데 사용하고 5번 핀은 오른발 구동회로(DRL, Driven Right Leg)를 제어하는 데 사용한다. 포트 2의 6번 핀은 실제로 사용되지 않는다.

2장에서 이미 언급한 바와 같이 U4의 A에 low 레벨의 전압이 인가되면 U4의 X가 X0와 연결되어 X1은 'open' 상태가 되므로 회로에 아무런 영향을 주지 않는다. High 레벨의 전압이 인가되면 X는 X1과 연결되어 R14(330k)가 상대적으로 크므로 없는 것과 같은 기능을 하여 차단주파수를 높이게 된다.

포트 2의 5번 핀은 high가 인가되면 Y1에 0V가 인가되므로 오른발 구동회로를 차단시켜 오른발 구동회로가 동작하지 않도록 한다. Low인 경우에는 'open' 상태가 되어 오른발 구

그림 5-3 포트 2의 4, 5, 6핀 아날로그 회로와 연결도

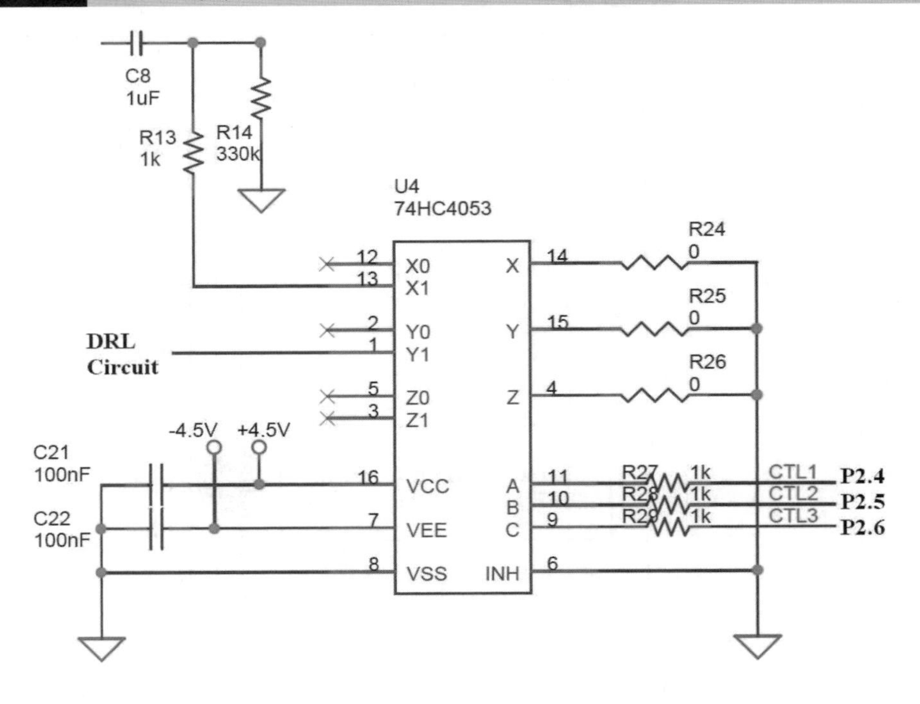

동회로가 정상적으로 동작한다.

포트 2의 4, 5, 6번 핀은 포트3의 0, 1번 핀과 같이 출력으로 사용하므로 P2SEL.4, P2SEL.5, P2SEL.6은 0으로, P2DIR.4, P2DIR.5, P2DIR.6은 1로 설정한다. 출력은 high일 경우 1로, low일 경우 0으로 설정한다.

5.3 BMDAQ의 GPIO 활용 예제

[실습 5-1] 포트 3의 LED 제어

포트 3의 0번 핀에 D1이 연결되어 있고, 1번 핀에 D2가 연결되어 있다. 간단한 프로그램을 통하여 LED를 제어해보도록 하겠다. 전원이 인가되었을 때 초기 값으로는 D1은 ON으로 D2는 OFF가 되도록 하고 일정 시간을 두고 두 개의 LED가 번갈아 점멸하도록 프로그램을 작성해보자.

① P3SEL Register의 bit 0, 1번 0으로 설정하기(P3SEL&=~(BIT0|BIT1)
② P3DIR Register의 bit 0, 1번 1로 설정하기(P3DIR|=BIT0|BIT1)
③ P3OUT Register의 bit 0, 1번 적절히 제어하기(LED 켜기 : 0, LED 끄기 : 1)

BITx는 x번 비트만을 1로 하고 나머지는 0인 것을 의미한다. 이는 msp430x16x.h 헤더 파일에 다음과 같이 미리 선언되어 있는 매크로(macro)이다.

```
/************************************************************
* STANDARD BITS
************************************************************/
#define BIT0            (0x0001u)
#define BIT1            (0x0002u)
#define BIT2            (0x0004u)
#define BIT3            (0x0008u)
#define BIT4            (0x0010u)
#define BIT5            (0x0020u)
#define BIT6            (0x0040u)
#define BIT7            (0x0080u)
#define BIT8            (0x0100u)
#define BIT9            (0x0200u)
#define BITA            (0x0400u)
#define BITB            (0x0800u)
#define BITC            (0x1000u)
#define BITD            (0x2000u)
#define BITE            (0x4000u)
#define BITF            (0x8000u)
```

P3SEL &= ~(BIT0 | BIT1)은 P3SEL 레지스터의 0번과 1번 비트를 0으로 설정하는 코드이다. 이를 상세하게 기술하면 다음과 같다.

```
BIT0 => 00000001b
BIT1 => 00000010b
BIT0 | BIT1 => 00000011b
~(BIT0 | BIT1) => 11111100b
P3SEL &= ~(BIT0 | BIT1) =>xxxxxx00b (x는 원상태 유지)
```

P3DIR |= BIT0 | BIT1은 P3DIR 레지스터의 0, 1번 비트를 1로 설정하는 코드이다. D1, D2를 on, off시키는 코드를 상기 방법과 유사하게 다음과 같이 매크로로 정의하여 사용하면 편리하다.

```
// Constants, macros and …. **************************************************
#define     LED1ON          (P3OUT &= (~BIT0))
#define     LED1OFF         (P3OUT |= BIT0)
#define     LED2ON          (P3OUT &= (~BIT1))
#define     LED2OFF         (P3OUT |= BIT1)
```

```
// 5-1 LEDtest
// Include files ****************************************************************
#include                <msp430x16x.h>
// Constants, macros and .... **************************************************
#define LED1ON          (P3OUT &= (~BIT0))
#define LED1OFF         (P3OUT |= BIT0)
#define LED2ON          (P3OUT &= (~BIT1))
#define LED2OFF         (P3OUT |= BIT1)

void main(void)
{
     unsigned int i;

     // ***** Watchdog Timer *****
     WDTCTL = WDTPW + WDTHOLD;              // Stop watchdog timer

     // ***** Basic Clock *****
     BCSCTL1 &= ~XT2OFF;                    // XT2 on
     do{
      IFG1 &=~OFIFG;                        // Clear oscillator flag
      for(i=0;i<0xFF;i++);                  // Delay for OSC to stabilize
     }while((IFG1&OFIFG));                  // Test oscillator fault flag

     BCSCTL2 = SELM_2;                      // MCLK = XT2CLK = 6 MHz
     BCSCTL2 |= SELS;                       // SMCLK = XT2CLK = 6 MHz

     // ***** Port Setting *****
     P3SEL &= ~(BIT0 | BIT1);               // set P3.0,1 to GPIO
     P3DIR |= (BIT0 | BIT1);                // set direction of P3.0,1 as output

     // ***** Initialize LEDs *****
     LED1ON;
     LED2OFF;

     while(1)
     {
            for(i=0;i<50000; ++i);

            LED1OFF;
            LED2ON;

            for(i=0;i<50000; ++i);

            LED1ON;
            LED2OFF;
```

```
        }
    }
```

MSP430F1610(또는 1611)이 동작하기 위해서는 클록 소스(clock source)를 설정해주어야 한다. BMDAQ 보드는 외부 크리스탈(x-tal 6MHz)을 XT2 클록 모듈로 사용하며, 이 클록 모듈을 이용하여 두 개(MCLK-Main system clock, SMCLK-Sub system clock)의 클록 신호를 만들어낸다. BCSCTL1의 XT2OFF 비트를 0으로 설정함으로써 외부 XT2 클록 모듈을 사용하도록 한다. BCSCTL2에서 MCLK과 SMCLK의 클록 소스를 지정할 수 있는데, SELM의 두 개 비트를 10으로 설정함으로써 XT2를 MCLK로 사용할 수 있다. BCSCTL2의 SELS 비트를 1로 설정함으로써 XT2를 SMCLK으로 사용할 수 있다. 또한, DIVM과 DIVS를 적절히 설정함으로써 각 클록 소스를 분주(1/2/4/8)하여 사용할 수 있다. 상기 기술 내용은 6장에서 상세하게 다루도록 하자. 그리고 아래의 코드에서 do~while 문의 역할은 외부의 크리스탈을 클록 소스로 사용하고자 하는 경우 안정화 단계가 필요하기 때문에 코드에 삽입되어 있는 것이다.

```
// ***** Basic Clock *****
    BCSCTL1 &= ~XT2OFF;                    // XT2 on
    do{
      IFG1 &=~OFIFG;                       // Clear oscillator flag
      for(i=0;i<0xFF;i++);                 // Delay for OSC to stabilize
    }while((IFG1&OFIFG));                  // Test oscillator fault flag

    BCSCTL2 = SELM_2;                      // MCLK = XT2CLK = 6 MHz
    BCSCTL2 |= SELS;                       // SMCLK = XT2CLK = 6 MHz
```

main 함수의 첫 부분에 있는 WDTCTL = WDTPW + WDTHOLD 명령은 워치독 타이머(watchdog timer)를 중지시키는 것이며, 워치독 타이머에 대해서는 6장의 인터럽트 부분에서 설명하도록 하겠다.

[실습 5-2] 포트 1을 이용한 스위치 입력에 따른 LED 제어

이번 예제에서는 포트 1의 4, 5, 6번 핀과 연결되어 있는 스위치들을 제어함으로써 LED(D1, D2)를 점멸시키는 실습을 해보도록 하자. SW1이 눌리면 D1이 켜지고, SW2가 눌리면 D2가 켜지고, SW3가 눌리면 모두 켜지는 프로그램을 작성해보도록 하자.

```
// 5-2 switch & LED test

// Include files ****************************************************************
#include <msp430x16x.h>
```

```
// Constants, macros and .... ************************************************
#define LED1ON            (P3OUT &= (~BIT0))
#define LED1OFF           (P3OUT |= BIT0)
#define LED2ON            (P3OUT &= (~BIT1))
#define LED2OFF           (P3OUT |= BIT1)

void main(void)
{
        unsigned int i;
        // ***** Watchdog Timer *****
        WDTCTL = WDTPW + WDTHOLD;              // Stop watchdog timer

        // ***** Basic Clock *****
        BCSCTL1 &= ~XT2OFF;                    // XT2 on
        do{
          IFG1 &=~OFIFG;                       // Clear oscillator flag
          for(i=0;i<0xFF;i++);                 // Delay for OSC to stabilize
        }while((IFG1&OFIFG));                  // Test oscillator fault flag

        BCSCTL2 = SELM_2;                      // MCLK = XT2CLK = 6 MHz
        BCSCTL2 |= SELS;                       // SMCLK = XT2CLK = 6 MHz

        // ***** Port Setting *****
        P1SEL &= ~(BIT4 | BIT5 | BIT6);        // set P1.4,5,6 to GPIO
        P1DIR &= ~(BIT4 | BIT5 | BIT6);        // set direction of P1.4,5,6 as input
        P3SEL &= ~(BIT0 | BIT1);               // set P3.0,1 to GPIO
        P3DIR |= (BIT0 | BIT1);                // set direction of P3.0,1 as output

        LED1OFF;
        LED2OFF;

        while(1)
        {
                if((P1IN & BIT4) == 0)
                {
                        LED1ON;
                        LED2OFF;
                }
                else if((P1IN & BIT5) == 0)
                {
                        LED1OFF;
                        LED2ON;
                }
                else if((P1IN & BIT6) == 0)
                {
```

```
                    LED1ON;
                    LED2ON;
            }
        }
}
```

본문에서 언급한 바와 같이 스위치 회로는 기본적으로 high(3.45V) 상태를 유지하다가 스위치가 눌리면 low 상태로 변하게 된다. 따라서 프로그램 실행 시 아무 스위치도 눌리지 않은 상태에서는 P1IN의 4, 5, 6번 비트가 1로 유지되다가 스위치가 눌리는 순간 해당 비트가 0으로 바뀌게 된다. 이러한 상태를 판단하기 위해서 (P1IN & BITx) == 0과 같은 문법을 사용하였다. 이 같은 방법으로 해당 스위치가 눌릴 때마다 조건에 맞게 LED의 상태를 변경시킨다.

제 6 장

타이머 및 인터럽트

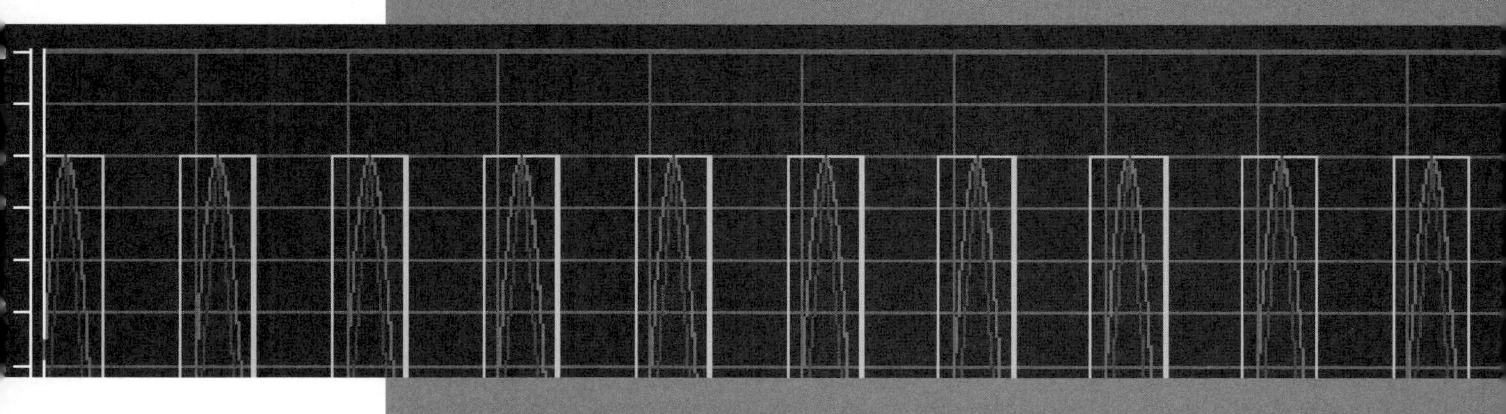

6.1 개요

본 장에서는 마이크로컨트롤러에서 가장 활용도가 높은 타이머(Timer)와 인터럽트(Interrupt)에 대해 설명한다. 타이머는 일정한 주기마다 어떠한 작업을 수행할 때 사용한다. 이때 기본적인 클록 소스(clock source)가 필요한데 BMDAQ 보드에서는 외부 XT2 클록 소스를 사용한다. 따라서 먼저 이러한 클록 소스(LFXT1CLK, XT2CLK, DCOCLK) 및 클록 신호(clock signal)(ACLK, MCLK, SMCLK)에 대해서 알아보고 타이머 및 인터럽트에 대해서 알아본다. 인터럽트는 어떤 작업(A작업)을 수행 중이더라도 다른 작업(B작업)이 필요하다는 신호를 받으면 B작업을 수행한 후 A작업을 이어서 수행하는 방법이다. 대표적인 인터럽트는 타이머 인터럽트이다.

6.2 기본 클록 소스 및 모듈

MSP430은 기본적으로 다음과 같은 세 가지의 클록 소스를 지원한다.

- LFXT1CLK: 저주파(32768Hz), 고주파(450kHz~8MHz) oscillator
- XT2CLK: Crystal(발진기), Resonator(공진기), 외부 클록 소스를 이용한 고주파(450kHz~8MHz) oscillator → **BMDAQ 보드에서는 6MHz 크리스탈 사용**
- DCOCLK: RC-type의 특성을 갖는 내부 digital control oscillator(DCO)

그림 6-1에서 보여주듯이 상기 기술한 세 가지의 클록 소스의 조합에 의해 다음과 같은 세 가지의 클록 신호가 발생된다.

- ACLK: 보조 클록으로서 LFXT1CLK을 분주(1/2/4/8)하여 사용할 수 있다.
- MCLK: 마스터 클록으로서 LFXT1CLK, XT2CLK, DCOCLK 중에 하나를 선택하여 사용할 수 있으며, 이 또한 분주(1/2/4/8)가 가능하다. MCLK는 주로 CPU와 시스템에서 사용된다.
- SMCLK: 서브메인클록으로서 LFXT1CLK, XT2CLK, DCOCLK 중에 하나를 선택하여 사용할 수 있으며, 이 또한 분주(1/2/4/8)가 가능하다. SMCLK는 주변 모듈에서 소프트웨어로 선택하여 사용된다.

그림 6-1 기본 클록 모듈 블록다이어그램

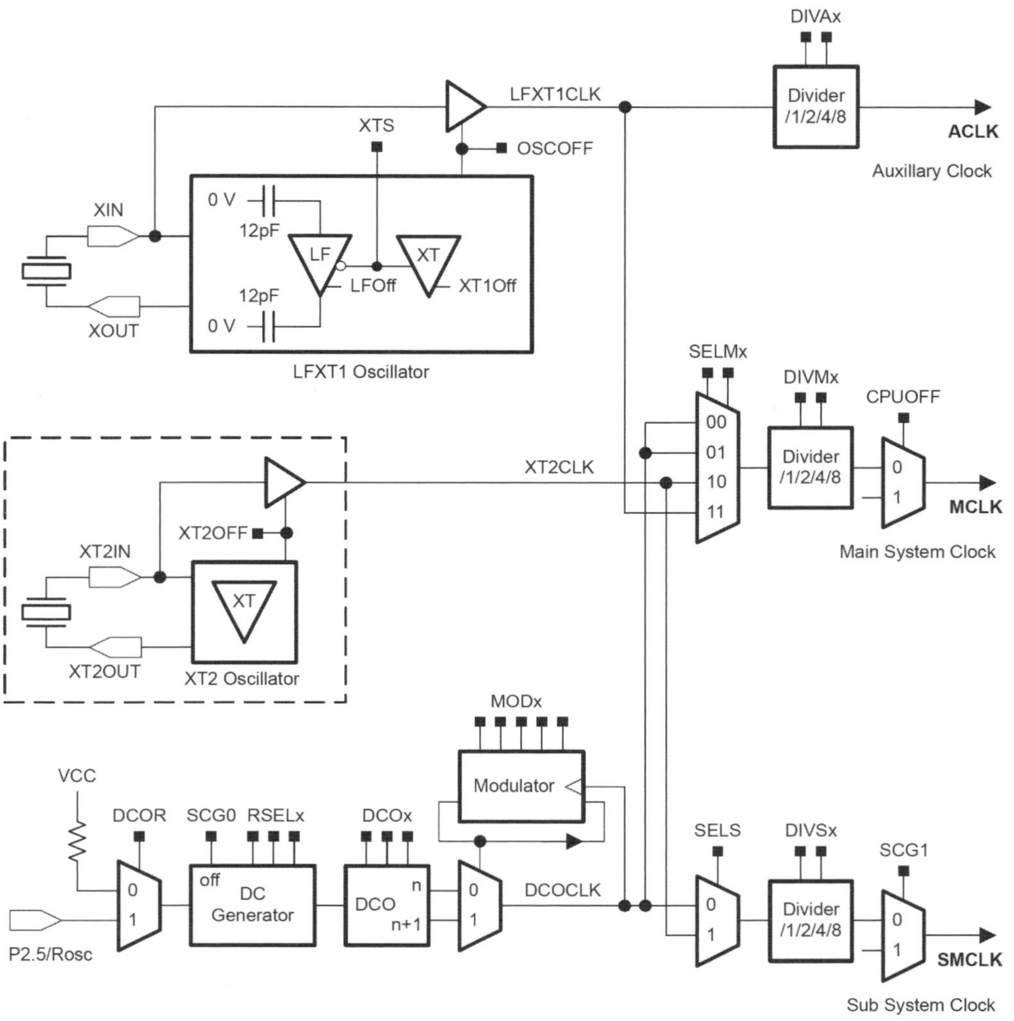

이러한 기본 클록 모듈과 관련된 레지스터들은 다음과 같다. 총 5개의 레지스터로 구성되어 있으며, 이들에 대하여 알아보면 다음과 같다.

Register	Short Form	Register Type	Address	Initial State
DCO control register	DCOCTL	Read/write	056h	060h with PUC
Basic clock system control 1	BCSCTL1	Read/write	057h	084h with PUC
Basic clock system control 2	BCSCTL2	Read/write	058h	Reset with POR
SFR interrupt enable register 1	IE1	Read/write	000h	Reset with PUC
SFR interrupt flag register 1	IFG1	Read/write	002h	Reset with PUC

■ **DCOCTL, DCO Control Register – address 056h**

BMDAQ 보드에서는 DCO를 사용하지 않으므로 DCOCTL은 설정하지 않는다.

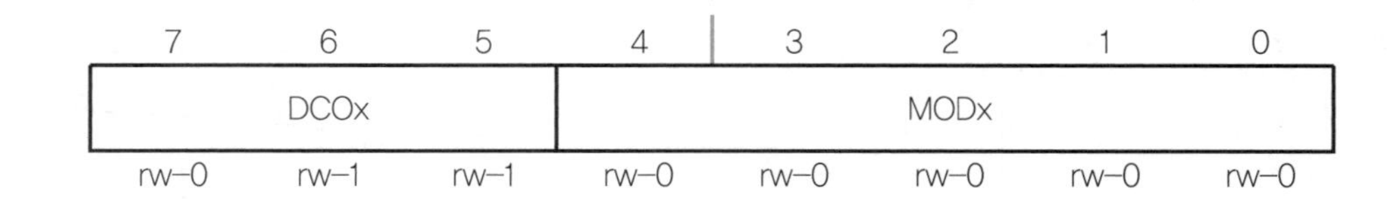

DCOx	Bits 7–5	DCO 주파수 선택을 위한 bit들로 RSELx의 설정값에 따라 0~7의 주파수를 설정할 수 있다.
MODx	Bits 4–0	32 DCOCLK 주기 동안 얼마나 자주 f_{DCO+1}을 사용할 것인지 설정하는 비트. 남은 클록 주기(32–MOD) 동안 f_{DCO}가 사용된다. DCOx=7일 때는 사용할 수 없다.

■ **BCSCTL1, Basic Clock System Control Register 1 – address 057h**

BMDAQ 보드에서는 XT2를 사용하므로 BCSCTL1의 7번 비트를 1로 설정해야 하며 LFXT1, ACLK, DCO는 사용하지 않으므로 나머지 비트들은 설정하지 않는다.

7	6	5	4	3	2	1	0
XT2OFF	XTS	DIVAx		XT5V	RSELx		
rw–(1)	rw–(0)	rw–(0)	rw–(0)	rw–(0)	rw–(1)	rw–(0)	rw–(0)

XT2OFF	Bit 7	XT2 oscillator 사용 여부를 결정하는 비트	
		0	XT2를 사용한다
		1	XT2를 사용하지 않는다.
XTS	Bit 6	LFXT1의 사용방법 선택	
		0	저주파 용도로 사용
		1	고주파 용도로 사용
DIVAx	Bits 5–4	ACLK의 분주비 설정	
		00	/1
		01	/2
		10	/4
		11	/8
XT5V	Bit 3	사용되지 않음. 항상 0으로 설정.	
RSELx	Bits 2–0	8가지 다른 값으로 내부 저항 값을 선택하는 것으로 설정 값에 따라 기본 주파수가 설정된다. RSELx=0일 때 가장 낮은 기본주파수가 선택된다.	

■ **BCSCTL2, Basic Clock System Control Register 2 – address 058h**

BMDAQ 보드에서는 MCLK와 SMCLK을 사용하므로 SELMx를 '10'으로 설정해야 하며, DIVMx는 분주비에 따라서 설정해주어야 한다. 분주를 하지 않을 경우에는 '00'으로 설정하거나 기본 값이 '00'이므로 설정하지 않아도 된다. SELS는 XT2를 사용하므로 '1'로 설정해야 하며, DIVSx는 Sub system clock으로 사용할 때 분주비에 따라 설정해야 한다. DCOR는 DCO와 관련된 비트이므로 설정할 필요가 없다.

7	6	5	4	3	2	1	0
SELMx		DIVMx		SELs	DIVSx		DCOR
rw–(0)	rw–(0)	rw–(0)	rw–(0)	rw–(0)	rw–(0)	rw–(0)	rw–(0)

SELMx	Bit 6–7	MCLK의 source를 선택	
		00	DCOCLK 사용
		01	DCOCLK 사용
		10	XT2 부착 시 XT2CLK, XT2 미부착 시 LFXT1CLK 사용
		11	LFXT1CLK 사용
DIVMx	Bit 4–5	MCLK의 분주비 설정	
		00	/1
		01	/2
		10	/4
		11	/8
SELS	Bit 3	SMCLK의 source를 선택	
		0	DCOCLK 사용
		1	XT2 부착 시 XT2CLK, XT2 미부착 시 LFXT1CLK 사용
DIVSx	Bits 1–2	SMCLK의 분주비 설정	
		00	/1
		01	/2
		10	/4
		11	/8
DCOR	Bit 0	DCO 저항 선택	
		0	내부 저항 사용
		1	외부 저항 사용

■ **IE1, Interrupt Enable Register 1 – address 000h**

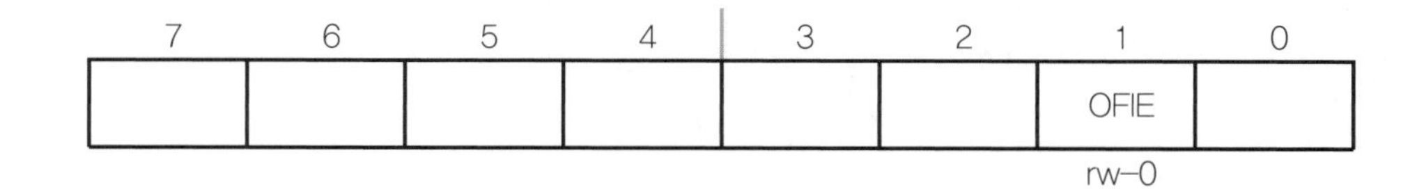

	Bits 2–7	다른 모듈에서 사용	
OFIE	Bit 2	Oscillator falt interrupt 사용 여부를 결정	
		0	Interrupt 비활성화
		1	Interrupt 활성화
	Bit 1	다른 모듈에서 사용	

■ **IFG1, Interrupt Flag Register 1 – adress 002h**

7	6	5	4	3	2	1	0
					OFIFG		
					rw–1		

	Bits 2–7	다른 모듈에서 사용	
OFIFG	Bit 2	Oscillator falt interrupt 발생 여부 판단	
		0	Interrupt 발생하지 않음
		1	Interrupt 발생
	Bit 1	다른 모듈에서 사용	

다음은 상기 레지스터들을 이용해서 외부 크리스탈을 사용하며, MCLK은 XT2를 1/8분주하여 사용, SMCLK은 1/4분주하여 사용할 경우에 대한 설정방법이다.

```
// ***** Basic Clock *****
BCSCTL1 &= ~XT2OFF;                          // XT2 on
do{
  IFG1 &=~OFIFG;                             // Clear oscillator flag
  for(i=0;i<0xFF;i++);                       // Delay for OSC to stablize
}while((IFG1&OFIFG));                        // Test oscillator fault flag
BCSCTL2 = SELM_2 | DIVM_3;                   // MCLK = XT2CLK/8 = 750kHz
BCSCTL2 |= SELS | DIVS_2;                    // SMCLK = XT2CLK/4 = 1.5MHz
```

[실습 6-1] 분주에 따른 LED 점멸 속도 테스트

XT2CLK을 8분주 하도록 BCSCTL2의 레지스터 값을 설정하고 LED를 점멸하는 프로그램을 작성해보도록 하자. 8분주 했을 때와 하지 않았을 경우의 차이를 LED의 점멸 속도로 비교해보자.

```
// 6-1 clock test
// Include files ******************************************************************
#include   <msp430x16x.h>
// Constants, macros and .... ****************************************************
#define    LED1ON        (P3OUT &= (~BIT0))
#define    LED1OFF       (P3OUT |= BIT0)
void main(void)
{
   unsigned int i;
      // ***** Watchdog Timer *****
   WDTCTL = WDTPW + WDTHOLD;                    // Stop watchdog timer
      // ***** Basic Clock *****
   BCSCTL1 &= ~XT2OFF;                          // XT2 on
   do{
      IFG1 &=~OFIFG;                            // Clear oscillator flag
      for(i=0;i<0xFF;i++);                      // Delay for OSC to stabilize
   }while((IFG1&OFIFG));                        // Test oscillator fault flag
   BCSCTL2 = SELM_2 | DIVM_3;                   // MCLK = XT2CLK/8 = 750 kHz
   BCSCTL2 |= SELS | DIVS_2;                    // SMCLK = XT2CLK/4 = 1.5 MHz
   // ***** Port Setting *****
   P3SEL &= ~BIT0;                    // set P3.0,1 to GPIO
   P3DIR |= BIT0;                     // set direction of P3.0,1 as output
   LED1OFF;

   while(1)
   {
      for(i=0; i<10000; ++i) ;
      LED1ON;

      for(i=0; i<10000; ++i) ;
      LED1OFF;
   }
}
```

상기 코드의 해당 부분을 다음과 같이 수정하면 LED의 점멸 주기가 8배 빨라짐을 알 수 있다. 실행해보면 LED의 점멸 주기가 빨라져 계속 켜져 있는 것처럼 보인다.

```
// ***** Basic Clock *****
BCSCTL1 &= ~XT2OFF;                    // XT2 on
do{
  IFG1 &=~OFIFG;                       // Clear oscillator flag
  for(i=0;i<0xFF;i++);                 // Delay for OSC to stabilize
}while((IFG1&OFIFG));                  // Test oscillator fault flag
BCSCTL2 = SELM_2;                      // MCLK = XT2CLK = 6 MHz
BCSCTL2 |= SELS | DIVS_2;              // SMCLK = XT2CLK/4 = 1.5 MHz
```

6.3 타이머

■ 타이머 개요

타이머(timer)는 어떠한 주기마다 반복적인 작업(타이머의 compare mode를 활용)을 수행하거나 또는 수행 시간(타이머의 capture mode를 활용)을 알기 위해 사용한다.

실습 예제 6-1에서 for 루프를 실행하여 일정한 간격으로 LED가 점멸을 하고 있으나 정확하게 얼마 간격으로 LED가 점멸하고 있는지 알기는 쉽지 않다. 이런 경우 타이머를 사용하면 정확하게 일정한 시간 간격을 두고 LED를 점멸할 수 있다.

BMDAQ 보드에서 사용하는 MSP430F1610(또는 1611)은 두 개(Timer_A, Timer_B)의 16비트 타이머를 가지고 있다. Timer_A와 Timer_B의 기능상의 차이는 SCCI(Synchronized capture/compare input) 비트 기능이 Timer_B에는 구현되어 있지 않다는 것, Timer_B의 길이를 8, 10, 12, 16비트로 바꿀 수 있다는 것, Timer_A는 3개, Timer_B는 7개의 독립된 capture/compare unit을 갖고 있다는 것을 제외하고는 거의 동일하다. 따라서 주로 Timer_A에 대해서만 기술하도록 한다.

상기 기술한 바와 같이 Timer_A는 세 개의 독립된 capture/compare unit을 갖고 있다. 여기에서 capture mode와 compare mode에 대해서 간략히 알아보도록 하자. 세 개의 각각 unit에는 TACCRx(x=0,1,2) 레지스터를 가지고 있으며 TACCRx 레지스터의 8번 비트를 0 또는 1로 설정함으로써 capture mode(0)로 쓸 것인지 compare mode(1)로 쓸 것인지 결정할 수 있다.

compare mode는 일반적으로 사용하는 방법으로서 TACCRx에 저장되어 있는 값과 카운트되는 값을 비교함으로써 인터럽트를 발생시켜 주기적으로 어떠한 작업을 수행할 수 있는 방법이다. Capture mode는 타임 이벤트에 사용하는 방법으로서 주로 어떤 연산 또는 알고리즘의 수행시간을 측정할 때 사용하는 방법이다. 이는 PC 프로그램에서 어떠한 알고리즘이나 연산의 수행시간을 측정할 때 시작시점에서의 시각과 연산이 끝난 후의 시각의 차를 이용하는 경우와 유사하다고 생각하면 된다.

■ 타이머의 동작 방법

그림 6-2를 참조하여 타이머가 어떻게 동작하는지 알아보도록 하자. Timer_A에 관련된 레지스터들로는 TACTL, TAR, TACCTL0~2, TACCR0~2, TAIV가 있으며 자세한 것은 추후에 알아보도록 하고 그림 6-2를 기반으로 개요적으로 어떻게 타이머가 동작하는지 먼저 알아보도록 한다.

① TASSELx(TACTL 레지스터의 8, 9번 비트)를 적절히 설정하여 타이머를 동작시키기 위한 타이머 클록을 TACLK, ACLK, SMCLK, INCLK중 하나를 선택(BMDAQ 보드에서는 SMCLK를 사용).

② IDx(TACTL 레지스터 6, 7번 비트)를 설정하여 분주비(1,2,4,8)를 결정.

③ MCx(TACTL 레지스터 5, 4번 비트)를 설정하여 다음의 네 개의 카운트모드들 중 하나를 선택.

MCx	Mode	설명
00	Stop	멈춤
01	Up	0부터 TACCR0에 들어 있는 값까지 반복해서 카운트
10	Continuous	0부터 0FFFFh까지 반복해서 카운트
11	Up/down	0부터 TACCR0에 들어있는 값까지 증가, 다시 0까지 감소를 반복해서 카운트

이들의 카운트 모드에 대해 그림으로 다시 도시하면 그림 6-3, 6-4, 6-5와 같다.

상기와 같이 설정하게 되면 16비트 타이머/카운터 레지스터인 TAR의 값은 카운트 모드에 따라 증가 또는 감소하게 된다. 물론 TAR에 저장된 값은 소프트웨어적으로 읽거나 임의의 값으로 변경이 가능하다. 추가적으로 TAR값이 오버플로우(overflow)가 발생할 때 인터럽트를 발생시킬 수 있다.

인터럽트에 대해 좀 더 자세히 알아보면 다음과 같다. 그림 6-2에서 보는 바와 같이 인터럽트 플래그(flag)와 관련 있는 비트로는 TAIFG(TACTL 레지스터의 0번 비트)와 세 개의 TACCTLx(x=0,1,2)의 0번 비트에 해당하는 CCIFG가 존재한다. CCIFG 인터럽트 플래그는 타이머의 카운트 값(TAR)이 TACCR0 값과 같아질 때 '1'로 되며(그림 6-2의 하단 참조-EQU2 부분), TAIFG는 타이머의 카운트 값(TAR)이 TACCR0에서 0으로 될 때 '1'이 된다. 이해를 돕기 위해 Up mode인 경우에 대해 그림으로 도시하면 다음과 같다.

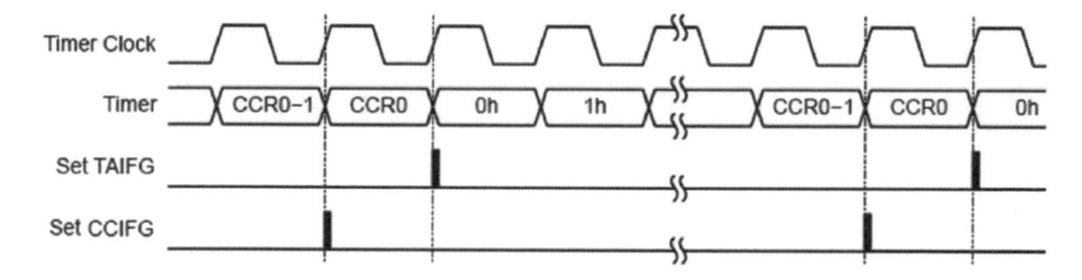

상기 그림에서 보는 바와 같이 up mode인 경우 CCIFG 비트는 TAIFG보다 한 클록 먼저 '1'로 됨을 알 수 있다.

그림 6-2 타이머 블록다이어그램

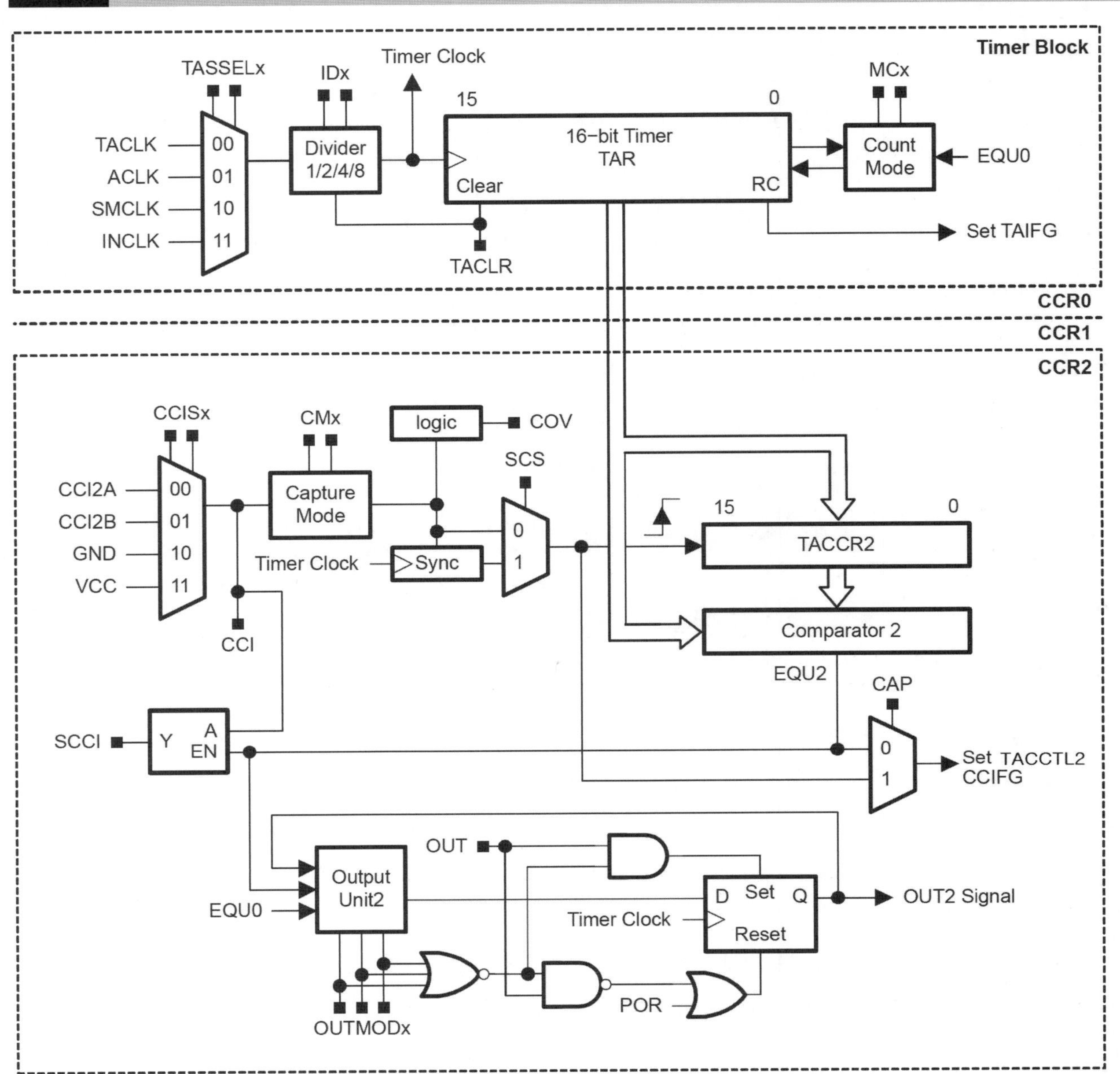

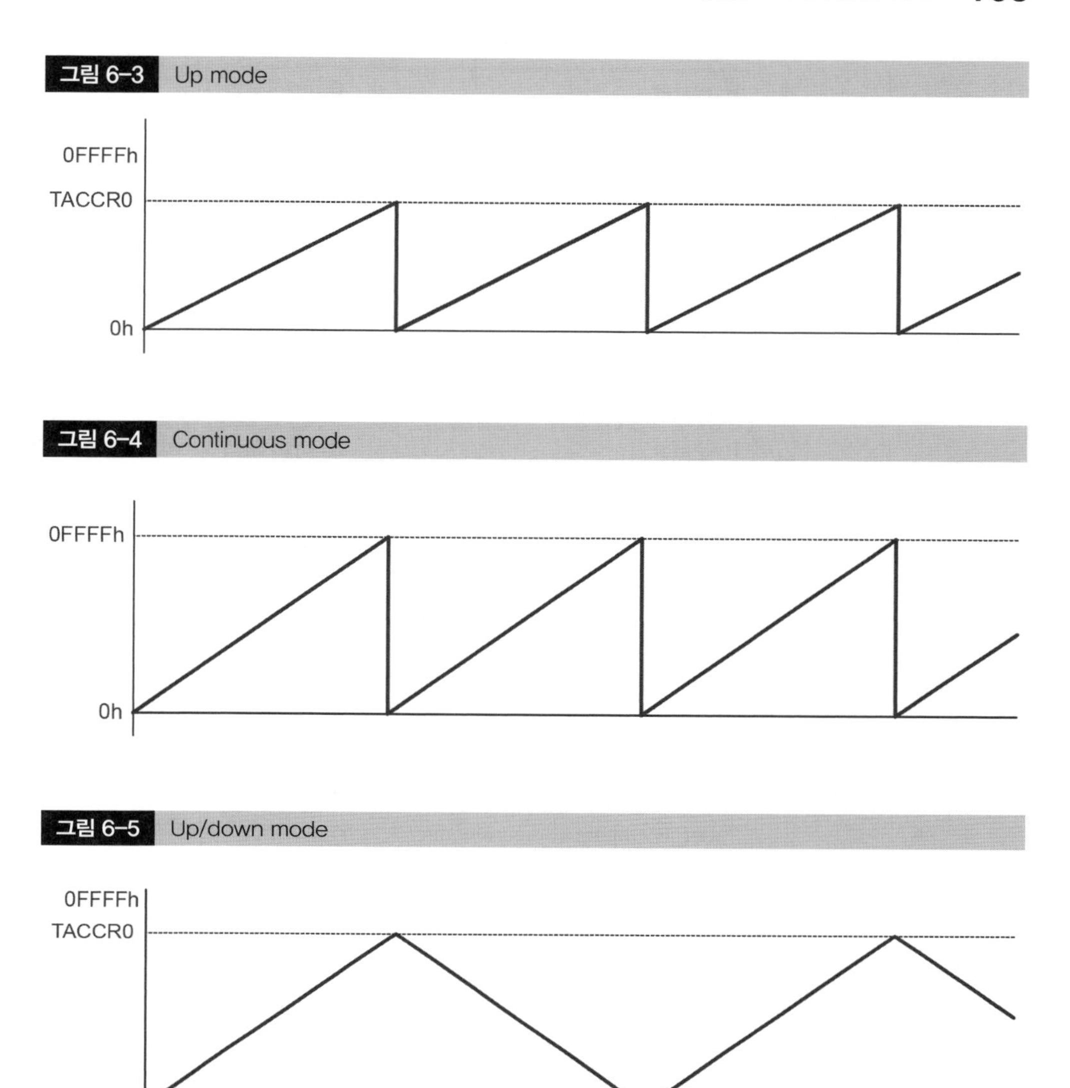

그림 6-3 Up mode

그림 6-4 Continuous mode

그림 6-5 Up/down mode

■ 타이머의 관련 레지스터

Timer_A 및 Timer_B에 관련된 레지스터들로는 아래와 같이 각각 9개, 17개가 존재한다. 거의 기능이 같으므로 TACTL, TAR, TACCTL0, TAIV 레지스터에 대해 알아보도록 하자.

Register	Short Form	Register Type	Address
Timer_A control	TACTL	Read/write	0160h
Timer_A counter	TAR	Read/write	0170h
Timer_A capture/compare control 0	TACCTL0	Read/write	0162h
Timer_A capture/compare 0	TACCR0	Read/write	0172h
Timer_A capture/compare control 1	TACCTL1	Read/write	0164h
Timer_A capture/compare 1	TACCR1	Read/write	0174h
Timer_A capture/compare control 2	TACCTL2	Read/write	0166h
Timer_A capture/compare 2	TACCR2	Read/write	0176h
Timer_A interrupt vector	TAIV	Read only	012Eh

Register	Short Form	Register Type	Address
Timer_B control	TBCTL	Read/write	0180h
Timer_B counter	TBR	Read/write	0190h
Timer_B capture/compare control 0	TBCCTL0	Read/write	0182h
Timer_B capture/compare 0	TBCCR0	Read/write	0192h
Timer_B capture/compare control 1	TBCCTL1	Read/write	0184h
Timer_B capture/compare 1	TBCCR1	Read/write	0194h
Timer_B capture/compare control 2	TBCCTL2	Read/write	0186h
Timer_B capture/compare 2	TBCCR2	Read/write	0196h
Timer_B capture/compare control 3	TBCCTL3	Read/write	0188h
Timer_B capture/compare 3	TBCCR3	Read/write	0198h
Timer_B capture/compare control 4	TBCCTL4	Read/write	018Ah
Timer_B capture/compare 4	TBCCR4	Read/write	019Ah
Timer_B capture/compare control 5	TBCCTL5	Read/write	018Ch
Timer_B capture/compare 5	TBCCR5	Read/write	019Ch
Timer_B capture/compare control 6	TBCCTL6	Read/write	018Eh
Timer_B capture/compare 6	TBCCR6	Read/write	019Eh
Timer_B Interrupt Vector	TBIV	Read only	011Eh

■ TACTL, Timer_A Control Register

15	14	13	12	11	10	9	8
Unused						TASSELx	
rw-(0)	rw-(0)	rw-(0)	rw-(0)	rw-(0)	rw-(0)	rw-(0)	rw-(0)

7	6	5	4	3	2	1	0
IDx		MCx		Unused	TACLR	TAIE	TAIFG
rw-(0)	rw-(0)	rw-(0)	rw-(0)	rw-(0)	rw-(0)	rw-(0)	rw-(0)

Timer_A를 제어하는 데 사용한다.

Unused	Bit 15-10	사용 안 함	
TASSELx	Bit 9-8	Timer_A 클록 소스 선택	
		00	TACLK
		01	ACLK
		10	SMCLK
		11	INCLK
IDx	Bits 7-6	divider에 대한 입력 클록을 선택	
		00	/1
		01	/2
		10	/4
		11	/8
MCx	Bits 5-4	Mode를 제어	
		00	Stop mode: Timer가 중단
		01	Up mode: Timer가 TACCR0까지 up count
		10	Continuous mode: timer가 0FFFFh까지 up count
		11	Up/down mode: Timer가 TACCR0까지 up count를 한 후 0000h까지 down count
Unused	Bit 3	사용 안 함	
TACLR	Bit 2	Reset 기능을 수행	
TAIE	Bit 1	Interrupt의 요청을 가능하게 함	
		0	Interrupt 비활성화
		1	Interrupt 활성화
TAIFG	Bit 0	interrupt 발생 여부를 판단	
		0	Interrupt 발생하지 않음
		1	Interrupt 발생

■ **TAR, Timer_A Register**

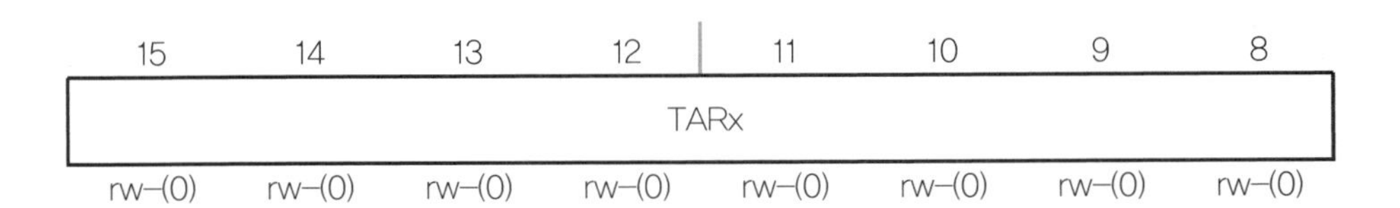

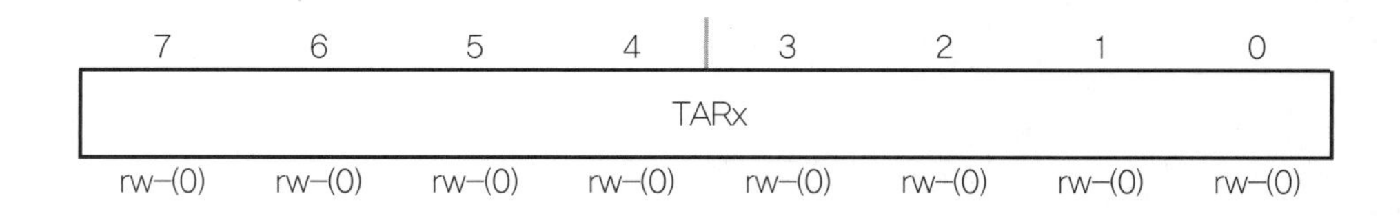

TARx	Bits 15-0	Timer_A를 count 해줌

■ **TACCTLx, Capture/Compare Control Register**

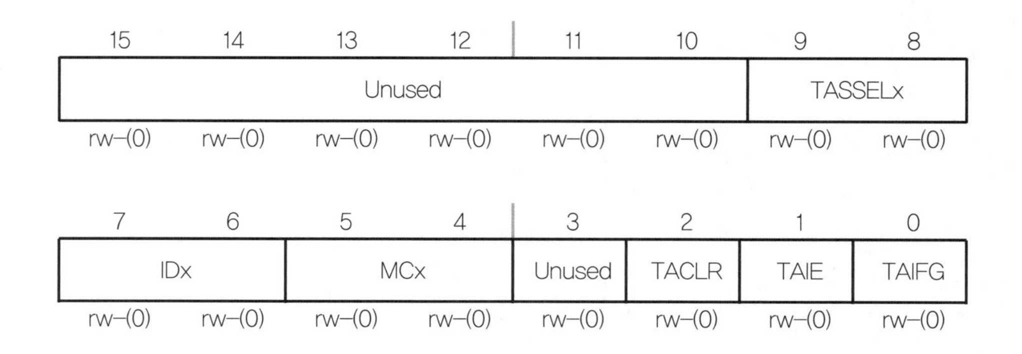

CMx	Bit 15-14	Capture mode	
		00	Capture 안 함
		01	Capture 상승 edge
		10	Capture 하강 edge
		11	Capture 상승 edge와 하강 edge
CCISx	Bit 13-12	TACCRx input signal을 선택	
		00	CCIxA
		01	CCIxB
		10	GND
		11	VCC
SCS	Bits 11 13-12	Capture input signal과 Timer clock을 동기화시킴	
		0	Capture의 비동기
		1	Capture의 동기
SCCI	Bits 10	선택 된 CCI input signal은 EQUx signal과 붙여서 읽을 수 있음	
Unused	Bit 9	사용 안 함. 읽을 수만 있음	
CAP	Bit 8	Capture mode 선택	
		0	Compare mode
		1	Capture mode

OUTMODx	Bit 7–5	Modes 2, 3, 6, 7은 TACCR0에 유용하지 않다. 왜냐하면 EQUx = EQU0이기 때문	
		000	OUT bit value
		001	Set
		010	Toggle/reset
		011	Set/reset
		100	Toggle
		101	Reset
		110	Toggle/set
		111	Reset/set
CCIE	Bit 4	해당 CCIFGflag의 interrupt 요청이 가능	
		0	Interrupt 비활성화
		1	Interrupt 활성화
CCI	Bit 3	선택된 input signal을 읽을 수 있음	
OUT	Bit 2	Output 상태를 제어	
		0	Output low
		1	Output high
COV	Bit 1	Capture overflow 발생 여부 판단	
		0	Capture overflow 발생하지 않음
		1	Capture overflow 발생
CCIFG	Bit 0	Capture/compare interrupt 발생 여부 판단	
		0	Interrupt 발생하지 않음
		1	Interrupt 발생

■ **TAIV, Timer_A Interrupt Vector Register**

15	14	13	12	11	10	9	8
0	0	0	0	0	0	0	0
r0	r0	r0	r0	r0	r0	r0	r0

7	6	5	4	3	2	1	0
0	0	0	0		TAIVx		0
r0	r0	r0	r0	r–(0)	r–(0)	r–(0)	r0

TAIVx	Bits 15–0	Timer_A의 Interrupt Vector 값

그림 6-6 TAIV의 interrupt vector 값과 각 vector의 인터럽트 우선순위

TAIV Contents	Interrupt Source	Interrupt Flag	Interrupt Priority
00h	No interrupt pending	–	
02h	Capture/compare 1	TACCR1 CCIFG	Highest
04h	Capture/compare 2	TACCR2 CCIFG	
06h	Reserved	–	
08h	Reserved	–	
0Ah	Timer overflow	TAIFG	
0Ch	Reserved	–	
0Eh	Reserved	–	Lowest

앞에서 설명한 내용을 바탕으로 타이머를 이용한 프로그램을 작성해보자. 일반적으로 타이머는 인터럽트와 함께 사용되지만 인터럽트와 관련된 내용은 다음 절에서 설명하기 때문에 우선은 폴링(Polling) 방식으로 접근하는 방법을 다루겠다.

[실습 6-2] Compare mode를 이용한 LED 점멸하기

타이머에 내장된 capture/compare 모듈에서 compare mode를 사용한 방법이다. TACCR0 레지스터에 저장되어 있는 값과 TAR 레지스터의 count 값을 비교하여 같아지는 순간 TACCTL0의 0번 비트인 CCIFG 플래그가 set 되는 원리를 이용하여 D1을 1ms(1kHz) 단위로 점멸시키는 프로그램을 작성해보도록 하자.

프로그램 작성 시 고려할 사항은 다음과 같다.

① 클록 설정 : BCSCTL1에 XT2를 사용하도록 설정, MCLK = XT2CLK, SMCLK = XT2CLK(6장 2절 참조)

② IO 설정 : P3.0(D1과 연결되어 있음)을 GPIO및 출력으로 설정(5장 참조)

③ 타이머 설정

TACTL – 클록 소스 = SMCLK, 8분주, up mode로 설정

TACCTL0 – interrupt enable 설정(CCIE)

TACCR0 – 1msec이 되도록 설정

> TACCR0 설정 방법
> TACCR0=(클록 소스/분주비)/(원하는 주파수) (단, up mode일 때)
> 따라서, TACCR0 = (6MHz/8)/(1kHz) = 750

```
// 6-2 LED blink using CCIFG

// Include files ********************************************************************
#include <msp430x16x.h>

// Constants, macros and .... *****************************************************
#define  LED1ON          (P3OUT &= (~BIT0))
#define  LED1OFF         (P3OUT |= BIT0)
#define  IsLED1OFF       (P3OUT & BIT0)

void main(void)
{
        unsigned int i;
        // ***** Watchdog Timer *****
        WDTCTL = WDTPW + WDTHOLD;                  // Stop watchdog timer

        // ***** Basic Clock *****
        BCSCTL1 &= ~XT2OFF;                        // XT2 on
        do{
               IFG1 &=~OFIFG;                      // Clear oscillator flag
               for(i=0;i<0xFF;i++);                // Delay for OSC to stabilize
        }while((IFG1&OFIFG));                      // Test oscillator fault flag

        BCSCTL2 = SELM_2;                          // MCLK = XT2CLK = 6 MHz
        BCSCTL2 |= SELS;                           // SMCLK = XT2CLK = 6 MHz

        // ***** Port Setting *****
        P3SEL &= ~BIT0;                            // set P3.0 to GPIO
        P3DIR |= BIT0;                             // set direction of P3.0 as output

        // ***** Timer Setting *****
        TACTL |= TASSEL_2 | ID_3 | MC_1;           // TimerA : SMCLK/8, Up Mode
        TACCTL0 = CCIE;
        TACCR0 = 750;

        LED1OFF;
        while(1)
        {
               if(TACCTL0 & CCIFG)
               {
                      if(IsLED1OFF)
                             LED1ON;
                      else
                             LED1OFF;
                      TACCTL0 &= ~CCIFG;
```

```
                }
            }
}
```

이 프로그램을 실행해보면 실제로 LED가 점멸하는 모습은 볼 수 없다. 초당 1,000번을 깜빡이기 때문에 계속 켜져 있는 것처럼 보인다. 점멸되는 것을 확인하기 위하여 1초(1Hz)단위로 점멸하도록 프로그램을 수정해보도록 하자. 6MHz를 8분주하고, 타이머를 8분주 하여도 93750Hz로 카운터의 최고 값인 0xFFFF(65535)로 나누어도 1.4Hz가 나오므로 1초 단위로 깜빡일 수 없다. 따라서 위 예제에서 while 루프에서 1000번에 한 번만 실행되도록 프로그램을 수정하면 쉽게 구현 가능하다. 수정된 부분만을 보여주면 다음과 같다.

```
int count = 0;
while(1)
{
        if(TACCTL0 & CCIFG)
        {
                ++count;
                TACCTL0 &= ~CCIFG;
        }
        if(count == 1000)
        {
                if(IsLED1OFF)
                        LED1ON;
                else
                        LED1OFF;
                count = 0;
        }
}
```

[실습 6-3] 타이머 오버플로우(Timer overflow)를 이용한 LED 점멸하기

타이머가 TAR의 count를 증가시키면서 한계치(16-bit인 경우 65535 : continuous mode)에서 0으로 초기화 될 때에 발생하는 TAIFG를 사용한 방법이다.

```
// 6-3 LED blink using TAIFG

// Include files *******************************************************************
#include <msp430x16x.h>

// Constants, macros and .... *******************************************************
#define  LED1ON          (P3OUT &= (~BIT0))
```

```
#define  LED1OFF          (P3OUT |= BIT0)
#define  IsLED1OFF        (P3OUT & BIT0)

void main(void)
{
        unsigned int i;
        // ***** Watchdog Timer *****
        WDTCTL = WDTPW + WDTHOLD;                     // Stop watchdog timer

        // ***** Basic Clock *****
        BCSCTL1 &= ~XT2OFF;                          // XT2 on
        do{
              IFG1 &=~OFIFG;                         // Clear oscillator flag
              for(i=0;i<0xFF;i++);                   // Delay for OSC to stabilize
        }while((IFG1&OFIFG));                        // Test oscillator fault flag

        BCSCTL2 = SELM_2;                            // MCLK = XT2CLK = 6 MHz
        BCSCTL2 |= SELS;                             // SMCLK = XT2CLK = 6 MHz

        // ***** Port Setting *****
        P3SEL &= ~BIT0;                              // set P3.0 to GPIO
        P3DIR |= BIT0;                               // set direction of P3.0 as output

        // ***** Timer Setting *****
        // TimerA : SMCLK/8, Continuous Mode, Interrupt enable
        TACTL |= TASSEL_2 | ID_3 | MC_2 | TAIE;
        LED1OFF;

        while(1)
        {
              if(TACTL & TAIFG)
              {
                    if(IsLED1OFF)
                          LED1ON;
                    else
                          LED1OFF;
                    TACTL &= ~TAIFG;
              }
        }
}
```

[실습 6-4] Counter mode를 달리하여 LED 점멸하는 속도 조절하기

이번에는 서로 다른 두 가지의 counter mode를 사용하여 한 개의 LED가 나머지 한 개의 LED의 두 배의 속도로 깜빡이는 프로그램을 작성하여 보자. Timer_A는 continuous mode로 설정하고, Timer_B는 Up/Down mode로 설정하여 동일한 최대값(65535)을 가지는 타이머이면서 오버플로우가 일어나는 시간이 달라지는 것을 이용한다.

```
// 6-4 2 LEDs blink using both Continuous &UpDown mode (Polling)
// Include files *********************************************************************
#include <msp430x16x.h>
// Constants, macros and .... *******************************************************
#define  LED1ON             (P3OUT &= (~BIT0))
#define  LED1OFF            (P3OUT |= BIT0)
#define  IsLED1OFF          (P3OUT & BIT0)
#define  LED2ON             (P3OUT &= (~BIT1))
#define  LED2OFF            (P3OUT |= BIT1)
#define  IsLED2OFF          (P3OUT & BIT1)
void main(void)
{
        unsigned int i;
        // ***** Watchdog Timer *****
        WDTCTL = WDTPW + WDTHOLD;                   // Stop watchdog timer

        // ***** Basic Clock *****
        BCSCTL1 &= ~XT2OFF;                         // XT2 on
        do{
          IFG1 &=~OFIFG;                            // Clear oscillator flag
          for(i=0;i<0xFF;i++);                      // Delay for OSC to stabilize
        }while((IFG1&OFIFG));

        BCSCTL2 = SELM_2;                           // MCLK = XT2CLK = 6 MHz
        BCSCTL2 |= SELS | DIVS_3;                   // SMCLK = XT2CLK/8 = 750 kHz

        // ***** Port Setting *****
        P3SEL &= ~(BIT0 | BIT1);                    // set P3.0,1 to GPIO
        P3DIR |= BIT0 | BIT1;                       // set direction of P3.0,1 as output

        // ***** Timer Setting *****
        // TimerA,B : SMCLK/8, Continuous Mode, up/down mode, Interrupt enable
        TACTL |= TASSEL_2 | ID_3 | MC_2 | TAIE;  // MC_2 : continuous mode
        TBCTL |= TBSSEL_2 | ID_3 | MC_3 | TBIE;  // MC_3 : up/down mode
        TBCCR0 = 65535;
        LED1OFF;
        LED2OFF;
        while(1)
```

```
        {
                if(TACTL & TAIFG)
                {

                        if(IsLED1OFF)
                                LED1ON;
                        else
                                LED1OFF;
                        TACTL &= ~TAIFG;
                }
                if(TBCTL & TBIFG)
                {
                        if(IsLED2OFF)
                                LED2ON;
                        else
                                LED2OFF;
                        TBCTL &= ~TBIFG;
                }
        }
}
```

6.4 인터럽트

인터럽트(interrupt)는 어떤 작업(A 작업)을 수행 중이더라도 다른 작업(B 작업)이 필요하다는 신호를 받으면 B 작업을 수행한 후 A 작업을 이어서 수행하는 방법이다. 그림 6-6과 같이 MSP430F1610(또는 1611)은 이러한 인터럽트 소스원으로서 16가지를 지원하며, 다음과 같이 세 가지 종류로 나뉜다.

- 시스템 리셋(system reset) 인터럽트 : 이것은 시스템을 처음 시작하거나 재시작할 때 쓰는 인터럽트로서 가장 우선순위가 높다.
- non-maskable 인터럽트(NMI) : 리셋보다는 중요도가 낮지만 발진기(Oscillator)의 오동작, 플래시 메모리 접근 오류 등으로 발생하는 인터럽트로서 일반 maskable 인터럽트보다 우선순위가 높다.
- maskable 인터럽트 : 일반적인 인터럽트로서 Timer, Comparator, ADC, IO 포트, UART, DAC, DMA와 관련된 인터럽트 등이 여기에 속한다.

타이머(6장 3절)와 입출력 포트(5장)에서 이미 관련 레지스터에서 설명하였으므로 이번 장에서는 인터럽트를 활용해서 직접 실습해보도록 하자. 그리고 ADC나 UART, DAC, DMA는 추후에 배우게 되므로 해당 장에서 학습하도록 한다.

그림 6-7 인터럽트 소스원, 플래그, 주소 및 우선순위

INTERRUPT SOURCE	INTERRUPT FLAG	SYSTEM INTERRUPT	WORD ADDRESS	PRIORITY
Power-up External Reset Watchdog Flash memory	WDTIFG KEYV (see Note 1)	Reset	0FFFEh	15, highest
NMI Oscillator Fault Flash memory access violation	NMIIFG (see Notes 1 & 3) OFIFG (see Notes 1 & 3) ACCVIFG (see Notes 1 & 3)	(Non)maskable (Non)maskable (Non)maskable	0FFFCh	14
Timer_B7 (see Note 5)	TBCCR0 CCIFG (see Note 2)	Maskable	0FFFAh	13
Timer_B7 (see Note 5)	TBCCR1 to TBCCR6 CCIFGs, TBIFG (see Notes 1 & 2)	Maskable	0FFF8h	12
Comparator_A	CAIFG	Maskable	0FFF6h	11
Watchdog timer	WDTIFG	Maskable	0FFF4h	10
USART0 receive	URXIFG0	Maskable	0FFF2h	9
USART0 transmit I2C transmit/receive/others	UTXIFG0 I2CIFG (see Note 4)	Maskable	0FFF0h	8
ADC12	ADC12IFG (see Notes 1 & 2)	Maskable	0FFEEh	7
Timer_A3	TACCR0 CCIFG (see Note 2)	Maskable	0FFECh	6
Timer_A3	TACCR1 and TACCR2 CCIFGs, TAIFG (see Notes 1 & 2)	Maskable	0FFEAh	5
I/O port P1 (eight flags)	P1IFG.0 to P1IFG.7 (see Notes 1 & 2)	Maskable	0FFE8h	4
USART1 receive	URXIFG1	Maskable	0FFE6h	3
USART1 transmit	UTXIFG1	Maskable	0FFE4h	2
I/O port P2 (eight flags)	P2IFG.0 to P2IFG.7 (see Notes 1 & 2)	Maskable	0FFE2h	1
DAC12 DMA	DAC12_0IFG, DAC12_1IFG DMA0IFG, DMA1IFG, DMA2IFG (see Notes 1 & 2)	Maskable	0FFE0h	0, lowest

ADC, DAC, DMA 관련된 레지스터는 타이머나 입출력 포트와 같이 각 해당 레지스터들에서 제공하고 있으나 그 밖의 인터럽트 인에이블, 플래그 레지스터는 다음과 같다.

■ **IE1, Interrupt Enable Register 1**

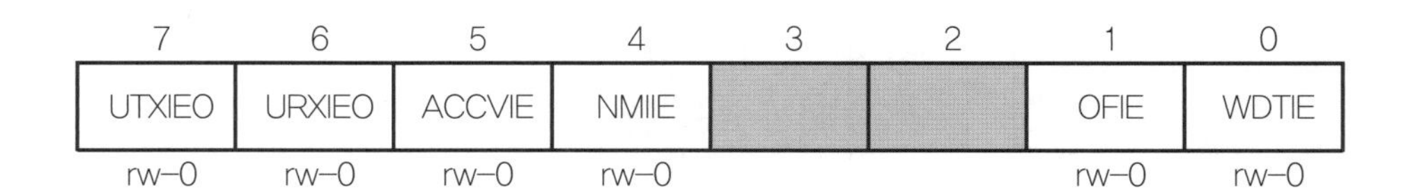

UTXIE0	Bit 7	USART0: UART와 SPI의 transmit-interrupt 활성화
URXIE0	Bit 6	USART0: UART와 SPI의 receive-interrupt 활성화
ACCVIE	Bit 5	Flash memory 접근 위반에 대한 interrupt 활성화
NMIIE	Bit 4	Nonmaskable interrupt 활성화
OFIE	Bit 1	수정 발진기 오류 interrupt 활성화
WDTIE	Bit 0	Watchdog timer interrupt 활성화 비트로서 일반적으로 Watchdog mode로 설정되어 있다가 선택을 해주면 정지하게 됨

■ **IE2, Interrupt Enable Register 2**

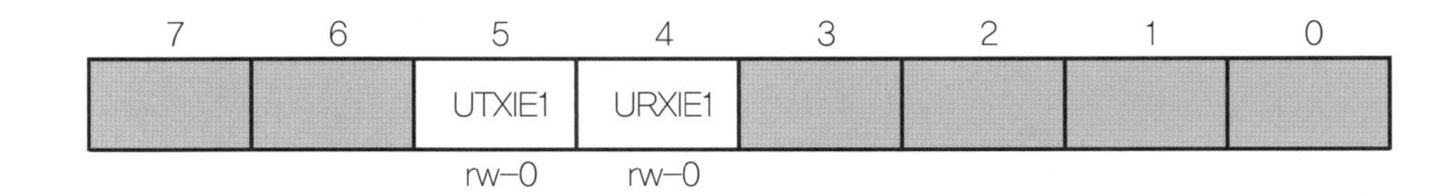

UTXIE1	Bit 5	USART1: UART와 SPI의 transmit-interrupt 활성화
URXIE1	Bit 4	USART1: UART와 SPI의 receive-interrupt 활성화

■ **IFG1, Interrupt Flag Register 1**

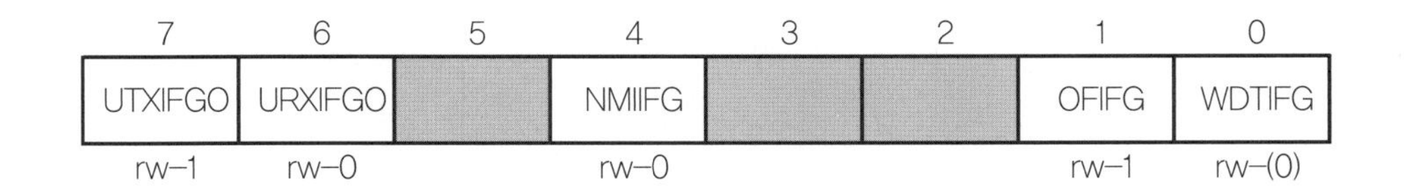

UTXIFG0	Bit 7	USART0: UART와 SPI의 flag 받음
URXIFG0	Bit 6	USART0: UART와 SPI의 flag 전송
NMIIFG	Bit 4	RST/NMI pin 설정
OFIFG	Bit 1	Oscillator가 잘못 설정 되었을 때 flag
WDTIFG	Bit 0	Watchdog-timer가 overflow가 발생하거나 보안 키가 위반되었을 때 Reset 되고 Vcc power-on이 되거나 RST/NMI pin을 통해서 reset 상태로 변환할 수 있음

■ **IFG2, Interrupt Flag Register 2**

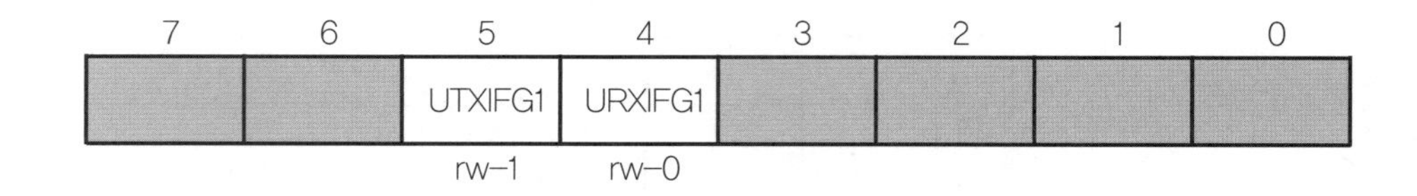

UTXIFG1	Bit 5	USART1: UART와 SPI의 flag 받음
URXIFG1	Bit 4	USART1: UART와 SPI의 flag 전송

인터럽트가 발생하면 수행하게 될 해당 함수를 인터럽트 서비스 루틴(ISR, interrupt service routine)이라 하며, 이를 작성하는 방법은 컴파일러마다 다르지만 IAR 컴파일러에서는 다음과 같이 #pragma 선행처리기를 이용하여 작성한다.

```
#pragma vector = 해당 벡터 주소
_interrupt void 임의의 함수(){
        //
        // 해당 ISR ….
        //
}

// 예제1: TimerA0 interrupt
#pragma vector = TIMERA0_VECTOR
_interrupt TimerA0Interrupt()
{
    // TimerA0 interrupt에 대한 ISR
}

// 예제2: Port1 interrupt
#pragma vector = PORT1_VECTOR
_interrupt void PORT1Interrupt()
{
    // PORT1 interrupt에 대한 ISR
}
```

인터럽트 벡터에 대한 선언은 IAR 컴파일러에서 'msp430x16x.h' 헤더파일에 다음과 같이 이미 선언되어 있으므로 프로그램 작성 시 #include <msp430x16x.h>을 포함시켜 작성하면 쉽게 이용이 가능하다.

```
/************************************************************
* Interrupt Vectors (offset from 0xFFE0)
```

```
************************************************************/
#define DACDMA_VECTOR          (0 * 2u)  /* 0xFFE0 DAC/DMA */
#define PORT2_VECTOR           (1 * 2u)  /* 0xFFE2 Port 2 */
#define USART1TX_VECTOR        (2 * 2u)  /* 0xFFE4 USART 1 Transmit */
#define USART1RX_VECTOR        (3 * 2u)  /* 0xFFE6 USART 1 Receive */
#define PORT1_VECTOR           (4 * 2u)  /* 0xFFE8 Port 1 */
#define TIMERA1_VECTOR         (5 * 2u)  /* 0xFFEA Timer A CC1-2, TA */
#define TIMERA0_VECTOR         (6 * 2u)  /* 0xFFEC Timer A CC0 */
#define ADC12_VECTOR           (7 * 2u)  /* 0xFFEE ADC */
#define USART0TX_VECTOR        (8 * 2u)  /* 0xFFF0 USART 0 Transmit */
#define USART0RX_VECTOR        (9 * 2u)  /* 0xFFF2 USART 0 Receive */
#define WDT_VECTOR             (10 * 2u) /* 0xFFF4 Watchdog Timer */
#define COMPARATORA_VECTOR     (11 * 2u) /* 0xFFF6 Comparator A */
#define TIMERB1_VECTOR         (12 * 2u) /* 0xFFF8 Timer B CC1-6, TB */
#define TIMERB0_VECTOR         (13 * 2u) /* 0xFFFA Timer B CC0 */
#define NMI_VECTOR             (14 * 2u) /* 0xFFFC Non-maskable */
#define RESET_VECTOR           (15 * 2u) /* 0xFFFE Reset [Highest Priority] */

#define UART1TX_VECTOR         USART1TX_VECTOR
#define UART1RX_VECTOR         USART1RX_VECTOR
#define UART0TX_VECTOR         USART0TX_VECTOR
#define UART0RX_VECTOR         USART0RX_VECTOR
#define ADC_VECTOR             ADC12_VECTOR

/************************************************************
* End of Modules
************************************************************/
```

특히, 이미 학습한 입출력 포트, 타이머 관련 인터럽트는 총 6가지로 진하게 표시하였다. 인터럽트 관련된 레지스터들에 대해 자세히 알아보고 직접 실습을 해보도록 하자.

입출력 포트 인터럽트 및 타이머 인터럽트 사용시 주의할 점

① 포트 1, 2 인터럽트 사용 시 ISR에서 인터럽트 플래그를 리셋해야 함.

```
#pragma vector = PORT1_VECTOR
__interrupt void P1ExtInt()
{
    …
    …
    …
    P1IFG = 0;
}
```

② Timer_A0, Timer_B0는 하나의 인터럽트만을 관할하므로 ISR을 호출하면 자동으로 리셋된다. 따라서 별도로 ISR에서 리셋 할 필요가 없음.

③ Timer_A1과 Timer_B1은 각각 3, 7개의 인터럽트를 관할하므로 포트 인터럽트와 같이 소프트웨어 상에서 리셋 해야 함. 이때 리셋 방법은 해당 플래그 비트을 직접적으로 리셋 하거나 또는 각각 TAIV, TBIV를 접근함(읽기/쓰기)으로써 리셋시킬 수 있다.

Timer_A1 인터럽트 발생시 TAIV를 읽음으로써 리셋시키는 예제는 다음과 같다.

```
#pragma vector = TIMERA1_VECTOR
__interrupt void TimerA1Int()
{
        if(TAIV == TAIV_TAIFG)
        {
                LED1ON;
                LED2OFF;
        }
}
```

■ **IO Port Interrupt 관련 Register**

- PxIE, Port Px Interrupt Enable Register

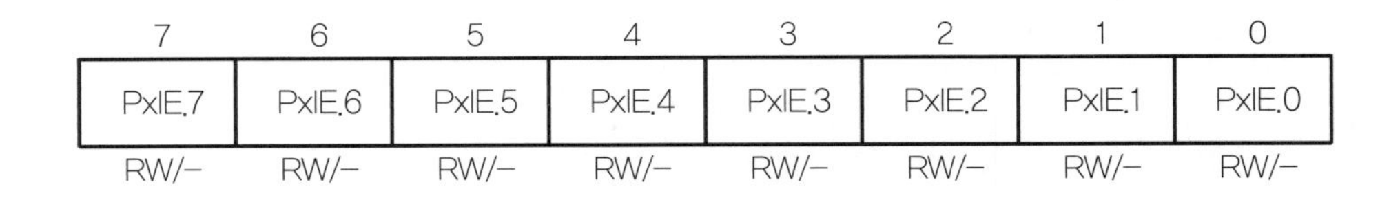

7	6	5	4	3	2	1	0
PxIE.7	PxIE.6	PxIE.5	PxIE.4	PxIE.3	PxIE.2	PxIE.1	PxIE.0
RW/-	RW/-	RW/-	RW/-	RW/-	RW/-	RW/-	RW/-

PxIE는 포트 1, 2의 각 핀에 해당하는 인터럽트 활성화 여부를 결정하는 레지스터이다. 각 비트가 0으로 설정되면 인터럽트를 비활성화하고, 1로 설정되면 활성화 한다.

- PxIES, Port Px Interrupt Edge Select Register

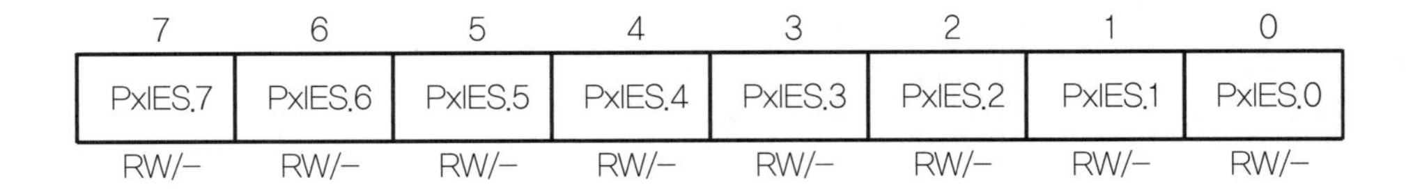

7	6	5	4	3	2	1	0
PxIES.7	PxIES.6	PxIES.5	PxIES.4	PxIES.3	PxIES.2	PxIES.1	PxIES.0
RW/-	RW/-	RW/-	RW/-	RW/-	RW/-	RW/-	RW/-

PxIES는 포트 1, 2의 각 핀에서 인터럽트를 발생시키는 순간에 대한 설정을 할 수 있다. 각 비트가 0으로 설정되면 상승 엣지(edge)에서 인터럽트 신호를 발생시키고, 1로 설정되면 하강 엣지에서 인터럽트 신호를 발생시킨다.

- PxIFG, Port Px Interrupt Flag Register

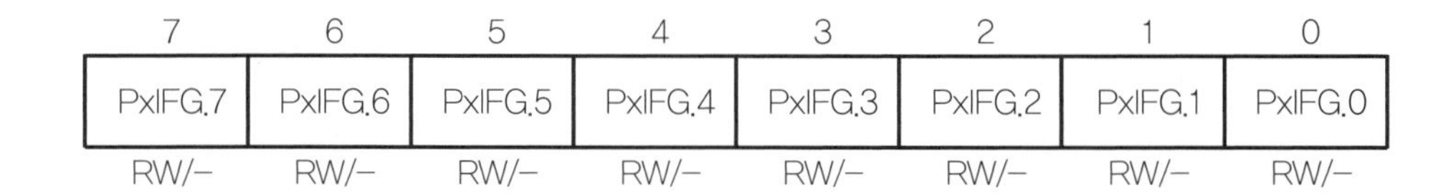

7	6	5	4	3	2	1	0
PxIFG.7	PxIFG.6	PxIFG.5	PxIFG.4	PxIFG.3	PxIFG.2	PxIFG.1	PxIFG.0
RW/–	RW/–	RW/–	RW/–	RW/–	RW/–	RW/–	RW/–

PxIFG는 포트 1, 2의 각 핀에서 인터럽트 발생 여부를 판단하는 데 사용된다. 각 비트가 0으로 설정되어 있는 경우 인터럽트가 발생하지 않은 것이고, 1로 설정되어 있는 경우 인터럽트가 발생한 것이다.

■ **Timer Interrupt 관련 Register**

- Timer_A0 인터럽트는 TACCR0에 관련된 인터럽트(인터럽트 소스원: 1개)
- Timer_A1 인터럽트는 TACCR1,2 및 TAR의 오버플로우에 관련된 인터럽트(인터럽트 소스원: 3개) – TAIV 레지스터 참조
- Timer_B0 인터럽트는 TBCCR0에 관련된 인터럽트(인터럽트 소스원: 1개)
- Timer_B1 인터럽트는 TBCCR1,2,3,4,5,6 및 TBR의 오버플로우에 관련된 인터럽트(인터럽트 소스원: 7개) – TBIV 레지스터 참조

■ **Watchdog Timer**

워치독 타이머(Watchdog timer)의 주된 역할은 소프트웨어적으로 문제가 발생했을 때 시스템을 재시작하는 것이다. 본서에서는 이러한 기능을 사용하지 않으므로 main() 함수의 첫 부분에 워치독 타이머를 중지시키는 명령을 삽입하여 사용한다. 따라서 모든 예제는 다음과 같은 명령이 main() 함수의 첫 부분에 위치한다.

```
WDTCTL = WDTPW + WDTHOLD;  // watchdog timer hold
```

Main() 함수의 첫 부분에 있는 WDTCTL = WDTPW + WDTHOLD 명령은 워치독 타이머에 관련된 명령으로서 워치독 타이머를 중지시키기 위한 것이다. WDTPW는 워치독 password로써 05Ah를 쓰는 명령이며 WDTHOLD는 WDTCTL 레지스터의 7번 비트를 1로 set함으로써 워치독 타이머를 중지시키는 것이다. 이와 관련된 WDTCTL 레지스터는 다음과 같다.

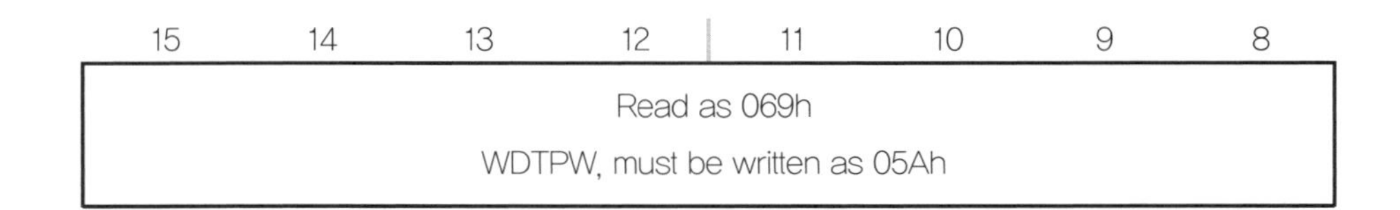

15	14	13	12	11	10	9	8
Read as 069h WDTPW, must be written as 05Ah							

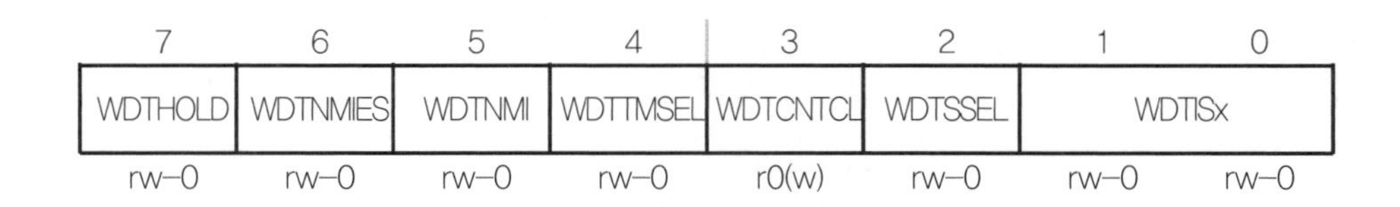

NWDTPW	Bits 15-8	워치독 password. 읽을 때는 069h, 쓸 때는 05Ah로 써야 함
WDTHOLD	Bit 7	워치독 타이머 중지(0: 중지하지 않음, 1: 중지함)

[실습 6-5] 입출력 포트를 이용한 외부 인터럽트를 이용해서 LED 제어하기

실습 5-2에서 수행했던 스위치를 이용한 LED제어 프로그램을 외부 인터럽트를 이용하여 작성해보자.

```
// 6-5 External interrupt test

// Include files *********************************************************************
#include <msp430x16x.h>

// Constants, macros and .... *******************************************************
#define  LED1ON          (P3OUT &= (~BIT0))
#define  LED1OFF         (P3OUT |= BIT0)
#define  LED2ON          (P3OUT &= (~BIT1))
#define  LED2OFF         (P3OUT |= BIT1)

void main(void)
{
      unsigned int i;
      // ***** Watchdog Timer *****
      WDTCTL = WDTPW + WDTHOLD;            // Stop watchdog timer

      // ***** Basic Clock *****
      BCSCTL1 &= ~XT2OFF;                  // XT2 on
      do{
        IFG1 &=~OFIFG;                     // Clear oscillator flag
        for(i=0;i<0xFF;i++);               // Delay for OSC to stabilize
      }while((IFG1&OFIFG));

      BCSCTL2 = SELM_2;                    // MCLK = XT2CLK = 6 MHz
      BCSCTL2 |= SELS;                     // SMCLK = XT2CLK = 6 MHz

      // ***** Port Setting *****
      P3SEL &= ~(BIT0 | BIT1);             // set P3.0,1 to GPIO
```

```
    P3DIR |= BIT0 | BIT1;              // set direction of P3.0,1 as output

    // ***** External Interrupt Setting *****
    P1SEL &= ~(BIT4 | BIT5 | BIT6);    // set P1.4,5,6 to GPIO
    P1DIR &= ~(BIT4 | BIT5 | BIT6);    // set direction of P1.4,5,6 as input
    P1IE |= BIT4 | BIT5 | BIT6;        // enable interrupt of P1.4,5,6
    P1IFG &= ~(BIT4 | BIT5 | BIT6);    // reset interrupt flag of P1.4,5,6
    _EINT();                           // Enable General Interrupt

    LED1OFF;
    LED2OFF;

    while(1)
    {
    }
}

#pragma vector = PORT1_VECTOR
__interrupt void P1ExtInt()
{
    if(P1IFG & BIT4)
    {
        LED1ON;
        LED2OFF;
    }
    else if(P1IFG & BIT5)
    {
        LED1OFF;
        LED2ON;
    }
    else if(P1IFG & BIT6)
    {
        LED1ON;
        LED2ON;
    }
    P1IFG = 0x00;
}
```

[실습 6-6] 실습 6-4를 Timer interrupt를 이용하여 구현하기

역시 실습 6-4에서 수행했던 LED 점멸 속도 조절 프로그램을 폴링(Polling) 방식이 아닌 인터럽트 방식으로 구현해보자.

```
// 6-6 2 LEDs blink using both Continuous &UpDown mode (interrupt)

// Include files *******************************************************************
#include <msp430x16x.h>

// Constants, macros and .... ******************************************************
#define LED1ON          (P3OUT &= (~BIT0))
#define LED1OFF         (P3OUT |= BIT0)
#define IsLED1OFF       (P3OUT & BIT0)
#define LED2ON          (P3OUT &= (~BIT1))
#define LED2OFF         (P3OUT |= BIT1)
#define IsLED2OFF       (P3OUT & BIT1)

void main(void)
{
     unsigned int i;
     // ***** Watchdog Timer *****
     WDTCTL = WDTPW + WDTHOLD;                    // Stop watchdog timer

     // ***** Basic Clock *****
     BCSCTL1 &= ~XT2OFF;                          // XT2 on
     do{
       IFG1 &=~OFIFG;                             // Clear oscillator flag
       for(i=0;i<0xFF;i++);                       // Delay for OSC to stabilize
     }while((IFG1&OFIFG));

     BCSCTL2 = SELM_2;                            // MCLK = XT2CLK = 6 MHz
     BCSCTL2 |= SELS | DIVS_3;                    // SMCLK = XT2CLK/8 = 750 kHz

     // ***** Port Setting *****
     P3SEL &= ~(BIT0 | BIT1);                     // set P3.0,1 to GPIO
     P3DIR |= BIT0 |BIT1;                         // set direction of P3.0,1 as output

     // ***** Timer Setting *****
     // TimerA : SMCLK/8, Continuous Mode, Interrupt enable
     // TimerA : SMCLK/8, UpDown Mode, Interrupt enable
     TACTL |= TASSEL_2 | ID_3 | MC_2 | TAIE;
     TBCTL |= TBSSEL_2 | ID_3 | MC_3 | TBIE;
     TBCCR0 = 65535;

     _EINT();

     LED1OFF;
     LED2OFF;
     while(1)
     {
```

```
        }
}

#pragma vector = TIMERA1_VECTOR
__interrupt void TimerA1Int()
{
        if(TACTL & TAIFG)
        {
                if(IsLED1OFF)
                        LED1ON;
                else
                        LED1OFF;
                TACTL &= ~TAIFG;
        }
}

#pragma vector = TIMERB1_VECTOR
__interrupt void TimerB1Int()
{
        if(TBCTL & TBIFG)
        {
                if(IsLED2OFF)
                        LED2ON;
                else
                        LED2OFF;
                TBCTL &= ~TBIFG;
        }
}
```

[실습 6-7] 외부 인터럽트와 타이머 인터럽트를 이용하여 LED 밝기 제어하기(PWM)

이번 실습에서는 PWM(Pulse Width Modulation) 방식을 이용하여 LED의 밝기를 제어하는 프로그램을 작성한다. PWM이란 일정 주파수를 가진 디지털 펄스(digital pulse) 신호 안에서 한 주기 안의 on 상태와 off 상태의 비율(duty ratio)을 조절하여 그 평균 전압 값이 마치 아날로그와 같은 효과를 얻는 방법을 말한다. Timer_A에서의 TAR 오버플로우와 TACCR0 인터럽트를 이용하여 LED의 on, off 상태를 바꾸어 그 밝기를 제어하는 프로그램을 작성해보자.

실습 6-7은 타이머 인터럽트 및 외부 인터럽트를 이용하여 LED의 밝기를 조절하는 것으로 아날로그 보드에 부착되어 있는 SW2를 누르면 D1은 ON, D2는 OFF가 된다. 그리고 SW1을 계속해서 누르면 D1은 밝아지고 D2는 어두워진다. SW3을 누르면 반대의 현상이 발생한다.

프로그램 내용 중 Timer_A 인터럽트 서비스 루틴 안의 switch 문의 2, 10 값은 그림 6-6을 참조하길 바란다.

```
// 6-7 Change LED  brightness using Timer interrupt (PWM)

// Include files *********************************************************************
#include <msp430x16x.h>

// Constants, macros and .... ******************************************************
#define  LED1ON              (P3OUT &= (~BIT0))
#define  LED1OFF             (P3OUT |= BIT0)

#define  LED2ON              (P3OUT &= (~BIT1))
#define  LED2OFF             (P3OUT |= BIT1)

void main(void)
{
      unsigned int i;
      // ***** Watchdog Timer *****
      WDTCTL = WDTPW + WDTHOLD;                // Stop watchdog timer

      // ***** Basic Clock *****
      BCSCTL1 &= ~XT2OFF;                      // XT2 on
      do{
        IFG1 &=~OFIFG;                         // Clear oscillator flag
         for(i=0;i<0xFF;i++);                  // Delay for OSC to stabilize
      }while((IFG1&OFIFG));

      BCSCTL2 = SELM_2;                        // MCLK = XT2CLK = 6 MHz
      BCSCTL2 |= SELS;                         // SMCLK = XT2CLK = 6 MHz

      // ***** Port Setting *****
      P3SEL &= ~(BIT0 | BIT1);                 // set P3.0,1 to GPIO
      P3DIR |= BIT0 | BIT1;                    // set direction of P3.0,1 as output

      // ***** External Interrupt Setting *****
      P1SEL &= ~(BIT4 | BIT5 | BIT6);          // set P1.4,5,6 to GPIO
      P1DIR &= ~(BIT4 | BIT5 | BIT6);          // set direction of P1.4,5,6 as input
      P1IE |= BIT4 | BIT5 | BIT6;              // enable interrupt of P1.4,5,6
      P1IFG &= ~(BIT4 | BIT5 | BIT6);          // reset interrupt flag of P1.4,5,6

      // ***** Timer Setting *****
      // TimerA : SMCLK, Continuous Mode, Interrupt enable

      TACTL |= TASSEL_2 | MC_2 | TAIE;
```

```
	TACCTL1 |= CCIE;
	TACCR1 = 1;

	_EINT();                                   // Enable General Interrupt

	LED1OFF;
	LED2OFF;
	while(1)
	{
	}
}

#pragma vector = TIMERA1_VECTOR
__interrupt void TimerA1Int()
{
	switch(TAIV)
	{
		case 2: LED1OFF;
			LED2ON;
			break;
		case 10: LED1ON;
			LED2OFF;
			break;
		default: break;
	}
}

#pragma vector = PORT1_VECTOR
__interrupt void P1ExtInt()
{
	if(P1IFG & BIT4)
	{
		if(TACCR1 < 65535-2000)
			TACCR1+=2000;
		else TACCR1=1;

	}
	else if(P1IFG & BIT5)
	{
		TACCR1 = 1;

	}
	else if(P1IFG & BIT6)
	{
		if(TACCR1 >2000)
			TACCR1-=2000;
```

```
            else TACCR1=0xFFFF;

        }
        P1IFG=0x00;
}
```

[실습 6-8] 외부 인터럽트와 타이머 카운터를 이용하여 간단한 게임 만들기

이번 실습에서는 타이머 카운터를 이용하여 특정 이벤트 사이에 걸린 시간을 측정하는 프로그램을 작성한다. 스위치를 통하여 외부 인터럽트로 이벤트를 주게 되며, 두 번의 이벤트 사이에 걸린 시간이 1~3초 정도이면 LED를 모두 켜고, 너무 빠르면 D1을, 너무 느리면 D2를 켜는 프로그램을 작성해보자. SW3는 리셋용, SW1은 시작 이벤트, SW2는 종료 이벤트이다. 따라서 여러 번 실행할 경우 상기 순으로 버튼을 누르면 정상 동작함을 알 수 있다.

```
// 6-8 Counting game

// Include files ********************************************************************
#include <msp430x16x.h>

// Constants, macros and .... ****************************************************
#define  LED1ON             (P3OUT &= (~BIT0))
#define  LED1OFF            (P3OUT |= BIT0)
#define  LED2ON             (P3OUT &= (~BIT1))
#define  LED2OFF            (P3OUT |= BIT1)

int count;
int SW1Flag, SW2Flag, SW3Flag;
void Switch1(void);
void Switch2(void);
void Switch3(void);

void main(void)
{
        unsigned int i;
        // ***** Watchdog Timer *****
        WDTCTL = WDTPW + WDTHOLD;               // Stop watchdog timer

        // ***** Basic Clock *****
        BCSCTL1 &= ~XT2OFF;                     // XT2 on
        do{
          IFG1 &=~OFIFG;                        // Clear oscillator flag
          for(i=0;i<0xFF;i++);                  // Delay for OSC to stabilize
        }while((IFG1&OFIFG));
```

```
    BCSCTL2 = SELM_2;                        // MCLK = XT2CLK = 6 MHz
    BCSCTL2 |= SELS;                         // SMCLK = XT2CLK = 6 MHz

    // ***** Port Setting *****
    P3SEL &= ~(BIT0 | BIT1);                 // set P3.0,1 to GPIO
    P3DIR |= BIT0 | BIT1;                    // set direction of P3.0,1 as output

    // ***** External Interrupt Setting ****
    P1SEL &= ~(BIT4 | BIT5 | BIT6);          // set P1.4,5,6 to GPIO
    P1DIR &= ~(BIT4 | BIT5 | BIT6);          // set direction of P1.4,5,6 as input
    P1IE |= BIT4 | BIT5 | BIT6;              // enable interrupt of P1.4,5,6
    P1IFG &= ~(BIT4 | BIT5 | BIT6);          // reset interrupt flag of P1.4,5,6

    // ***** Timer Setting *****
    TACTL |= TASSEL_2 | ID_3 | MC_1;         // TimerA : SMCLK/8, Continuous Mode
    TACCTL0 |= CCIE;
    TACCR0 = 750;

    _EINT();                                 // Enable General Interrupt

    LED1OFF;
    LED2OFF;
    while(1)
    {
        if(SW1Flag) Switch1();
        if(SW2Flag) Switch2();
        if(SW3Flag) Switch3();
    }
}

#pragma vector = TIMERA0_VECTOR
__interrupt void TimerInt()
{
    ++count;                                 // 1 count = 1 ms
}

#pragma vector = PORT1_VECTOR
__interrupt void P1ExtInt()
{
    if(P1IFG & BIT4)                         // when SW1 is pushed
    {
        SW1Flag = 1;
    }
    else if(P1IFG & BIT5)                    // when SW2 is pushed
    {
        SW2Flag = 1;
```

```
    }
    else if(P1IFG & BIT6)                    // when SW3 is pushed
    {
        SW3Flag = 1;
    }
    P1IFG=0x00;
}

void Switch1()                               // set count as 0 : start counter
{
    count = 0;
    SW1Flag = 0;
}

void Switch2()                               // check count value
{
    if(count < 1000)                         // LED1 on when it's too early
    {
        LED1ON;
    }
    else if(count >= 1000 && count < 3000)  // LED1, 2 on when it's good
    {
        LED1ON;
        LED2ON;
    }
    else                                     // LED2 on when it's too late
    {
        LED2ON;
    }
    SW2Flag = 0;
}

void Switch3()                               // reset the state of LEDs
{
    LED1OFF;
    LED2OFF;
    SW3Flag = 0;
}
```

제 7 장

SCI 통신

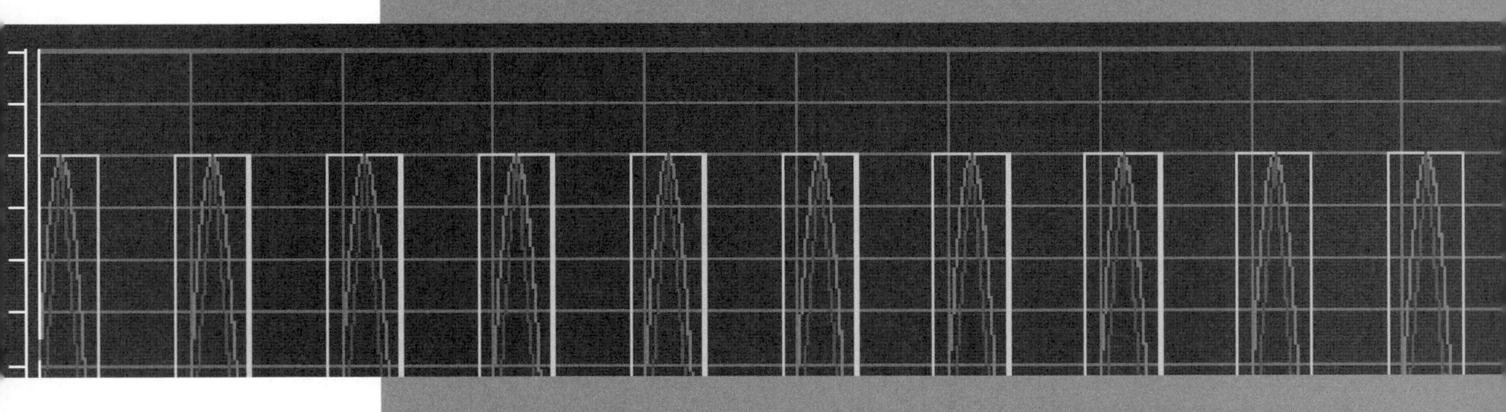

7.1 개요

USART는 Universal Synchronous and Asynchronous Receiver/Transmitter의 약자로 범용 동기 비동기 방식의 통신 형식을 말한다. USART는 하드웨어 사이에서 데이터를 주고받는 역할을 한다. 주로 컴퓨터 하드웨어의 병렬과 직렬 형식 간의 데이터를 변환하며 최근에는 보통 마이크로컨트롤러 안에 그 기능이 포함되어 있다. 그 중에서도 비동기식(Asynchronous) USART를 UART라고 한다.

통신은 그 방식에 따라 직렬통신과 병렬통신, 또는 동기식, 비동기식 모드로 나눌 수 있는데, 개념을 확실히 알기 위해 이 통신 방식들을 비교하여 알아볼 필요가 있다. 우리가 사용하는 SCI(Serial Communication Interface)는 비동기식 직렬통신이며, SPI(Serial Peripheral Interface)는 동기식 직렬통신이다.

■ 직렬/병렬 통신

시리얼 통신(직렬 통신)은 한 가닥 또는 두 가닥의 선을 이용하여 데이터를 주고받는 방식으로 데이터가 한 비트씩 순차적으로 전송되는 방식이다. 반면에 병렬 통신은 일반적으로 8비트 또는 그 이상의 데이터를 동시에 전송하는 방법으로 PC에서는 프린터 포트가 병렬통신 방식으로 PC와 데이터를 주고받는다.

두 방법 각각 장단점이 있어 응용분야에 알맞은 방식으로 응용되고 있는데, 속도 측면에서는 병렬통신이 유리하며, 배선 측면에서는 시리얼 통신이 유리하다. 직렬통신이 하나 또는 두 가닥의 선을 이용하여 데이터를 주고 받는 반면에 병렬통신은 한 번에 8개 이상의 데이터를 전달하기 때문에 속도가 빠른 것은 당연하다. 하지만 그 이유 때문에 병렬 통신의 케이블은 두꺼울 수밖에 없다. 또한 장거리 전송에는 시리얼 통신이 유리하다. 하지만 병렬통신은 여러 비트를 동시에 보내는 만큼 받는 쪽에서도 동시에 도착해야 한다. 그러나 길이가 멀어지면 선로상의 저항 성분에 의해 도착 시간이 제각기 다르게 되어 심각한 문제를 발생시킬 수 있다. 이러한 이유로 근거리 고속 데이터 전송이 필요한 경우에는 병렬 통신 방법을

그림 7-1 직렬/병렬 통신

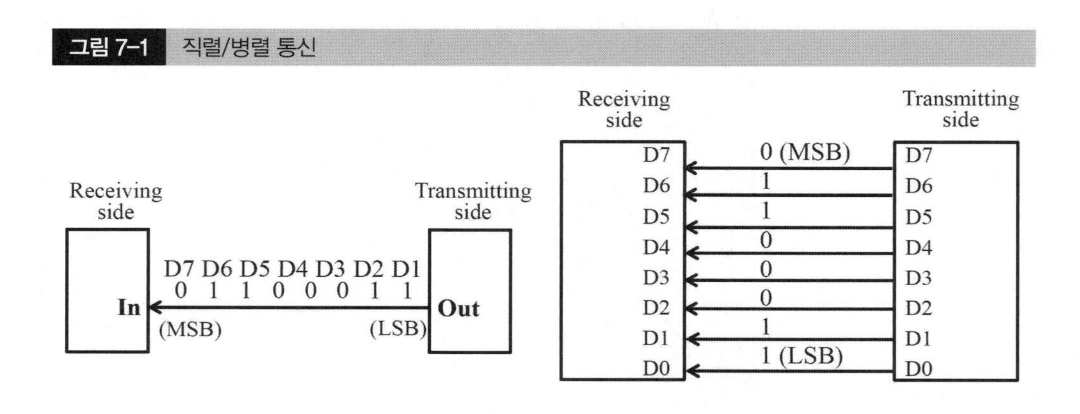

택하고, 저속 데이터만으로도 충분한 경우에는 시리얼 통신을 사용한다.

병렬통신은 통신선에서 전자기적인 간섭에 의해 여러 비트가 전송될 경우 도달 신호가 약해지거나 변형될 수 있는데, 직렬통신은 이러한 간섭의 영향을 덜 받는다. 또한 기술의 발전으로 인해 직렬통신의 속도가 점차 빨라져서 많은 부분이 직렬통신으로 대치되고 있다.

■ **동기/비동기 통신**

데이터 통신에서 송신자는 매체에 비트열(bit stream)을 순서대로 보내게 되고, 수신자는 이러한 정보 비트들의 시작과 끝을 탐지하여 받을 수 있어야 한다. 또한 수신자는 각 비트를 읽기 위한 적당한 시간 간격을 유지하여야 한다. 이러한 요건을 동기화라고 하고, 동기화 기법에 따라 동기식 전송과 비동기식 전송 방법으로 나눌 수 있다. 모든 회로가 정해진 신호-클록 신호를 기준으로 움직인다. 동기용 신호를 클록이라고 하고, 클록 신호의 어떤 시간점을 기준으로 출력을 내고, 그 외의 시간에 입력조건이 변하는 것은 출력에 영향을 주지 않게 된다.

동기식(synchronous) 전송은 마스터에 의해 동기화된 클록에 의해 정해진 동기용 신호를 기준으로 동작하게 한다는 것이다. 동기 통신의 경우, 두 개의 디바이스 사이에서 동기를 취하고, 그 타이밍에 따라, 데이터를 송수신한다. 데이터의 교환이 없는 사이에도 제어용의 신호가 흐르고 있으므로, 상대와의 동기를 유지하는 것이 가능하다. 데이터를 송신한 때는, 그것을 수신하고, 데이터가 없는 때에는 대기 상태를 나타내는 신호를 교환한다. 이처럼 통신이 확립되면, 데이터를 송수신한 것에 데이터의 시작과, 종료를 나타내는 신호가 존재하지 않기 때문에, 데이터 전송 속도는 빨라진다.

반면에 Asynchronous(비동기식 전송)는 '동기 통신 아님'을 의미한다. 주기적으로 특정한 신호를 부가적으로 전송하여 데이터의 시작과 끝을 알 수 있게 하는 방식이다. 데이터의 시작 부분에 start bit(1 bit)를 추가하여 데이터의 시작임을 알리고, 끝에 stop bit(1 또는 2 bit)를 추가하여 데이터의 끝임을 알려준다. 따라서 이들 2~3 비트의 추가 때문에 비동기 통신의 속도는 동기 통신에 비교하여 늦어진다. 비동기식 전송 방법은 흔히 start-stop 전송으로 불리며, 한 번에 한 문자씩 전송된다. start 비트와 stop 비트는 각 문자를 구분해주는 역할을 하며, 송신자와 수신자가 서로 합의한 것을 사용한다. 보통 5~8 bit로 이루어진 한 문자를 보내기 위하여 두세 개 비트를 더 보내야 하는 오버헤드(overhead)가 발생하는 단

그림 7-2 동기/비동기 통신

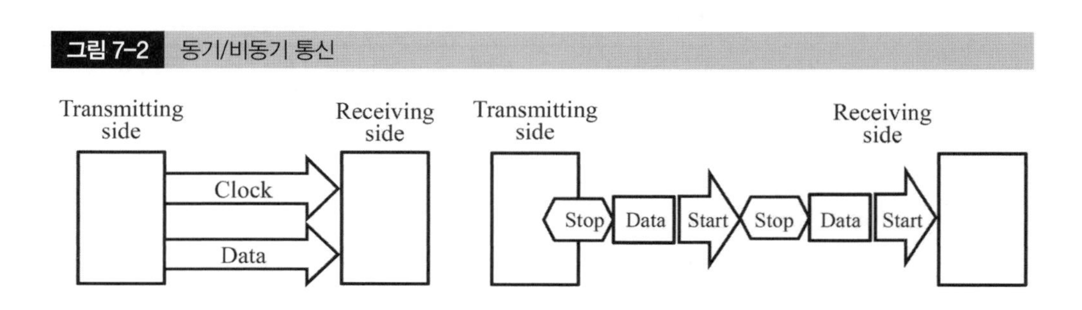

점이 있다.

그림 7-2는 동기/비동기 통신을 보여주고 있다.

7.2 SCI 통신

BMDAQ 보드에는 두 개(UART0, UART1)의 UART 모듈이 있으며 두 모듈은 동일한 역할을 수행한다. 각 모듈들은 설정 값에 따라서 SCI, SPI, I2C 통신 방법으로 사용될 수 있으며, BMDAQ 보드에서는 SCI와 SPI 통신을 사용한다. SPI 통신에 대해서는 차후에(9장) 자세하게 설명할 것이기 때문에 이번 장에서는 SCI(Serial Communication Interface) 통신에 관하여 기술하도록 하겠다.

그림 7-3, 7-4는 각각 전형적인 SCI 데이터 전송 신호 포맷과 MSP430에서 사용하는 신호 포맷을 나타낸다.

SCI는 위에서 언급한 것과 같이 비동기 방식이기 때문에 언제 데이터가 들어올지 모른다. 그러므로 데이터는 시작과 끝을 알리는 start 비트와 stop 비트를 가지고 있다. 평소에는 항상 High 상태를 유지하다가 데이터 전송을 시작하면 start 비트는 Low 상태를 유지한다. 그 다음으로는 실제 데이터가 전송되는데 설정 값에 따라 7비트 혹은 8비트의 데이터가 LSB(Least Significant Bit)부터 전송이 된다. 이어서 address 비트가 전송되는데 이는 앞에서 전송한 데이터 부분이 address를 의미하는 것인지 실제 데이터 값을 의미하는 것인지 나

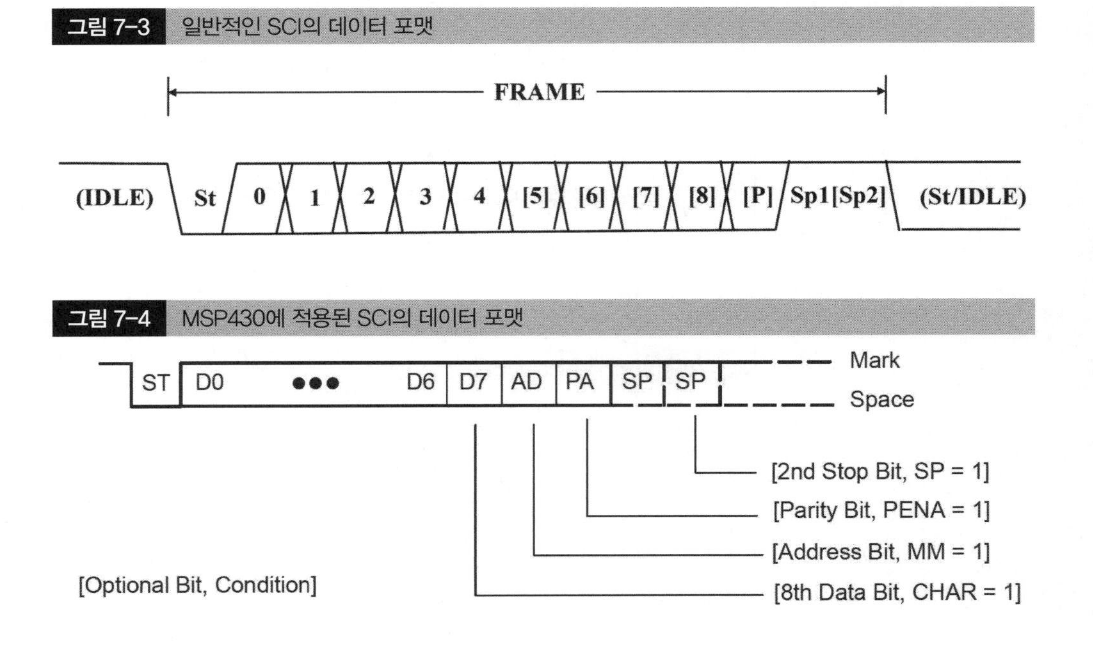

그림 7-3 일반적인 SCI의 데이터 포맷

그림 7-4 MSP430에 적용된 SCI의 데이터 포맷

타내는 것으로 여러 개의 마이크로컨트롤러를 사용할 때 설정해주어야 하는 비트이다. 앞의 신호들이 전송되고 나면 데이터가 제대로 전송이 되었는지 오류를 검출할 근거가 되는 패러티 비트(parity bit)가 붙는다. 포맷의 끝부분에는 전송의 끝을 알리는 stop 비트가 붙는데 이는 항상 high 상태를 유지한다.

BMDAQ 보드는 UART0를 사용하여 외부와 1:1 통신을 하며 MSP430에서는 이러한 방식을 Idle-line 모드라고 한다.

시리얼 통신을 이용하기 위해서는 다음과 같은 값들을 설정하여야 한다.

(1) 데이터 길이(7~8 bit) 설정
(2) Address 비트 사용 여부 설정
(3) 패러티 비트 설정(non-parity, even, odd)
(4) stop 비트 길이(1~2비트) 설정
(5) 전송속도(baud rate) 설정

앞서 설명한 것과 같이 통신을 하기 위해서는 포맷에 맞게 설정 값을 바꾸어야 한다. BMDAQ 보드에서는 8비트의 데이터를 전송하고, address 비트와 패러티 비트를 사용하지 않으며 한 개의 stop 비트만을 사용한다. 따라서 U0CTL의 CHAR 비트를 1로 설정하여 8비트의 데이터 전송에 대하여 설정을 하고 MM, PENA, SP 비트를 0으로 설정한다.

또한 별도의 동기신호가 없기 때문에 통신을 하기 위해서 데이터 한 비트가 얼마의 시간 동안 전송되는지에 대한 규약을 송수신 측에서 동일하게 설정해주어야 한다. 이 전송 속도를 baud rate라고 부르며 U0BR0, U0BR1 레지스터를 통해 설정할 수 있다. 이 값은 다음과 같은 식을 통하여 결정된다.

$$Baud\ rate = \frac{BRCLK}{UxBR}$$

이 식을 통하여 정확한 전송속도(baud rate)를 구하려면 U0BR이 소수점 아래 숫자까지 표현을 해야만 하지만 실제로는 정수만을 표현할 수 있기 때문에 매 비트가 전송될 때마다 잘려진 소수점의 영향만큼씩 오차가 누적될 수밖에 없다. 따라서 이 오차를 보상하기 위하여 U0MCTL 레지스터의 각 bit 값을 적당히 조절하여 전송을 하는 데에 있어서 오차를 최소화 할 수 있다.

BMDAQ 보드의 경우 6MHz의 입력을 BRCLK로 사용하므로 표준으로 정해져 있는 다양한 baud rate에 대한 U0BR과 U0MCTL 값은 표 7-1과 같이 결정된다.

낮은 주파수(예: 32,768Hz)의 BRCLR일 경우에는 U0MCTL의 설정 값에 대해 송수신 오차율이 많이 영향을 미치지만 BMDAQ 보드에서 사용하는 6MHz의 주파수에서는 크게 영향을 미치지 않기 때문에 반드시 해당 값을 설정을 해야 하는 것은 아니다. 하지만 위의 설정 값 대신 전혀 다른 값으로 U0MCTL을 사용한다면 오히려 오차율이 더 커질 수도 있으니 주의하자.

표 7-1 표준 Baud rate를 만들기 위한 U0BR, U0MCTL 설정과 그에 따른 송수신오차율

Baud rate	Divide by	BRCLK = 6,000,000 Hz					If U0MCTL = 0x00	
		U0BR1	U0BR0	U0MCTL	Max TX Error %	Max RX Error %	Max TX Error %	Max RX Error %
1200	5000	0x13	0x88	0x00	0	0	0	0
2400	2500	0x09	0xC4	0x00	0	0	0	0
4800	1250	0x04	0xE2	0x00	0	0	0	0
9600	625	0x02	0x71	0x00	0	0.16	0	0.16
19200	312.5	0x01	0x38	0xAA	0.16	0.16	1.76	1.76
38400	156.25	0x00	0x9C	0x44	0.32	0.32	1.76	1.76
76800	78.125	0x00	0x4E	0x10	0.64	0.64	1.76	1.76
115200	52.083	0x00	0x34	0x20	0.96	0.96	1.76	1.76

패러티 비트

Parity bit는 데이터 전송 시 오류를 검출하기 위해 사용되는 비트로서 종류는 홀수 parity, 짝수 parity가 있다. 이는 전송하고자 하는 한 데이터에 1이 몇 개가 있는지 세어 오류를 검출한다. 홀수 parity를 사용하는 경우 1이 짝수개가 있으면 1을, 홀수개가 있으면 0을 부여한다. 따라서 전체 데이터에서의 1의 개수를 홀수로 유지한다. 마찬가지로 짝수 parity를 사용한다면 1의 개수가 홀수일 때 1, 짝수일 때 0을 부여한다. 이와 같은 방식은 오류를 쉽게 검출하는 방법으로 많이 알려져 있지만 짝수 개의 오류가 발생한 경우에는 검출을 못한다는 단점이 있다. 본서의 예제에서는 패러티 비트를 사용하지는 않는다.

RS-232 방식

전통적으로 시리얼 통신은 PC와 주변기기 혹은 PC와 PC를 연결하기 위하여 사용되었고, USB (Universal Serial Bus) 방식이 나오기 전까지의 대부분 시리얼 통신은 RS-232 방식을 기반으로 이루어졌다. BMDAQ에서는 최근의 추세를 따라 USB를 사용하였지만 여전히 RS-232 방식을 이용하는 장비가 많기 때문에 이에 대해 설명을 하고 넘어가도록 하겠다.

RS-232C는 Recommended Standard-232C의 약자로, 컴퓨터가 외부와 자료를 주고받기 위하여 국제적으로 표준화한 데이터 통신규격이다. 데이터를 직렬 전송 방식으로 전송할 때 통신회선에서 사용하는 전기적인 신호의 특성과 연결 장치의 형상 등 물리적인 규격을 정하고 있다(예: 출력장치의 최대 데이터 전송률을 20Kbps로 제한, 케이블 길이를 최대 15m로 제한).

RS232는 RS232C RS232D RS232E 등의 표준 버전이 있는데, 보통 RS232라고 하면 가장 보편된 RS232C를 의미한다.

USART 모듈에서 출력된 TTL(Transistor-Transistor Logic) level(0V~5V) 신호는 규약에 따라 0V → 12V, 5V → -12V로 변환되며, 높은 전압이 잡음에 의한 데이터 손실을 줄이기 위하여 장거리 통신이 가능하게 해준다. 비동기 방식으로 사용할 때에는 TX, RX, GND 3핀만으로 통신 가능하다.

7.3 SCI 통신 관련 레지스터

Register	Short Form	Register Type	Address
USART control register	U0CTL	Read/write	070h
Transmit control register	U0TCTL	Read/write	071h
Receive control register	U0RCTL	Read/write	072h
Modulation control register	U0MCTL	Read/write	073h
Baud rate control register 0	U0BR0	Read/write	074h
Baud rate control register 1	U0BR1	Read/write	075h
Receive buffer register	U0RXBUF	Read	076h
Transmit buffer register	U0TXBUF	Read/write	077h
SFR module enable register 1†	ME1	Read/write	004h
SFR interrupt enable register 1†	IE1	Read/write	000h
SFR interrupt flag register 1†	IFG1	Read/write	002h

■ UxCTL, USART Control Register – address 070h

USART를 제어하는 데 사용한다. SCI통신 모드일 때 (SYNC=0)

7	6	5	4	3	2	1	0
PENA	PEV	SPB	CHAR	LISTEN	SYNC	MM	SWRST
rw–0	rw–0	rw–0	rw–0	rw–0	rw–0	rw–0	rw–1

<table>
<tr><td rowspan="3">PENA</td><td rowspan="3">Bit 7</td><td colspan="2">[SYNC = 0]일 때, PENA(Parity enable)
[SYNC = 1]일 때, 사용 안 함</td></tr>
<tr><td>0</td><td>사용 안 함</td></tr>
<tr><td>1</td><td>사용함</td></tr>
<tr><td rowspan="3">PEV</td><td rowspan="3">Bit 6</td><td colspan="2">[SYNC = 0]일 때, PEV(Parity select)
[SYNC = 1]일 때, 사용 안 함</td></tr>
<tr><td>0</td><td>Even 모드</td></tr>
<tr><td>1</td><td>Odd 모드</td></tr>
<tr><td rowspan="3">SPB</td><td rowspan="3">Bit 5</td><td colspan="2">[SYNC = 0]일 때, SPB(Stop bit select)
[SYNC = 1]일 때, I2C(I2C mode enable)</td></tr>
<tr><td>0</td><td>transmit의 Stop bit로 하나 사용 or SPI 모드</td></tr>
<tr><td>1</td><td>transmit의 Stop bit로 두 개 사용 or I2C 모드</td></tr>
</table>

CHAR	Bit 4	CHAR(Character length)	
		0	7-bit 모드
		1	8-bit 모드
LISTEN	Bit 3	LISTEN(Listen enable)	
		0	loopback mode 사용 안 함
		1	loopback mode 사용
SYNC	Bit 2	SYNC(Synchronous mode enable)	
		0	SCI(UART) 모드를 사용함
		1	SPI 또는 I2C 모드를 사용함
MM	Bit 1	[SYNC = 0]일 때, MM(Multiprocessor mode select)	
		[SYNC = 1]일 때, MM(Mater mode)	
		0	Idle-line 모드 or Slave 모드
		1	Address-bit 모드 or Master 모드
SWRST	Bit 0	SWRST(Software reset enable)	
		0	동작 모드
		1	Reset

■ **UxTCTL, USART Transmit Control Register – address 071h**

USART의 송신을 제어하는 데 사용한다. SCI통신 모드일 때(SYNC=0)

7	6	5	4	3	2	1	0
Unused	CKPL	SSELx		URXSE	TXWAKE	Unused	TXEPT
rw-0	rw-0	rw-0	rw-0	rw-0	rw-0	rw-0	rw-1

Unused	Bit 7	[SCI 모드]일 때, 사용 안 함 [SPI 모드]일 때, CKPH(Clock phase select)	
		0	보통의 UCLK
		1	UCLK 1/2 주기 지연
CKPL	Bit 6	CKPL(Clock polarity select)	
		0	clock이 올라갈 때 output 내려갈 때 input(UCLK)
		1	내려갈 때 output, 올라갈 때 input(inverted UCLK)
SSELx	Bit 5-4	SSELx(Source select) BRCLK source clock을 선택	
		00	UCLKI
		01	ACLK
		10	SMCLK
		11	SMCLK

URXSE	Bit 3	URXSE(UART receive start-edge) UART가 start-edge를 받을 수 있게 함	
		0	loopback mode 사용 안 함
		1	loopback mode 사용
TXWAKE	Bit 2	TXWAKE(Transmitter wake)	
		0	다음 문자가 data
		1	다음 문자가 address
Unused	Bit 1	[SCI모드]일 때, 사용 안 함 [SPI모드]일 때, STC(Slave transmit control)	
		0	4핀 SPI 모드: STE 동작 가능
		1	3핀 SPI 모드: STE 동작 불가능
TXEPT	Bit 0	TXEPT(Transmitter empty flag)	
		0	UART가 data를 전송 중이거나 기다림,
		1	Transmitter shift register와 UxTXBUF가 비어있거나, Reset됐음 SPI의 Slave모드에서는 사용하지 않음

▪ UxRCTL, USART Receive Control Register – address 072h

USART의 수신 상태를 나타낸다. SCI통신 모드일 때 (SYNC=0)

7	6	5	4	3	2	1	0
FE	PE	OE	BRK	URXEIE	URXWIE	RXWAKE	RXERR
rw–0	rw–0	rw–0	rw–0	rw–0	rw–0	rw–0	rw–0

FE	Bit 7	FE(Framing error flag)	
		0	사용 안 함
		1	1이면 Character received with low stop bit
PE	Bit 6	PE(Parity error flag)	
		0	만약 Parity 모드를 사용 안 하면 항상 0
		1	Parity error가 있음
OE	Bit 5	OE(Overrun error flag)	
		0	Error 없음
		1	앞에 문자가 읽혀지기 전에 뒤의 문자가 버퍼로 전송되면 error 발생
BRK	Bit 4	BRK(Break detect flag)	
		0	Break condition을 검출
		1	
URXEIE	Bit 3	URXEIE(Receive erroneous–character interrupt–enable)	
		0	

		1	
URXWIE	Bit 2	URXWIE(Receive wake-up interrupt-enable) URXIFGx를 준비	
		0	
		1	
RXWAKE	Bit 1	RXWAKE(Receive wake-up flag)	
		0	data를 받음
		1	address를 받음
RXERR	Bit 0	RXERR(Receive error flag) 문자에 에러가 있는지 없는지를 판단한다.	
		0	
		1	Reset

■ **에러 용어**

Error condition	Description
Framing error(FE)	stop bit의 값이 low일 때 두 개의 stop bit를 사용할 때, 하나만 검출된 경우
Parity error(PE)	문자의 1의 개수가 맞지 않을 때 주소가 문자에 포함되거나 parity 계산에 포함된 경우
Receive overrun error(OE)	앞에 문자가 읽혀지기 전에 뒤의 문자가 버퍼로 전송된 경우
Break condition	Stop bit가 나오지 않고 10번 이상의 low bit가 발생한 경우 이 경우에는 interrupt도 발생시킨다.

■ **ME1, Module Enable Register 1 – address 004h**

SCI/SPI 통신 모듈 동작을 ON/OFF한다.

7	6	5	4	3	2	1	0
UTXEO†	URXEO†						
rw–0	rw–0						

UTXE0†	Bit 7	UTXE0	
		0	사용 안 함
		1	USART0 transmitter를 사용할 수 있게 함
URXE0†	Bit 6	URXI0	
		0	사용 안 함
		1	USART0 receiver를 사용할 수 있게 함

	Bit 5–0	SCI/SPI 통신과 관계 없음

■ **IE1, Interrupt Enable Register 1 – address 000h**

SCI/SPI 통신의 인터럽트 요청을 제어한다

7	6	5	4	3	2	1	0
UTXIE0†	URXIE0†						
rw–0	rw–0						

UTXIE0†	Bit 7	UTXIE0	
		0	사용 안 함
		1	UTXIFG0 transmit interrupt를 사용할 수 있게 함
URXIE0†	Bit 6	URXIE0	
		0	사용 안 함
		1	URXIFG0 receive interrupt를 사용할 수 있게 함
	Bit 5–0	SCI/SPI 통신과 관계 없음	

■ **IFG1, Interrupt Flag Register 1 – address 002h**

SCI/SPI 통신의 인터럽트 요청 유-무를 나타낸다

7	6	5	4	3	2	1	0
UTXIFG0†	URXIFG0†						
rw–0	rw–0						

UTXIFG0†	Bit 7	UTXIE0	
		0	사용 안 함
		1	UTXIFG0 transmit interrupt를 사용할 수 있게 함
URXIFG0†	Bit 6	URXIE0	
		0	사용 안 함
		1	URXIFG0 receive interrupt를 사용할 수 있게 함
	Bit 5–0	SCI/SPI 통신과 관계 없음	

■ **UxBR0, USART Baud Rate Control Register 0 – address 074h**

7	6	5	4	3	2	1	0
2^7	2^6	2^5	2^4	2^3	2^2	2^1	2^0
rw	rw	rw	rw	rw	rw	rw	rw

■ **UxBR1, USART Baud Rate Control Register 1 – address 075h**

7	6	5	4	3	2	1	0
2^{15}	2^{14}	2^{13}	2^{12}	2^{11}	2^{10}	2^9	2^8
rw	rw	rw	rw	rw	rw	rw	rw

SPI의 통신 속도를 결정한다.

$$Baud\ rate = \frac{BRCLK}{UxBR}$$

UxBR0 + UxBR1 < 2일 경우, 송신 에러를 일으킬 수 있다.

■ **UxMCTL, USART Modulation Control Register – address 073h**

SCI/SPI 통신 모드에서는 사용하지 않으므로 0x00으로 설정한다.

7	6	5	4	3	2	1	0
m7	m6	m5	m4	m3	m2	m1	m0
rw	rw	rw	rw	rw	rw	rw	rw

■ **UxRXBUF, USART Receive Buffer Register – address 076h**

SPI의 수신된 데이터가 저장되고, 읽으면 에러 플래그는 리셋된다.

7	6	5	4	3	2	1	0
2^7	2^6	2^5	2^4	2^3	2^2	2^1	2^0
r	r	r	r	r	r	r	r

SCI/SPI는 수신 인터럽트 벡터가 독립적으로 있다.

IFGx[URXIFG] = 1이면 수신된 데이터가 있음을 의미하고, 인터럽트 요청할 수 있으며, 인터럽트 처리 루틴으로 들어가거나 UxRXBUF를 읽으면 IFGx[UTXIFG] = 0이 된다.

■ **UxTXBUF, USART Transmit Buffer Register – address 077h**

SCI/SPI 통신의 송신할 데이터가 저장되고, 이 데이터가 송신 시프트 레지스터로 전송된다.

7	6	5	4	3	2	1	0
2^7	2^6	2^5	2^4	2^3	2^2	2^1	2^0
rw	rw	rw	rw	rw	rw	rw	rw

SCI/SPI는 송신 인터럽트 벡터가 독립적으로 있다.

IFGx[UTXIFG] = 1이면 송신할 수 있음을 의미하고, 인터럽트를 요청할 수 있으며, 인터럽트 처리 루틴으로 들어가거나, UxTXBUF로 문자를 써넣으면 IFGx[UTXIFG] = 0이 된다.

7.4 실습 예제

[실습 7-1] 시리얼 통신을 이용하여 PC로 삼각파 보내기

SCI의 송신기 기능을 이용하여 주기적으로 PC로 데이터를 전송하는 프로그램을 작성하자. 전송하려는 데이터는 0부터 249까지의 범위를 갖는 톱니파이다.

프로그램 작성 시 고려할 사항은 다음과 같다.

① 포트 설정 : 0번 UART module의 TX 에 해당하는 P3.4 pin 출력으로, peripheral module로 설정
② 전송 속도(Baud rate) 설정 : U0BR = BRCLK/baud rate = SMCLK(6MHz)/115200 = 52
③ 데이터 길이, 패러티, stop 비트 설정 : 8bit, non-parity, 1 stop 비트로 설정
④ 타이머 설정 : SMCLK를 8분주하여 750kHZ의 주파수를 사용하고, Up mode에서 TACCR0를 1,500으로 하여 2ms마다 오버플로우 인터럽트가 발생하도록 한다.

```
// 7-1 Send sawtooth wave to PC using UART

// Include files ********************************************************************
#include <msp430x16x.h>

#define HEADER  0x81

void Senddata(unsigned char in);

unsigned char SendFlag;
```

```
void main(void)
{
      unsigned char Count;
      unsigned int i;
      // ***** Watchdog Timer *****
      WDTCTL = WDTPW + WDTHOLD;                  // Stop watchdog timer

      // ***** Basic Clock *****
      BCSCTL1 &= ~XT2OFF;                        // XT2 on
      do{
        IFG1 &=~OFIFG;                           // Clear oscillator flag
        for(i=0;i<0xFF;i++);                     // Delay for OSC to stabilize
      }while((IFG1&OFIFG));

      BCSCTL2 = SELM_2;                          // MCLK = XT2CLK = 6 MHz
      BCSCTL2 |= SELS;                           // SMCLK = XT2CLK = 6 MHz

      // ***** Port Setting *****
      P3SEL = BIT4;                              // P3.4 as peripheral
      P3DIR |= BIT4;

      // ***** Timer Setting *****
      // TimerA : SMCLK/8, Up Mode, Interrupt enable
      TACTL |= TASSEL_2 | ID_3 | MC_1 | TAIE;
      TACCR0 = 1500;

      // ***** UART Setting *****
      ME1 |= UTXE0;                              // Enable USART0 TXD
      U0CTL |= CHAR;                             // 8-bit character
      U0TCTL |= SSEL0 | SSEL1;                   // UCLK = SMCLK
      U0BR0 = 0x34;                              // baud rate = 115200 => 52 = 0x34
      U0BR1 = 0x00;
      U0MCTL = 0x00;
      U0CTL &= ~SWRST;                           // Initialize UART state machine

      _EINT();

      SendFlag = 0;
      Count = 0;
      while(1)
      {
            if(SendFlag)
            {
                  Senddata(Count++);         // send count
                  if(Count == 250) Count = 0;
                  SendFlag = 0;
```

```
            }
        }
}

void Senddata(unsigned char in)
{
        unsigned char Packet[7];

        Packet[0] = HEADER;

        Packet[1] = (in>>7) & 0x7f;
        Packet[2] = in & 0x7f;

        // dummy bytes
        Packet[3] = 0;
        Packet[4] = 0;
        Packet[5] = 0;
        Packet[6] = 0;

        for(int i=0;i<7;++i)
        {
                while (!(IFG1 & UTXIFG0));                // wait untile TX buffer empty
                U0TXBUF = Packet[i];                      // send data
        }
}

// set SendFlag every 1ms
#pragma vector = TIMERA1_VECTOR
__interrupt void TimerA1Int()
{
        if(TACTL & TAIFG)
        {
                SendFlag = 1;
                TACTL &= ~TAIFG;
        }
}
```

이 프로그램을 작성 후 BMDAQ 보드에 다운로드 하여 실행할 때에는 부록 B를 참조하여 PC 쪽의 Viewer 프로그램을 이용한다. ECGViewer.exe 파일을 실행하고 장치관리자를 보고 어떤 포트에 BMDAQ 보드가 연결되었는지 확인한 후 com port를 설정하고 연결하면 그림 7-5와 같이 톱니파가 화면에 출력되는 것을 확인할 수 있다.

그림 7-5 전송된 톱니파를 그래프로 출력한 모습

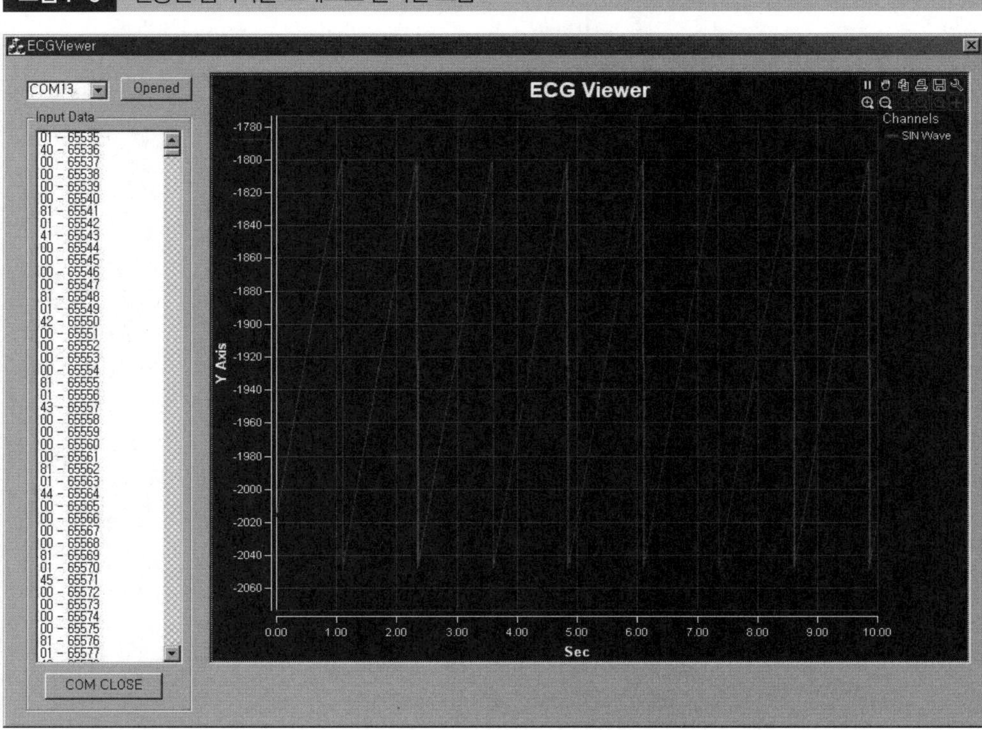

[실습 7-2] PC로부터 온 신호를 그대로 돌려 보내기

SCI의 수신 인터럽트를 이용하여 PC로부터 수신된 신호를 확인하고, 곧바로 그 신호를 PC로 전송하는 프로그램을 작성하자.

프로그램 작성 시 고려할 사항은 다음과 같다.

① 포트 설정 : 0번 UART module의 TX, RX에 해당하는 P3.4,5 핀의 입출력 방향을 설정하고, 주변 모듈을 사용하도록 설정한다.
② 전송 속도(Baud rate) 설정, 통신 프로토콜 설정은 실습 7-1과 동일하게 한다.
③ 인터럽트 설정 : IE1 레지스터의 URXIE0를 1로 설정하여 수신 인터럽트를 활성화한다.

```
// 7-2 Echo received data from PC using UART

// Include files ******************************************************************

#include <msp430x16x.h>
#define BUFFSIZE    100
```

```
int head, tail;
unsigned char buff[BUFFSIZE];

void main(void)
{
    WDTCTL = WDTPW + WDTHOLD;
    BCSCTL1 &= ~XT2OFF;
    BCSCTL2 = SELM_2;
    BCSCTL2 |= SELS;

    P3SEL = BIT4 | BIT5;
    P3DIR |= BIT4;
    P3DIR &= ~BIT5;

    ME1 |= UTXE0 | URXE0;
    U0CTL |= CHAR;
    U0TCTL |= SSEL0|SSEL1;
    U0BR0 = 0x34;
    U0BR1 = 0x00;
    U0MCTL = 0x00;
    U0CTL &= ~SWRST;
    IE1 |= URXIE0;

    _EINT();

    while(1){
        if(head != tail)
        {
            while (!(IFG1 & UTXIFG0));
            U0TXBUF = buff[tail++];
            if(tail == BUFFSIZE) tail = 0;
        }
    }
}

#pragma vector = USART0RX_VECTOR
__interrupt void Uart0RxInt()
{
    buff[head++] = U0RXBUF;
    if(head == BUFFSIZE) head = 0;
}
```

본 예제는 하이퍼터미널 등을 이용하여 실행해보길 바란다.

제 8 장

A/D, D/A 변환

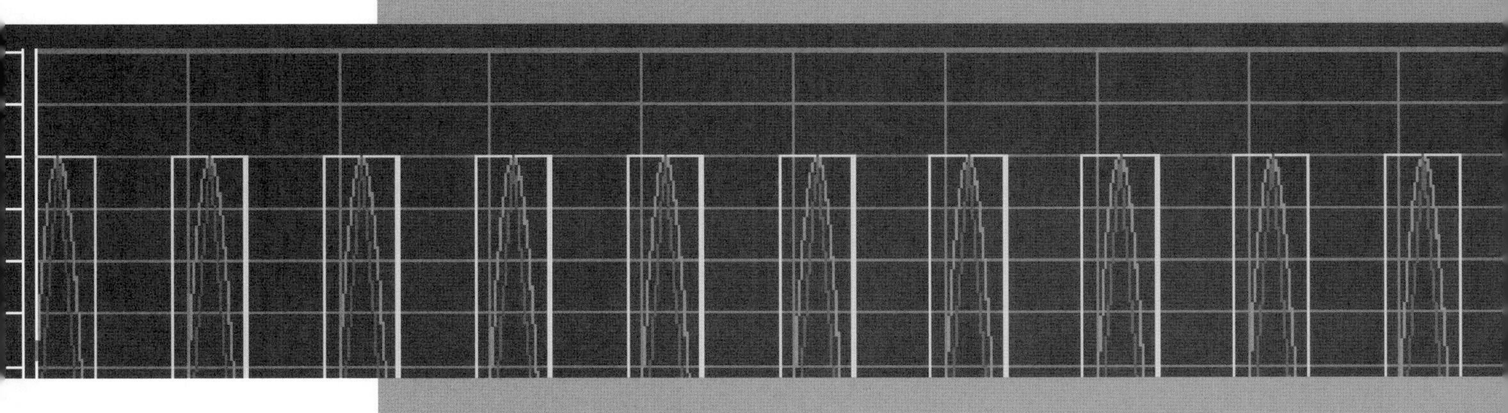

8.1 ADC/DAC 개요

자연계에 존재하는 신호는 거의 아날로그 신호(analog signal)이고, 자연계로부터 관측된 신호 역시 아날로그 신호이다. 과거에는 아날로그 신호를 그대로 처리하는 아날로그 신호처리 시스템이 대부분을 차지하였다. 그러나 저항이나 콘덴서 등의 수동소자의 수치오차, 연산증폭기에 부가되는 열 잡음, 외부 유도 잡음 그리고 주위 온도에 대한 불안정성 등의 문제로 만족스러운 신호처리를 할 수가 없었다.

이러한 문제를 해결하기 위하여 최근에는 아날로그 신호를 디지털로 변환하여 디지털 신호처리 시스템으로 구성하고 있다. 디지털 신호처리 시스템은 디지털 처리이기 때문에 정확도, 다중화 처리, 적응 처리, 비선형 처리가 가능하다. 그리고 처리 내용이 소프트웨어로 기술되기 때문에 간단히 변경할 수도 있고, 같은 회로를 여러 개 만들 때 동일한 특성을 가진 제품을 만들 수 있다. 또한, 온도 변화, 내구성 등의 염려가 없으며 안정성이 보장된다.

그림 8-1은 전형적인 디지털 시스템의 구성도를 보여 주고 있다. 우리는 기본적으로 아날로그의 세계에 살고 있으며, 전압, 온도, 압력, 또는 광도 등과 같이 실제적으로 사용되는 신호들은 대부분 아날로그 신호이다. 비전기적인 신호들을 디지털 신호처리 방식으로 처리하기 위해서는 우선 이러한 신호들을 적절한 변환기를 사용하여 전기신호로 변환하여야 하며, 이때 변환기는 아날로그 입력 신호를 일련의 신호처리 과정에 공급하는 역할을 한다. 일반적으로 신호처리 과정은 다음과 같다.

① 아날로그 필터 : 주로 저대역 통과 필터(LPF)를 사용하여 신호의 주파수 범위를 제한.
② ADC : 아날로그 신호를 디지털 신호로 변환(샘플링과 양자화 두 단계로 이루어짐).
③ DSP : 디지털 신호처리.
④ DAC : 신호처리 된 디지털 신호를 아날로그 신호로 변환.
⑤ 아날로그 필터 : 디지털-아날로그 변환 과정에서 발생하는 과도응답 제거.

위의 과정은 여러 가지 가능한 변화가 있을 수 있는데, 예를 들어서 디지털 신호처리 출력 신호는 아날로그 신호로 변환하지 않고 디지털 형태의 컴퓨터의 디스플레이를 구동하는 데 사용되거나 멀리 떨어진 단말기나 지역으로 전송될 수도 있다. 컴퓨터에 의하여 처리된 신호들을 프린터를 이용하여 출력하는 것 또한 디지털-아날로그 변환부를 대신하는 것이다.

상기 기술한 내용에서 아날로그 신호를 디지털 신호로 변환하는 것을 아날로그-디지털 변환기(ADC, Analog to Digital Converter)라 하고 디지털 신호를 아날로그 신호로 변환하

그림 8-1 디지털 시스템 구성도

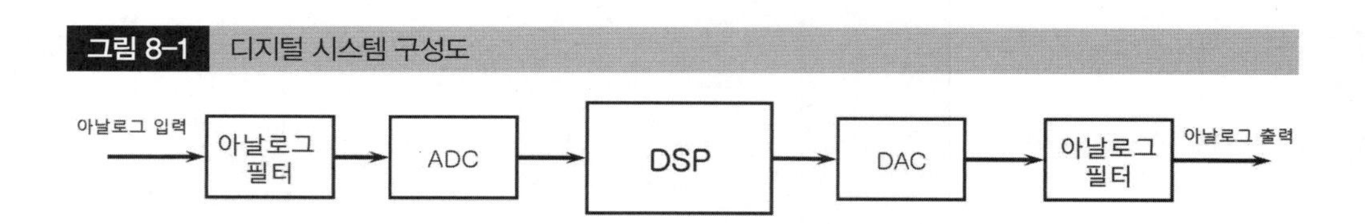

그림 8-2 ADC

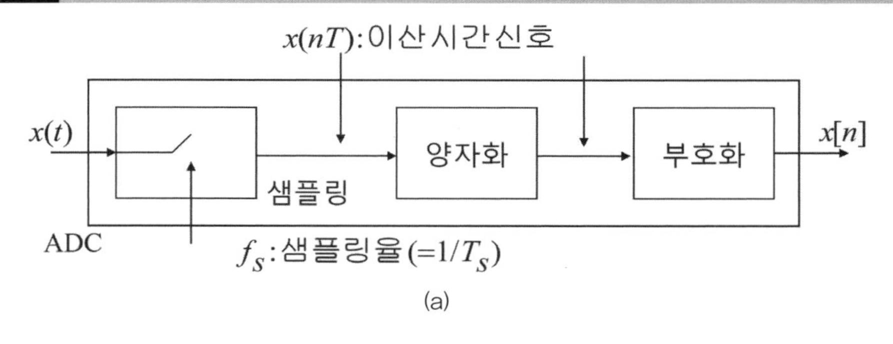

(a)

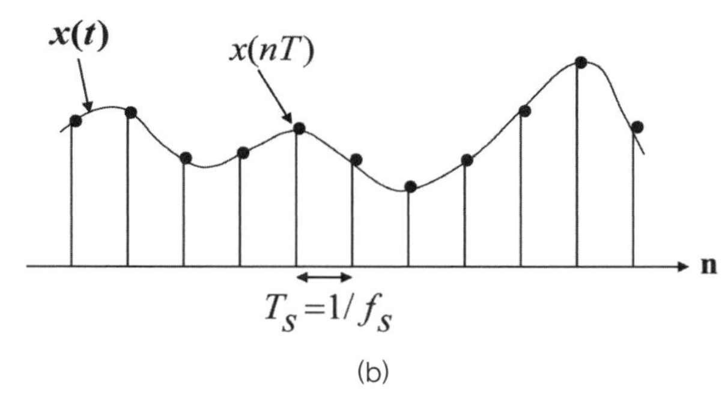

(b)

는 것을 디지털-아날로그 변환기(DAC, Digital to Analog Converter)라 한다.

ADC는 샘플링(sampling) 및 양자화(quantization)를 통해 아날로그 신호를 디지털 신호로 변환한다. 샘플링은 연속 신호를 시간적으로 일정한 간격을 두고 띄엄띄엄 채취하는 과정이며, 양자화는 무한대 개수의 진폭 값을 가지고 있는 이산 신호를 유한 개의 레벨로 제한하는 과정을 말한다. 즉, 진폭 값을 이산화시키는 과정이다. 그림 8-2의 (a)는 ADC의 구성요소를 보여주며, (b)는 연속신호가 샘플링을 통해 이산 신호로 됨을 보여주고 있다.

아날로그 신호를 샘플링 할 때 가장 중요한 문제는 얼마나 빠르게 신호를 샘플링 하는가이다. 그림 8-3에서 (a)는 신호의 변화를 제대로 알아볼 수 없을 정도로 너무 큰 시간 간격으로 샘플링 된 결과를 보여주고 있다. (b)는 시간축상에서 불필요할 정도로 촘촘히 샘플링된 결과를 보여주고 있다. 즉, (a)는 샘플링률이 너무 낮고, (b)에서는 반대로 너무 높게 선택되었다.

신호 파형에서 가장 빠르게 변화하는 부분은 가장 높은 주파수 성분을 갖는 것이기 때문에 샘플링 주기를 너무 크게 잡는다면 이러한 주파수 성분들에 대한 정보를 잃어버리게 된다. 이것은 샤논의 샘플링 이론(sampling theorem)에 의해 확인될 수 있으며, 그 내용은 다음과 같다.

최대 주파수 성분이 f_{max} Hz인 아날로그 신호는 적어도 $2f_{max}$ Hz 이상의 샘플링률로 균일하게 샘플링 된 샘플들에 의해 완전히 표현될 수 있다.

이것이 그림 8-1에서 입력 단에 아날로그 필터를 사용하는 이유이다. 에일리어싱이 일어나

그림 8-3 아날로그 신호의 샘플링

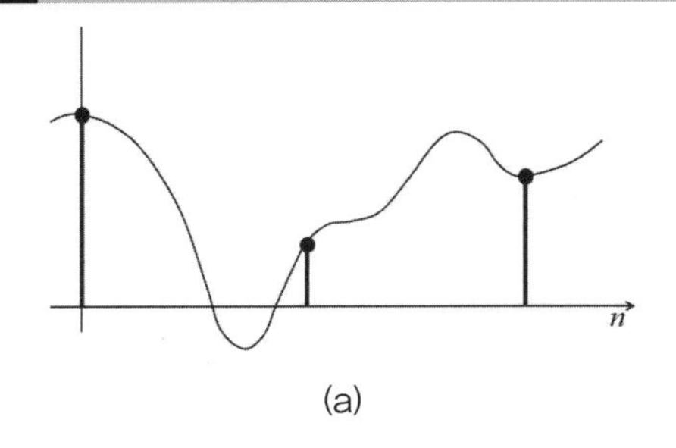

(a)

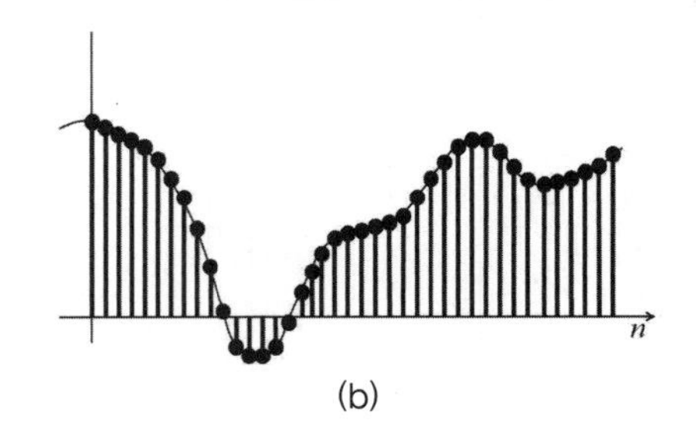

(b)

지 않는 필터로 저역 통과의 성질을 가지고 있으며 차단 주파수가 f_{max}를 초과하지 않도록 설계하여야 한다.

이제 양자화 과정에 대해서 살펴보자. 대부분의 디지털 신호처리 응용에 있어서 샘플링은 아날로그-디지털 변환에 의하여 수행되며 이때 샘플링 된 신호들은 이진 부호로 변환된다. N비트로 표시되는 이진수는 2^N개의 숫자나 신호값들로 나타내어지기 때문에, N=8인 경우는 2^8(256)개의 이산 값들로 부호화할 수 있다.

아날로그 신호는 보통 연속적인 진폭을 취하므로 이들이 샘플링 되고 이진수로 변환될 때 작은 진폭의 오류가 발생할 수밖에 없다. 이러한 효과를 그림 8-4에 나타내었다. 편의상 3비트 코드, 즉 8개의 진폭에 대한 대표 값들을 사용하는 것에 대한 예를 보여주고 있다.

전체 진폭 범위는 8개의 양자화 단계로 나뉘며 각각의 샘플 값들은 그 값에 따라 적절한 이진 부호로 변환된다. 이렇게 부호화된 값들의 신호열은 이제 원래 신호를 나타내며 디지털 방식으로 처리될 것이다.

그림 8-4의 예제에서 시간상(x축) 샘플과 샘플과의 간격이 1/100초라면 초당 100개의 샘플이 존재하므로 샘플링 주파수는 100Hz가 되며, 진폭(y축)에 대해서는 8개 진폭 레벨을 가지므로 3비트로 표시될 수 있다. 따라서 3비트 ADC를 이용하여 100Hz로 샘플링 한 결과를 보여주고 있다.

BMDAQ는 두 가지의 ADC를 사용하였는데, 하나는 MSP430F1610에서 내장되어 있는 내

그림 8-4 양자화 예

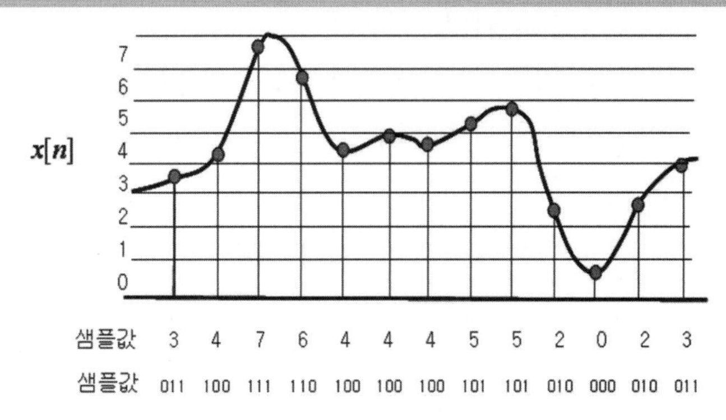

부 ADC이며, 다른 하나는 외부에 별도의 고해상도 ADC를 부착하여 사용하였다. 내부 ADC는 12비트 ADC이며, 외부에 부착한 고해상도 ADC는 24비트 ADC를 사용하였다. 물론 샘플링률은 사용자가 원하는 신호의 최대주파수를 알고 있다면 최대주파수의 두 배 이상으로 샘플링을 해야 한다.

상기 예제에서 알 수 있듯이 양자화할 때 몇 비트를 사용하는지에 따라 해상도가 달라진다. 만약 1비트로 할 경우에 신호를 2^1개의 값(예를 들어서 0과 1)로 나누는 것이고 3비트로 한다면 2^3인 8개의 값으로 나누는 것이다. 우리가 사용하는 msp430에서는 12비트의 ADC를 제공한다. 따라서 ADC 단자의 입력 전압 0부터 3.3V를 2^{12}로 나누어서 약 0.8mV까지 구별할 수 있다. 하지만 이걸로는 충분한 심전도 파형(진폭 수mV)을 구할 수 없기 때문에 회로에서 측정한 데이터를 아날로그 증폭기를 사용하여 대략 1000배 증폭하여 ADC 입력으로 넣어주게 된다. 반면에 ADS1245(외부 ADC) ADC는 24비트이기 때문에 2^{24}로 나눈 약 0.2 μV까지 구별하여 ADC가 가능하기 때문에 증폭된 신호가 아니라 측정한 신호를 그대로 디지털 신호로 바꿀 수 있다.

DAC(Digital to Analog Converter)는 기본적으로 ADC의 반대 기능을 한다. 즉 유한한 상태의 디지털 신호를 이론적으로 무한한 상태를 갖는 아날로그 신호로 변환하여 출력한다. 보통의 DAC는 디지털 신호를 순서대로 나열되어 있는 임펄스(impulse)로 변환한 뒤에 임펄스 사이를 보간(interpolation)을 수행하는 복원필터(reconstruction filter)를 통과하면서 연속적인 아날로그 신호로 바꾼다. 디지털 신호가 샘플링 이론을 만족한다면 변환된 신호는 이론적으로 손실이 없다. ADC에 연달아서 DAC를 연결해놓는다면 입력과 출력의 아날로그 신호는 같다. 마찬가지로 DAC에 바로 ADC를 연결한다면 입력과 출력의 디지털 신호는 같다. ADC와 DAC의 간단한 예로 MP3를 생각할 수 있다. 음악을 MP3 파일로 만들기 위해서는 연주되는 노래를 녹음하여서 ADC를 통해서 디지털로 저장이 된다. 저장된 MP3 파일을 사용자가 재생을 하면 DAC를 통해서 우리가 들을 수 있게 된다.

8.2 ADC12를 이용한 ADC

MSP430F1610(또는 1611)에 내장되어 있는 ADC12 모듈은 고속, 12비트 아날로그-디지털 변환을 수행한다. 그림 8-5에서 보여주는 바와 같이 ADC12모듈에는 12비트의 SAR (Successive Approximation Register) 코어, 샘플 선택제어, 기준 발생기, 16 워드의 변환-제어 버퍼가 구현되어 있다. 변환-제어 버퍼는 CPU의 간섭 없이 16개의 독립적인 16개의 샘플들을 저장할 수 있다. ADC12 모듈의 특징들을 나열하면 다음과 같다.

① 최대 초당 20,000 샘플 변환 속도
② 모노토닉(monotonic) 12비트 변환기

그림 8-5 ADC12 블록도

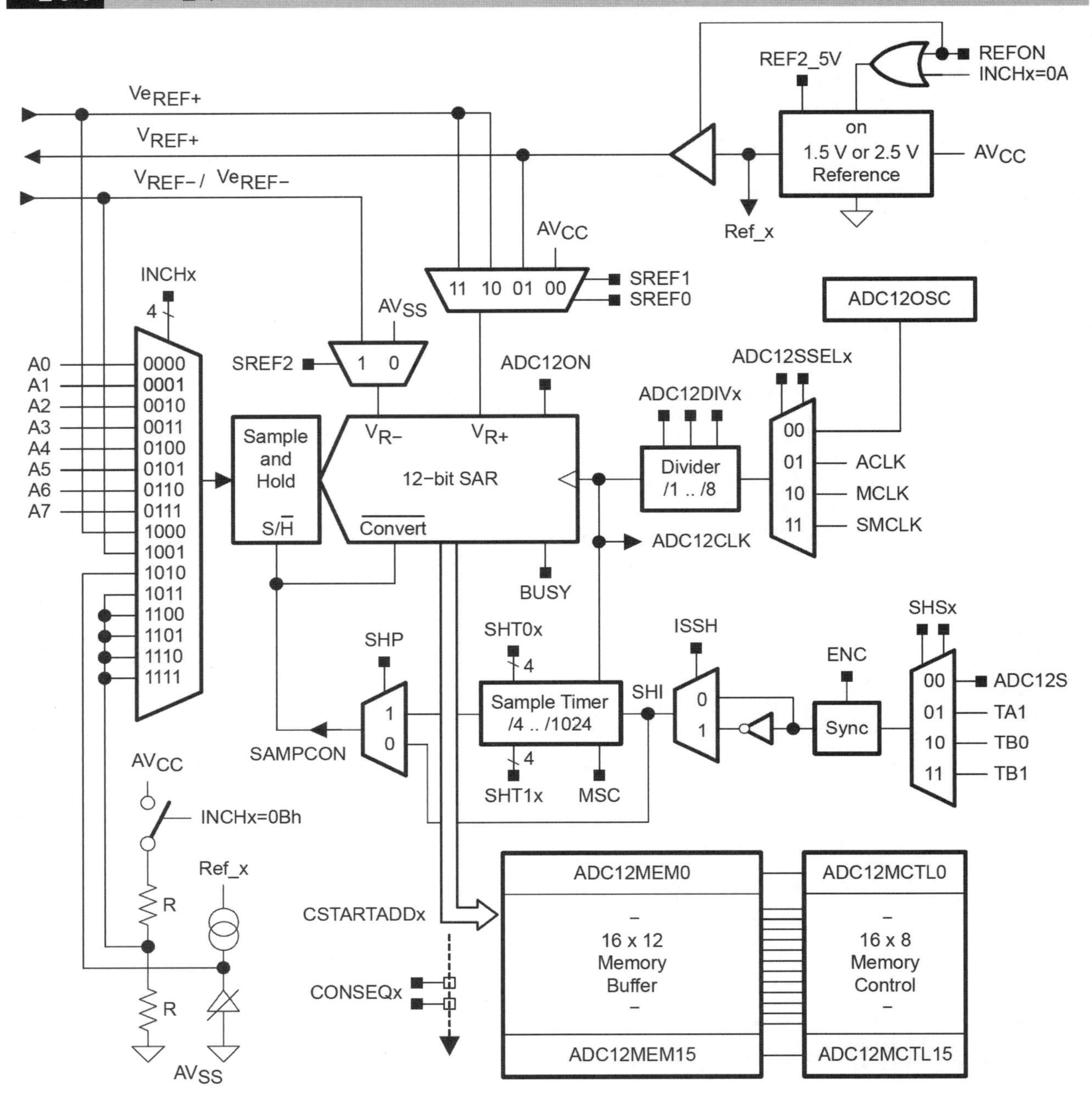

③ 소프트웨어나 타이머를 이용하여 샘플링 주기 프로그래밍 가능

④ 소프트웨어적으로 선택 가능한 온칩(on-chip) 기준 전압 발생

⑤ 소프트웨어적으로 외부 또는 내부 기준 전압 선택 가능

⑥ 8개의 외부 입력 채널 제공

⑦ 변환 클록 소스(clock source) 선택 가능

⑧ 4가지(단일채널, 반복 단일채널, 다중채널, 반복 다중채널)의 변환 모드 지원

⑨ 18개 ADC 인터럽트의 빠른 디코딩을 위한 인터럽트 벡터 레지스터

⑩ 16개의 변환 결과 저장 레지스터

■ ADC12 동작 원리

● 12비트 ADC 코어

ADC12 코어는 아날로그 입력을 12비트 디지털 신호로 변환하여 변환 메모리에 저장한다. 이때 저장되는 실제 값은 수식 8-1과 같다.

$$N_{ADC} = 4095 \times \frac{V_{in} - V_{R-}}{V_{R+} - V_{R-}} \quad \text{8-1}$$

즉, 기준 전압(V_{R+}, V_{R-})을 선택하고 입력되는 값(V_{in})에 의해 결정된다. 만약 V_{in}이 V_{R-}과 같을 때는 0, V_{in}이 V_{R+}과 같을 때는 최대값인 4095가 저장된다. 만약 범위보다 초과되거나 작은 경우 각각 4095, 0으로 저장된다.

ADC12 코어는 ADC12CTL0, ADC12CTL1 두 개의 레지스터를 이용하여 제어할 수 있다. ADC12TL0의 ADC12ON 비트를 1로 지정함으로써 동작시킨다. ADC12TL0의 ENC 비트가 0일 때만 제어 비트들을 변경할 수 있으며, 변환이 일어나기 전에 ENC=1로 해야 한다.

ADC12CLK은 변환 클록과 샘플링 주기를 정하는 데 사용된다. 클록 소스원은 SMCLK, MCLK, ACLK, 내부 발진기(Oscillator)인 ADC12OSC들 중 하나를 선택하여 사용할 수 있다. 이러한 소스 클록은 ADC12CTL1 레지스터의 ADC12SSELx 비트들을 이용하여 선택할 수 있으며 ADC12CTL1 레지스터의 ADC12DIVx 비트들을 이용하여 1~8로 분주가 가능하다.

● 기준 전압 발생기

ADC12 모듈은 두 개의 선택 가능한 전압 레벨(1.5V, 2.5V)을 제공한다. 만약 ADC12 CTL0 레지스터의 REFON=1인 상태에서 ADC12CTL0 레지스터의 REF2_5V=1이면 내부 2.5V를 기준 전압으로 사용하는 것이며, REF2_5V=0으로 설정하면 1.5V를 사용하는 것이다.

● 샘플 및 변환 타이밍

아날로그-디지털 변환은 SHI(sample input signal) 신호의 상승 엣지에서 시작된다. SHI의 신호원은 ADC12CTL1의 SHSx 비트들을 이용하여 Timer_A OUT1, Timer_B OUT0, Timer_B OUT1 중 하나를 선택할 수 있다.

SAMPCON 신호는 변환의 시작 및 샘플 기간을 제어한다. 즉, SAMPCON 신호가 high일 때 샘플링이 활성화 되고, high → low이면 디지털로 변환이 시작되고 ADC12CLK이 13개 클록이 지난 후에 변환이 끝나게 된다.

ADC12CTL1 레지스터의 SHP 비트의 설정에 따라 다음과 같이 확장 샘플 모드(Extended Sample Mode)와 펄스 샘플 모드(Pulse Sample Mode)로 설정이 가능하다.

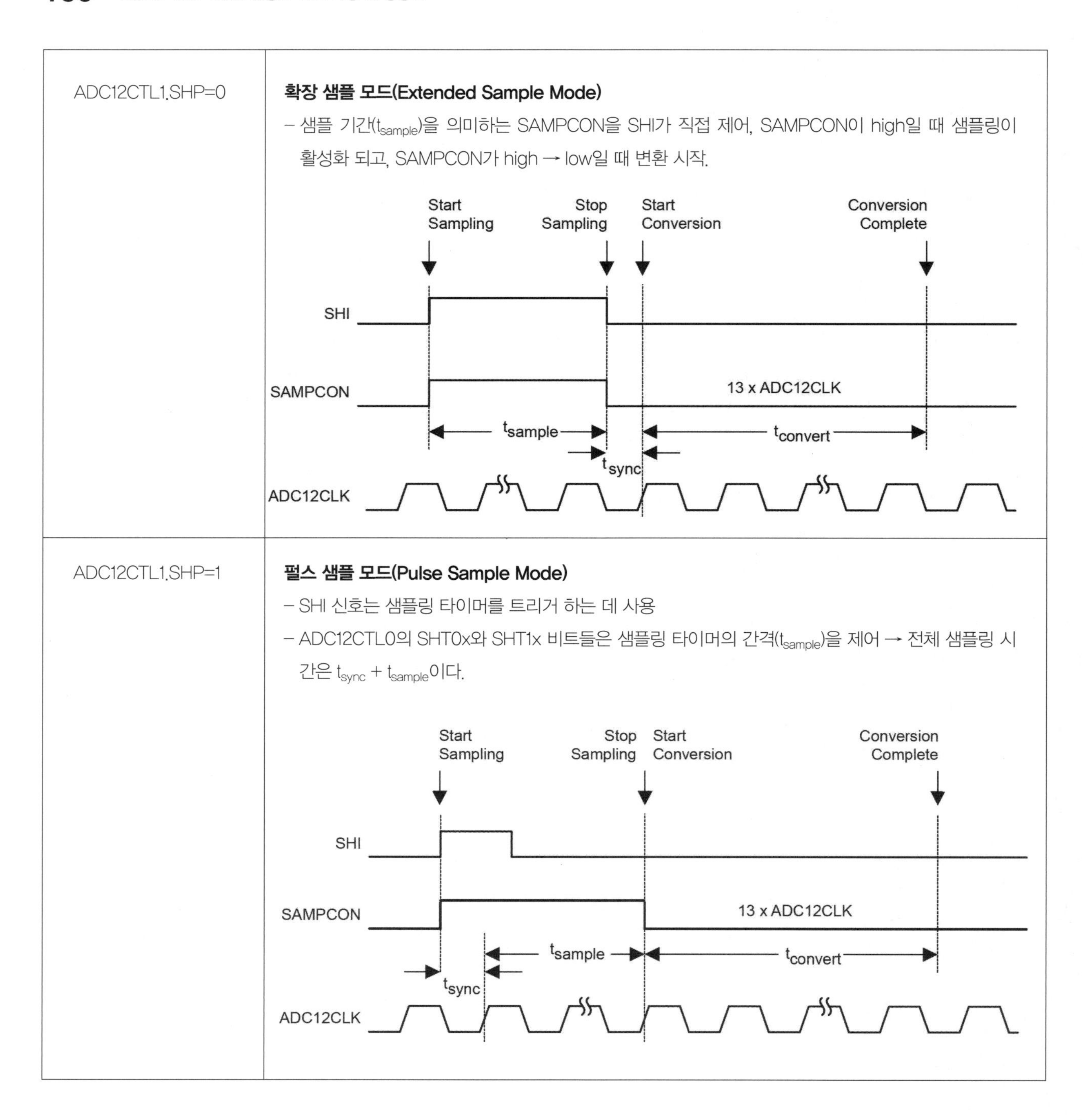

ADC12CTL1.SHP=0	**확장 샘플 모드(Extended Sample Mode)** – 샘플 기간(t_{sample})을 의미하는 SAMPCON을 SHI가 직접 제어, SAMPCON이 high일 때 샘플링이 활성화 되고, SAMPCON가 high → low일 때 변환 시작.
ADC12CTL1.SHP=1	**펄스 샘플 모드(Pulse Sample Mode)** – SHI 신호는 샘플링 타이머를 트리거 하는 데 사용 – ADC12CTL0의 SHT0x와 SHT1x 비트들은 샘플링 타이머의 간격(t_{sample})을 제어 → 전체 샘플링 시간은 t_{sync} + t_{sample}이다.

- **변환 메모리**

ADC된 결과들을 저장하기 위해 16개의 ADC12MEMx 변환 메모리가 있으며, 각 메모리 ADC12MEMx는 ADC12MCTLx 제어 레지스터로 설정이 가능하다. 즉, SREFx는 레퍼런스 전압을 지정하고, INCHx 비트들을 이용하여 입력 채널을 설정할 수 있다.

다중채널 변환모드(sequential conversion mode)를 사용할 때 시퀀스의 끝을 나타내기 위해서는 EOS(end of sequence) 비트를 이용한다. 만약 EOS 비트를 set 하지 않으면 ADC12MEM15 다음으로 ADC12MEM0로 다시 시작하여 결과가 저장되게 된다.

- **ADC12 변환 모드**

ADC12 모듈은 다음 표와 같이 CONSEQx 비트를 이용하여 네 가지 모드로 사용이 가능하다.

CONSEQx	Mode	Operation
00	Single Channel, Single conversion	한 번에 한 채널만 변환
01	Sequence of channels	한 번에 채널의 한 시퀀스만 변환
10	Repeat single channel	한 채널만 반복 변환
11	Repeat sequence of channels	채널의 시퀀스 반복 변환

다음으로는 상기 기술한 내용을 바탕으로 ADC를 다음과 같이 설정하고 데이터를 읽는 루틴을 작성해보도록 한다.

SetADC12 함수 작성

① ADC12 기능을 활성화, 기준 전압(reference voltage)을 2.5V로 설정한다.
② 다중 변환을 할 수 있도록 설정.
③ ADC12 클록으로는 SMCLK를 사용하고, 그 클록 소스원을 8분주하여 사용한다.
④ Conversion sequence mode는 sequence of channels을 사용하여 6개 입력 채널에 대해 변환을 수행.
⑤ ADC12CTL1의 SHP 비트를 set하여 펄스 샘플 모드(Pulse Sample Mode) 선택.
⑥ ADC를 0번부터 5번 채널까지 총 6개를 사용하기 때문에 0~5번까지 메모리 설정을 해준다. Reference는 V_{R+} = AV_{CC}, V_{R-} = AV_{SS}로 설정하고, 입력 채널로는 각각 0~5번으로 할당해준다. 특히 5번 채널은 마지막이기 때문에 EOS(end of sequence)를 해준다.
⑦ 모든 설정이 끝나면 변환이 가능하도록 ADC12CTL0의 ENC 비트를 set 하여 변환이 가능하도록 설정한다.

ReadAdc12 함수 작성

① 변환된 값을 메모리로부터 미리 선언한 adc1~adc6에 읽어들인다. 이때 적절한 처리를 통해 물리량으로 변환한다(예제는 uV로 환산하는 예를 보여주고 있다.)
② 변환된 값을 읽은 후 샘플 및 변환을 시작하도록 한다.

상기 내용을 바탕으로 코드를 작성하면 다음과 같다.

```
void SetADC12 (void){
    ADC12CTL0 = ADC12ON | REFON | REF2_5V;          // ADC on, 2.5 V reference on
    ADC12CTL0 |= MSC;                               // multiple sample and conversion
    ADC12CTL1 = ADC12SSEL_3 | ADC12DIV_7 | CONSEQ_1;// SMCLK,/8,sequence of channels
    ADC12CTL1 |= SHP;

    ADC12MCTL0 = SREF_0 | INCH_0;
    ADC12MCTL1 = SREF_0 | INCH_1;
    ADC12MCTL2 = SREF_0 | INCH_2;
    ADC12MCTL3 = SREF_0 | INCH_3;
    ADC12MCTL4 = SREF_0 | INCH_4;
    ADC12MCTL5 = SREF_0 | INCH_5 | EOS;

    ADC12CTL0 |= ENC;                               // enable conversion
}

void ReadAdc12 (void){
    // read ADC12 result from ADC12 conversion memory
    // start conversion and store result without CPU intervention
          // unsigned int conversion(+5000)
    adc1 = (int)( (long)ADC12MEM0 * 5000 / 2048) - 5000+7000;// adc0 voltage in [uV]
    adc2 = (int)( (long)ADC12MEM1 * 5000 / 2048) - 5000+7000;
    adc3 = (int)( (long)ADC12MEM2 * 5000 / 2048) - 5000+7000;
    adc4 = (int)( (long)ADC12MEM3 * 5000 / 2048) - 5000+7000;
    adc5 = (int)( (long)ADC12MEM4 * 5000 / 2048) - 5000+7000;
    adc6 = (int)( (long)ADC12MEM5 * 5000 / 2048) - 5000+7000;

    ADC12CTL0|=ADC12SC;                             // start conversion
}
```

■ ADC12 관련 레지스터

MSP430에서 ADC에 관련된 레지스터는 모두 37개이다. 제어 레지스터(Control register)가 두 개, 인터럽트 레지스터(interrupt register)가 세 개, 그리고 메모리와 메모리 제어 레지스터(memory control register)가 각각 16개로 구성되어 있다. 레지스터들에 대해 자세히 알아보면 다음과 같다.

Register	Short Form	Register Type	Address
ADC12 control register 0	ADC12CTL0	Read/write	01A0h
ADC12 control register 1	ADC12CTL1	Read/write	01A2h
ADC12 interrupt flag register	ADC12IFG	Read/write	01A4h
ADC12 interrupt enable register	ADC12IE	Read/write	01A6h
ADC12 interrupt vector word	ADC12IV	Read	01A8h
ADC12 memory 0	ADC12MEM0	Read/write	0140h
ADC12 memory 1	ADC12MEM1	Read/write	0142h
ADC12 memory 2	ADC12MEM2	Read/write	0144h
ADC12 memory 3	ADC12MEM3	Read/write	0146h
ADC12 memory 4	ADC12MEM4	Read/write	0148h
ADC12 memory 5	ADC12MEM5	Read/write	014Ah
ADC12 memory 6	ADC12MEM6	Read/write	014Ch
ADC12 memory 7	ADC12MEM7	Read/write	014Eh
ADC12 memory 8	ADC12MEM8	Read/write	0150h
ADC12 memory 9	ADC12MEM9	Read/write	0152h
ADC12 memory 10	ADC12MEM10	Read/write	0154h
ADC12 memory 11	ADC12MEM11	Read/write	0156h
ADC12 memory 12	ADC12MEM12	Read/write	0158h
ADC12 memory 13	ADC12MEM13	Read/write	015Ah
ADC12 memory 14	ADC12MEM14	Read/write	015Ch
ADC12 memory 15	ADC12MEM15	Read/write	015Eh
ADC12 memory control 0	ADC12MCTL0	Read/write	080h
ADC12 memory control 1	ADC12MCTL1	Read/write	081h
ADC12 memory control 2	ADC12MCTL2	Read/write	082h
ADC12 memory control 3	ADC12MCTL3	Read/write	083h
ADC12 memory control 4	ADC12MCTL4	Read/write	084h
ADC12 memory control 5	ADC12MCTL5	Read/write	085h
ADC12 memory control 6	ADC12MCTL6	Read/write	086h
ADC12 memory control 7	ADC12MCTL7	Read/write	087h
ADC12 memory control 8	ADC12MCTL8	Read/write	088h
ADC12 memory control 9	ADC12MCTL9	Read/write	089h
ADC12 memory control 10	ADC12MCTL10	Read/write	08Ah
ADC12 memory control 11	ADC12MCTL11	Read/write	08Bh
ADC12 memory control 12	ADC12MCTL12	Read/write	08Ch
ADC12 memory control 13	ADC12MCTL13	Read/write	08Dh
ADC12 memory control 14	ADC12MCTL14	Read/write	08Eh
ADC12 memory control 15	ADC12MCTL15	Read/write	08Fh

- **ADC12CTL0, ADC12 Control Register 0 - address 01A0h**

15	14	13	12	11	10	9	8
SHT1x				SHT0x			
rw-(0)	rw-(0)	rw-(0)	rw-(0)	rw-(0)	rw-(0)	rw-(0)	rw-(0)

7	6	5	4	3	2	1	0
MSC	REF2_5V	REFON	ADC12 ON	ADC12 OVIE	ADC12 TOVIE	ENC	ADC12 SC
rw-(0)	rw-(0)	rw-(0)	rw-(0)	rw-(0)	rw-(0)	rw-(0)	rw-(0)

SHT1x	Bits 15-12	Sample-and-hold time, Sample 주기를 ADC12CLK의 개수로 표현	
		1111	1024 cycles
		1110	1024 cycles
		1101	1024 cycles
		1100	1024 cycles
		1011	768 cycles
		1010	512 cycles
		1001	384 cycles
		1000	256 cycles
SHT0x	Bits 11-8	Sample-and-hold time, Sample 주기를 ADC12CLK의 개수로 표현	
		0111	192 cycles
		0110	128 cycles
		0101	96 cycles
		0100	64 cycles
		0011	32 cycles
		0010	16 cycles
		0001	8 cycles
		0000	4 cycles
MSC	Bit 7	Multiple sample and conversion, 반복 모드에서만 사용 가능	
		0	SHI 신호의 상승 엣지가 있을 때만 conversion
		1	SHI 신호의 첫 상승 엣지에서 conversion을 시작하고 이후로는 SHI 신호와는 상관없이 연속해서 conversion
REF2_5V	Bit 6	기준 전압 설정	
		0	1.5 V
		1	2.5 V

REFON	Bit 5	기준 전압 On	
		0	Off
		1	On
ADC12ON	Bit 4	ADC12 on	
		0	ADC12 Off
		1	ADC12 On
ADC12OVIE	Bit 3	ADC12MEMx에서 오버플로우 인터럽트	
		0	사용 안 함
		1	사용
ADC12TOVIE	Bit 2	변환 시간 경과 오버플로우 인터럽트	
		0	사용 안 함
		1	사용
ENC	Bit 1	Enable conversion	
		0	ADC12 사용 안 함
		1	ADC12 사용
ADC12SC	Bit 0	Sample과 conversion을 시작한다.	
		0	시작 안 함
		1	시작

- **ADC12CTL1, ADC12 Control Register 1 - address 01A2h**

15	14	13	12	11	10	9	8
CSTARTADDx				SHSx		SHP	ISSH
rw-(0)	rw-(0)	rw-(0)	rw-(0)	rw-(0)	rw-(0)	rw-(0)	rw-(0)

7	6	5	4	3	2	1	0
ADC12DIVx			ADC12SSELx		CONSEQx		ADC12 BUSY
rw-(0)	rw-(0)	rw-(0)	rw-(0)	rw-(0)	rw-(0)	rw-(0)	rw-(0)

CSTART ADDx	Bits 15-12	Conversion start address, single 변환 혹은 리스트 변환에서 Conversion-memory를 선택	
		00	ADC12MEM0
		0F	ADC12MEM15
SHSx	Bits 11-10	Smaple-and-hold source 선택	
		00	ADC12SC bit
		01	Timer_A.OUT1
		10	Timer_B.OUT2

		11	Timer_C.OUT3
SHP	Bit 9	Sampling 신호(SAMPCON)를 선택	
		0	Sample-input 신호
		1	Sampling timer
ISSH	Bit 8	Invert signal sample-and-hold	
		0	Not inverted
		1	Inverted
ADC12DIVx	Bits 7-5	ADC12 clock divider	
		000	/1
		001	/2
		010	/3
		011	/4
		100	/5
		101	/6
		110	/7
		111	/8
ADC12 SSELx	Bits 4-3	ADC12 clock source 선택	
		00	0ADC12OSC
		01	ACLK
		10	MCLK
		11	SMCLK
CONSEQx	Bits 2-1	Conversion sequence mode 선택	
		00	Single-channel, single conversion
		01	Sequence-of-channels
		10	Repeat-single-channel
		11	Repeat-sequence-of-channels
ADC12 BUSY	Bit 0	Sample 혹은 conversion의 operation이 진행 중임을 나타냄	
		0	활성화 되지 않는다.
		1	sequence, sample 과변환이 활성화된다.

- **ADC12MEMx, ADC12 Conversion Memory Registers - address 0140h-015Eh**

15	14	13	12	11	10	9	8
0	0	0	0	Conversion Results			
r0	r0	r0	r0	rw	rw	rw	rw

7	6	5	4	3	2	1	0
Conversion Results							
rw	rw	rw	rw	rw	rw	rw	rw

	Bits 15–12	항상 0이다.
Conversion Results	Bits 11–0	ADC12 module의 변환 결과를 저장한다.

- **ADC12MCTLx, ADC12 Conversion Memory Control Registers - address 080h-08Fh**

7	6	5	4	3	2	1	0
EOS	SREFx			INCHx			
rw–(0)	rw–(0)	rw–(0)	rw–(0)	rw–(0)	rw–(0)	rw–(0)	rw–(0)

EOS	Bit 7	Sequence의 끝	
		0	Sequence의 끝이 아님
		1	sequence의 끝
SREFx	Bits 6–4	Reference 선택	
		000	$V_{R+} = AV_{CC}$ 와 $V_{R-} = AV_{SS}$
		001	$V_{R+} = V_{REF+}$ 와 $V_{R-} = AV_{SS}$
		010	$V_{R+} = Ve_{REF+}$ 와 $V_{R-} = AV_{SS}$
		011	$V_{R+} = Ve_{REF}$ 와 $V_{R-} = AV_{SS}$
		100	$V_{R+} = AV_{CC}$ 와 $V_{R-} = V_{REF-} / Ve_{REF-}$
		101	$V_{R+} = V_{REF+}$ 와 $V_{R-} = V_{REF-} / Ve_{REF-}$
		110	$V_{R+} = Ve_{REF+}$ 와 $V_{R-} = V_{REF-} / Ve_{REF-}$
		111	$V_{R+} = Ve_{REF+}$ 와 $V_{R-} = V_{REF-} / Ve_{REF-}$
INCHx	Bits 3–0	입력 channel 선택	
		0000	A0
		0001	A1
		0010	A2
		0011	A3
		0100	A4
		0101	A5
		0110	A6
		0111	A7
		1000	Ve_{REF+}
		1001	V_{REF+} / Ve_{REF-}
		1010	Temperature sensor
		1011	$(AV_{CC}-AV_{SS}) / 2$
		1100	$(AV_{CC}-AV_{SS}) / 2$
		1101	$(AV_{CC}-AV_{SS}) / 2$
		1110	$(AV_{CC}-AV_{SS}) / 2$
		1111	$(AV_{CC}-AV_{SS}) / 2$

- **ADC12IE, ADC12 Interrupt Enable Register - address 01A6h**

15	14	13	12	11	10	9	8
ADC12 IE15	ADC12 IE14	ADC12 IE13	ADC12 IE12	ADC12 IE11	ADC12 IE10	ADC12 IE9	ADC12 IE8
rw-(0)	rw-(0)	rw-(0)	rw-(0)	rw-(0)	rw-(0)	rw-(0)	rw-(0)

7	6	5	4	3	2	1	0
ADC12 IE7	ADC12 IE6	ADC12 IE5	ADC12 IE4	ADC12 IE3	ADC12 IE2	ADC12 IE1	ADC12 IE0
rw-(0)	rw-(0)	rw-(0)	rw-(0)	rw-(0)	rw-(0)	rw-(0)	rw-(0)

ADC12IEx	Bits	Interrupt 요청 제어
		0 Interrupt 사용 안 함
		1 Interrupt 사용

- **ADC12IFG, ADC12 Interrupt Flag Register - address 01A4h**

15	14	13	12	11	10	9	8
ADC12 IFG15	ADC12 IFG14	ADC12 IFG13	ADC12 IFG12	ADC12 IFG11	ADC12 IFG10	ADC12 IFG9	ADC12 IFG8
rw-(0)	rw-(0)	rw-(0)	rw-(0)	rw-(0)	rw-(0)	rw-(0)	rw-(0)

7	6	5	4	3	2	1	0
ADC12 IFG7	ADC12 IFG6	ADC12 IFG5	ADC12 IFG4	ADC12 IFG3	ADC12 IFG2	ADC12 IFG1	ADC12 IFG0
rw-(0)	rw-(0)	rw-(0)	rw-(0)	rw-(0)	rw-(0)	rw-(0)	rw-(0)

ADC12IFGx	Bits	인터럽트 요청 상태를 나타낸다. 각각에 대응하는 ADC12MEMx에 conversion 결과가 들어갈 경우 1이 되고, ADC12MEMx의 값을 읽으면 리셋 된다.
		0 No interrupt pending
		1 Interrupt pending

- **ADC12IV, ADC12 Interrupt Vector Register - address 01A8h**

15	14	13	12	11	10	9	8
0	0	0	0	0	0	0	0
r0	r0	r0	r0	r0	r0	r0	r0

7	6	5	4	3	2	1	0
0	0	ADC12IVx					0
r0	r0	r-(0)	r-(0)	r-(0)	r-(0)	r-(0)	r0

ADC12IVx	Bits 15-0	ADC12 Interrupt Vector가 발생하며 읽기만 가능

ADC12IVx의 값에 따른 인터럽트 소스, 관련 인터럽트 플래그 및 우선순위는 다음과 같다.

ADC12IV Contents	Interrupt Source	Interrupt Flag	Interrupt Priority
000h	No interrupt pending	-	
002h	ADC12MEMx overflow	-	Highest
004h	Conversion time overflow	-	
006h	ADC12MEM0 interrupt flag	ADC12IFG0	
008h	ADC12MEM1 interrupt flag	ADC12IFG1	
00Ah	ADC12MEM2 interrupt flag	ADC12IFG2	
00Ch	ADC12MEM3 interrupt flag	ADC12IFG3	
00Eh	ADC12MEM4 interrupt flag	ADC12IFG4	
010h	ADC12MEM5 interrupt flag	ADC12IFG5	
012h	ADC12MEM6 interrupt flag	ADC12IFG6	
014h	ADC12MEM7 interrupt flag	ADC12IFG7	
016h	ADC12MEM8 interrupt flag	ADC12IFG8	
018h	ADC12MEM9 interrupt flag	ADC12IFG9	
01Ah	ADC12MEM10 interrupt flag	ADC12IFG10	
01Ch	ADC12MEM11 interrupt flag	ADC12IFG11	
01Eh	ADC12MEM12 interrupt flag	ADC12IFG12	
020h	ADC12MEM13 interrupt flag	ADC12IFG13	
022h	ADC12MEM14 interrupt flag	ADC12IFG14	
024h	ADC12MEM15 interrupt flag	ADC12IFG15	Lowest

8.3 ADC12를 이용한 실습 예제

[실습 8-1] TP1의 신호를 ADC하여 PC에서 확인하기

그림 8-6 디지털 보드와 아날로그 보드의 연결 단자

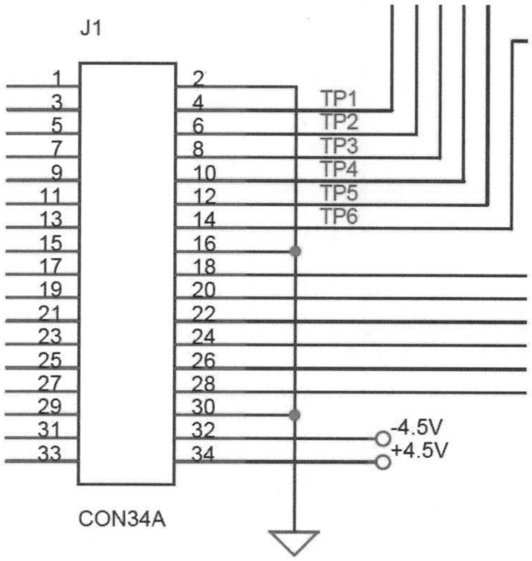

본 실습에서는 아날로그 보드를 연결하지 않고 그림 8-6에서 보이는 디지털 보드의 연결단자의 TP1에 직접 별도의 외부신호를 인가하고 12비트 ADC를 사용하여 디지털로 변환한 뒤 PC로 전송하여 파형을 관측하는 프로그램을 작성하자. 접지(그림 8-6의 2번)와 TP1에 함수발생기(function generator)를 이용하여 100Hz의 1.0Vpp를 진폭을 갖는 정현파, 구형파, 램프파(ramp) 등을 인가하여 실습을 수행한다.

ADC를 위한 샘플링 주파수는 고속 샘플링이 가능함을 보여주기 위해 과도하게 5kHz로 설정하도록 하고, 매번 start conversion 명령을 내릴 때마다 0번 채널에 대해 한 번의 변환을 수행하도록 한다. ADC 결과는 부록 B의 프로그램을 사용하여 관찰한다.

프로그램 작성 시 설정해야 할 사항은 다음과 같다.

① 포트 설정 : 6번 port의 0번 bit를 ADC로 사용하기 위하여 주변 모듈 모드로 설정한다.

② 타이머 설정 : Up mode를 사용하여 5kHz를 설정한다. 클록 신호원은 6MHz SMCLK를 사용하고 TACCR0를 6MHz/5kHz = 1200으로 설정한다.

③ 12비트 ADC 모듈을 사용하도록 설정한다 : ADC12CTL0 레지스터의 ADC12ON 비트를 1로 설정한다.

④ ADC 클록 신호원 설정 : SMCLK에서 나오는 신호를 8분주하여 사용하기 위해 ADC12CTL1 레지스터의 ADC12SSEL 비트를 3으로 설정하고 ADC12DIV 비트를 7로 설정한다.

⑤ 샘플링 방식을 설정한다 : start conversion 명령이 내려질 때마다 한 채널에 대해 한 번의 변환

을 수행해야 하므로 ADC12CTL0 레지스터의 MSC 비트를 0으로 설정하고 ADC12CTL1 레지스터의 CONSEQ 비트를 0으로 설정한다.

⑥ ADC memory 설정과 기준 전원 선택 : ADC12MCTL0 레지스터에 INCH 비트를 0번 채널로 설정하고 외부에서 인가하는 AV_{CC}(3.3V)와 AV_{SS}(0V)를 사용하기 위하여 SREF 비트를 0으로 설정한다. 한 개의 채널에 대해서만 변환을 수행하므로 EOS 비트를 1로 설정해준다.

```
// 8-1 TP1의 신호를 ADC하여 PC로 전송하기

#include <msp430x16x.h>

int adc1;
unsigned char Packet[13];

void ReadAdc12 (void);     // Read data from internal 12 bits ADC

void main(void)
{
    unsigned int i;
//  Set basic clock and timer
          WDTCTL = WDTPW + WDTHOLD;                    // Stop WDT
          BCSCTL1 &= ~XT2OFF;                          // XT2 on
          do{
            IFG1 &=~OFIFG;                             // Clear oscillator flag
            for(i=0;i<0xFF;i++);                       // Delay for OSC to stabilize
          }while((IFG1&OFIFG));
          BCSCTL2 |= SELM_2;                           // MCLK =XT2CLK=6Mhz
          BCSCTL2 |= SELS;                             // SMCLK=XT2CLK=6Mhz

// Set Port
          P3SEL = BIT4|BIT5;                           // P3.4,5 = USART0 TXD/RXD
          P6SEL = 0x01;  P6DIR=0x01;  P6OUT=0x00;

//Set UART0
          ME1 |= UTXE0 + URXE0;                        // Enable USART0 TXD/RXD
          UCTL0 |= CHAR;                               // 8-bit character
          UTCTL0 |= SSEL0|SSEL1;                       // UCLK= SMCLK
          UBR00 = 0x34;                                // 6MHz 115200
          UBR10 = 0x00;                                // 6MHz 115200
          UMCTL0 = 0x00;                               // 6MHz 115200 modulation
          UCTL0 &= ~SWRST;                             // Initialize USART state machine

// Set 12bit internal ADC
          ADC12CTL0 = ADC12ON | REFON | REF2_5V;       // ADC on, 2.5 V reference on
          ADC12CTL1 = ADC12SSEL_3 | ADC12DIV_7;        // SMCLK, /8
```

```
        ADC12CTL1 |= SHP;
        ADC12MCTL5 = SREF_0 | INCH_0 | EOS;
        ADC12CTL0 |= ENC;                           // enable conversion

// SetTimerA
        TACTL=TASSEL_2+MC_1;                        // clock source and mode(UP) select
        TACCTL0=CCIE;
        TACCR0=1200;                                // 6M/1200=5kHz

         _BIS_SR(LPM0_bits + GIE);                  // Enter LPM0 w/ interrupt
}
#pragma vector = TIMERA0_VECTOR
__interrupt void TimerA0_interrupt()
{
        ReadAdc12();
        //adc0;

        Packet[0]=(unsigned char)0x81;
        Packet[1]=(unsigned char)(adc1>>7)&0x7F;
        Packet[2]=(unsigned char)adc1&0x7F;
        Packet[3]=0;
        Packet[4]=0;
        Packet[5]=0;
        Packet[6]=0;
        for(int j=0;j<7;j++){
                while (!(IFG1 & UTXIFG0));          // USART0 TX buffer ready?
                TXBUF0=Packet[j];
        }

}
void ReadAdc12 (void)
{
        // read ADC12 result from ADC12 conversion memory
        // start conversion and store result without CPU intervention
        adc1 = (int)( (long)ADC12MEM0 * 9000/4096)-4500+7000;  // adc0 voltage in [mV]
        ADC12CTL0|=ADC12SC;                         // start conversion
}
```

앞에서 언급한 바와 같이 상기 소스 코드에서는 BMDAQ 보드의 회로에 맞게 입력 신호를 mV 단위로 환산하는 공식이 사용되었다. 아날로그 보드에서 출력되는 신호는 −4.5V에서 +4.5V의 범위를 갖는다. 이 신호가 디지털 보드에서 버퍼를 거친 후에 그림 8-7과 같은 스케일링 회로를 지나는데 이 회로에서 0V에서 3.3V의 범위를 갖는 신호로 바뀌게 되어 MSP430F1610에서의 ADC범위와 동일하게 된다. 따라서 ADC 결과 값이 최소(0)일 때 실

그림 8-7 전압 스케일링 회로

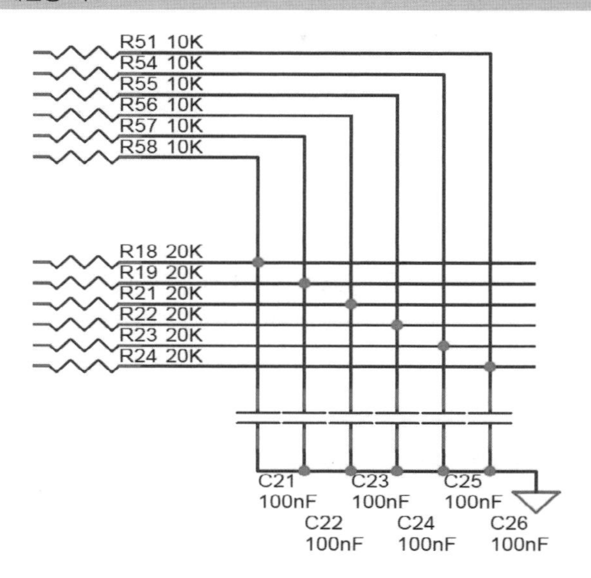

제 아날로그 보드에서 출력된 결과는 −4.5V를 의미하고, 결과 값이 최대(4095)일 때 4.5V를 의미한다. 이 같은 식을 그대로 적용하여 수식을 만들면 전체 입력 전압 범위(10V)를 ADC 해상도로 나누어 다음과 같이 표현할 수 있다.

```
ADC12MEM0 * 9000 / 4096
```

이 상태로는 음수 표현이 되지 않기 때문에 4500을 빼주어 −4500부터 +4500까지의 범위를 갖는 최종적인 결과를 얻을 수 있으며, 마지막에 더해진 7000은 시리얼 통신을 통하여 데이터를 전송할 때 음수를 그대로 전송하면 부호 비트가 없어지게 되어 원치 않는 파형이 얻어지기 때문에 이를 방지하기 위하여 임의로 양수로 만들기 위해 더해준 값이다.

[실습 8-2] TP3, TP5, TP6에서 신호를 획득하여 ADC하기

아날로그 보드의 TP3, TP5, TP6에서 얻어진 신호를 MSP430의 내부에 있는 12비트 ADC를 사용하여 디지털로 변환한 후 PC로 전송하여 파형을 관측하는 프로그램을 작성하자. TP3, TP5, TP6은 각각 ADC2, ADC4, ADC5와 연결되어 있다. ADC를 위한 샘플링주파수는 250Hz로 설정하도록 하고, 매번 start conversion 명령을 내릴 때마다 6개의 채널에 대해 한 번씩 ADC를 수행하도록 한다. ADC 결과는 부록 B의 프로그램을 사용하여 확인한다.

프로그램 작성 시 설정해야 할 사항은 다음과 같다.

① 포트 설정 : 6번 포트의 0~5번 비트를 ADC로 사용하기 위하여 peripheral mode로 설정한다.
② 타이머 설정 : Up mode를 사용하여 250Hz를 설정한다. 클록 신호원은 6MHz SMCLK를 사용하고 TACCR0를 6MHz/250Hz = 24,000으로 설정한다.
③ 12비트 ADC 모듈을 사용하도록 설정한다. : ADC12CTL0 레지스터의 ADC12ON 비트를 1로 설

정한다.

④ ADC 클록 신호원 설정 : SMCLK에서 나오는 신호를 8분주하여 사용하기 위해 ADC12CTL1 레지스터의 ADC12SSEL 비트를 3으로 설정하고 ADC12DIV 비트를 7로 설정한다.

⑤ 샘플링 방식을 설정한다 : start conversion 명령이 내려질 때마다 여러 채널에 대해 한 번씩만 ADC를 수행해야 하므로 ADC12CTL0 레지스터의 MSC 비트를 1로 설정하고 ADC12CTL1 레지스터의 CONSEQ 비트를 1로 설정한다.

⑥ ADC 메모리 설정과 기준 전원 선택 : ADC12MCTL0~5의 레지스터에 각각 채널에 맞게 INCH 비트를 설정하고 외부에서 인가하는 AV_{CC}(3.3V)와 AV_{SS}(0V)를 사용하기 위하여 SREF 비트를 0으로 설정한다. 가장 마지막인 ADC12MCTL5에는 EOS 비트를 1로 설정해준다.

그림 8-8 아날로그 보드의 차동증폭기 이후 필터단

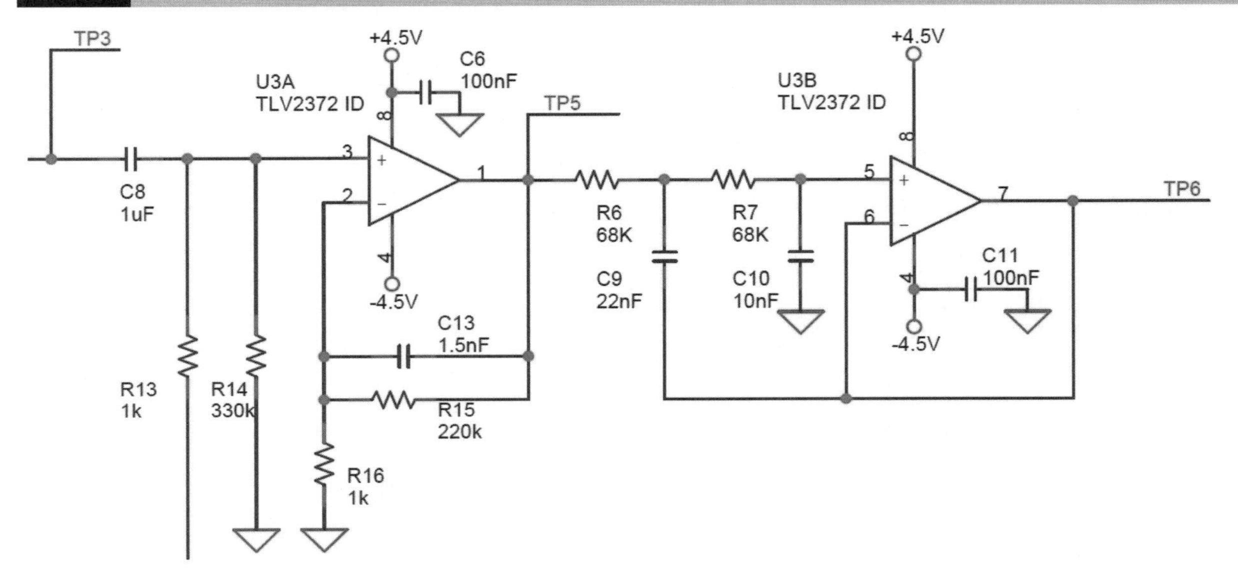


```
// 8-2 TP3,5,6의 data를 ADC하여 PC로 전송하기

#include <msp430x16x.h>

int adc1,adc2,adc3,adc4,adc5,adc6;
unsigned char Packet[13];

void ReadAdc12 (void);      // Read data from internal 12 bits ADC

void main(void)
{
    unsigned int i;
// Set basic clock and timer
    WDTCTL = WDTPW + WDTHOLD;          // Stop WDT
```

```
    BCSCTL1 &= ~XT2OFF;                    // XT2 on
    do{
      IFG1 &=~OFIFG;                       // Clear oscillator flag
      for(i=0;i<0xFF;i++);                 // Delay for OSC to stabilize
    }while((IFG1&OFIFG));

    BCSCTL2 |= SELM_2;                     // MCLK =XT2CLK=6Mhz
    BCSCTL2 |= SELS;                       // SMCLK=XT2CLK=6Mhz

// Set Port
    P3SEL = BIT4|BIT5;                         // P3.4,5 = USART0 TXD/RXD
    P6SEL = 0x3f;     P6DIR=0x3f;  P6OUT=0x00;

// Set UART0
    ME1 |= UTXE0 + URXE0;                      // Enable USART0 TXD/RXD
    UCTL0 |= CHAR;                            // 8-bit character
    UTCTL0 |= SSEL0|SSEL1;                     // UCLK= SMCLK
    UBR00 = 0x34;                             // 6MHz 115200
    UBR10 = 0x00;                             // 6MHz 115200
    UMCTL0 = 0x00;                            // 6MHz 115200 modulation
    UCTL0 &= ~SWRST;                          // Initialize USART state machine

// Set 12bit internal ADC
    ADC12CTL0 = ADC12ON | REFON | REF2_5V;       // ADC on, 2.5 V reference on
    ADC12CTL0 |= MSC;                   // multiple sample and conversion
     // SMCLK, /8, sequence of channels
    ADC12CTL1 = ADC12SSEL_3 | ADC12DIV_7 | CONSEQ_1;
    ADC12CTL1 |= SHP;

    ADC12MCTL0 = SREF_0 | INCH_0;
    ADC12MCTL1 = SREF_0 | INCH_1;
    ADC12MCTL2 = SREF_0 | INCH_2;
    ADC12MCTL3 = SREF_0 | INCH_3;
    ADC12MCTL4 = SREF_0 | INCH_4;
    ADC12MCTL5 = SREF_0 | INCH_5 | EOS;

    ADC12CTL0 |= ENC;                          // enable conversion

// SetTimerA
    TACTL=TASSEL_2+MC_1;                   // clock source and mode(UP) select
    TACCTL0=CCIE;
    TACCR0=24000;                         // 6M/24000=250hz

  _BIS_SR(LPM0_bits + GIE);                // Enter LPM0 w/ interrupt
}
```

```
#pragma vector = TIMERA0_VECTOR
__interrupt void TimerA0_interrupt()
{
    ReadAdc12();
    Packet[0]=(unsigned char)0x81;
    __no_operation();
    Packet[1]=(unsigned char)(adc3>>7)&0x7F;
    Packet[2]=(unsigned char)adc3&0x7F;
    Packet[3]=(unsigned char)(adc5>>7)&0x7F;
    Packet[4]=(unsigned char)adc5&0x7F;
    Packet[5]=(unsigned char)(adc6>>7)&0x7F;
    Packet[6]=(unsigned char)adc6&0x7F;

    for(int j=0;j<7;j++){
        while (!(IFG1 & UTXIFG0));              // USART0 TX buffer ready?
        TXBUF0=Packet[j];
    }

}

void ReadAdc12 (void)
{
    // read ADC12 result from ADC12 conversion memory
    // start conversion and store result without CPU intervention
    adc1 = (int)( (long)ADC12MEM0 * 9000 / 4096) -4500+7000; // adc0 voltage in [mV]
    adc2 = (int)( (long)ADC12MEM1 * 9000 / 4096) -4500+7000;
    adc3 = (int)( (long)ADC12MEM2 * 9000 / 4096) -4500+7000;
    adc4 = (int)( (long)ADC12MEM3 * 9000 / 4096) -4500+7000;
    adc5 = (int)( (long)ADC12MEM4 * 9000 / 4096) -4500+7000;
    adc6 = (int)( (long)ADC12MEM5 * 9000 / 4096) -4500+7000;

    ADC12CTL0|=ADC12SC;        // start conversion
}
```

시뮬레이터를 이용하여 심전도 신호를 측정하기 위해서 그림 8-9와 같이 흰색 단자(중간)를 RA에, 빨간색 단자를 LA(맨 아래)에, 검은색 단자를 RL(제일 위)에 연결한다. 시뮬레이터가 구비되어 있지 않은 독자는 이어서 나오는 신체에서의 신호측정 방법을 참조한다. 본 교재에서는 Bionet사의 Cardio S-01 모델 시뮬레이터를 사용하였다. 아날로그 보드와 전극 간의 케이블 단자의 색깔이 실제 제작 시는 다를 수 있으므로 그림 1-3의 BMDAQ 블록 다이어그램을 참조하길 바란다. 그림 1-3에서 J1 커넥터 부분은 위에서부터 GND, DRL, RA, LA로 연결되도록 되어 있다.

부록 B를 참조하여 PC와 연결한 후에 전송되는 신호를 확인해보면 그림 8-10, 11과 같음을

그림 8-9 시뮬레이터 연결 방법

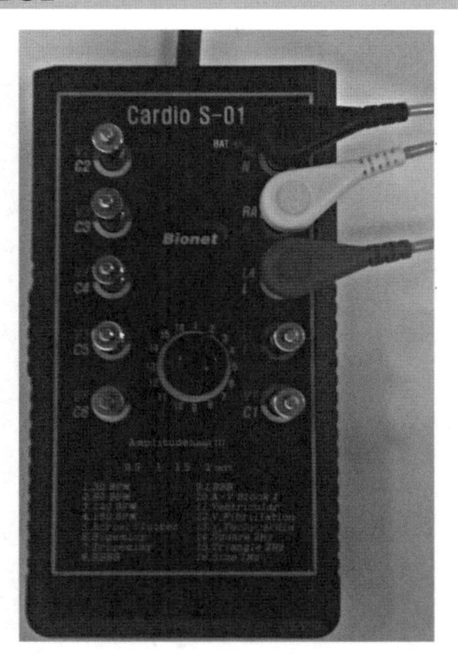

그림 8-10 PC의 ECG Viewer 프로그램으로 확인한 TP3에서의 파형

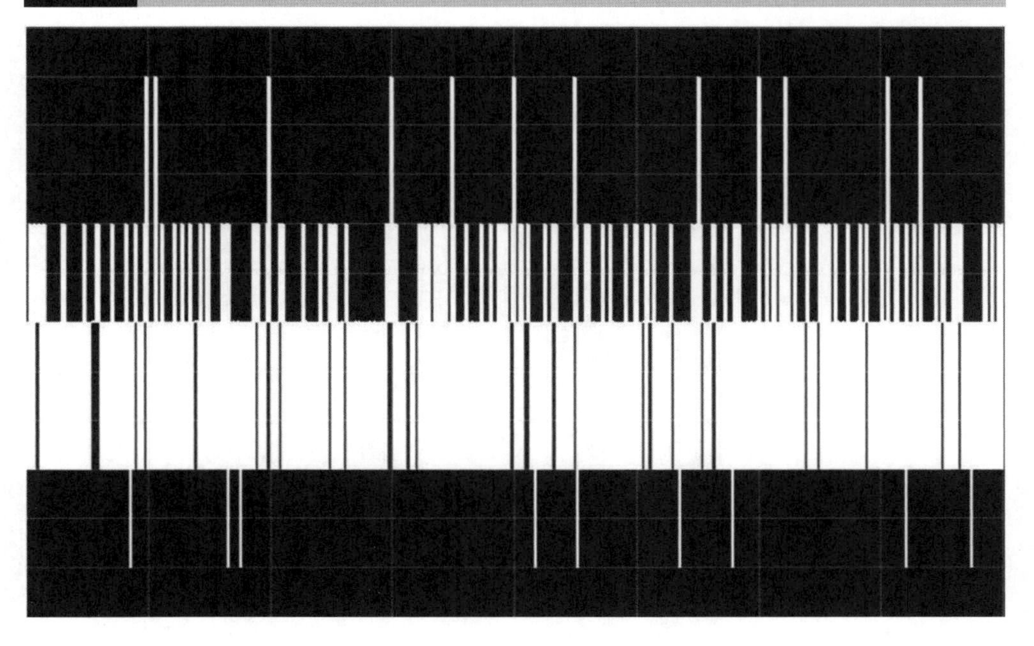

알 수 있다. 각각의 그림들은 TP3과 TP6에서의 결과를 나타내는데 TP3의 경우 신호가 증폭되기 전이기 때문에 12비트 해상도에서 3~4단계만으로 표현이 되고, TP3에 비해 220배 정도 증폭된 TP6에서는 정상적인 심전도가 관측된다. 파형에는 어느 정도 잡음이 섞여 있을 수 있으며, 섞여 있는 잡음의 양은 측정 환경에 따라 다를 수 있다.

그림 8-11 PC의 ECG Viewer 프로그램으로 확인한 TP6에서의 파형.

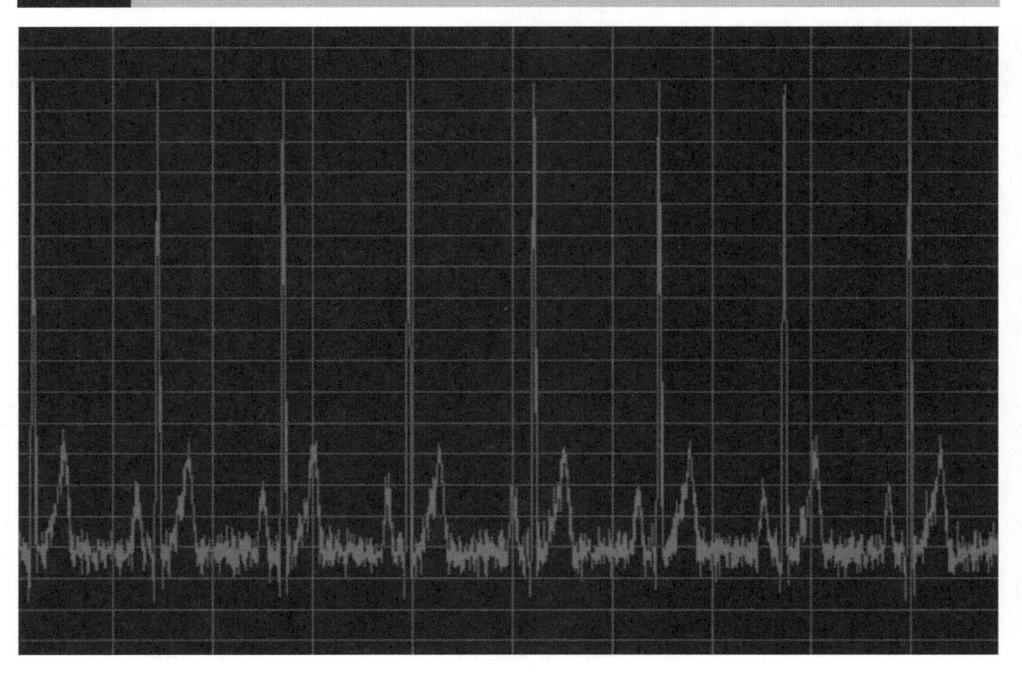

그림 8-12 전극 부착 방법

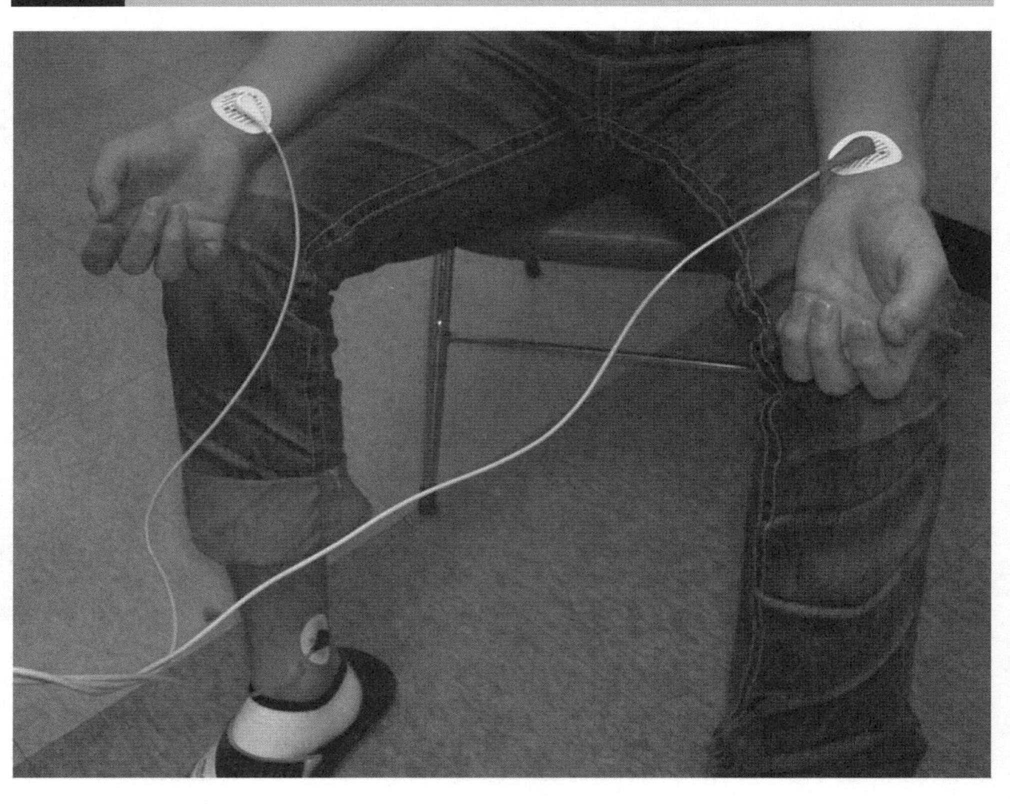

그림 8-13 신체에서 측정한 심전도 파형

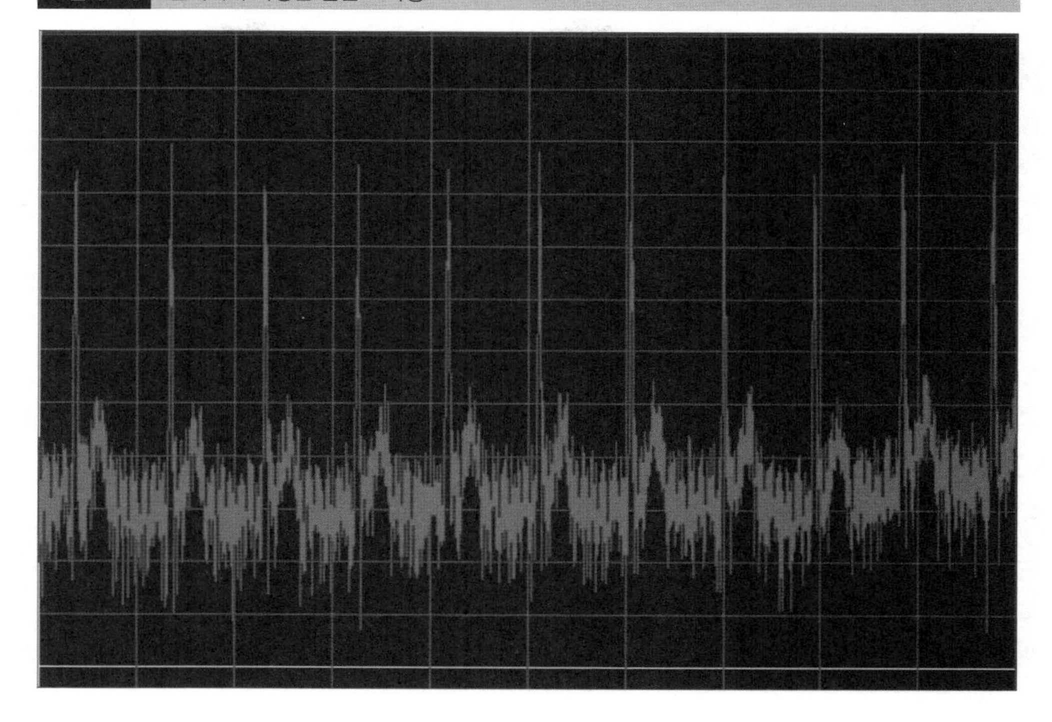

다음은 직접 신체에 부착된 전극을 통하여 동일한 실험을 해보자. 오른손에 흰색(RA), 왼손에 빨간색(LA), 오른발에 검은색 전극(RL)을 연결한다. 본 실습과 같이 인체에 직접 전극을 부착하여 실험을 할 때에는 안전사고에 주의하며 BMDAQ 보드에 어떠한 외부기기(Oscilloscope, Multimeter 등)도 접촉하지 않도록 한다. 신체에 직접 부착 시에는 반드시 1장 1.1절의 주의사항을 반드시 숙지 후 부착하길 바란다.

그림 8-13에서 보이는 것과 같이 시뮬레이터에서 측정했던 신호에 비해 잡음이 더 많이 포함되어 있다. 이는 우리 신체가 안테나 역할을 하여 생기는 현상이다.

8.4 DAC12를 이용한 DAC

MSP430F1610(또는 1611)을 포함한 MSP430x16x는 디지털-아날로그 변환기(digital-to-analog converter)인 DAC12 모듈 두 개를 제공하고 있다. 사용되는 핀으로는 6번 포트의 6, 7번 핀 즉 P6.6(DAC0), P6.7(DAC1)이 사용된다.

DAC12 모듈은 8 또는 12비트 모드로 설정이 가능하며, DMA 컨트롤러와 함께 사용될 수 있다. DAC의 주요 특징들을 나열하면 다음과 같으며, 내부 블록도는 그림 8-14와 같다.

① 12비트 모노토닉(monotonic) 출력

그림 8-14 DAC12 내부 블록도

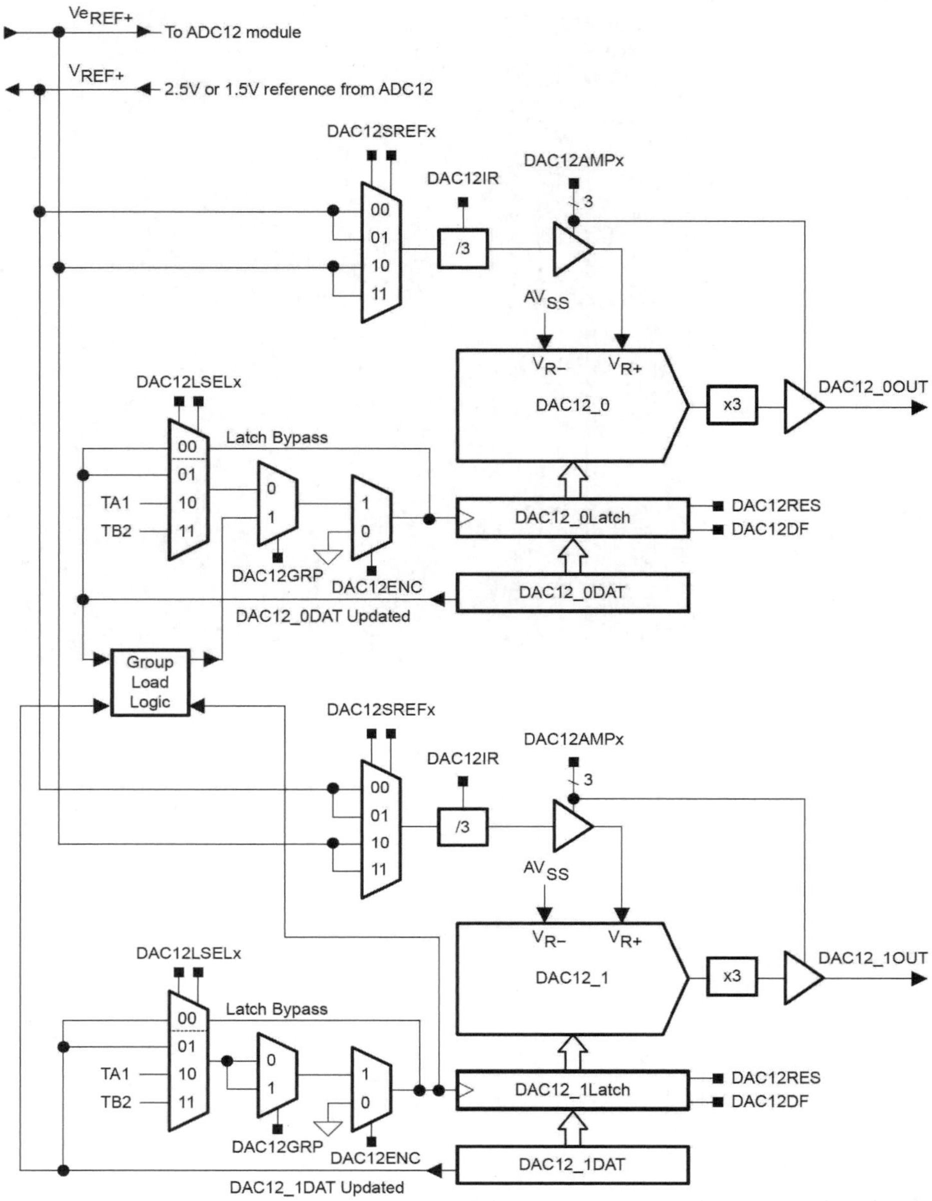

Ve_{REF+}
To ADC12 module
V_{REF+}
2.5V or 1.5V reference from ADC12
DAC12SREFx
DAC12AMPx
DAC12IR
3
00
01
10
11
/3
AV_{SS}
V_{R-}
V_{R+}
DAC12_0
x3
DAC12_0OUT
DAC12LSELx
Latch Bypass
00
01
TA1 10
TB2 11
0
1
1
0
DAC12GRP
DAC12ENC
DAC12_0Latch
DAC12RES
DAC12DF
DAC12_0DAT
DAC12_0DAT Updated
Group
Load
Logic
DAC12SREFx
DAC12AMPx
DAC12IR
3
00
01
10
11
/3
AV_{SS}
V_{R-}
V_{R+}
DAC12_1
x3
DAC12_1OUT
DAC12LSELx
Latch Bypass
00
01
TA1 10
TB2 11
0
1
1
0
DAC12GRP
DAC12ENC
DAC12_1Latch
DAC12RES
DAC12DF
DAC12_1DAT
DAC12_1DAT Updated

② 8 또는 12비트 출력 전압 해상도 제공
③ 셋틀링 시간 혹은 전력 소모 프로그래밍 가능
④ 내부 또는 외부 기준 전압 선택
⑤ 2진수 또는 2의 보수 데이터 포맷 제공
⑥ 오프셋 보정을 위한 자체-교정(self-calibration) 옵션 제공

■ DAC12 동작 원리

● DAC 코어

DAC12는 DAC12_xCTL레지스터의 DAC12RES 비트를 0 또는 1로 설정함으로써 8 또는 12비트로 동작시킬 수 있다. 출력은 DAC12_xCTL레지스터의 DAC12IR 비트를 설정하여 1배 또는 3배로 선택할 수 있으며, DAC12DF 비트를 이용해서 2진수 또는 2의 보수 데이터 포맷을 선택할 수 있다. DAC12RES 및 DAC12IR 비트의 설정에 따른 출력 범위는 다음 표와 같다.

Resolution	DAC12RES	DAC12IR	Output Voltage Formula
12 bit	0	0	$Vout = Vref \times 3 \times \frac{DAC12\_xDAT}{4096}$
12 bit	0	1	$Vout = Vref \times \frac{DAC12\_xDAT}{4096}$
8 bit	1	0	$Vout = Vref \times 3 \times \frac{DAC12\_xDAT}{256}$
8 bit	1	1	$Vout = Vref \times \frac{DAC12\_xDAT}{256}$

DAC12AMPx가 0보다 큰 경우, P6SELx과 P6DIRx 비트들의 상태와 상관없이 DAC12는 자동적으로 선택된다.

● DAC12 기준 전압

DAC12의 기준 전압은 DAC12SREFx 비트들을 설정하여 외부 기준 전압을 사용할 것인지 내부 1.5V 또는 2.5V를 사용할 것인지 결정할 수 있다.

- DAC12SREFx={0,1}이면 V_{REF+} 사용
- DAC12SREFx={2,3}이면 Ve_{REF+} 사용

ADC12 내부 기준 전압을 사용하고자 할 때는 ADC12에서 제어 비트들을 설정해야만 한다.

DAC12 기준 입력과 출력 전압은 DAC12AMPx 비트들을 설정함으로써 최적화 할 수 있다.

- **DAC12 전압 출력 업데이트**

DAC12_xDAT 레지스터는 DAC12 코어에 직접 연결될 수도 있으며 또는 2중 버퍼를 통해 연결될 수 있다. DAC12LSELx 비트들을 설정하여 업데이트 되는 시점을 선택할 수 있다. 이들 관계를 정리하면 다음과 같다.

① DAC12LSELx=0이면 2중 버퍼를 사용하지 않고 DAC12_xDAT의 값은 바로 DAC12 코어로 연결되어 출력된다. 즉, DAC12ENC 비트와는 상관없이 DAC12_xDAT에 데이터를 쓰면 바로 출력되게 된다.
② DAC12LSELx=1이면 데이터는 latch되고 새로운 데이터가 DAC12_xDAT에 입력되면 저장된 값이 출력되게 된다.
③ DAC12LSELx=2,3인 경우, 데이터는 각각 Timer_A CCR1 출력 또는 Timer_B CCR2 출력의 상승 엣지에서 latch된다.

DAC12LSELx>0일 때 새로운 데이터를 latch하기 위해서는 DAC12ENC 비트를 '1'로 설정하여야 한다.

- **DAC12 출력 형식**

DAC의 출력 형식은 부호가 없는 경우, 즉 양수인 경우는 0000h~0FFFh(0~4095)의 출력 범위를 가지고 부호가 있는 경우, 2의 보수 형태의 출력 형식으로서 0800h~07FFh(−2048~2047)의 범위를 갖는다. 이들을 그림으로 이해하기 쉽게 도식하면 그림 8-15과 같다.

그림 8-15 DAC 출력 양식 (a) 이진모드, (b) 2의 보수 모드

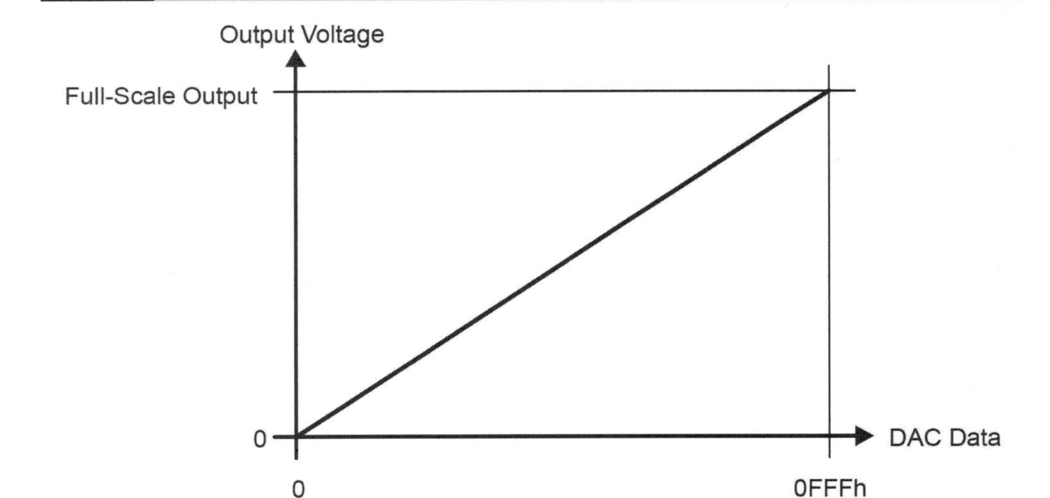

(a)

그림 8-15 DAC 출력 양식 (a) 이진모드, (b) 2의 보수 모드

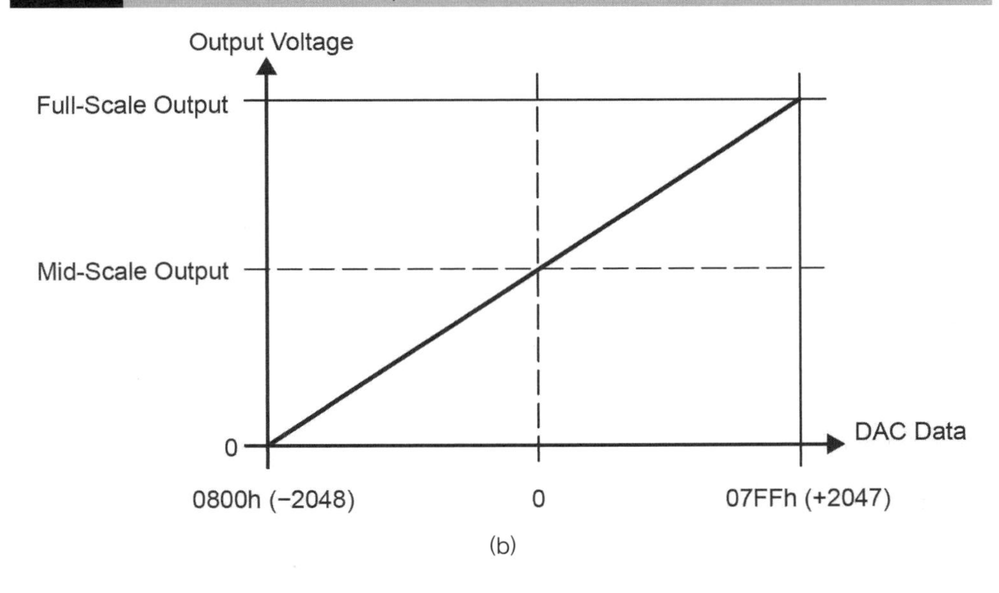

(b)

- **DAC12 출력 오프셋 캘리브레이션(Offset Calibration)**

DAC12 출력 증폭기의 오프셋 전압은 양수나 음수가 될 수 있다. 오프셋이 음수일 때, 출력 증폭기는 − 전압을 출력하려 하지만, 그럴 수 없기 때문에 + 전압이 될 때까지 0으로 출력하게 된다.

오프셋이 +인 경우는 0V를 출력하지 못하거나 DAC12의 데이터 값이 최대값에 도달하기 전에 최대값을 출력하게 된다(그림 8-16. 참조).

그림 8-16 오프셋 (a) 음수 오프셋, (b) 양수 오프셋

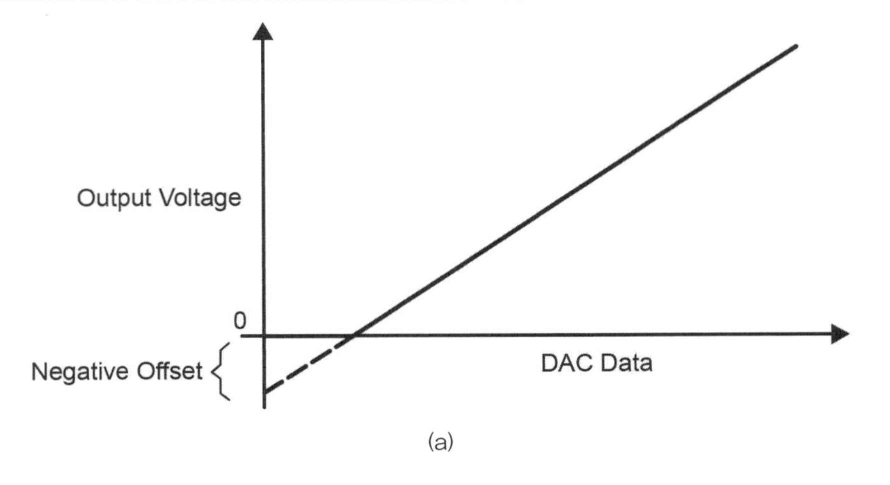

(a)

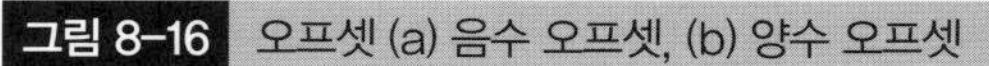
그림 8-16 오프셋 (a) 음수 오프셋, (b) 양수 오프셋

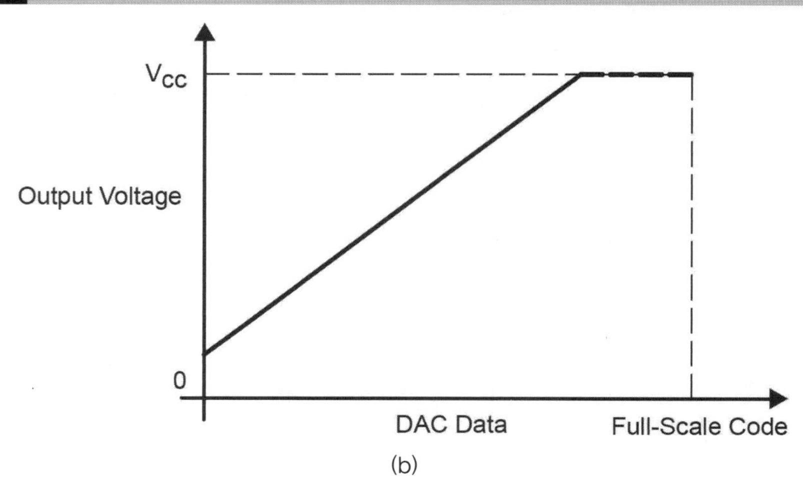

(b)

DAC12는 이러한 오프셋을 교정하는 기능을 제공하고 있다. DAC12CALON 비트를 '1' 로 하면, 오프셋 교정을 시작하고, 교정이 끝나면 자동으로 '0' 으로 클리어 된다.

- **DAC12 모듈 그룹화 하기**

DAC12_0의 DAC12GRP 비트를 1로 설정함으로써 DAC12_0와 DAC_1 두 개의 DAC를 그룹화할 수 있으며, 그룹화하여 동시에 출력을 업데이트시킬 수 있다.

- **DAC12 인터럽트**

DAC12 인터럽트 벡터(interrupt vector)는 DMA 컨트롤러와 같이 사용하므로, 인터럽트의 소스원을 결정하기 위해서는 DAC12IFG와 DMAIFG를 검사하여야 한다.

DAC12IFG 비트는 DAC12LSELx>0이면서 DAC12_xDAT 레지스터의 값이 래치(latch)될 때 '1' 로 되며, DAC12LSELx=0인 경우 DAC12IFG 비트는 set 되지 않는다.

DAC12IFG 비트가 '1' 로 되었다는 것은 DAC12에 새로운 데이터가 있다는 것을 의미하며, DAC12IE와 GIE가 모두 set 되었다면 DAC12IFG는 인터럽트를 요청하게 된다.

주의할 점은 DAC12IFG는 자동적으로 리셋 되지 않으므로 수동으로 반드시 리셋시켜 주어야 한다.

■ DAC12 레지스터

DAC12와 관련된 레지스터들로는 다음과 같이 총 네 개가 존재하며 자세히 알아보면 다음과 같다.

Register	Short Form	Register Type	Address
DAC12_0 control	DAC12_0CTL	Read/write	01C0h
DAC12_0 data	DAC12_0DAT	Read/write	01C8h
DAC12_1 control	DAC12_1CTL	Read/write	01C2h
DAC12_1 data	DAC12_1DAT	Read/write	01CAh

- **DAC12_xCTL, DAC12 Control Register - address 01C0h-01C2h**

15	14	13	12	11	10	9	8
Reserved	DAC12SREFx		DAC12RES	DAC12LSELx		DAC12 CALON	DAC12IR
rw-(0)	rw-(0)	rw-(0)	rw-(0)	rw-(0)	rw-(0)	rw-(0)	rw-(0)

7	6	5	4	3	2	1	0
DAC12AMx			DAC12DF	DAC12IE	DAC12 IFG	DAC12 ENC	DAC12 GRP
rw-(0)	rw-(0)	rw-(0)	rw-(0)	rw-(0)	rw-(0)	rw-(0)	rw-(0)

Reserved	Bit 15	사용 안 함		
DAC12 SREFx	Bits 14-13	DAC12 기준 전압 선택		
		00	V_{REF+}	
		01	V_{REF+}	
		10	Ve_{REF+}	
		11	Ve_{REF+}	
DAC12 RES	Bit 12	DAC12 resolution 선택		
		0	12-bit resolution	
		1	8-bit resolution	
DAC12 LSELx	Bits 11-10	DAC12 latch의 trigger를 선택 DAC12LSELx가 00이 아닌 경우에 DAC12ENC가 설정되어야 한다.		
		00	DAC12_xDAT로 써넣을 때 load 됨(ADC12ENC 무시된다.)	
		01	DAC12_xDAT로 써넣을 때 load 됨	
		10	Timer_A.OUT1(TA1)의 상승 edge	
		11	Timer_B.OUT2(TB2)의 상승 edge	
DAC12 CALON	Bit 9	DAC12의 교정: sequence를 초기화하고, 교정이 끝나면 자동으로 reset 됨		
		0	교정을 활성화 하지 않음	
		1	교정 초기화/교정 진행 중	
DAC12 IR	Bit 8	DAC12의 기준 입력과 출력전압 범위를 결정		
		0	output = 3x 기준 전압	
		1	output = 1x 기준 전압	
DAC12 AMPx	Bits 7-5	DAC12 입력과 출력 amplifier의 전류 소비 선택		
			Input buffer	output buffer
			000	Off　DAC12 Off, 출력 높은 저항
		001	Off	DAC12 Off, 출력 0V
		010	저속/전류	저속/전류
		011	저속/전류	중속/전류
		100	저속/전류	고속/전류

		101	중속/전류	중속/전류
		110	중속/전류	고속/전류
		111	고속/전류	고속/전류
DAC12 DF	Bit 4	DAC12 data format		
		0	0-2진수 출력	
		1	1-2의 보수 출력	
DAC12 IE	Bit 3	DAC12 interrupt 사용 여부 결정		
		0	Interrupt 비활성화	
		1	Interrupt 활성화	
DAC12 IFG	Bit 2	DAC12 interrupt flag		
		0	No interrupt pending	
		1	Interrupt pending	
DAC12 ENG	Bit 1	DAC12 변환 시작		
		0	DAC12 사용 안 함	
		1	DAC12 사용	
DAC12 GRP	Bit 0	DAC12 group		
		0	사용 안 함	
		1	그룹화	

- **DAC12_xDAT, DAC12 Data Register - address 01C8h-01CAh**

15	14	13	12	11	10	9	8
0	0	0	0	DAC12 Data			
r(0)	r(0)	r(0)	r(0)	rw-(0)	rw-(0)	rw-(0)	rw-(0)

7	6	5	4	3	2	1	0
DAC12 Data							
rw-(0)	rw-(0)	rw-(0)	rw-(0)	rw-(0)	rw-(0)	rw-(0)	rw-(0)

Unused	Bits 15-12	사용 안 함
DAC12 Data	Bits 11-0	DAC12 Data

8.5 DAC12를 이용한 실습 예제

[실습 8-3] 임의의 신호를 발생시켜 DAC 출력하기

DAC를 이용하여 원하는 파형을 발생시키는 프로그램을 작성하자. 출력하려는 신호는 1초의 주기를 갖고 0~3999의 범위를 갖는 삼각파이다.

프로그램 작성 시 설정해야 할 사항은 다음과 같다.

① 포트 설정 : 포트 6의 DAC0 핀을 주변 모듈로 사용하기 위하여 P6SEL의 6번 비트를 1로 설정한다.
② DAC 초기화 : Vref를 2.5V로 사용하기 위하여 ADC12CTL0 레지스터의 REFON, REF2_5V 비트를 1로 설정한다. DAC의 최대 출력 전압을 Vref와 동일하게 설정하고, 최고 성능을 사용하기 위하여 DAC12_0CTL 레지스터의 DAC12IR 비트를 1로 설정하고, DAC12AMP 비트를 7로 설정한다. 또한 오프셋 에러를 보정하기 위하여 DAC12CALON 비트를 1로 설정한다.
③ 타이머 설정 : Timer_A를 up mode로 사용하여 4kHz를 설정한다. SMCLK를 클록 신호원으로 사용하고 TACCR0를 6MHz/4kHz = 1,500으로 설정한다.

```
// 8-3 임의의 파형을 DAC로 출력하기

#include <msp430x16x.h>

void main(void)
{
        unsigned int i;
// Set basic clock and timer
        WDTCTL = WDTPW + WDTHOLD;                    // Stop WDT
        BCSCTL1 &= ~XT2OFF; // XT2 on
        do{
          IFG1 &=~OFIFG;                        // Clear oscillator flag
          for(i=0;i<0xFF;i++);                  // Delay for OSC to stabilize
        }while((IFG1&OFIFG));

        BCSCTL2 |= SELM_2;                          // MCLK =XT2CLK=6Mhz
        BCSCTL2 |= SELS;                            // SMCLK=XT2CLK=6Mhz

// Set Port
        P6SEL = 0xA0;      P6DIR=0x00;      P6OUT=0x00;

// Set 12bit internal ADC
```

```
        ADC12CTL0 = REFON | REF2_5V;              // 2.5 V reference on

// Set 12bit DAC
    DAC12_0CTL = DAC12IR | DAC12AMP_2 | DAC12CALON;

//  SetTimerA
        TACTL=TASSEL_2+MC_1;        // clock source and mode(UP) select
        TACCTL0=CCIE;
        TACCR0=1500;               // 6M/1500=4000hz
        DAC12_1DAT = 1;
        _EINT();
        while(1);
}

#pragma vector = TIMERA0_VECTOR
__interrupt void TimerA0_interrupt()
{
        static int n = 0;
        DAC12_0DAT = n++;
        if(n == 4000) n = 0;
}
```

그림 8-17 Oscilloscope로 확인한 톱니파 출력

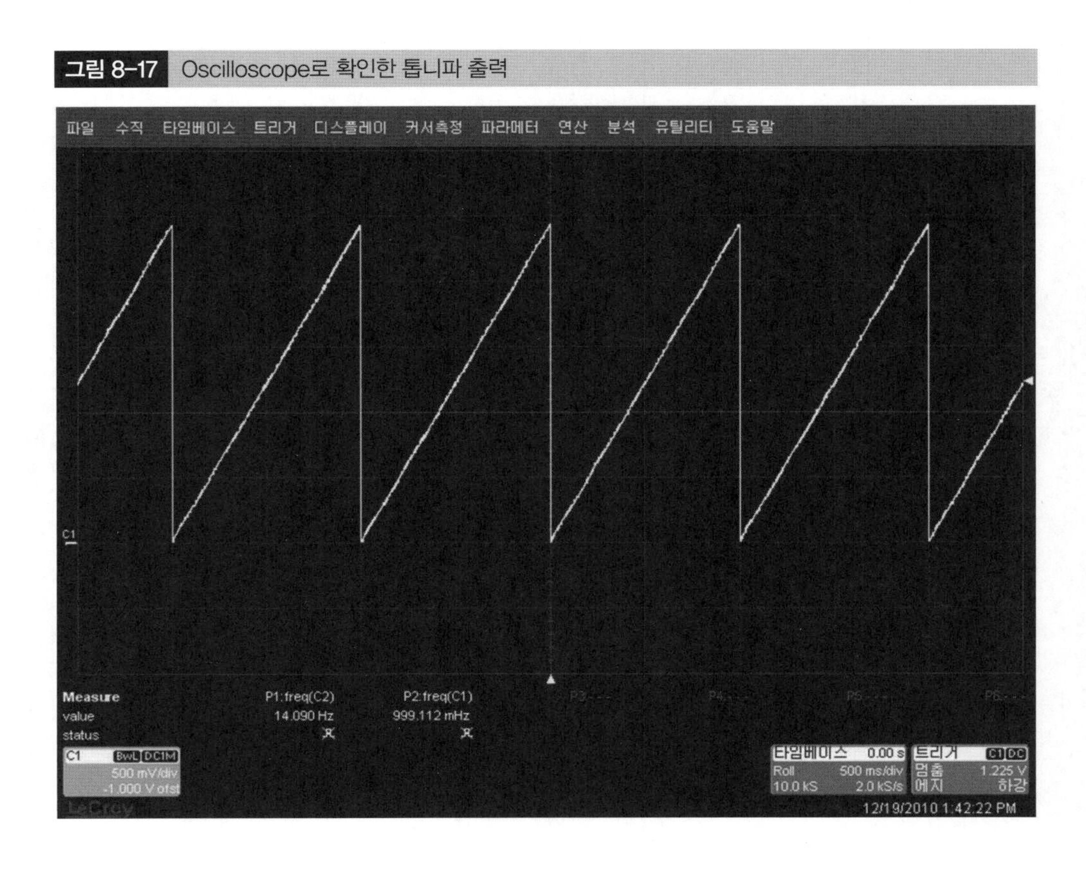

실행 결과를 알아 보기 위해 접지 핀(BMDAQ 디지털 보드의 J3 주위에 있는 TP16 또는 그림 8-6의 J1의 2번 핀)과 TP2번(BMDAQ 디지털 보드 J3 주위) 핀을 오실로스코프(oscilloscope)로 찍어 확인해보면 그림 8-17과 같은 파형을 확인할 수 있다.

[실습 8-4] 시뮬레이터를 이용하여 입력된 신호를 그대로 출력하기

이번 실습에서는 ADC와 DAC기능을 동시에 사용하는 방법에 대해 프로그램을 작성해보자. BMDAQ 보드에 부착된 아날로그 보드의 연결단자를 통해 들어온 심전도 파형을 ADC하고 실시간으로 DAC하여 출력하는 프로그램을 작성한다. ADC와 DAC의 Sampling rate는 500Hz로 한다.

프로그램 작성 시 고려할 사항은 다음과 같다.

① 포트 설정 : 포트 6의 ADC5 핀과 DAC0 핀을 주변 모듈로 사용하기 위하여 P6SEL의 5,6번 비트를 1로 설정한다.
② DAC 초기화 : Vref를 2.5V로 사용하기 위하여 ADC12CTL0 레지스터의 REFON, REF2_5V 비트를 1로 설정한다. DAC의 최대 출력 전압을 Vref와 동일하게 설정하고, 최고 성능을 사용하기 위하여 DAC12_0CTL 레지스터의 DAC12IR 비트를 1로 설정하고, DAC12AMP 비트를 7로 설정한다. 또한 오프셋 에러를 보정하기 위하여 DAC12CALON 비트를 1로 설정한다.
③ 타이머 설정 : Timer_A를 up mode로 사용하여 500Hz를 설정한다. SMCLK를 클록 신호원으로 사용하고 TACCR0를 6MHz/500Hz = 12,000으로 설정한다.

```
// 8-4 시뮬레이터 신호를 ADC한 후에 DAC로 출력하기

#include <msp430x16x.h>

void main(void)
{
      unsigned int i;
// Set basic clock and timer
         WDTCTL = WDTPW + WDTHOLD;                // Stop WDT
         BCSCTL1 &= ~XT2OFF;                      // // XT2 on
         do{
           IFG1 &=~OFIFG;                      // Clear oscillator flag
           for(i=0;i<0xFF;i++);                 // Delay for OSC to stabilize
         }while((IFG1&OFIFG));

         BCSCTL2 |= SELM_2;                       // MCLK =XT2CLK=6Mhz
         BCSCTL2 |= SELS;                         // SMCLK=XT2CLK=6Mhz

// Set Port
```

```
        P6SEL = 0xE0;      P6DIR=0xE0;      P6OUT=0x00;

// Set 12bit internal ADC
        ADC12CTL0 = ADC12ON | REFON | REF2_5V;      // ADC on, 2.5 V reference on
        ADC12CTL1 = ADC12SSEL_3 | ADC12DIV_7;       // SMCLK, /8
        ADC12CTL1 |= SHP;
        ADC12MCTL0 = SREF_0 | INCH_5 | EOS;
        ADC12CTL0 |= ENC;                           // enable conversion

// Set 12bit DAC
    DAC12_0CTL = DAC12IR | DAC12AMP_2 | DAC12CALON;

// SetTimerA
        TACTL=TASSEL_2+MC_1;                        // clock source and mode(UP) select
        TACCTL0=CCIE;
        TACCR0=12000;                    // 6M/12000=500Hz

        _EINT();

        while(1);
}

#pragma vector = TIMERA0_VECTOR
__interrupt void TimerA0_interrupt()
{

        unsigned int adc1;

        adc1 = ADC12MEM0;            // adc0
        ADC12CTL0|=ADC12SC;

        DAC12_0DAT = adc1;          // ADC: -4.5~4.5 to 0~4095, DAC: 0~4095 to 0~3.3
}
```

시뮬레이터를 사용하여 그림 8-18의 (a)와 같은 파형을 입력해주었다. 8-18의 (a)는 아날로그 보드를 통과한 최종단의 파형으로 실제 입력보다 약 1,000배 증폭되고 0.5~150Hz의 대역통과필터를 통과한 신호이다.

그림 8-18의 (a)와 (b)를 비교해보면 입력신호인 (a)에서의 최대 전압 범위는 약 750mV인데 비해 출력신호 (b)에서의 최대 전압 범위는 200mV로 입력신호가 3.5배 정도 크다. 이는 ADC와 DAC의 전압범위에 의해 생기는 변화로 입력 최대 범위가 −4.5~4.5V이고 출력 최대 범위가 0~2.5V이므로 입출력 신호의 크기 차이와 동일한 비율을 가지고 있는 것을 알 수 있다.

그림 8-18 (a) 아날로그 보드의 연결단자에서 확인한 심전도 파형 (b) DAC를 통해 출력된 파형

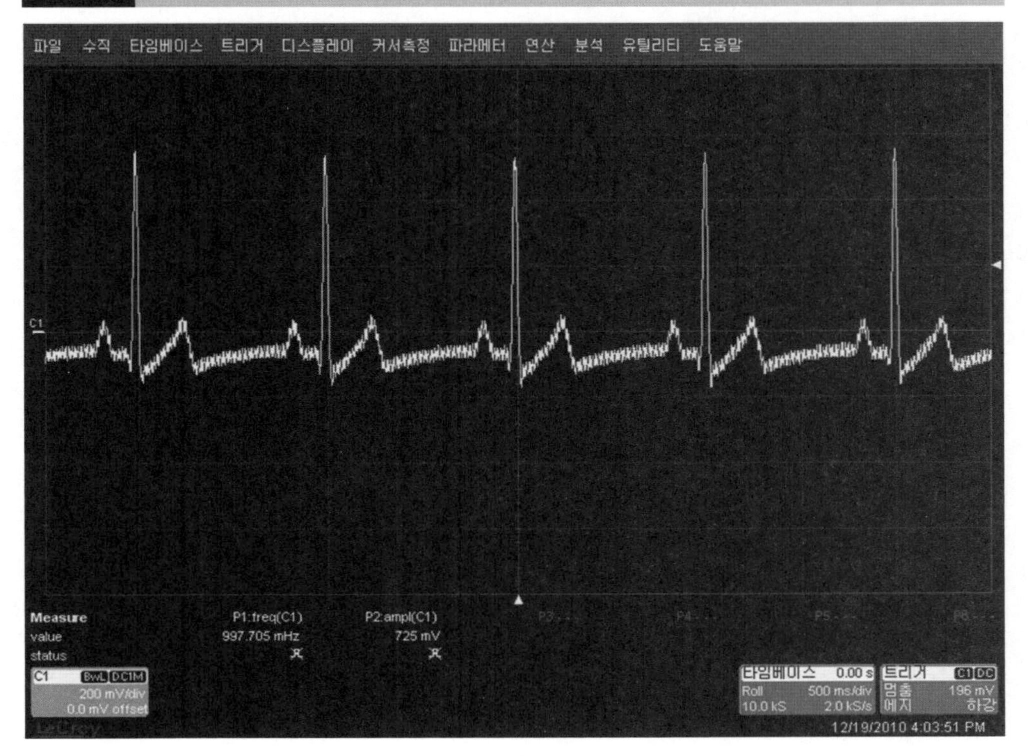

(a)

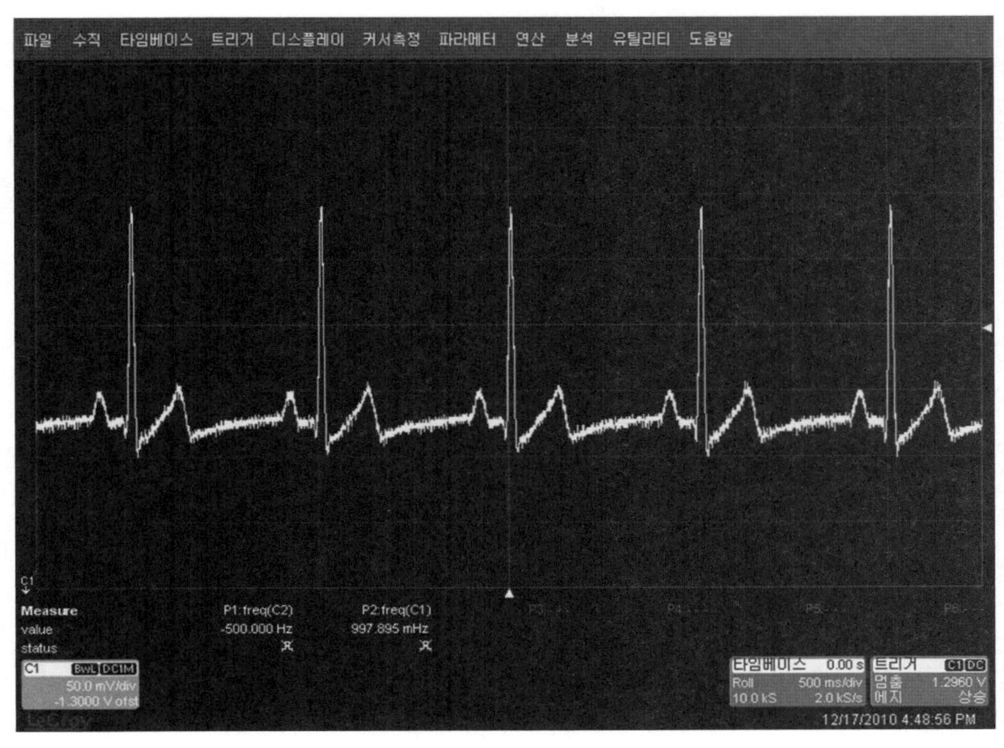

(b)

[실습 8-5] 함수발생기(Function generator)를 이용하여 입력된 신호를 그대로 출력하기

실습 8-4와 같이 ADC와 DAC를 동일하게 사용하고 아날로그 보드는 제거하고 함수 발생기를 이용하여 발생한 신호를 입력으로 사용하는 프로그램을 작성해보자. 함수 발생기의 출력단은 BMDAQ 보드의 접지와 아날로그 보드 연결단자의 TP1에 연결한다(실습 8-1 참조). 충분한 ADC 속도를 확보하기 위하여 샘플링 주파수를 5kHz로 설정한다.

프로그램 작성 시 설정할 사항은 다음과 같다.

① 포트 설정 : 포트 6의 ADC0 핀과 DAC0 핀을 주변 모듈로 사용하기 위하여 P6SEL의 0,6번 비트를 1로 설정한다.
② DAC 초기화 : Vref를 2.5V로 사용하기 위하여 ADC12CTL0 레지스터의 REFON, REF2_5V 비트를 1로 설정한다. DAC의 최대 출력 전압을 Vref와 동일하게 설정하고, 최고 성능을 사용하기 위하여 DAC12_0CTL 레지스터의 DAC12IR 비트를 1로 설정하고, DAC12AMP 비트를 7로 설정한다. 또한 오프셋 에러를 보정하기 위하여 DAC12CALON 비트를 1로 설정한다.
③ 타이머 설정 : TimerA를 up mode로 사용하여 5kHz를 설정한다. SMCLK를 클록 신호원으로 사용하고 TACCR0를 6MHz/5kHz = 1,200으로 설정한다.

```
// 8-5 function generator에서 발생한 신호를 ADC한 후에 DAC로 출력하기

#include <msp430x16x.h>

void main(void)
{
   unsigned int i;
// Set basic clock and timer
         WDTCTL = WDTPW + WDTHOLD;                  // Stop WDT
         BCSCTL1 &= ~XT2OFF;                       // // XT2 on
         do{
           IFG1 &=~OFIFG;                      // Clear oscillator flag
           for(i=0;i<0xFF;i++);                  // Delay for OSC to stabilize
         }while((IFG1&OFIFG));

         BCSCTL2 |= SELM_2;                        // MCLK =XT2CLK=6Mhz
         BCSCTL2 |= SELS;                          // SMCLK=XT2CLK=6Mhz

// Set Port
         P6SEL = 0xC1;      P6DIR=0xC1;      P6OUT=0x00;

// Set 12bit internal ADC
         ADC12CTL0 = ADC12ON | REFON | REF2_5V;    // ADC on, 2.5 V reference on
         ADC12CTL1 = ADC12SSEL_3 | ADC12DIV_7;     // SMCLK, /8
```

```
        ADC12CTL1 |= SHP;
        ADC12MCTL0 = SREF_0 | INCH_0 | EOS;
        ADC12CTL0 |= ENC;                       // enable conversion

// Set 12bit DAC
        DAC12_0CTL = DAC12IR | DAC12AMP_2 | DAC12CALON;

// SetTimerA
        TACTL=TASSEL_2+MC_1;                   // clock source and mode(UP) select
        TACCTL0=CCIE;
        TACCR0=1200;                           // 6M/1200=5kHz
        _EINT();

        while(1);
}
#pragma vector = TIMERA0_VECTOR
__interrupt void TimerA0_interrupt()
{
        unsigned int adc1;

        adc1 = ADC12MEM0;              // adc0
        ADC12CTL0|=ADC12SC;
        DAC12_0DAT = adc1; // ADC: -4.5~4.5 to 0~4095, DAC: 0~4095 to 0~3.3
}
```

입력신호는 그림 8-19의 (a)와 같이 100Hz의 주파수와 8Vpp의 전압을 갖는 정현파이다.

그림 8-19의 (b)에서 보듯이 출력 신호는 주기적으로 계단 모양을 띠고 나타난다. 이는 DAC의 특성으로 계단현상을 없애는 것은 불가능하다. 하지만 입력 주파수의 범위를 예상한 뒤 그에 맞게 충분한 샘플링 주파수를 설정해준다면 이러한 현상을 최소화할 수 있다.

[실습 8-6] DAC를 통해 심전도 신호를 내보내고 이를 ADC하고 PC로 전송하기

본 실습에서는 버퍼에 저장되어 있는 심전도 파형을 DAC를 통해 내보내고 DAC 신호를 TP1에 직접 연결하여 이 신호에 대해 ADC를 수행하고 이를 PC로 전송하는 프로그램을 작성해보도록 한다.

아날로그 보드를 제거하고 DAC0 출력 단자인 TP2(J3 주위에 있는 TP2)를 그림 8-6의 4번 핀과 연결한다. 이는 DAC의 출력을 직접 TP1 단자에 인가하기 위한 것이다. 그리고 PC로 전송된 파형을 관찰하기 위해 부록 B의 Viewer 프로그램을 이용한다. 프로그램은 이미 실습해본 내용을 참조로 하면 쉽게 구현이 가능할 것으로 판단되므로 자세한 설명은 생략하기로 한다.

그림 8-19 (a) 입력신호 (b) DAC를 통해 출력된 파형

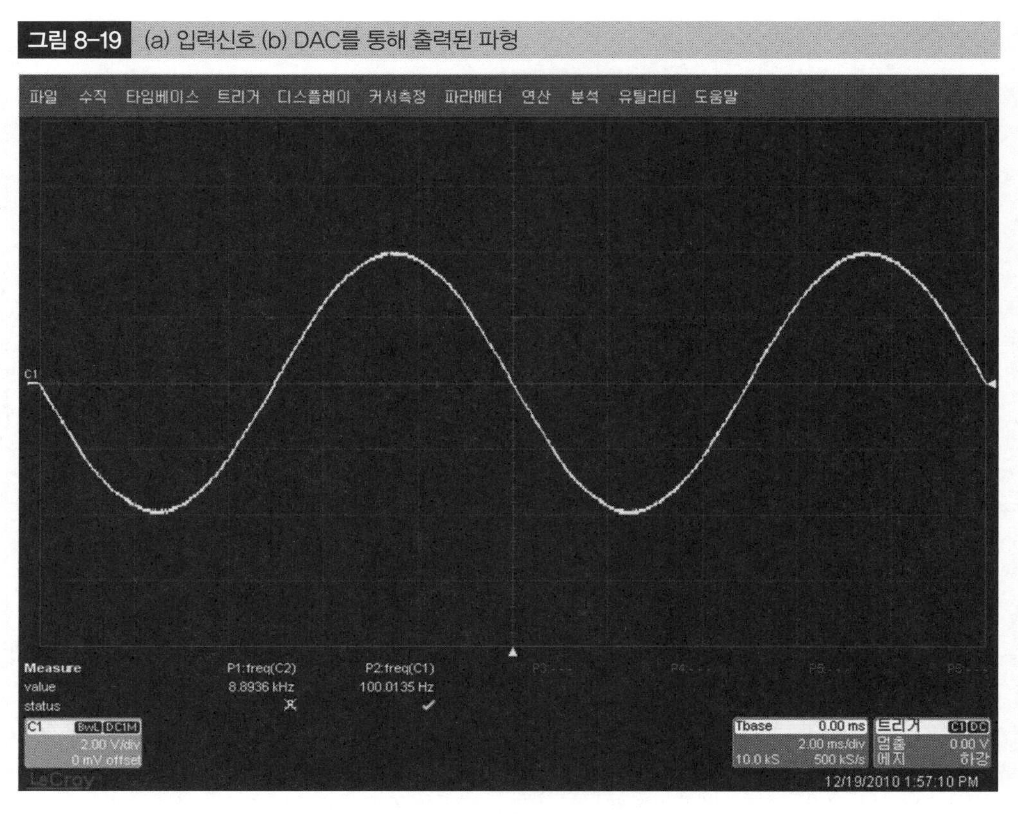

(a)

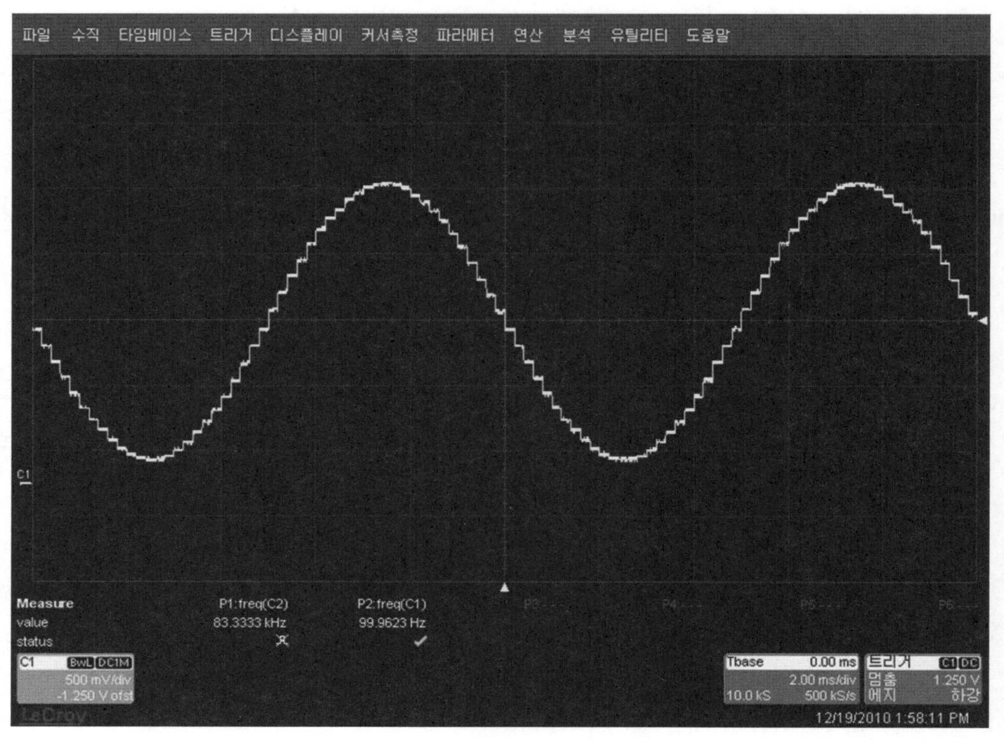

(b)

```
// 8-6 버퍼에 저장되어 있는 심전도 파형을 DAC를 통해 내보내고 DAC 신호를 TP1에 직접 연결하여
이 신호를 ADC 하여 PC로 전송

#include <msp430x16x.h>
unsigned char Packet[7];
unsigned int ecg[250]={
  310,318,355,384,393,403,417,410,379,360,365,367,351,343,360,372,367,360,370,374,
  351,328,333,342,327,311,326,367,394,397,405,426,430,409,399,414,424,414,404,409,
  413,402,393,399,400,374,345,345,354,343,332,352,395,419,414,409,413,401,373,360,
  375,390,391,396,413,423,411,396,397,395,369,347,353,360,342,329,360,419,469,506,
  559,636,702,745,789,844,882,891,891,891,874,834,790,751,697,613,530,477,433,374,
  325,321,347,363,361,368,387,392,378,374,391,401,390,387,405,426,432,431,425,387,
  305,232,245,377,647,1097,1725,2437,3083,3544,3754,3679,3304,2699,2000,1336,767,3
  38,85,0,19,88,183,290,372,405,408,412,400,356,315,318,353,377,382,400,433,455,46
  0,482,524,554,554,552,568,585,591,603,629,650,648,644,665,688,692,700,745,804,83
  7,843,858,890,911,918,941,987,1033,1066,1108,1165,1206,1217,1218,1222,1209,1159,
  1092,1036,973,886,801,748,710,648,565,495,450,399,343,316,328,341,337,337,351,36
  0,348,340,350,353,333,311,312,314,293,278,299,335,343,328,327,350,364,361,367,39
  1,405,394,382,382,373,348,334,350,369,367,359,367,373,355,
};

void main(void)
{
        unsigned int i;
// Set basic clock and timer
        WDTCTL = WDTPW + WDTHOLD;                  // Stop WDT
        BCSCTL1 &= ~XT2OFF;                        // XT2 on
        do{
          IFG1 &=~OFIFG;                     // Clear oscillator flag
            for(i=0;i<0xFF;i++);               // Delay for OSC to stabilize
        }while((IFG1&OFIFG));

        BCSCTL2 |= SELM_2;                         // MCLK =XT2CLK=6Mhz
        BCSCTL2 |= SELS;                           // SMCLK=XT2CLK=6Mhz

// Set Port
        P3SEL = BIT4|BIT5;                            // P3.4,5 = USART0 TXD/RXD
        P6SEL = 0xA1;      P6DIR=0x01;      P6OUT=0x00;

// Set UART0
        ME1 |= UTXE0 + URXE0;                      // Enable USART0 TXD/RXD
        UCTL0 |= CHAR;                             // 8-bit character
        UTCTL0 |= SSEL0|SSEL1;                      // UCLK= SMCLK
        UBR00 = 0x34;                              // 6MHz 115200
        UBR10 = 0x00;                              // 6MHz 115200
        UMCTL0 = 0x00;                             // 6MHz 115200 modulation
```

```
        UCTL0 &= ~SWRST;

/// Set 12bit internal ADC
        ADC12CTL0 = ADC12ON | REFON | REF2_5V;     // ADC on, 2.5 V reference on
        ADC12CTL1 = ADC12SSEL_3 | ADC12DIV_7;      // SMCLK, /8
        ADC12CTL1 |= SHP;
        ADC12MCTL0 = SREF_0 | INCH_0 | EOS;
        ADC12CTL0 |= ENC;

// Set 12bit DAC
   DAC12_0CTL = DAC12IR | DAC12AMP_2 | DAC12CALON;

// SetTimerA
        TACTL=TASSEL_2+MC_1;                        // clock source and mode(UP) select
        TACCTL0=CCIE;
        TACCR0=24000;                          // 6M/24000=250hz
        DAC12_1DAT = 1;
        _EINT();
        while(1);

//      _BIS_SR(LPM0_bits + GIE);                 // Enter LPM0 w/ interrupt

}

#pragma vector = TIMERA0_VECTOR
__interrupt void TimerA0_interrupt()
{
        static int n = 0;
        unsigned int adc1;
        DAC12_0DAT = ecg[n];
        n++;
        if(n == 250) n = 0;
        adc1=ADC12MEM0;
        ADC12CTL0|=ADC12SC;
        Packet[0]=(unsigned char)0x81;

        Packet[1]=(unsigned char)(adc1>>7)&0x7F;
        Packet[2]=(unsigned char)adc1&0x7F;

        Packet[3]=0;
        Packet[4]=0;

        Packet[5]=0;
        Packet[6]=0;

        for(int j=0;j<7;j++){
```

```
                while (!(IFG1 & UTXIFG0));              // USART0 TX buffer ready?
                TXBUF0=Packet[j];
        }
}
```

상기 프로그램의 결과를 확인하기 위하여 부록 B의 프로그램을 이용하면 그림 8-20과 같은 결과를 얻을 수 있다.

그림 8-20

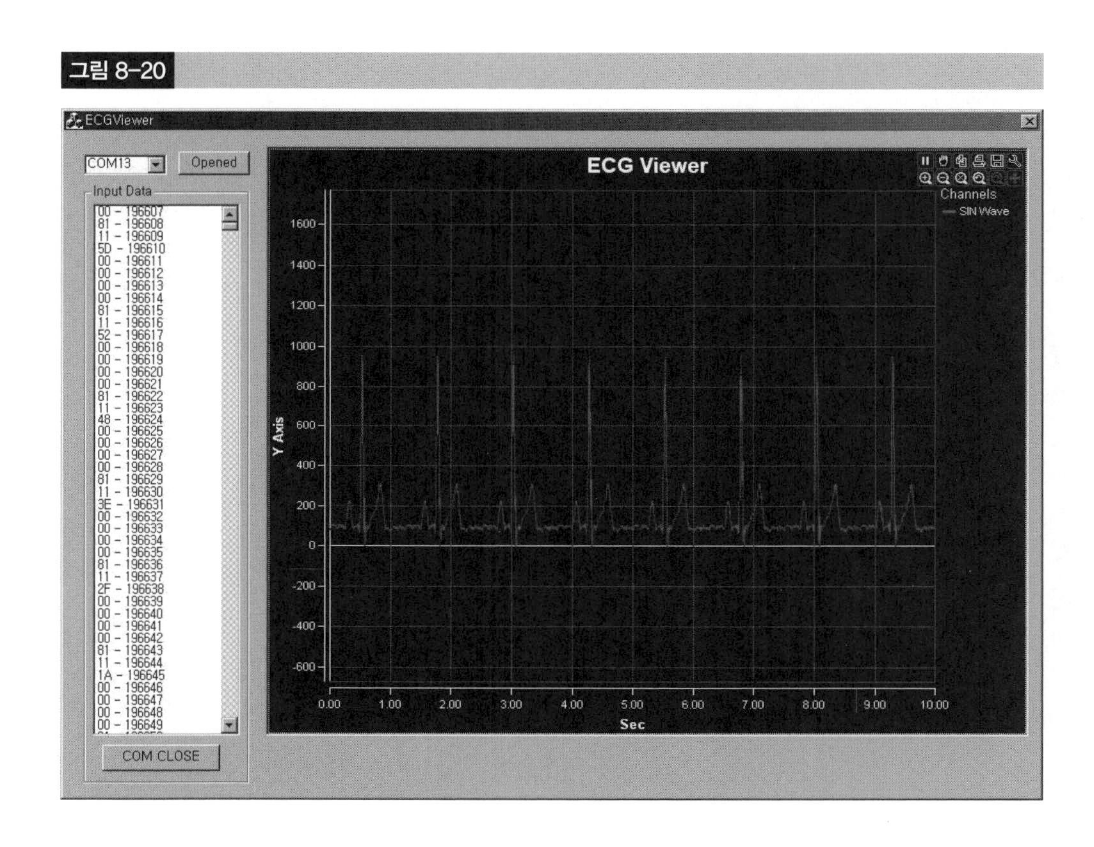

제 9 장

SPI 통신

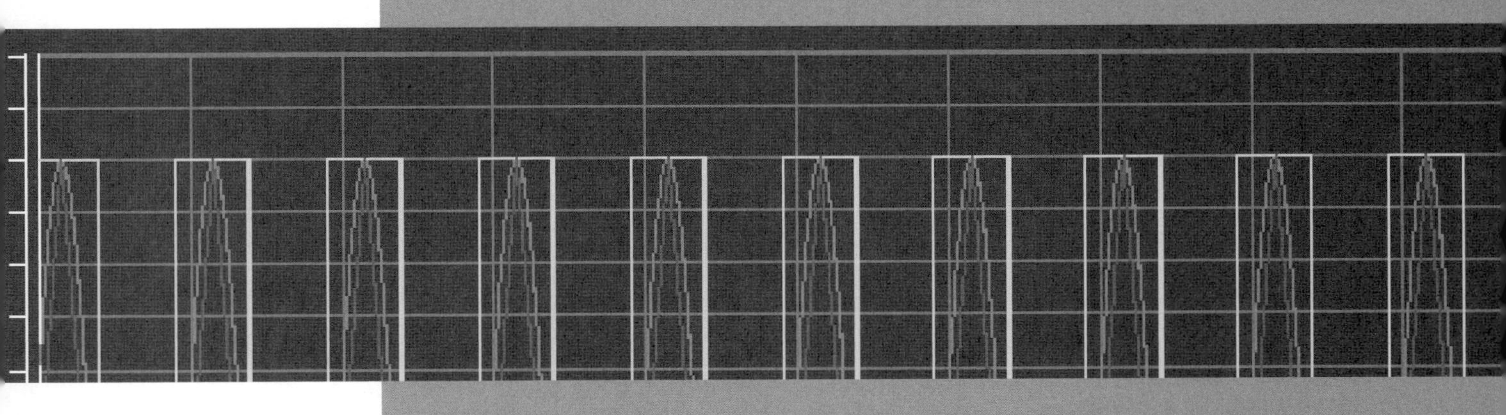

9.1 SPI 통신

이미 7장에서 UART를 이용한 시리얼 통신에 대한 전반적인 내용을 설명하였다. 이번 장에서는 앞서 설명한 여러 시리얼 통신 방법 중에 SPI에 관하여 자세히 알아보도록 한다. SPI는 Synchronous Peripheral Interface의 약자로 모토롤라(Motorola)에서 개발한 동기 통신 방법의 하나이다. 기기들이 통신을 하는 데에 있어서 마스터(Master)와 슬레이브(Slave)의 역할로 구분되어 송수신(SIMO, SOMI), 동기화(SCLK) 신호를 주고 받으며, SS(slave select) 신호를 사용하여 사용하려는 IC를 선택함으로써 한 개의 마스터에 여러 개의 슬레이브를 연결할 수 있도록 되어 있다.

기본적인 SPI 구조에서는 마스터와 슬레이브가 각각 하나씩의 시프트 레지스터(shift register)를 가지고 데이터를 전송하는데 BMDAQ 보드에서 사용한 MSP430에서는 그림 9-1, 그림 9-2와 같이 수신 시프트 레지스터(RSR, Receive shift register)와 전송 시프트 레지스터(TSR, Transmit shift register)가 따로 존재하는 방식으로 구현되어 있다. 또한 이 구조에서는 한 번의 클록이 전송되는 동안 데이터의 송신과 수신이 모두 이루어지게 된다. 이러한 방식을 전이중(full duplex) 통신방식이라고 부른다.

■ SPI Master mode

마스터 모드(Master mode)에서는 MSP430이 마스터 역할을 하게 되어 주변장치로 클록을 보내는 역할을 하게 된다. SCLK의 전송에 맞추어 한 클록에 한 비트씩 Transmit shift register에 저장된 내용을 SIMO(Slave In, Master Out) 핀으로 내보낸다. 주변장치는 SIMO 핀으로 이 데이터를 받아 DSR(Data shift register)에 저장하는 동시에 DSR로부터 시프트 되어 나온 데이터를 SOMI(Slave Out, Master In) 핀으로 내보낸다. 최종적으로 MSP430의 SOMI 핀으로 들어온 데이터는 RSR에 저장되어 처리를 기다린다.

그림 9-1 Master mode일 때의 전송 블록도

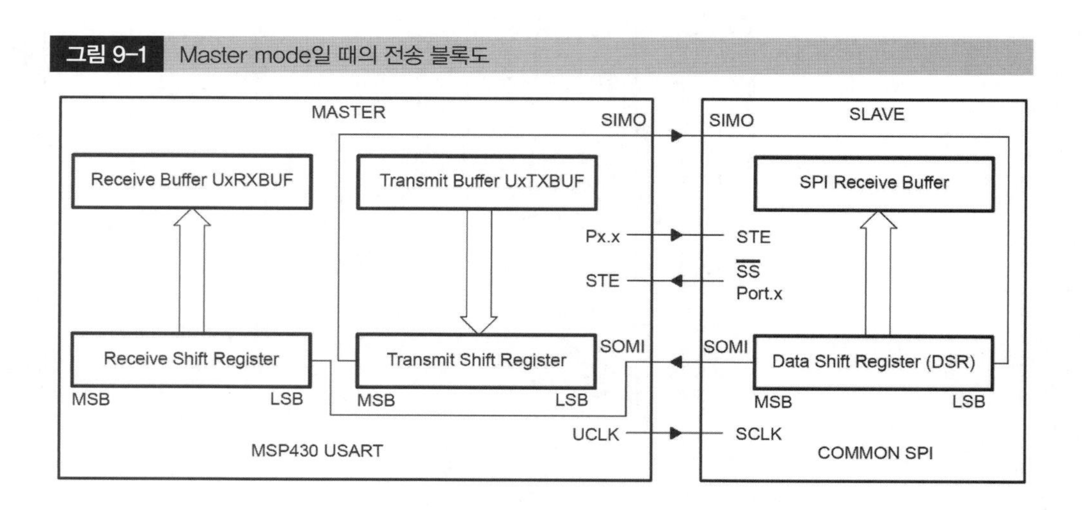

그림 9-2 Slave mode일 때의 전송 블록도

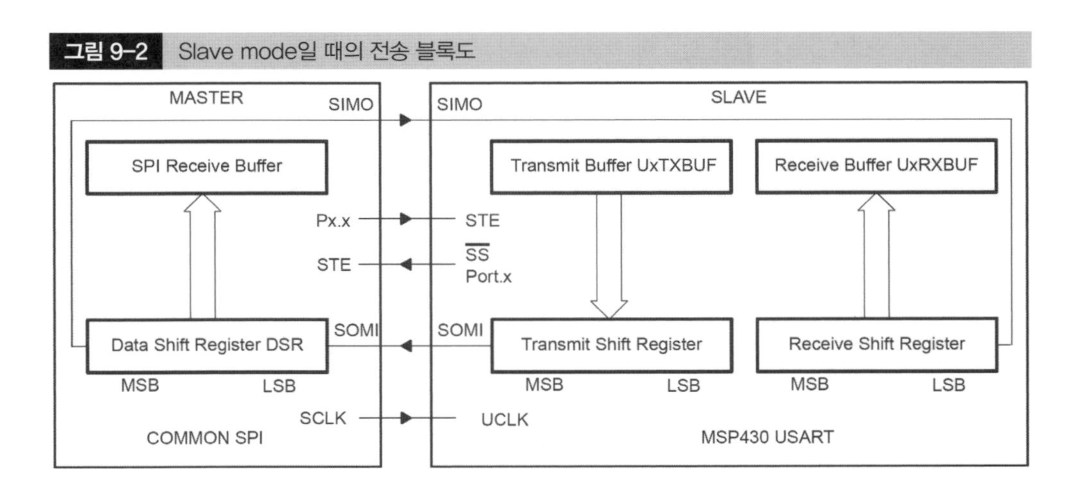

■ **SPI slave mode**

이 방법은 MSP430을 슬레이브로 사용하는 방법으로 통신을 할 때 주변장치로부터 클록을 받아서 사용한다. 마스터인 주변장치에서 MSP430으로 클록 신호를 보내고, 그와 동시에 SIMO 핀을 통해 DSR에서 시프트 된 데이터를 전송한다. 슬레이브인 MSP430은 SIMO를 통해 들어온 데이터를 RSR에 저장하고 동시에 TSR에서 SOMI를 통하여 데이터를 내보낸다. 최종적으로 주변장치에서 SOMI를 통해 들어온 데이터를 DSR에 저장한다.

■ **UCLK 컨트롤**

BMDAQ 보드에서는 MSP430F1610과 ADS1254의 사이에 SPI를 이용한 통신이 이루어지며, MSP430F1610이 마스터로 동작하게 되어 있다. 따라서 MSP430F1610은 UCLK를 공급하는 역할을 하게 되며, U1CTL 레지스터의 MM 비트를 1로 하면 Master mode가 설정되어, 그림 9-3의 BITCLK에 클록 신호가 공급된다.

그림 9-3 SPI Master mode에서의 클록 생성부 블록도

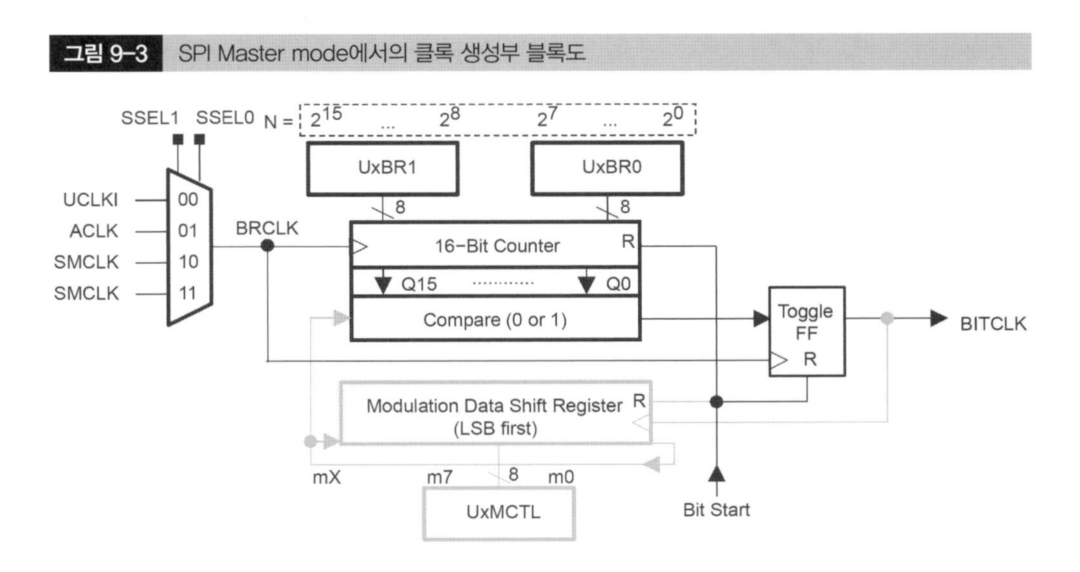

그림 9-4 UCLK의 극성과 위상의 변화에 따른 데이터 전송 타이밍

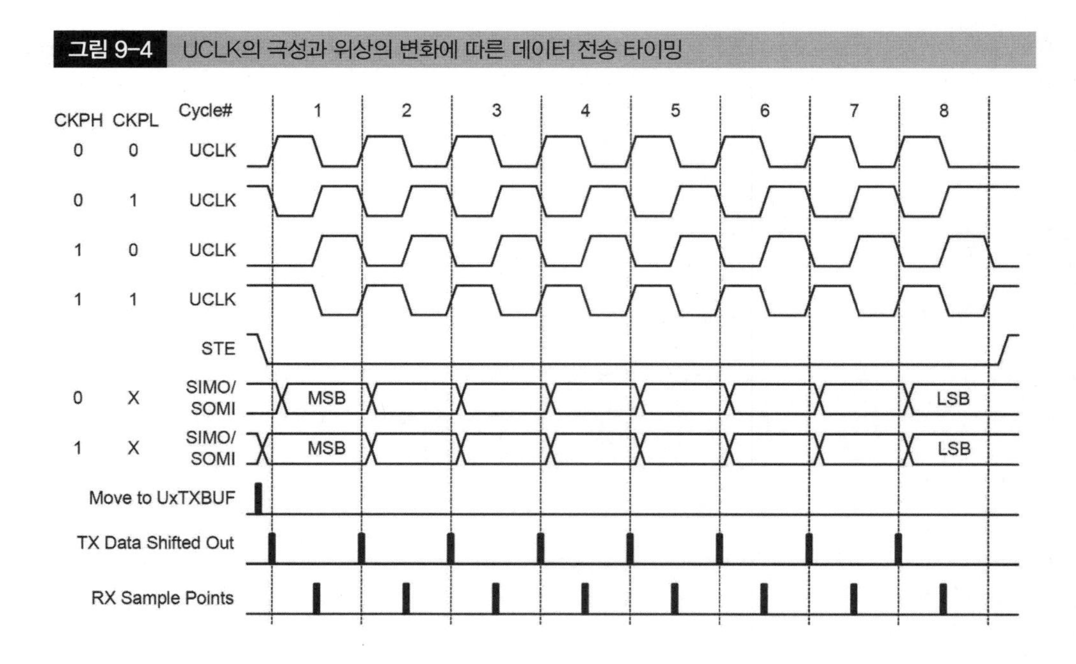

SPI 통신에서는 데이터의 전송 타이밍을 맞추기 위해 클록의 극성을 바꿀 수 있으며, 각 극성에 대해 정상 위상으로 사용할지 반주기 지연된 위상으로 사용할지에 대한 결정도 할 수 있다. U1TCTL 레지스터의 CKPL, CKPH 비트의 설정을 변경함으로써 그림 9-4와 같이 UCLK의 극성을 제어할 수 있다.

- CKPL: UCLK의 polarity 결정 0이면 원래대로, 1이면 반주기만큼 이동
- CKPH: UCLK의 phase 결정 0이면 원래대로, 1이면 반전

UCLK신호가 0에서 1로 변하거나 1에서 0으로 변할 때 데이터의 송수신이 이루어진다. 데이터가 양방향으로 하나의 클록에서 송수신이 동시에 가능하여 고속으로 통신이 가능하다.

UCLK의 주기는 SCI에서 통신속도를 지정해준 것과 마찬가지로 전송속도(Baud rate)를 통하여 설정할 수 있다. 전송속도는 다음과 같이 계산된다.

$$Baud\ rate = \frac{BRCLK}{UxBR}$$

9.2 실습 예제

[실습 9-1] SPI 통신을 이용하여 고해상도 외부 ADC 활용하기

BMDAQ 보드에 부착된 ADS1254로부터 24비트의 ADC된 결과를 전송 받는 프로그램을 작성해보도록 하자. ADS1254에서 MSP430F1610으로 전송되는 데이터는 4채널을 번갈아 가면서 1초에 500개씩 샘플링을 할 수 있도록 한다. 또한 이 데이터를 PC로 전송하여 부록

B의 프로그램을 수정하여 결과를 Viewer를 통해 확인하도록 한다.

본 실습은 BMDAQ 아날로그 보드 상의 TP1, TP3, TP4 점에서의 신호에 대해 ADC된 데이터를 PC로 전송하는 것이다. 2장에서 이미 설명한 바와 같이 TP1은 차동증폭단의 입력신호, TP3는 출력신호, TP4는 오른발 구동회로(DRL)의 출력 신호이다. 대략 예측을 해보면 TP1은 잡음이 섞여 있는 심전도 신호, TP3는 차동증폭단에 의해 공통성분이 제거된 차동 성분 신호, T4는 60Hz 정현파에 가까운 신호일 것이다.

프로그램 작성 시 고려해야 할 사항은 다음과 같다.

① 포트 설정 : ADS1254가 연결된 5번 포트에 대해서 주변 장치로 사용하기 위해 P5SEL을 설정하고, P5DIR의 3,5,6,7번 비트는 출력으로 2번 비트는 입력으로 설정한다. 또한 PC와의 통신을 위하여 3번 포트에 대해서도 설정한다.
② SPI 통신 설정 : 8비트 master mode로 SPI를 사용하기 위하여 U1CTL의 CHAR, SYNC, MM 비트를 1로 설정한다. 클록 신호원을 SMCLK로 사용하고 위상이 지연된 3핀 SPI mode를 사용하기 위하여 U1TCTL의 CKPH, STC를 1로, SSEL을 2 또는 3으로 설정한다.
③ 전송속도(Baud rate) 설정 : 가장 빠른 속도인 3MHz를 사용하기 위하여 U1BR을 2로 설정한다.
④ 타이머 설정 : TimerA에서 Up mode로 TACCR0와 TACCR1 두 개의 비교 조건을 사용하여 TACCR0은 1.2kHz(300Hz × 4ch)의 주파수로 버퍼에 담긴 데이터를 4개의 채널로 나누어 저장하고, TACCR1은 TACCR0보다 조금 더 빠르게(2,777Hz) 동작하여 ADC에서 데이터를 미리 버퍼에 저장하도록 한다.

```
// 9-1 SPI 통신을 사용하여 External ADC로부터 값 받아오기

#include    <msp430x16x.h>

// LED test
#define     LED1ON          (P3OUT &= (~BIT0))
#define     LED1OFF         (P3OUT |= BIT0)
#define     LED2ON          (P3OUT &= (~BIT1))
#define     LED2OFF         (P3OUT |= BIT1)

// ADC24 channel
#define     ADC24CH1        (P5OUT = (P5OUT & 0x3F))
#define     ADC24CH2        (P5OUT = (P5OUT & 0x3F) | BIT6)
#define     ADC24CH3        (P5OUT = (P5OUT & 0x3F) | BIT7)
#define     ADC24CH4        (P5OUT = (P5OUT & 0x3F) | BIT6 | BIT7)

#define         PACKET_SIZE                     10

unsigned char AdcDataReadyFlag;
```

```
unsigned char SendDataToHostFlag;
int channel;

char  TXBuffer[20];
char  SendDataBuffer[PACKET_SIZE];

long adc24buff[4];
long adc24[4];

void ProcessAdcData (void);
void SendDataToHost (int num_byte);

void main()
{
   // ***** Watchdog Timer *****
   WDTCTL = WDTPW + WDTHOLD;              // Stop watchdog timer

   // ***** Basic Clock *****
   BCSCTL1 &= ~XT2OFF;                    // XT2 on

   do                                    // wait until XT2 oscillator stabilizing
   {                                     // fault detector monitors XT2
      IFG1 &= ~OFIFG;                      // clear oscillator fault flag
      for (int i = 255; i > 0; i--);          // time for flag to set
   }
   while (IFG1 & OFIFG);                  // loop if oscillator fault flag

   BCSCTL2 = SELM_2;                      // MCLK = XT2CLK = 6 MHz
   BCSCTL2 |= SELS;                       // SMCLK = XT2CLK = 6 MHz

     // ***** Port Setting *****
     P1DIR = 0xFF & (~BIT1);
     P1OUT = 0x00;

     P3DIR = 0xFF;
     P3OUT = 0x00;
     P3SEL = BIT4 | BIT5;                 // P3.4, P3.5 for UART

     P5DIR = 0xFF;
     P5OUT = 0x00;
     P5SEL = BIT1 | BIT2 | BIT3;           // P5.1, P5.2, P5.3 for SPI
     P5SEL |= BIT4 | BIT5;                // P5.4 for MCLK, P5.5 for SMCLK

   // ***** SCI Setting *****
   ME1 = UTXE0;       // USART0 Transmit and Receive enable
```

```
    U0CTL |= CHAR;        // no parity, 1 stop bits, 8-bit data
    U0TCTL |= SSEL1 | SSEL0;    // SMCLK
    U0BR0 = 0x34;  U0BR1 = 0x00;        // source SMCLK 6 Mhz, 115200 baud
    U0CTL &= ~SWRST;                // USART reset released for operation
    IE1 |= UTXIE0;          // USART0 interrupt enable

    // ***** SPI Setting *****
    U1CTL |= SWRST;                          // SPI1 reset

    U1CTL |=  CHAR + SYNC + MM;               // 8-bit data, SPI, Master mode
    U1TCTL |=  CKPH + SSEL1 + STC;           // SMCLK, 3-pin SPI, U1RCTL = default
    U1BR1 = 0;  U1BR0 = 2;  U1MCTL = 0;    // SMCLK / 2       3 mhz clock
    ME2 = USPIE1;                            // USART 1 SPI enable

    U1CTL &= (~SWRST);                       // SPI1 reset released for operation

    // ***** Timer Setting *****
    TACTL = TASSEL_2 + MC_1;                  // SMCLK, up mode

    TACCR0 = 6000000/1200;                          // 6MHz / 1.2kHz
    TACCR1 = 2160;                          // Adc24 conversion time - 2160 clock cycles

    TACCTL0 = CCIE;                          // Timer A0 - interrupt enable
    TACCTL1 = CCIE;                          // Timer A1 - interrupt enable

    // ***** DMA Setting *****
    IE1 &= (~UTXIE0);            // use DMA - USART0 UART TX

    DMACTL0 = DMA0TSEL_4;         // DMA0: USART0 UTXIFG0

    DMA0SA = (int) TXBuffer;      // source : TXbuffer
    DMA0DA = U0TXBUF_;            // destination : U0TXBUF
    DMA0SZ = PACKET_SIZE;

    // single transfer mode, dest addr fixed, src addr increment  // byte mode
    DMA0CTL =  DMASRCINCR_3 + DMADSTBYTE + DMASRCBYTE;

    _EINT();            // General Interrupt Enable

    while (1)
    {
       if (AdcDataReadyFlag)  ProcessAdcData();
    }
}
void ProcessAdcData (void)
{
```

```
    static int data_count;
    long data1;
    long data2;
    long data3;

    AdcDataReadyFlag = 0;

    // Blink LED every second
    data_count++;
    if (data_count >= 500) data_count = 0;
    if (data_count < 250) {
        LED1ON;
        LED2OFF;
    }
    else {
        LED1OFF;
        LED2ON;
    }

    data1 = adc24[0];
    data2 = adc24[2];
    data3 = adc24[3];

    // Data transmission
    SendDataBuffer [0] = 0x81;                    // data packet header

    SendDataBuffer [1] = (data1 >> 14) & 0x7f;
    SendDataBuffer [2] = (data1 >> 7) & 0x7f;
    SendDataBuffer [3] = (data1) & 0x7f;

    SendDataBuffer [4] = (data2 >> 14) & 0x7f;
    SendDataBuffer [5] = (data2 >> 7) & 0x7f;
    SendDataBuffer [6] = data2 & 0x7f;

    SendDataBuffer [7] = (data3 >> 14) & 0x7f;
    SendDataBuffer [8] = (data3 >> 7) & 0x7f;
    SendDataBuffer [9] = data3 & 0x7f;

    SendDataToHost(10);
}

void SendDataToHost (int num_byte)
{
    int i;
    for (i = 0; i < num_byte; i++) {
        TXBuffer [i] = SendDataBuffer [i];
```

```
    }

    DMA0SZ = num_byte;

    DMA0CTL |= DMAEN;        // enable DMA
    IFG1 &= ~UTXIFG0;        // clear UTXIFG0
    IFG1 |= UTXIFG0;         // set UTXIFG0
}

#pragma vector = TIMERA0_VECTOR
__interrupt void SystemTick()
{
    static int sub_cycle;

    sub_cycle++;
    if (sub_cycle >= 4) sub_cycle = 0;

    channel = sub_cycle;

    // set ADC channel
    if (sub_cycle == 0)          ADC24CH1;
    else if (sub_cycle == 1)     ADC24CH2;
    else if (sub_cycle == 2)     ADC24CH3;
    else                         ADC24CH4;

    // each data ready timing
    if (sub_cycle == 0) {

        // copy adc24 data from temporal buffer
        adc24[0] = adc24buff[0];
        adc24[1] = adc24buff[1];
        adc24[2] = adc24buff[2];
        adc24[3] = adc24buff[3];

        // set data ready flag
        AdcDataReadyFlag = 1;
    }
}

#pragma vector = TIMERA1_VECTOR
__interrupt void ReadADC24()
{
    volatile int i;
    long tmpL1;
    long tmpL2;
    long tmpL3;
```

```
    long data;

        double tmp;

    i = TAIV;       // reset highest pending interrupt flag

    U1TXBUF = 0x00;
    for (i = 3; i > 0; i--);
    tmpL1 = U1RXBUF;

    U1TXBUF = 0x00;
    for (i = 3; i > 0; i--);
    tmpL2 = U1RXBUF;

    U1TXBUF = 0x00;
    for (i = 3; i > 0; i--);
    tmpL3 = U1RXBUF;
    data = (tmpL1 << 16) + (tmpL2 << 8) + tmpL3;
        tmp = data ;
        tmp = tmp / ((long)1<<24) * 9000000 / 4.7;      // adc voltage in [uV]
    adc24buff[channel] = (long)tmp;
}
```

상기 예제의 결과를 PC 프로그램을 통해 보기 위해서는 www.ecga2z.com에서 다운받아 실행해도 되며, 부록 B의 내용을 조금 수정해서 사용해도 가능하다. 부록 B에 대해 수정되는 사항에 대해 간략하게 기술하면 다음과 같다.

① 부록 B에서는 2바이트가 한 채널의 데이터이지만 예제에서는 3바이트가 한 채널의 데이터임.

② 샘플링 주파수는 300Hz임(부록 B의 경우 200Hz).

③ 3채널×3byte로 입력되는 데이터 버퍼 크기를 9로 함.

수정 사항에 대한 소스 코드 부분을 첨부하면 다음과 같다.

```
// 수정 사항
//1. CECGViewerDlg.h 수정
        unsigned int PortNum[20];

        DWORD datacounter;
        bool flag81;
        unsigned int inputData[9];
        unsigned int DATAcount;
        int DataReceived[3][BUFSIZE];
```

```
// 2. OnOnCommMscomm1() 수정 내용 - 일부 변수도 변경되었으나 여기서는 생략함.
if(DATAcount==9) // 12bits : 6, 24bits : 9
{
        // 24bits

        receive1=((unsigned int)inputData[0]<<14)+((unsigned int)inputData[1]<<7)
            +((unsigned int)inputData[2])-2048;
        receive2=((unsigned int)inputData[3]<<14)+((unsigned int)inputData[4]<<7)
            +((unsigned int)inputData[5])-2048;
        receive3=((unsigned int)inputData[6]<<14)+((unsigned int)inputData[7]<<7)
            +((unsigned int)inputData[8])-2048;

        for(int ii=0;ii<(BUFSIZE-1);ii++)
        {
                DataReceived[0][ii]=DataReceived[0][ii+1];
                DataReceived[1][ii]=DataReceived[1][ii+1];
                DataReceived[2][ii]=DataReceived[2][ii+1];
        }
        DataReceived[0][BUFSIZE-1]=receive1;
        DataReceived[1][BUFSIZE-1]=receive2;
        DataReceived[2][BUFSIZE-1]=receive3;
        flag81=false;
        DATAcount=0;
}
// 3. OnInitDlg() 함수 수정 사항

        VCL_InitControls(m_hWnd);
        Scope1.Open(m_Scope.m_hWnd);
        Scope1.Channels.Add();
        Scope1.Channels.Add();
        Scope1.Title.Text = "ECG Viewer";
        Scope1.Channels[0].Name = "TP1";
        Scope1.Channels[1].Name = "TP3";
        Scope1.Channels[2].Name = "TP3";
        Scope1.YAxis.AutoScaling.Enabled=true;
        Scope1.XAxis.TicksMode=atmTime ;
        Scope1.Channels[0].Data.SampleRate=300;
```

상기 변경 내용을 반영하여 프로그램을 작성 또는 다운로드 받은 실행 파일을 실행하여 결과를 얻어 보면 그림 9-5와 같다.

그림 9-5 실행결과 화면

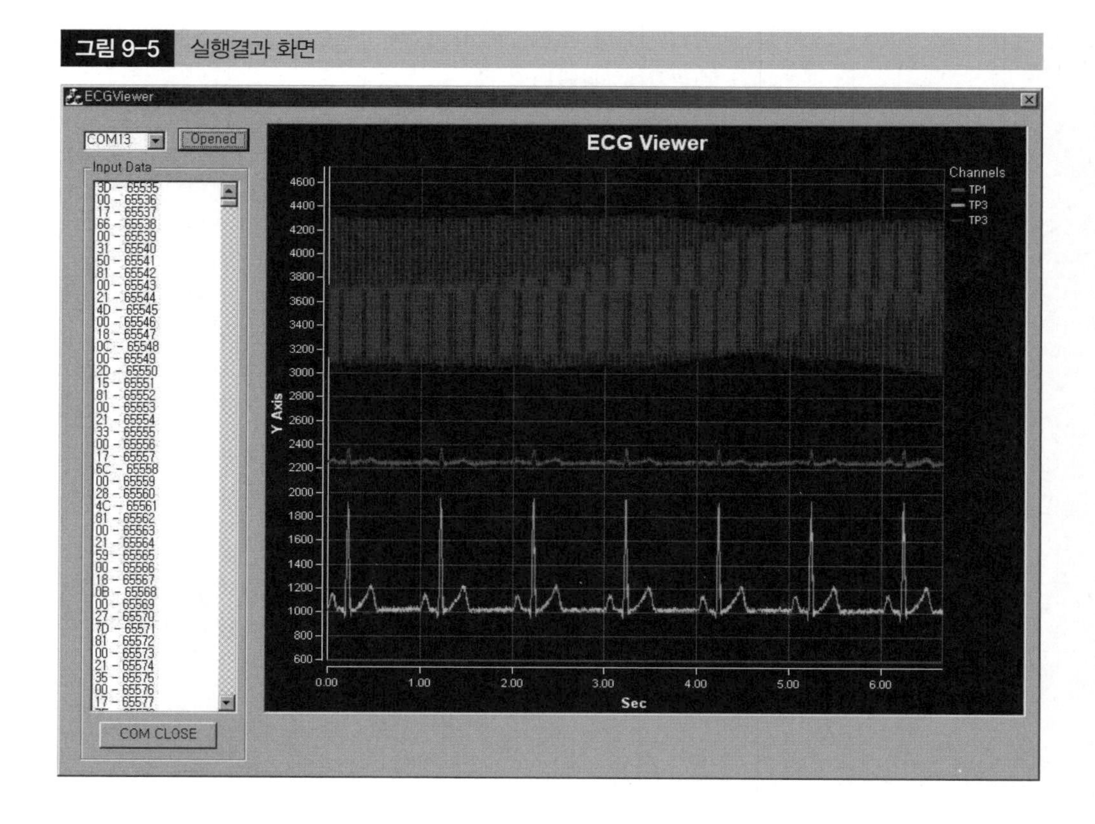

그림 9-5의 제일 위 신호는 60Hz의 전원 잡음 신호이며, 즉 DRL의 출력신호이며, 중간은 차동증폭기의 입력신호, 제일 아래 신호는 차동증폭단을 통과한 신호이다.

이번 실습 코드를 작성하는 데에는 MSP430F1610 외부에 별도로 부착된 ADC인 ADS1254에 대한 사용방법도 숙지하여야만 하기 때문에 ADS1254의 데이터시트를 참조하여(www.ecga2z.com에서 다운로드 가능) 다음의 설명을 바탕으로 소스코드를 이해할 수 있도록 한다.

가장 먼저 ADS1254의 작동을 위한 클록 신호원은 MSP430F1610의 SMCLK 신호를 그대로 사용한다. 프로그램 상에서 SMCLK는 BMDAQ보드에 달린 크리스탈과 동일하게 설정되어 있고, 따라서 ADS1254에도 이에 해당되는 6MHz의 클록 신호가 인가된다. 데이터시트를 참조해보면 6MHz의 클록이 인가될 때 15,625Hz의 속도로 ADC가 수행되는 것을 알 수 있고, 실습에서 목표로 하는 샘플링 주파수인 1,200Hz에 비교하면 충분히 빠른 속도이다. 여기서 한 가지 주의해야 할 사항은 ADC의 채널을 변경하는 경우에, 매번 멀티플렉서(multiplexer)를 변경하여 다른 채널을 선택할 때마다 최초 네 번의 변환 사이클(conversion cycle) 동안은 정확하지 않은 데이터가 나오기 때문에 5번째 샘플부터 사용할 수 있다는 것이다. 따라서 4 채널에 대해 동일한 속도로 샘플링을 한다면 BMDAQ 보드에서 사용할 수 있는 최대 샘플링 주파수는 15,625/5 = 3,125Hz이고 결국 각 채널별로 781Hz가 된다.

그림 9-6 ADS1254의 SPI 데이터 전송 타이밍

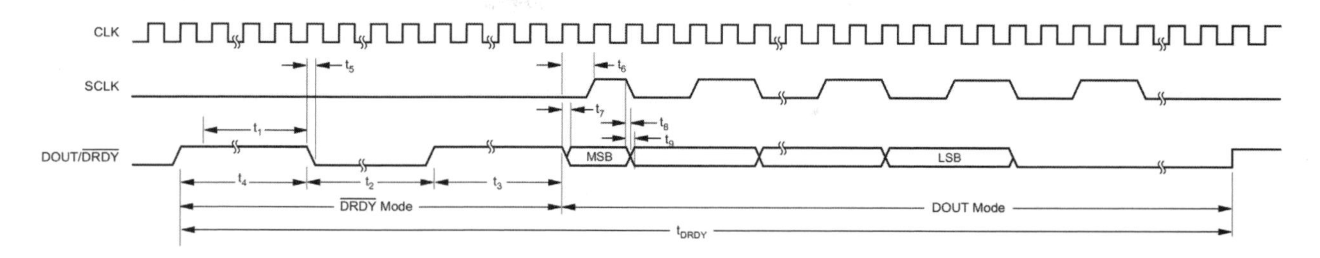

매번 변환이 완료될 때마다 그림 9-6과 같이 ADS1254의 DOUT/DRDY 핀에서 data ready 신호가 출력되고, 이 이후부터 시리얼 클록을 보내 데이터를 받아올 수 있다. 그림 9-6의 타이밍을 그림 9-4의 타이밍과 비교하여 보면 MSP430F1610에서 CKPH를 1로, CKPL을 0d로 설정했을 때의 신호가 ADS1254와의 데이터 전송에 적합한 것을 알 수 있다.

시리얼 클록(Serial clock)을 내보내는 것은 UART의 TX 핀으로 데이터를 출력하는 방식으로 이루어지며, 예제 코드에서는 다음과 같이 구현되어 있다.

```
U1TXBUF = 0x00;
for (i = 3; i > 0; i--);
tmpL1 = U1RXBUF;
```

회로상에서 TX 핀은 어디에도 연결되지 않은 상태이기 때문에 U1TXBUF에 넣는 값은 어떤 값이라도 상관이 없다. U1TXBUF에 값이 입력되면 시프트 레지스터를 통해 이 값들을 시리얼 클록과 함께 내보내며 동시에 U1RXBUF로 값을 받아들이게 된다. 이러한 과정이 일어나는 시간은 8번의 시리얼 클록이 지나가는 동안이며 만약 U1TXBUF에 값을 넣은 후에 바로 U1RXBUF 값을 읽어내면 데이터가 전송되기도 전에 값을 읽는 것이 되므로 원치 않는 데이터를 획득하게 된다. 따라서 이 잠깐의 시간을 기다리기 위하여 for문을 사용하여 지연시켰다. 적당한 시간이 지난 뒤에 U1RXBUF에 저장된 데이터를 별도의 변수에 옮겨 후처리에 사용한다.

후처리 과정은 위의 전송과정을 세 번 반복하여 ADS1254로부터 전송된 3바이트의 신호를 하나의 데이터로 합하고, 원신호에 맞게 스케일링 해주는 과정이다. tmpL1, tmpL2, tmpL3 각각의 변수에 ADS1254로부터 전송된 1바이트 데이터가 차례대로 저장이 되어 있는 상태이고, 데이터는 MSB부터 LSB의 순서로 전송되었으므로 다음과 같은 식을 통해 원래의 24비트 데이터를 구할 수 있다.

```
data = (tmpL1 << 16) + (tmpL2 << 8) + tmpL3;
```

7장의 12비트 ADC에서 스케일링 했던 방법과 마찬가지로 24비트 ADC도 동일한 방법을

사용한다. 단지, 24비트를 사용하기 때문에 그만큼 더 작은 단위까지 나타낼 수 있으므로 기존에 ADC 결과 차이를 실제 전압의 1mV 차이와 동일하게 보았던 것과 다르게 1uV 차이로 나타내었다.

```
Tmp = data ;
tmp = tmp / ((long)1<<24) * 9000000 / 4.7;
```

마지막에 4.7을 나누어준 이유는 아날로그 보드에서 디지털 보드로 넘어오기 전에 차동증폭기를 지나면서 4.7배 증폭되는 것을 상쇄하기 위함이다.

SendDataToHost() 함수를 보면 UART뿐 아니라 DMA기능을 사용하고 있는데 이는 고속의 처리를 함과 동시에 CPU에 부담을 주지 않고서 통신을 하기 위해 사용하는 것으로 10장에서 자세하게 다루게 될 것이다.

제 10 장

DMA 활용

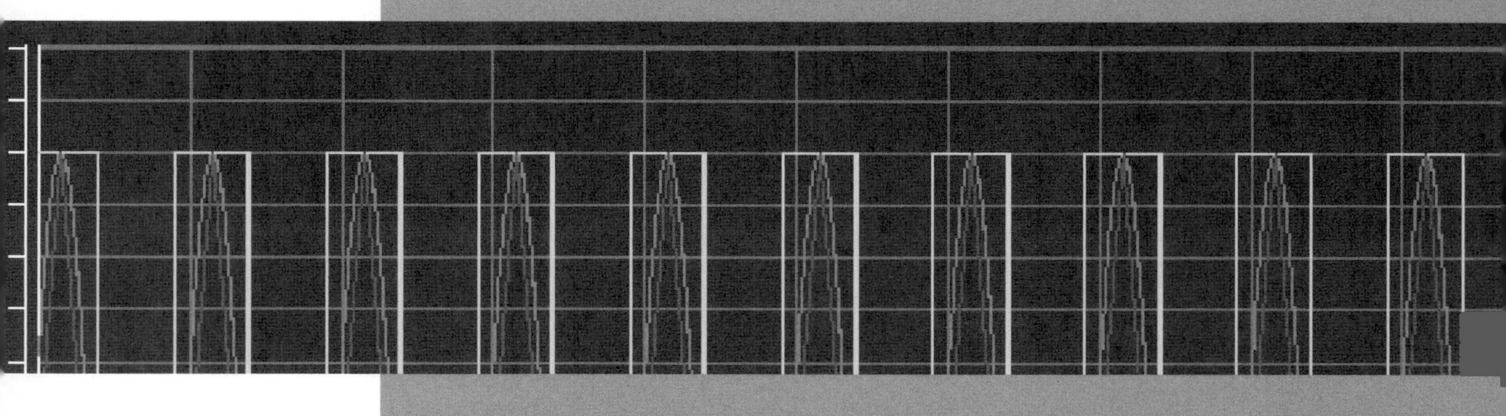

10.1 DMA 개요

DMA(direct memory access)는 주변장치들이 메모리에 직접 접근하여 읽거나 쓸 수 있도록 하는 기능으로 CPU의 개입 없이 MSP430F1610이 접근 가능한 모든 메모리 주소 범위 안의 두 위치 간에 데이터 전송이 가능하다. DMA를 사용하면 DMA 컨트롤러가 데이터를 전송하는 데 CPU의 개입이 필요 없게 되므로 CPU와 주변 모듈들이 각각 다른 작업을 수행할 수 있게 되어 효율성이 높아진다. 또한 CPU를 저전력 mode로 설정함으로써 최소한의 동작만 하게 하여 전력소비를 감소시킬 수도 있다.

10.2 DMA의 동작

DMA가 동작하기 위해서는 DMA 컨트롤러에 원본 데이터의 주소(source address), 데이터를 옮길 목적지 주소(destination address), 데이터의 길이(block size), 전송 방법, 트리거(trigger) 신호원을 설정해주어야 한다. 설정이 완료되고 DMA 컨트롤러가 활성화 되면 설정해둔 트리거가 발생할 때마다 DMA가 실행되는데, 이때 데이터를 옮기기 위해서는 버스(bus)를 사용해야 하는데 CPU와 DMA 컨트롤러가 버스를 공유하고 있기 때문에 중복된 사용을 막기 위해서 컨트롤러에서 버스 그랜트(bus grant) 신호를 내보낸다. 버스 그랜트 신호가 발생하면 CPU는 모든 버스 사용에 관한 작업을 잠시 중단하고 DMA 컨트롤러가 사용할 수 있게 한다.

■ 주소지정 방법

DMA의 주소지정 방법에는 1-1(fixed address to fixed address), 1-다(fixed address to block of address), 다-1(block of address to fixed address), 다-다(block of address to block of address)의 네 가지 방법이 있으며, 이 방법들은 세 개의 DMA 채널 각각에 서로 다르게 적용될 수 있다. DMAxCTL 레지스터의 DMADTx 비트 설정에 따라 위의 네 가지 방법을 선택할 수 있고, DMASRCINCRx 비트와 DMADSTINCRx 비트를 설정하여 매번 데이터 전송 후에 주소를 변경하는 방법을 설정할 수 있다. 데이터의 전송은 바이트 단위 혹은 워드(word) 단위로 이루어질 수 있다. 일반적으로는 바이트-바이트(byte-to-byte)나 워드-워드(word-to-word) 방법을 사용하게 되며, 바이트-워드(byte-to-word)의 경우 원본 주소의 바이트가 목적 주소의 하위 바이트로 전송됨과 동시에 상위 바이트가 0으로 설정되고 워드-바이트(word-to-byte)의 경우 원본 주소의 하위 바이트만 목적 주소로 전송된다.

그림 10-1 네 가지 주소지정 방법

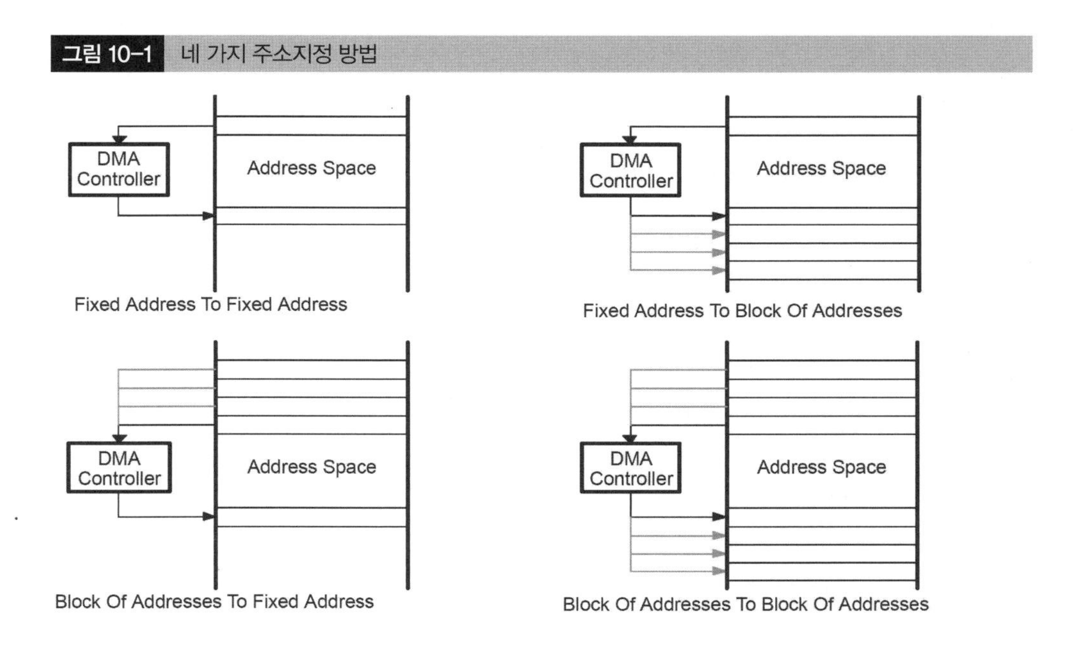

■ 데이터 전송 방법

DMA에서 데이터를 전송하는 방법은 표 10-1에서 보듯이 총 6가지가 있다. 데이터 전송 방법은 크게 1회성 전송과 반복 전송 방법으로 나눌 수 있다. 각 방법은 다시 single transfer, block transfer, burst-block transfer로 나뉜다. Single transfer 방법은 트리거가 발생했을 때 1바이트 또는 1워드만 전송하는 방법이다. Block transfer 방법은 트리거가 발생했을 때 지정된 DMAxSZ의 크기만큼 전체 블록을 한 번에 전송하는 방법으로 DMA가 완료되기 전까지는 CPU에서 버스의 접근이 불가능하다. 이러한 단점을 극복한 것이 Burst-block transfer 방법으로 block transfer 방법과 동일하게 한 번의 트리거에 전체 블록을 다 전송하지만 전체 블록을 잘게 쪼개어 여러 번에 나누어 전송을 하기 때문에 중간중간 CPU가 버스

표 10-1 6가지 데이터 전송 모드

DMADTx	Transfer Mode	Description
000	Single transfer	각 transfer는 하나의 트리거가 필요. DMAEN은 DMAzSZ 전송이 완료되면 자동 clear.
001	Block transfer	하나의 트리거로 블록 전체가 전송. DMAEN은 블록 전송의 끝에서 자동 clear.
010, 011	Burst-block transfer	블록 전송과 함께 CPU 동작이 가능. DMAEN은 블록 전송의 끝에서 자동 clear.
100	Repeated single transfer	각 전송은 하나의 트리거가 필요. DMAEN은 enable 상태 유지.
101	Repeated block transfer	하나의 트리거로 블록 전체가 전송. DMAEN은 enable 상태 유지.
110, 111	Repeated burst-block transfer	블록 전송과 함께 CPU 동작이 가능. DMAEN은 enable 상태 유지.

를 접근하여 사용할 수 있게 된다.

■ 트리거(Trigger) 설정

앞에서 언급한 바와 같이 DMA는 트리거 신호를 기준으로 작동한다. MSP430F1610에서는 DMACTL0 레지스터의 DMAxTSELx 비트를 설정함으로써 총 14가지 트리거를 선택할 수 있으며, DMA 내부에서 발생하는 요소뿐만 아니라 다른 주변 모듈에서의 상태변화, 외부 트리거 등을 모두 사용할 수 있다. 상세한 트리거 종류는 표 10-2와 같다.

표 10-2 DMA 트리거

DMAxTSELx	동작
0000	DMAREQ 비트가 셋되면 전송을 위한 트리거가 발생한다. DMAREQ 비트는 전송이 시작되면 자동적으로 리셋된다.
0001	TACCR2의 CCIFG flag가 셋되면 전송을 위한 트리거가 발생한다. TACCR2의 CCIFG flag는 전송이 시작되면 자동적으로 리셋된다. 만약 TACCR2의 CCIE 비트가 셋되어 있으면, TACCR2 CCIFG flag는 전송을 위한 트리거를 발생시키지 않는다.
0010	TBCCR2의 CCIFG flag가 셋되면 전송을 위한 트리거가 발생한다. TBCCR2의 CCIFG flag는 전송이 시작되면 자동적으로 리셋된다. 만약 TBCCR2의 CCIE 비트가 셋되어 있으면, TBCCR2 CCIFG flag는 전송을 위한 트리거를 발생시키지 않는다.
0011	USART0가 새로운 데이터를 수신하면 전송을 위한 트리거가 발생한다. I^2C 모드에서, 트리거는 수신 조건이다. RXRDYIFG flag는 전송이 시작되면 클리어 되지 않으며, 소프트웨어 적으로 세팅해도 전송을 위한 트리거가 발생되지 않는다. 만약 RXRDYIE가 셋되면 트리거가 발생되지 않는다. UART 또는 SPI 모드에서, URXIFG0 flag가 셋되면 전송을 위한 트리거가 발생한다. URXIFG0 는 전송이 시작되면 자동적으로 리셋된다. 만약 URXIE0가 셋되어 있으면, URXIFG0 flag는 전송을 위한 트리거를 발생하지 않는다.
0100	USART0가 새로운 데이터를 수신하면 전송을 위한 트리거가 발생한다. I^2C 모드에서, 트리거는 송신 가능 조건이다. TXRDYIFG flag는 수신이 시작되면 클리어 되지 않으며, 소프트웨어 적으로 세팅해도 전송을 위한 트리거가 발생되지 않는다. 만약 TXRDYIE가 셋되면 트리거가 발생되지 않는다. UART 또는 SPI 모드에서, UTXIFG0 flag가 셋되면 전송을 위한 트리거가 발생한다. UTXIFG0 는 전송이 시작되면 자동적으로 리셋된다. 만약 UTXIE0가 셋되어 있으면, UTXIFG0 flag는 전송을 위한 트리거를 발생하지 않는다.
0101	DAC12_0CTL의 DAC12IFG flag가 셋되면 전송을 위한 트리거가 발생한다. DAC12_0CTL의 DAC12IFG flag는 전송이 시작되면 자동적으로 클리어 된다. 만약 DAC12_0CTL의 DAC12IE 비트가 셋되면, DAC12_0CTL의 DAC12IFG flag는 전송을 위한 트리거를 발생하지 않는다.
0110	ADC12IFGx flag에 의하여 전송을 위한 트리거가 발생한다. 싱글채널변환이 이루어지면 해당 ADC12IFGx는 트리거로 동작한다. 시퀀스가 사용될 때는 마지막 컨버전 시퀀스 동안에 ADC12IFGx는 트리거로 동작한다. 컨버전이 완료되면 전송이 트리거 되고 ADC12IFGx는 셋된다. ADCC12IFGx가 소프트웨어적으로 세팅 되면 전송을 위한 트리거가 발생되지 않는다. DMA 컨트롤러가 각각의 ADC12MEMx 레지스터를 억세스하면 모든 ADC12IFGx flag는 자동적으로 리셋된다.
0111	TACCR0의 CCIFG flag가 셋되면 전송을 위한 트리거가 발생한다. 전송이 시작되면 TACCR0의 CCIFG flag는 자동적으로 리셋된다. 만약 TACCR0의 CCIE 비트가 셋되면, TACCR0의 CCIFG flag는 전송을 위한 트리거를 발생하지 않는다.
1000	TBCCR0의 CCIFG flag가 셋되면 전송을 위한 트리거가 발생한다. 전송이 시작되면 TBCCR0의 CCIFG flag는 자동적으로 리셋된다. 만약 TBCCR0의 CCIE 비트가 셋되면, TBCCR0의 CCIFG flag는 전송을 위한 트리거를 발생하지 않는다.
1001	URXIFG1 flag가 셋되면 전송을 위한 트리거가 발생한다. 전송이 시작되면 URXIFG1은 자동적으로 리셋된다. 만약 URXIE1이 셋되면, URXIFG1 flag는 전송을 위한 트리거를 발생하지 않는다.
1010	UTXIFG1 flag가 셋되면 전송을 위한 트리거가 발생한다. 전송이 시작되면 UTXIFG1은 자동적으로 리셋된다. 만약 UTXIE1이 셋되면, UTXIFG1 flag는 전송을 위한 트리거를 발생하지 않는다.
1011	하드웨어 멀티플라이어가 새로운 오퍼랜드(operand)를 위해 준비상태이면 전송을 위한 트리거가 발생한다.
1100	트리거가 발생하지 않는다.
1101	트리거가 발생하지 않는다.
1110	DMAxIFG flag가 셋되면 전송을 위한 트리거가 발생한다. DMA0IFG는 채널1을 트리거 하며, DMA1IFG 채널2을 트리거 하고, DMA2IFG 채널0을 트리거 한다. 전송이 시작되면 모든 DMAxIFG flag들은 자동적으로 리셋되지 않는다.
1111	외부 트리거 DMAE0에 의하여 전송을 위한 트리거가 발생한다.

또한 트리거를 인식하는 조건을 엣지로 할 것인지 레벨로 할 것인지를 선택할 수 있는데, 레벨을 인식하는 트리거의 경우는 외부 트리거인 DMAE0를 사용할 경우에만 적용할 수 있다. DMAE0 신호가 high인 동안 DMA가 활성화되고, DMAE0가 low로 바뀌면 DMA 컨트롤러는 현재 작업을 중단한 채로 다시 high 신호가 들어오기를 기다린다. 엣지 인식 방법은 각 해당되는 변수의 레벨이 0에서 1로 바뀌는 상승 엣지에서 트리거가 발생하여 DMA를 활성화 한다.

10.3 DMA 관련 레지스터

DMA 관련 레지스터는 다음과 같이 제어 레지스터 두 개, 세 개의 채널별 관련 레지스터 네 개씩 총 14개가 존재한다.

Register	Short Form	Register Type	Address
DMA control 0	DMACTL0	Read/write	0122h
DMA control 1	DMACTL1	Read/write	0124h
DMA channel 0 control	DMA0CTL	Read/write	01E0h
DMA channel 0 source address	DMA0SA	Read/write	01E2h
DMA channel 0 destination address	DMA0DA	Read/write	01E4h
DMA channel 0 transfer size	DMA0SZ	Read/write	01E6h
DMA channel 1 control	DMA1CTL	Read/write	01E8h
DMA channel 1 source address	DMA1SA	Read/write	01EAh
DMA channel 1 destination address	DMA1DA	Read/write	01ECh
DMA channel 1 transfer size	DMA1SZ	Read/write	01EEh
DMA channel 2 control	DMA2CTL	Read/write	01F0h
DMA channel 2 source address	DMA2SA	Read/write	01F2h
DMA channel 2 destination address	DMA2DA	Read/write	01F4h
DMA channel 2 transfer size	DMA2SZ	Read/write	01F6h

- **DMACTL0, DMA Control Register 0 – address 0122h**

15	14	13	12	11	10	9	8
Reserved				DMA2TSELx			
rw–(0)	rw–(0)	rw–(0)	rw–(0)	rw–(0)	rw–(0)	rw–(0)	rw–(0)

7	6	5	4	3	2	1	0
DMA1TSELx				DMA0TSELx			
rw–(0)	rw–(0)	rw–(0)	rw–(0)	rw–(0)	rw–(0)	rw–(0)	rw–(0)

DMA의 채널별 트리거를 선택하는 레지스터이다.

Reserved	Bits 15–12	사용 안 함	
DMA2 TSELx	Bits 11–8	DMA transfer trigger를 선택하는 비트	
		0000	DMAREQ bit(software trigger)
		0001	TACCR2 CCIFG bit
		0010	TBCCR2 CCIFG bit
		0011	URXIFG0(UART/SPI mode), USART0 data 수신(I2C mode)
		0100	UTXIFG0(UART/SPI mode), USART0 송신 가능(I2C mode)
		0101	DAC12_0CTL DAC12IFG bit
		0110	ADC12 ADC12IFGx bit
		0111	TACCR0 CCIFG bit
		1000	TBCCR0 CCIFG bit
		1001	URXIFG1 bit
		1010	UTXIFG1 bit
		1011	곱셈기 가능
		1100	동작 안 함
		1101	동작 안 함
		1110	DMA0IFG bit triggers DMA channel 1 DMA1IFG bit triggers DMA channel 2 DMA2IFG bit triggers DMA channel 0
		1111	외부 trigger DMAE0
DMA1 TSELx	Bits 7–4	DMA2TSELx와 같음.	
DMA0 TSELx	Bits 3–0	DMA2TSELx와 같음.	

- **DMACTL1, DMA Control Register 1 – address 0124h**

15	14	13	12	11	10	9	8
0	0	0	0	0	0	0	0
r0	r0	r0	r0	r0	r0	r0	r0

7	6	5	4	3	2	1	0
0	0	0	0	0	DMA ONFETCH	ROUND ROBIN	ENNMI
r0	r0	r0	r0	r0	rw–(0)	rw–(0)	rw–(0)

DMA의 우선순위 및 동작 제어를 하는 레지스터이다.

<table>
<tr><td>DMA2</td><td>Bits 15–3</td><td colspan="2">사용되지 않음. 읽기만 가능하며 항상 0으로 읽힌다.</td></tr>
<tr><td rowspan="2">DMA ONFETCH</td><td rowspan="2">Bit 2</td><td colspan="2">DMA on fetch</td></tr>
<tr><td>0
1</td><td>DMA transfer가 trigger 신호가 발생하고 바로 일어남
DMA transfer가 trigger 신호가 발생한 다음 instruction fetch에서 일어남</td></tr>
<tr><td rowspan="2">ROUND ROBIN</td><td rowspan="2">Bit 1</td><td colspan="2">DMA channel의 우선순위가 돌아가면서 바뀌게 한다.
(각 채널은 전송이 완료되면 우선순위가 제일 낮아진다.)</td></tr>
<tr><td>0
1</td><td>DMA channel 우선순위: DMA0 – DMA1 – DMA2
DMA0 전송 완료 → DMA1 – DMA2 – DMA0
DMA1 전송 완료 → DMA2 – DMA0 – DMA1
DMA2 전송 완료 → DMA0 – DMA1 – DMA2</td></tr>
<tr><td rowspan="2">ENNMI ROBIN</td><td rowspan="2">Bit 0</td><td colspan="2">Enable NMI. DMA 전송이 완료된 후 NMI interrupt를 걸게 한다.
(DMAABORT가 1이어야 한다.)</td></tr>
<tr><td>0
1</td><td>0 – NMI ≠ DMA interrupt
1 – NMI = DMA interrupt</td></tr>
</table>

■ **DMAxCTL, DMA Channel x Control Register – address 01E0h, 01E8h, 01F0h**

<table>
<tr><td>15</td><td>14</td><td>13</td><td>12</td><td>11</td><td>10</td><td>9</td><td>8</td></tr>
<tr><td>Reserved</td><td colspan="3">DMADTx</td><td colspan="2">DMADSTINCRx</td><td colspan="2">DMADSTINCRx</td></tr>
<tr><td>rw–(0)</td><td>rw–(0)</td><td>rw–(0)</td><td>rw–(0)</td><td>rw–(0)</td><td>rw–(0)</td><td>rw–(0)</td><td>rw–(0)</td></tr>
</table>

7	6	5	4	3	2	1	0
DMA DSTBYTE	DMA SRCBYTE	DMA LEVEL	DMAEN	DMAIFG	DMAIE	DMA ABORT	DMAREQ
rw–(0)	rw–(0)	rw–(0)	rw–(0)	rw–(0)	rw–(0)	rw–(0)	rw–(0)

DMA 전송 모드 제어하는 레지스터이다.

<table>
<tr><td>Reserved</td><td>Bit 15</td><td colspan="2">사용 안 함</td></tr>
<tr><td rowspan="2">DMADTx</td><td rowspan="2">Bits 14–12</td><td colspan="2">DMA 변환 mode</td></tr>
<tr><td>000
001
010</td><td>Single 전송
Block 전송
Burst-block 전송</td></tr>
</table>

		011	Burst-block 전송
		100	single 전송 반복
		101	block 전송 반복
		110	burst-block 전송 반복
		111	burst-block 전송 반복
DMA DSTINCRx	Bits 11-10	DMA destination increment. 매 전송 후에 destination address의 증가나 감소를 결정한다. DMADSTBYTE=1이면, destination address는 1씩 증가(또는 감소). MADSTBYTE=0이면, destination address는 2씩 증가(또는 감소).	
		00	Destination address 불변
		01	Destination address 불변
		10	Destination address 감소
		11	Destination address 증가
DMA SRCINCRx	Bits 9-8	DMA source increment. 매 전송 후에 source address의 증가나 감소를 결정한다. DMASRCBYTE=1이면, source address는 1씩 증가(또는 감소). MASRCBYTE=0이면, source address는 2씩 증가(또는 감소).	
		00	Source address 불변
		01	Source address 불변
		10	Source address 감소
		11	Source address 증가
DMA DSTBYTE	Bit 7	DMA destination byte. Destination을 word 단위로 받을지 byte 단위로 받을지 결정한다.	
		0	Word
		1	Byte
DMA SRCBYTE	Bit 6	DMA source byte. Source를 word 단위로 전송할지 byte 단위로 전송할지 결정한다.	
		0	Word
		1	Byte
DMA LEVEL	Bit 5	DMA level. Trigger가 edge-sensitive인지 level-sensitive인지를 결정한다.	
		0	Edge sensitive(상승 edge에서)
		1	Level sensitive(high level에서)
DMAEN	Bit 4	DMA 활성화	
		0	사용 안 함
		1	사용
DMAIFG	Bit 3	DMA interrupt flag	
		0	Interrupt 요청하지 않음
		1	Interrupt 요청

DMAIE	Bit 2	DMA interrupt 활성화	
		0 1	Interrupt 사용 안 함 Interrupt 사용
DMA ABORT	Bit 1	DMA Abort. DMA 전송이 NMI interrupt인지 확인시켜준다.	
		0 1	DMA 전송은 interrupt가 아님 DMA 전송은 NMI interrupt
DMAREQ	Bit 0	DMA request. DMA를 시작하게 하는 trigger의 일종으로 software로 제어가 가능한 trigger이다. 자동적으로 reset이 이루어진다.	
		0 1	DMA 시작하지 않음 DMA 시작

(소스는 워드로 보내고 받는 쪽(destination)은 바이트로 받으면 하위 바이트만 전송되고, 반대로 소스가 바이트고 받는 쪽이 워드이면 받는 쪽의 하위 바이트만 채워지고 상위 바이트는 초기화 된다.)

■ **DMAxSA, DMA Source Address Register – address 01E2h, 01EAh, 01F2h**

15	14	13	12	11	10	9	8
DMAxSAx							
rw	rw	rw	rw	rw	rw	rw	rw

7	6	5	4	3	2	1	0
DMAxSAx							
rw	rw	rw	rw	rw	rw	rw	rw

DMAx SAx	Bits 15–0	DMA source address. Single 전송 mode에서는 source address로 사용되며 block 전송 mode에서는 source의 시작 address로 사용된다. Block 전송 mode나 burst-block 전송 mode에서는 변하지 않는다.

■ **DMAxDA, DMA Destination Address Register – address 01E4h, 01ECh, 01F4h**

15	14	13	12	11	10	9	8
DMAxDAx							
rw	rw	rw	rw	rw	rw	rw	rw

7	6	5	4	3	2	1	0
DMAxDAx							
rw	rw	rw	rw	rw	rw	rw	rw

DMAx DAx	Bits 15–0	DMA destination address. Single 송신 mode에서는 destination address로 사용되며 block 송신 mode에서는 destination의 시작 address로 사용된다. Block 송신 mode나 burst-block 송신 mode에서는 변하지 않는다.

■ **DMAxSZ, DMA Size Address Register – address 01E6h, 01EEh, 01F6h**

15	14	13	12	11	10	9	8
DMAxSZx							
rw	rw	rw	rw	rw	rw	rw	rw

7	6	5	4	3	2	1	0
DMAxSZx							
rw	rw	rw	rw	rw	rw	rw	rw

DMAx SZx	Bits 15–0	DMA size. DMA size register는 block 당 전송할 data(byte or word)의 수를 지정해주는 register로, data 하나를 전송할 때마다 1씩 줄어들어 0이 되면 자동으로 이전의 초기값으로 바뀐다.	
		00000h	전송하지 않음
		00001h	1 byte 또는 word 전송
		00002h	2 bytes 또는 word 전송
		…	…
		0FFFFh	65535 bytes 또는 word 전송

10.4 실습 예제

[실습 10-1] SCI 통신을 통하여 DMA와 폴링(Polling) 방식 비교하기

동일한 SCI 통신을 사용함에 있어서 단순한 폴링(polling) 방식을 사용할 때와 DMA를 사용할 때 CPU사용 효율을 LED 깜빡이는 속도를 통해 비교해보는 프로그램을 작성해보도록 하자. PC로 전송하려는 데이터는 0부터 255까지의 숫자로 TXBuffer라는 배열에 미리 저장해놓고 전송 요청을 할 때마다 256바이트의 블록을 한 번에 처리하도록 한다.

프로그램 작성 시 주의할 사항은 다음과 같다.

① 포트 설정 : PC와의 통신을 위하여 3번 포트를 설정하고, LED를 깜빡이기 위하여 1번 포트를 설정한다.
② SCI 통신 설정 : 7장을 참조하여 115,200의 전송속도(baud rate)로 통신할 수 있도록 설정한다.
③ DMA 트리거 설정 : UART 모듈에서 TX가 완료된 후에 새로운 데이터의 전송 명령이 실행되어야 하므로 DMACTL0 레지스터의 DMA0TSELx 비트를 4로 설정하여 U0TXIFG로부터 트리거를 얻도록 설정한다.
④ DMA 주소 설정 : 원본의 주소는 미리 생성해놓은 TXBuffer로 할당하고 목적지의 주소는 U0TXBUF로 할당한다.
⑤ DMA 전송 방식 설정 : 한 번의 전송 요청에 한 개의 블록만 전송하고, ③의 설정과 같이 트리거가 발생할 때마다 1바이트씩 이동해야 하므로 single transfer를 사용한다. 또한 원본 데이터가 배열에 저장되어 있으므로 매 전송마다 주소가 증가하도록 하고 목적지는 고정된 주소를 가리키도록 설정한다. 이를 위하여 DMA0CTL 레지스터의 DMASRCBYTE, DMADSTBYTE 비트를 1로 설정하고 DMASRCINCR 비트를 3으로, DMADSTINCR 비트를 0으로 설정한다.

```
// 10-1_1 DMA
#include    <msp430x16x.h>

// LED test
#define    LED1ON          (P3OUT &= (~BIT0))
#define    LED1OFF         (P3OUT |= BIT0)
#define    LED2ON          (P3OUT &= (~BIT1))
#define    LED2OFF         (P3OUT |= BIT1)

char  TXBuffer[256];
int data_count;

void SendDataToHost(int n);
void LED_Switch();

void main()
{
   // ***** Watchdog Timer *****
   WDTCTL = WDTPW + WDTHOLD;                // Stop watchdog timer

   // ***** Basic Clock *****
   BCSCTL1 &= ~XT2OFF;                     // XT2 on

   do                                     // wait until XT2 oscillator stabilizing
   {                                      // fault detector monitors XT2
      IFG1 &= ~OFIFG;                       // clear oscillator fault flag
      for (int i = 255; i > 0; i--);          // time for flag to set
```

```
    }
    while (IFG1 & OFIFG);                    // loop if oscillator fault flag

    BCSCTL2 = SELM_2;                        // MCLK = XT2CLK = 6 MHz
    BCSCTL2 |= SELS;                         // SMCLK = XT2CLK = 6 MHz

     // ***** Port Setting *****
     P1DIR = 0xFF & (~BIT1);
     P1OUT = 0x00;

     P3DIR = 0xFF;
     P3OUT = 0x00;
     P3SEL = BIT4 | BIT5;                    // P3.4, P3.5 for UART

    // ***** SCI Setting *****
    ME1 = UTXE0;        // USART0 Transmit enable
    U0CTL |= CHAR;        // no parity, 1 stop bits, 8-bit data
    U0TCTL |= SSEL1 | SSEL0;     // SMCLK
    U0BR0 = 0x34;  U0BR1 = 0x00;          // source SMCLK 6 Mhz, 115200 baud
    U0CTL &= ~SWRST;                  // USART reset released for operation

    // ***** DMA Setting *****
    DMACTL0 = DMA0TSEL_4;                         // DMA0: USART0 UTXIFG0
    DMA0SA = (int)(TXBuffer);                     // source : TXbuffer
    DMA0DA = (int)&U0TXBUF;                       // destination : U0TXBUF
    DMA0SZ = 0;
    // single transfer mode, dest addr fixed, src addr increment, byte mode
    DMA0CTL = DMASRCINCR_3 + DMADSTBYTE + DMASRCBYTE;

    data_count = 0;

    for(int i=0;i<256;++i)
    {
                TXBuffer[i] = i;
    }

    while (1)
    {
                data_count++;
                LED_Switch();
                SendDataToHost(256);
    }
}

void SendDataToHost(int num_byte)
{
```

```
        if(!(DMA0CTL & DMAEN))
        {
                DMA0SZ = num_byte;
                DMA0CTL |= DMAEN;
                IFG1 &= ~UTXIFG0;       // clear UTXIFG0
                IFG1 |= UTXIFG0;        // set UTXIFG0
        }
}

void LED_Switch()
{
   if (data_count >= 500) data_count = 0;

   if (data_count < 250) {
      LED1ON;
      LED2OFF;
   }
   else {
      LED1OFF;
      LED2ON;
   }
}
```

이 프로그램을 실행하고 PC에서 하이퍼터미널과 같은 프로그램을 통해 데이터를 받아 보면 0x00부터 0xFF까지의 데이터가 차례대로 매우 빠른 속도로 전송되는 것을 확인할 수 있다. 또한 BMDAQ 보드에 부착된 LED(D1, D2)가 모두 켜 있는 것과 같이 보일 것이다. 하지만 이것은 실제로 두 개가 같이 켜 있는 것이 아니고, 매우 빠른 속도로 깜빡이기 때문에 마치 켜 있는 것과 같이 보일 뿐이다.

데이터의 전송 명령이 수행되는 SendDataToHost() 함수를 보면 다음과 같다.

```
void SendDataToHost(int num_byte)
{
        if(!(DMA0CTL & DMAEN))
        {
                DMA0SZ = num_byte;
                DMA0CTL |= DMAEN;
                IFG1 &= ~UTXIFG0;       // clear UTXIFG0
                IFG1 |= UTXIFG0;        // set UTXIFG0
        }
}
```

DMAEN의 상태를 보고 현재 DMA가 작동 중인지 검사한다. 만일 DMAEN이 1이라면 아직 이전 블록의 데이터가 완전히 전송되지 않은 것이기 때문에 아무 작업 없이 함수를 빠져나간다. DMA가 유휴상태라면 넘겨받은 데이터의 크기만큼(256byte) DMA 크기를 설정하고 DMA를 활성화 한다. 마지막으로 UTXIFG0 비트를 0으로 설정했다가 다시 1로 설정함으로써 최초 한 번의 전송을 위한 트리거를 인위적으로 생성해준다. 기본적으로는 이 비트가 1로 유지되기 때문에 인위적인 생성 없이는 DMA를 설정해 놓고도 아무런 반응이 일어나지 않는다. 일단 한 번 트리거가 발생한 후에는 매번 데이터가 전송될 때마다 트리거가 자연스럽게 발생하기 때문에 전체 데이터가 모두 자동으로 전송된다.

그럼 폴링 방식과의 비교를 위해서 SendDataToHost() 함수를 다음과 같이 수정하여 보자.

```
void SendDataToHost(int num_byte)
{
        for(int i=0;i<num_byte;++i)
        {
                while(!(IFG1 & UTXIFG0));
                U0TXBUF = TXBuffer[i];
        }
}
```

폴링 방식에서는 넘겨받은 바이트 수만큼 반복문을 수행하면서 매번 버퍼가 비워질 때마다 새로운 데이터를 전송하는 방식으로 모든 데이터를 전송한다. 따라서 이 함수가 수행되는 데에는 전송하려는 데이터의 크기와 비례하게 오랜 시간이 걸리게 된다. 실제로 이렇게 수정한 프로그램을 실행해 보면 PC에서는 동일하게 빠른 속도로 데이터를 받아온다. 하지만 BMDAQ 보드에 부착된 LED의 깜빡이는 속도는 상당히 느려진 것을 확인할 수 있다. DMA방식에서는 눈에 보이지 않을 정도로 빠르게 움직이던 LED가 폴링 방식에서는 약 5초의 간격을 두고 서로 반전된다.

main함수 안의 while문에서 data_count를 증가시키고 이 변수의 값을 기준으로 LED를 깜빡이는 방식으로 프로그램이 작성되어 있는데, SendDataToHost 함수에서의 처리시간이 while문의 1회 수행 속도를 결정하게 되어 data_count를 증가시키는 속도에까지 영향을 미치기 때문에 이러한 결과를 얻을 수 있다.

[실습 10-2] DMA를 이용하여 CPU 동작없이 LED 깜빡이기

DMA를 사용하면 CPU의 작동과 별개로 메모리 간의 데이터 전송이 가능하다. 따라서 DMA를 제외한 별다른 작업이 없는 경우에는 CPU를 저전력 mode로 설정할 수 있다. 이번 실습에서는 CPU를 대기상태로 전환하고 DMA를 이용하여 I/O 포트를 제어함으로써 LED를 깜빡이는 프로그램을 작성해보도록 하자. LED를 깜빡이는 속도는 D1이 D2의 세

배가 되도록 한다.

프로그램 작성 시 주의할 사항은 다음과 같다.

① 포트 설정 : LED를 사용하기 위하여 3번 포트를 설정한다.
② 타이머 설정 : 트리거로 사용하기 위한 타이머를 설정한다. Continuous mode 혹은 Up mode를 사용하여 오버플로우가 발생할 때마다 LED 상태가 변할 수 있도록 하고, LED가 깜빡이는 것을 확인하기에 적당한 속도로 설정한다.
③ DMA 트리거 설정 : ②에서 설정한 타이머에서 발생하는 CCIFG를 사용하도록 트리거를 설정한다.
④ DMA주소 설정 : 원본 주소는 미리 LED의 상태변화를 저장해놓은 배열로 할당하고, 목적지는 3번 포트의 출력으로 설정한다.
⑤ DMA 전송 방법 설정 : 한 번의 실행 명령으로 지속적인 수행을 할 것이기 때문에 repeated single transfer 방법을 사용하고, 원본 데이터가 배열에 저장되어 있으므로 이에 맞추어 설정한다.
⑥ 저전력 mode 설정 : CPU와 MCLK, DCO를 비활성화시키기 위하여 _BIS_SR(LPM1_bits) 명령을 사용하여 LPM1 mode로 설정한다.

```
//10-2 blink LED without CPU operation
#include <msp430x16x.h>

unsigned char OutSeq[6] = {0x00, 0x01,0x00, 0x03, 0x02, 0x03};

void main(void)
{
        WDTCTL = WDTPW + WDTHOLD;        // Stop watchdog
    // ***** Basic Clock *****
  BCSCTL1 &= ~XT2OFF;                    // XT2 on

  do                                     // wait until XT2 oscillator stabilizing
  {                                      // fault detector monitors XT2
    IFG1 &= ~OFIFG;                      // clear oscillator fault flag
    for (int i = 255; i > 0; i--);           // time for flag to set
  }
  while (IFG1 & OFIFG);                  // loop if oscillator fault flag

        BCSCTL2 |= SELS;                  // SMCLK = XT2CLK = 6 MHz

        P3DIR |= 0x03;                    // P1.0/1.1 output

        DMACTL0 = DMA0TSEL_7;             // TACCR0 CCIFG trigger
        DMA0SA = (unsigned int)OutSeq;       // Source block address
```

```
    DMA0DA = (unsigned int)&P3OUT;       // Dest single address
    DMA0SZ = sizeof(OutSeq);              // Block size
    // Rpt, inc src, enable
    DMA0CTL = DMADT_4 + DMASRCINCR_3 + DMASRCBYTE + DMADSTBYTE + DMAEN;

    TACTL = TASSEL_2 + MC_2 + ID_3;       // SMCLK, cont-mode

    _BIS_SR(LPM1_bits);                   // Enter LPM1
}
```

OutSeq배열에 저장된 값을 보면 최 하위 비트는 매 바이트가 바뀔 때마다 상태가 바뀌고 두 번째 비트는 앞의 3번은 꺼진 상태, 뒤의 3번은 켜진 상태를 유지한다. 따라서 첫 번째 비트에 해당하는 D1이 두번째 비트의 D2보다 세 배 빠르게 깜박거린다. 실습 코드에서는 타이머를 SMCLK의 6MHz를 8분주한 750kHz를 사용했으며, 따라서 트리거가 발생하는 주기는 약 90ms가 된다. D1의 경우 약 5번 깜박이고, D2의 경우 약 두 번 깜박인다.

제 3 편

신호처리 응용 및 BMDAQ 활용편

제 11 장

디지털 필터 설계 및 활용

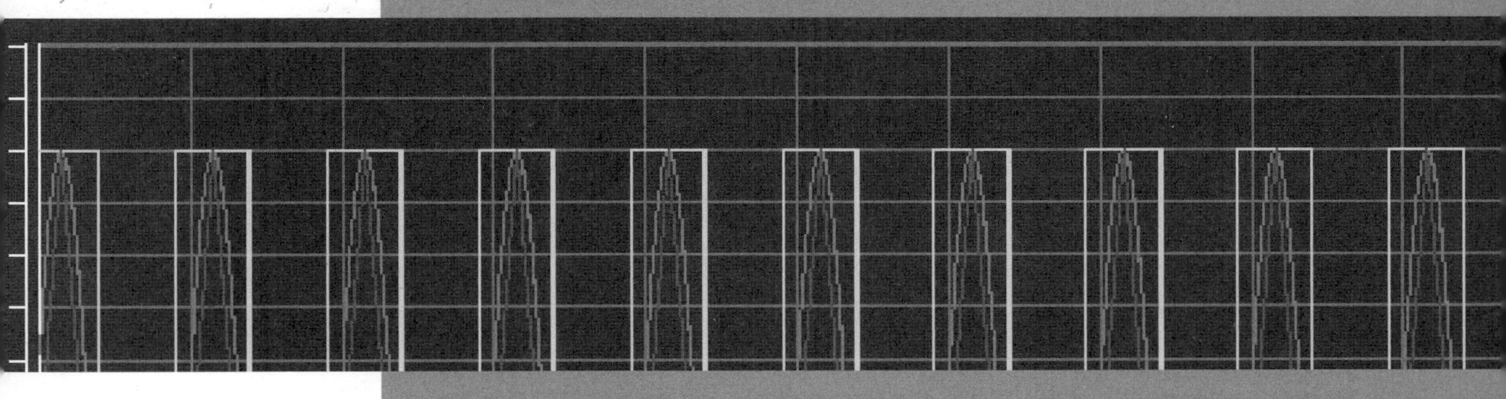

11.1 디지털 필터 기초

현재 디지털 기술의 발달로 인하여 아날로그의 많은 부분이 디지털로 대치되고 있다. 아날로그의 필터 설계에서 많이 사용되는 저항, 커패시터, 연산증폭기는 유지, 보수 등의 어려움으로 인하여 아날로그 단에서는 간단한 대역 필터(BPF, Band Pass Filter) 또는 저역 통과 필터(LPF, Low Pass Filter)를 이용하여 신호의 최고 주파수를 제한하고 이 필터의 출력을 곧 바로 아날로그-디지털 변환기(ADC, Analog to Digital Converter)를 이용하여 디지털로 변환하며, 이를 대상으로 디지털필터를 적용하여 원하는 신호를 얻고 있다. 디지털 필터(Digital filter)는 저항, 커패시터 등을 바꾸는 아날로그와는 다르게 단순히 펌웨어에서 개수를 바꿈으로써 쉽게 필터를 바꿀 수 있으므로 큰 장점을 가지고 있다. 이번 장에서는 이러한 디지털 필터의 기초에 대해 다루며, 또한 디지털 필터의 계수를 결정하는 방법에 대해서도 상세하게 기술하며, 이를 실제 펌웨어에 포팅하여 실제 데이터에 적용함으로써 디지털 필터에 대해 정확하게 이해할 수 있도록 한다.

아날로그 또는 연속시간 시스템에서 입력신호와 출력 신호의 관계를 미분방정식으로 표시할 수 있는 것처럼 디지털 시스템에서는 입력신호와 출력신호 간의 관계를 차분방정식으로 표시할 수 있다. 선형차분방정식은 일반적으로 다음과 같은 수식으로 나타낸다.

$$\sum_{k=0}^{N} a_k y[n-k] = \sum_{k=0}^{M} b_k x[n-k] \qquad 11\text{-}1$$

위 수식을 다시 정리하면 다음과 같이 나타낼 수 있다.

$$y[n] = \sum_{k=0}^{M} \frac{b_k}{a_0} x[n-k] - \sum_{k=1}^{N} \frac{a_k}{a_0} y[n-k] \qquad 11\text{-}2$$

위 수식을 살펴보면, 현재의 출력 신호는 현재의 입력과 M개의 과거 입력, 그리고 N개의 과거 출력으로 나타낼 수 있다. 이와 같은 시스템은 과거의 출력이 현재의 출력에 영향을 미치므로 이러한 시스템을 재귀형 시스템(feedback system) 또는 IIR(Infinite Impulse Response) 시스템이라 한다.

디지털 시스템을 나타내는 또 다른 방법은 전달함수(transfer function)이다. 전달함수(H[z])는 입력과 출력의 관계, 즉 시스템 특성을 나타내는 함수로서 수식 11-3과 같이 표시된다. 아날로그 시스템에서는 라플라스 변환(Laplace transform)을 이용하여 전달함수를 구하나, 디지털 시스템에서는 z변환을 이용하여 구할 수 있다. 전달함수가 주어지면 역 z변환을 이용하여 쉽게 차분방정식을 구할 수 있으며, 또한 차분방정식이 주어지면 z변환을 이용하여 쉽게 전달함수를 구할 수 있다. 전달함수은 12장에서 사용하므로 디지털신호처리와 같은 전문서적을 참고하길 바란다.

$$H[z]=\frac{Y[z]}{X[z]}=\frac{\sum_{k=0}^{M} b_k z^{-k}}{\sum_{k=0}^{N} a_k z^{-k}} \quad 11\text{-}3$$

수식 11-2에서 만약 0을 제외한 모든 k에 대해 a_k가 0인 경우 다음과 같이 된다.

$$y[n]=\sum_{k=0}^{M}\frac{b_k}{a_0}x[n-k] \quad 11\text{-}4$$

즉, 현재의 출력 신호는 현재의 입력과 M개의 과거 입력만으로 이루어진다. 이와 같은 시스템은 단지 현재 및 과거의 입력 값에만 현재의 출력에 영향을 미치므로 이러한 시스템을 비재귀형 시스템 또는 FIR(Finite Impulse Response) 시스템이라 한다.

재귀형 시스템과 비재귀형 시스템에 대해 알아보기 위해 각각에 대한 예제를 통해 알아보도록 하자.

차분방정식으로 주어지는 시스템을 구현하기 위해서는 가산기(⊕), 승산기(▷), 단위 지연소자(D)를 이용한다. 이들을 이용해서 다음의 각 시스템의 블록도를 그려보도록 하자.

- 시스템 1 : $y[n] = 2x[n] + x[n-1] - 3x[n-2]$
- 시스템 2 : $y[n] = 2x[n] + x[n-1] - 3x[n-2] + 0.5y[n-1]$

상기의 시스템 1은 현재의 출력은 현재 및 과거의 입력에만 의존하므로 비재귀형 시스템이며, FIR 시스템이다. 시스템 2는 현재의 출력이 현재 및 과거의 입력과 출력에 의존하므로 재귀형 시스템이며, IIR 시스템이다. 이들 시스템에 대한 블록도를 그려보면 그림 11-1, 11-2와 같다.

두 블록도의 차이를 보면 시스템 1에 대한 블록도는 귀환(feedback)이 없으므로 이러한 시스템을 비재귀 시스템이라 하며, 시스템 2에 대한 블록도는 귀환이 존재하므로 이러한 시스템을 재귀 시스템이라 한다.

이제 재귀 시스템과 비재귀 시스템이 각각 무한 임펄스 응답 시스템(IIR), 유한 임펄스 응답

그림 11-1 시스템 1에 대한 블록도

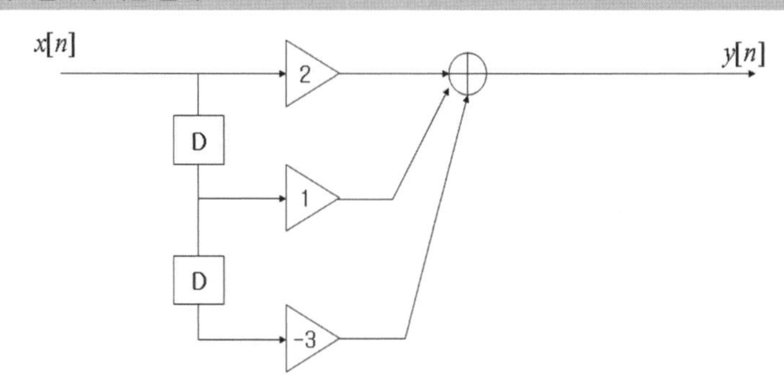

그림 11-2 시스템 2에 대한 블록도

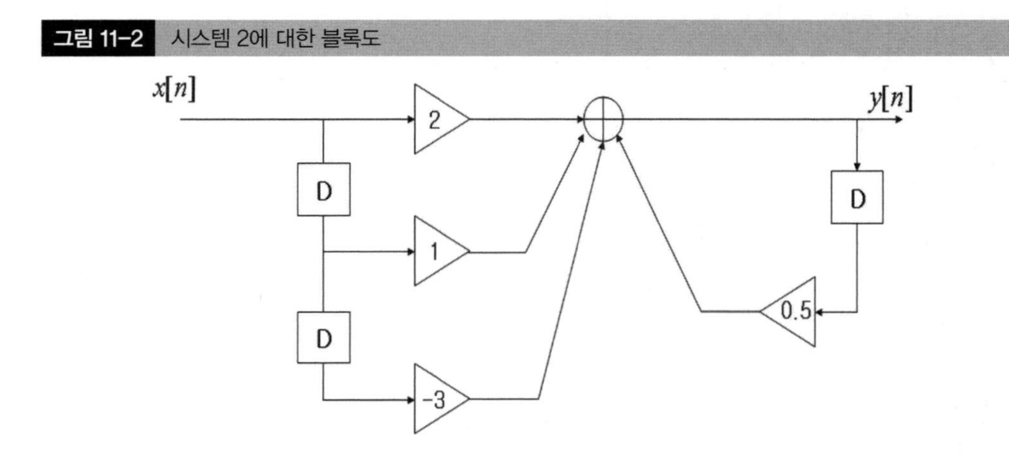

시스템(FIR)이라 불리게 되는지 알아보도록 하자. 물론, 시스템의 임펄스 응답 $h[n]$이 유한하면 유한 임펄스 응답이며, 무한하면 무한 임펄스 응답이라 한다.

11.1.1 FIR(유한 임펄스 응답) 시스템의 차분방정식

FIR 시스템의 차분방정식 식 11-4에서 $a_0 = 1$로 하면 다음 수식을 얻을 수 있다.

$$y[n] = \sum_{k=0}^{M} b_k x[n-k] \quad 11\text{-}5$$

위 수식을 풀어 쓰면 아래와 같이 나타낼 수 있다.

$$y[n] = b_0 x[n] + b_1 x[n-1] + \cdots + b_M x[n-M] \quad 11\text{-}6$$

일반적으로 시스템이 선형시불변 시스템을 만족하며 인과시스템이라 하면, 컨볼루션 합식은 다음과 같이 주어진다.

$$y[n] = x[n] * h[n] = \sum_{k=0}^{M} h[k]x[n-k] = h[0]x[n] + h[1]x[n-1] + \cdots + h[M]x[n-M] \quad 11\text{-}7$$

식 11-6과 11-7을 비교해보면, $h[n] = \{b_0, b_1, b_2, ..., b_M\}$이 됨을 쉽게 알 수 있다. 따라서 값은 유한한 값이므로 임펄스 응답이 유한함을 알 수 있다. 상기 기술한 시스템 1의 임펄스 응답을 구해 보면 $h[n] = \{2, 1, -3\}$이 된다.

위와 같은 방법 외에도 임펄스 응답의 정의에 준하여 임펄스 응답을 구할 수 있다. 즉, 입력 신호에 임펄스 신호($\delta[n]$)를 인가했을 때의 출력이 바로 임펄스 응답이 되므로 입력 신호에 단위 임펄스 신호를 인가하면 위에서 구한 값과 동일한 값을 얻을 수 있다.

11.1.2 IIR(무한 임펄스 응답) 시스템의 차분방정식

IIR 시스템의 차분방정식 식 11-2에서 $a_0 = 1$로 하면 식 11-8이 된다.

$$y[n]=\sum_{k=0}^{M}b_k x[n-k]-\sum_{k=1}^{N}a_k y[n-k] \qquad 11\text{-}8$$

식 11-8을 전개하여 다시 정리하면 다음과 같다.

$$\begin{aligned}y[n]&=b_0x[n]+b_1x[n]+\cdots+b_Mx[n-M]\\&\quad-(a_1y[n-1]+a_2y[n-2]+\cdots+a_Ny[n-N])\end{aligned} \qquad 11\text{-}9$$

IIR 시스템에 대해 알아보기 위해 다음과 같은 시스템이 주어질 때, 임펄스 응답을 구해보자.

$$y[n]=x[n]+ay[n-1]$$

임펄스 응답을 구하기 위해 정의에 준하여 구해보면, $h[n] = \delta[n] + ah[n-1]$이 되며, $n \geq 0$에 대하여 순차적으로 구해보면,

$$\begin{aligned}&h[0]=\delta[0]+ah[-1]=1\\&h[1]=\delta[1]+ah[0]=a\\&h[2]=\delta[2]+ah[1]=a\times a=a^2\\&\cdots\\&\cdots\end{aligned}$$

이 된다. 다시 정리하면 $h[n] = a^n u[n]$이 됨을 알 수 있다.

즉, $n = 0, 1, \cdots, \infty$에 대하여 임펄스 응답의 값이 존재하므로 무한 임펄스 응답을 갖게 된다. 따라서, 재귀형 시스템으로 IIR 시스템임을 알 수 있다.

상기 기술한 내용을 정리하면 재귀 시스템은 무한한 임펄스 응답을 갖는 시스템으로 IIR 시스템이라 하며, 비재귀 시스템은 유한한 임펄스 응답을 갖는 시스템으로 FIR 시스템이라 한다.

11.1.3 디지털 필터링의 개념

디지털 신호처리에서 신호에 잡음이 있어 이 잡음을 제거하거나 또는 특정 주파수 성분만을 걸러내는 것을 필터링이라 한다. 즉, 특정 주파수 대역을 제거 또는 추출해내는 처리를 필터링이라 한다.

이러한 응용으로는 신호의 잡음 제거나, 특정한 주파수 성분을 걸러내는 등의 응용을 생각해볼 수 있다.

필터의 종류를 진폭 응답 특성으로 분류하면 저역통과 필터(LPF, low pass filter), 고역통과 필터(HPF, high pass filter), 대역통과 필터(BPF, band pass filter), 대역저지 필터(BRF, band rejection filter) 등으로 구분한다. 이들에 대한 주파수 응답을 그림 11-3에 나타내었다.

그림 11-3은 이상적인 필터의 특성을 도시하였다. 그림과 같이 통과대역으로부터 저지대역, 저지대역으로부터 통과대역으로 급격하게 변화하는 특성을 가지는 필터를 구현한다는 것은 불가능하다.

그림 11-3 필터의 종류

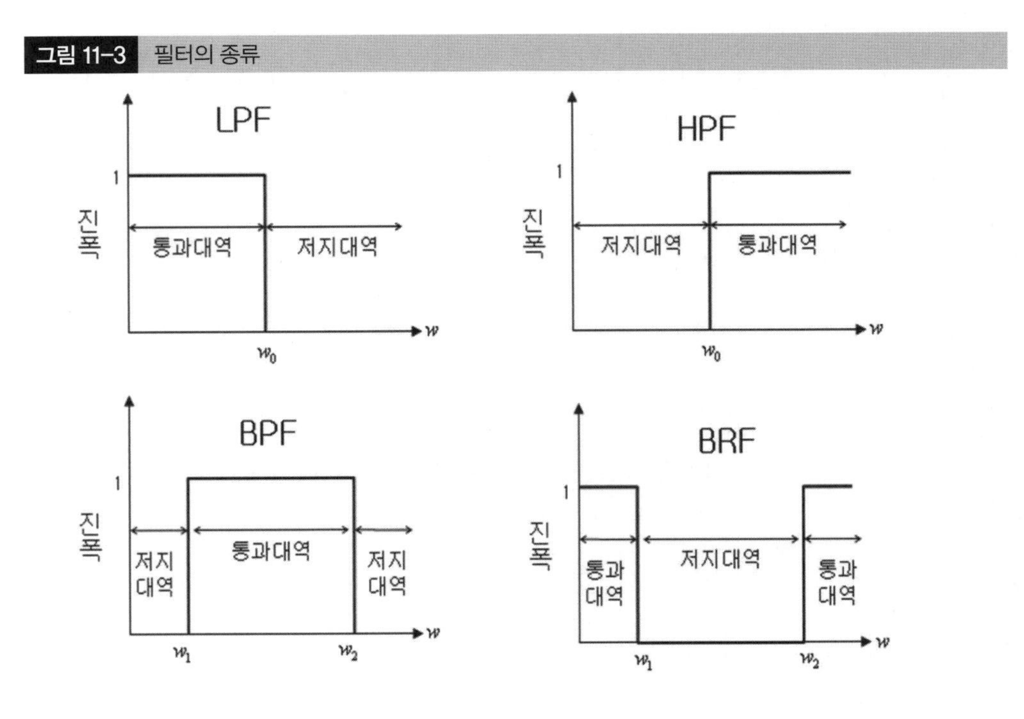

예를 들어, 저역통과 필터의 주파수 응답에 대한 임펄스 응답을 구하면 그림 11-4와 같이 구형파에 대한 역변환으로 무한개의 임펄스 응답을 갖는 sinc 함수 형태의 임펄스 응답을 얻을 수 있다. 즉, 무한개의 임펄스 응답을 가지므로 구현은 불가능하다.

그림 11-4 이상적인 저역통과 필터의 임펄스 응답

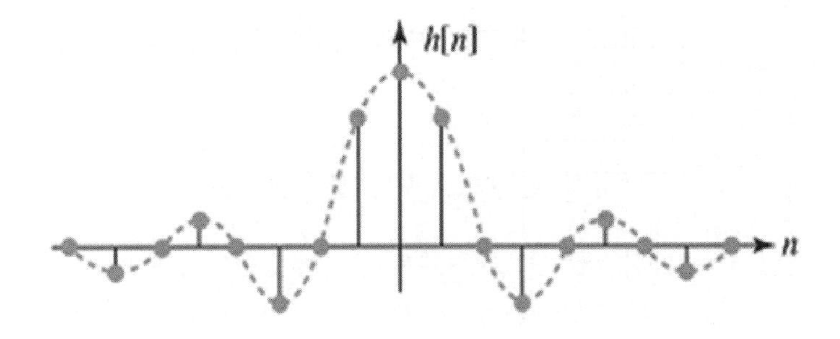

그림 11-5 이상적인 저역통과 필터의 임펄스 응답

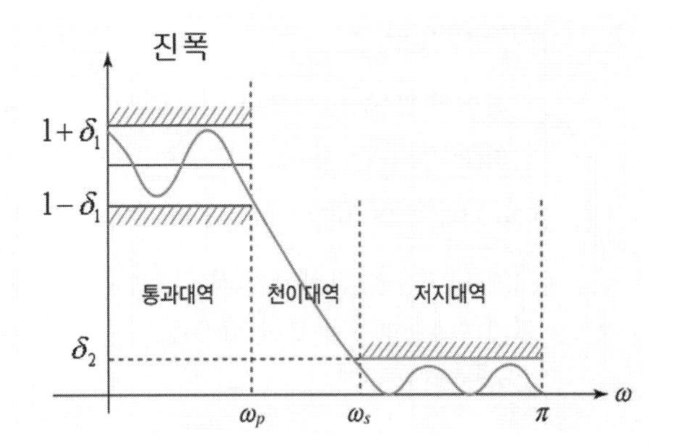

실제로 필터를 설계할 때는 실현 가능한 필터를 대상으로 해야 한다. 즉 통과대역과 저지대역 사이가 급격하게 변화하는 특성을 갖는 필터가 아니라 점차적으로 변화하는 필터를 이용해야 하는 것이다. 따라서 그림 11-5와 같은 저역통과 필터의 설계 스펙을 결정하여야 한다.

11.2 디지털 필터 설계

디지털 필터(Digital filter)를 설계할 때는 FIR 필터로 구현할 것인지, IIR 필터로 구현할 것인지 먼저 판단을 하여야 한다. 이들 간의 비교는 표 11-1과 같다.

표 11-1 FIR 필터와 IIR 필터의 비교

구 분	FIR	IIR
선형성	선형 위상 특성	비선형 위상 특성
안정성	높음	낮음
계산량	예리한 필터 특성을 위해서는 많은 계수가 요구됨	적은 수의 계수로도 FIR과 비슷한 특성을 가짐
계수 오차	적은 반올림 계수 오차	큰 반올림 계수 오차

표 11-1에서 보여주는 것과 같이 IIR의 경우 비선형 특성을 갖는 반면에 적은 수의 계수로도 FIR 필터와 비슷한 특성을 가지므로 많이 사용된다.

디지털 필터를 설계함에 있어 유용한 툴로는 Matlab을 이용하여 쉽게 설계가 가능하다. 이후부터는 Matlab을 이용하여 필터를 설계하는 방법에 대해 설명하도록 한다.

FIR 필터를 설계하는 방법에는 창(window) 함수를 이용하는 방법과 주파수 샘플링 방법이 주로 이용된다. Matlab에서 이들 각각에 대한 필터 계수를 결정하는 함수는 fir1(), fir2() 함수이다.

IIR 필터를 설계하는 방법은 원하는 특성의 아날로그 필터를 먼저 설계한 후 디지털 필터로 변환시키는 방법이 있다. 이러한 방법은 S영역의 전달함수 H(s)(필터에 대한 시스템의 임펄스 응답에 대한 라플라스 변환)를 z 영역의 전달함수 H[z]로 변환하는 것으로 임펄스 불변법(Impulse Invariance)과 쌍 1차 Z변환(bilinear Z transformation) 등이 있다. 이들 각각은 bilinear(), impinvar() 함수로 설계가 가능하다.

일반적으로 디바이스에서 아날로그-디지털 변환 후 획득된 신호에 대해 실시간으로 필터링을 수행하기 위해서는 원하는 필터에 대해 스펙을 결정하고 이를 바탕으로 수식 11-8에서의 a_k와 b_k들 즉 계수들을 결정하여 구현하게 된다.

$$y[n]=\sum_{k=0}^{M} b_k x[n-k]-\sum_{k=1}^{N} a_k y[n-k] \qquad 11\text{-}10$$

11.3절에서는 Matlab 상에서 주어진 신호에 대해 a_k와 b_k들 즉 계수들을 결정하고 필터링을 수행하는 예제를 통해 필터링에 대한 이해를 돕고자 한다. 11.4절에서는 이러한 필터링의 개념을 실시간으로 BMDAQ 보드에 직접 구현하여 심전도 신호에 대해 필터링을 수행해보도록 한다.

11.3 디지털 필터 활용 – Matlab

이번 절에서는 필터링에 대한 이해를 돕기 위하여 Matlab을 이용한 다양한 예제를 실습해 보도록 한다.

[실습 11–1] 심전도 신호에 대한 저역통과 필터 설계 및 필터링 I(IIR 필터)

그림 11-6에서의 전원잡음이 존재하는 신호에 대해 20Hz의 차단 주파수를 갖는 3차 버터워스 저역통과 필터를 설계하고 이를 적용하여 전원잡음을 제거하는 Matlab 프로그래밍을 수행해보도록 하자(ecgdata.txt, 샘플링 주파수 250Hz). 참고로 실제 응용에서는 전원잡음을 제거하기 위해 저역통과 필터를 사용할 경우 심전도 신호도 필터링이 되어 원신호를 왜곡하므로 노치(notch)필터나 적응필터를 설계하여 전원잡음을 제거하고 있다. 여기서는 필터링의 개념을 이해할 수 있도록 저역통과 필터를 설계하여 전원잡음을 제거한다는 것을

그림 11–6 전원잡음이 존재하는 심전도 신호

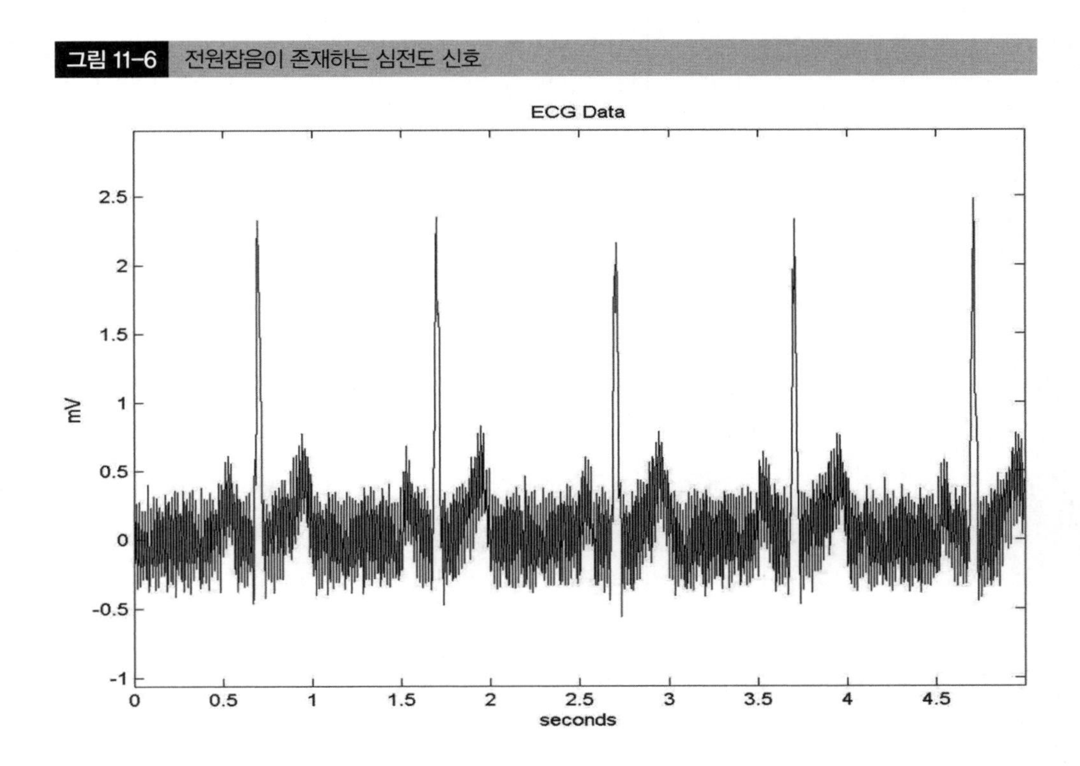

이해하여야 한다.

상기 내용에 대한 Matlab 소스 코드는 다음과 같다.

```
close all;clear all;clc;
%% 데이터 로딩 %%
load ecgdata.txt;
xin=ecgdata;
fs=250; %% 샘플링주파수 : 250hz
fmax=fs/2; %% 최고 주파수 : 125Hz(샘플링이론)
t=[0:length(xin)-1]/fs; %% 시간축
%% 데이터 출력
plot(t,xin);axis([0 max(t) min(xin)-0.2 max(xin)+0.2]);xlabel('seconds');
ylabel('mV');
%% 차단주파수가 20hz인 3차 butterworth 저역통과 필터 설계
wn=20/fmax;N=3;
[B A]=butter(N,wn,'low');
%% 설계된 Filter 특성 출력
[H W]=freqz(B,A,100);
w=W*fmax/pi;
figure;plot(w,abs(H)); axis([0 max(w) 0 1.2]);
LPF_xin=filter(B,A,xin);
figure;p=plot(t,LPF_xin,'b');axis([0 max(t) min(xin)-0.2 max(xin)+0.2]);xlabel
('seconds'); ylabel('mV');
set(p,'LineWidth',2);
```

상기 소스코드에서 설계한 필터의 진폭 응답에 대한 결과는 그림 11-7과 같다. 그림에서 보는 바와 같이 20Hz에서 진폭이 0.7이 되어 차단주파수가 20Hz임을 알 수 있다. 차단주파수는 일반적으로 3dB 주파수라고 하며 그 이유는 통과대역의 진폭(1)을 기준으로 70%가 되는 시점 즉, 진폭이 0.7이 되는 주파수를 의미하며 수식상으로 20log(0.7)=−3dB가 되어 3dB주파수라 한다.

설계된 필터의 계수들(B, A)을 수식 11-10에 적용하여 차분 방정식을 구하면 다음과 같다.

$$B = \{0.0102,\ 0.0305,\ 0.0305,\ 0.0102\}$$
$$A = \{1,\ -2.0038,\ 1.4471,\ -0.3618\}$$
$$\begin{aligned} y[n] &= 0.0102\times x[n]+0.0305\times x[n-1]+0.0305+\times x[n-2]+0.0102\times x[n-3] \\ &\quad +2.0038\times y[n-1]-1.4471\times y[n-2]+0.3618\times y[n-3] \end{aligned}$$

이미 설명한 바와 같이 상기와 같이 차분방정식을 구해놓으면 디바이스에 포팅 하여 실시간으로 필터링이 가능하다. 이와 같은 절차는 BMDAQ 보드를 이용하여 11.4절에서 실습해 보도록 한다.

그림 11-7 차단주파수 20Hz인 3차 butterworth 필터 진폭 응답 특성

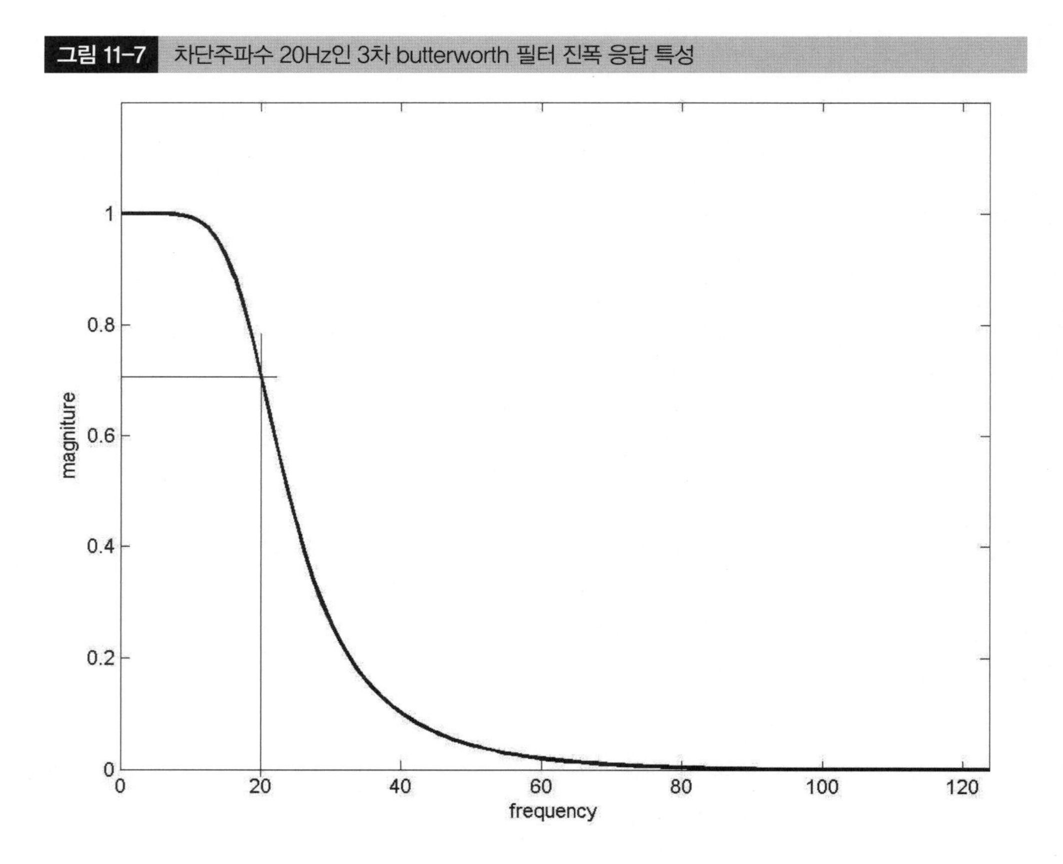

그림 11-8 IIR 필터를 이용한 필터링 결과 예시

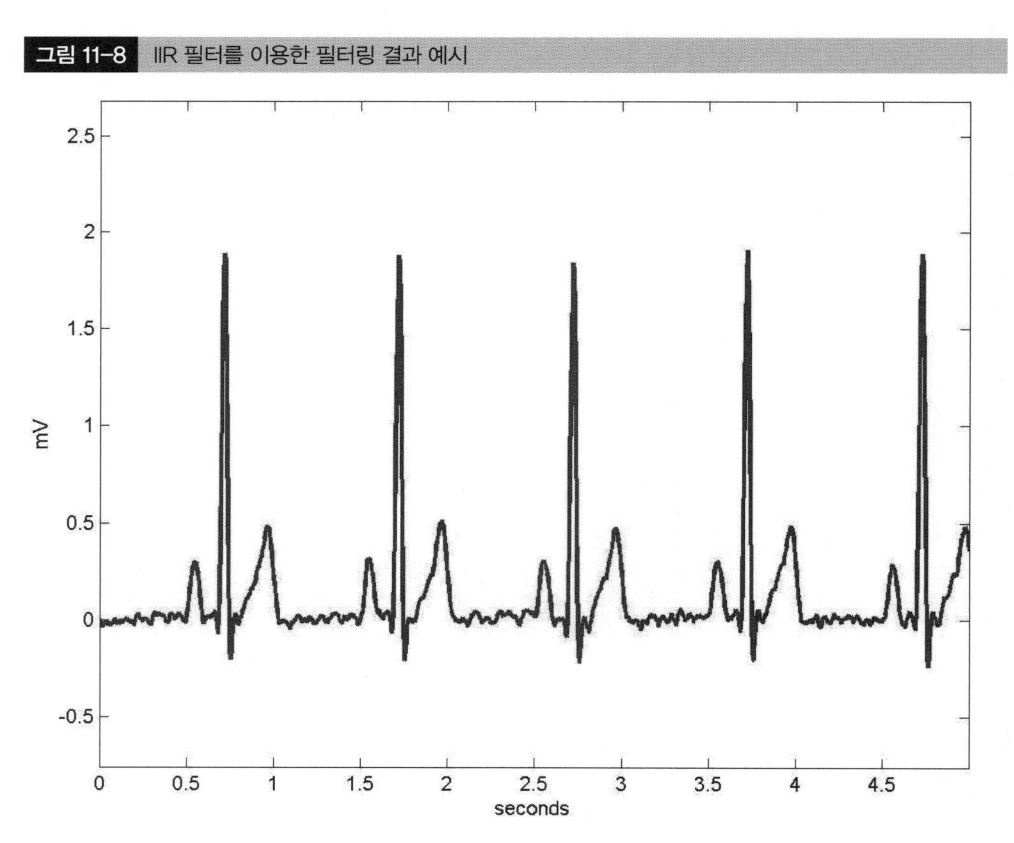

설계된 필터를 이용하여 주어진 신호에 대해 필터링을 수행한 결과는 그림 11-8과 같다. 그림에서 보여주는 바와 같이 전원 잡음이 많이 제거되었음을 알 수 있다.

[실습 11-2] 심전도 신호에 대한 저역통과 필터 설계 및 필터링 II(FIR 필터)

실습 11-1에서는 무한임펄스 응답을 갖는 필터를 설계하여 필터링을 수행하였다. 본 실습에서는 동일한 데이터를 이용하여 유한임펄스 응답 필터를 설계하고 이를 이용하여 필터링을 수행해보도록 한다. 데이터 및 차단주파수는 실습 11-1과 동일하며, 창 함수법(window method)을 이용하여 20, 25, 30차의 유한임펄스 응답 필터를 설계하여 적용해보도록 한다.

```
%% 11-2 FIR filter 설계 및 필터링
close all;clear all;clc;
%% 데이터 로딩 %%
load ecgdata.txt;
xin=ecgdata;
fs=250; %% 심플링주파수 : 250hz
fmax=fs/2; %% 최고 주파수 : 125Hz(샘플링이론)
t=[0:length(xin)-1]/fs; %% 시간축
%% 데이터 출력
plot(t,xin);axis([0 max(t) min(xin)-0.2 max(xin)+0.2]);xlabel('seconds');
ylabel('mV');

%% 차단주파수가 20hz인
wn=20/fmax;

% 20차 저역통과 필터 설계
N=20;
[B1 A1]=fir1(N,wn,'low');
%% 설계된 Filter 특성 출력
[H1 W1]=freqz(B1,A1,100);
w1=W1*fmax/pi;
figure;plot(w1,abs(H1)); axis([0 max(w1) 0 1.2]);

% 25차 저역통과 필터 설계
N=25;
[B2 A2]=fir1(N,wn,'low');
%% 설계된 Filter 특성 출력
[H2 W2]=freqz(B2,A2,100);
w2=W2*fmax/pi;
hold on; plot(w2,abs(H2)); axis([0 max(w2) 0 1.2]);

% 30차 저역통과 필터 설계
N=30;
[B3 A3]=fir1(N,wn,'low');
%% 설계된 Filter 특성 출력
```

```
[H3 W3]=freqz(B3,A3,100);
w3=W3*fmax/pi;
hold on; plot(w3,abs(H3)); axis([0 max(w3) 0 1.2]);
LPF_xin=filter(B3,A3,xin);
figure;p=plot(t,LPF_xin,'b');axis([0 max(t) min(xin)-0.2 max(xin)+0.2]);
xlabel('seconds'); ylabel('mV');
set(p,'LineWidth',2);
```

FIR의 경우는 IIR과 비슷하게 필터링을 수행하기 위해서는 더 많은 차수가 필요하다. 상기 소스코드에서 N값을 20, 25, 30으로 증가시켰을 때 더 가파르게 신호를 차단함을 알 수 있다. 즉, 천이대역이 상대적으로 좁아짐을 알 수 있다. 그러나 필터링을 수행한 결과를 보면 원래의 신호에 대해 많은 지연을 가지고 출력됨을 알 수 있다. 즉 과거의 많은 데이터를 가지고 현재의 결과 값이 결정되기 때문에 이용하는 과거의 데이터에 비례하여 필터링 된 신호는 지연되어 출력된다. 따라서 일반적으로 빨리 수렴하고 적은 수의 과거 데이터를 이용하는 IIR 필터가 주로 이용되고 있다.

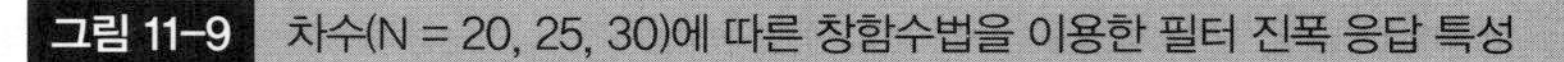
그림 11-9 차수(N = 20, 25, 30)에 따른 창함수법을 이용한 필터 진폭 응답 특성

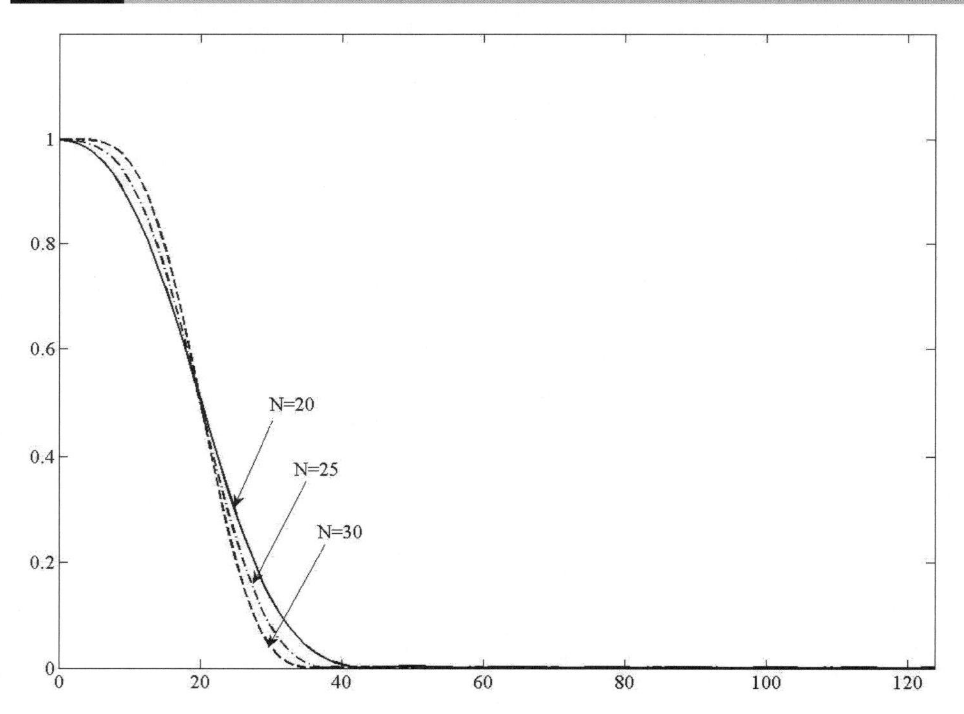

그림 11-10 창함수법을 이용한 FIR 필터를 적용한 필터링 결과 예시

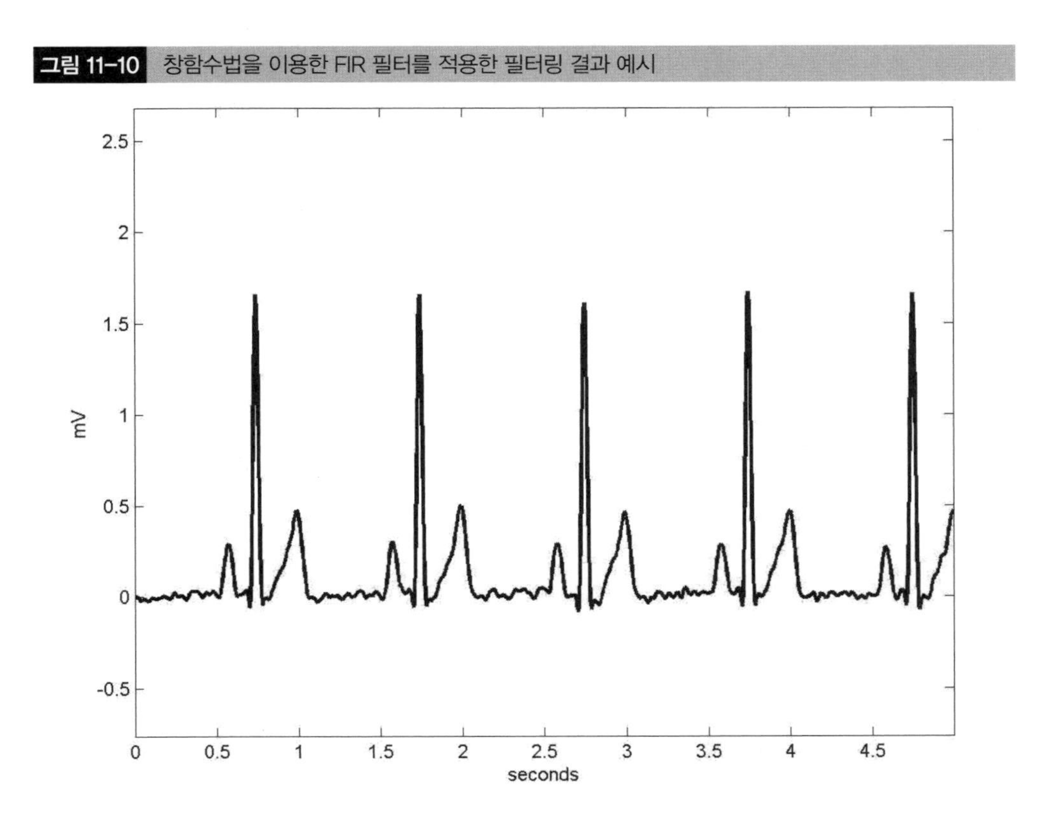

[실습 11-3] 커프 내의 측정된 압력 데이터로부터 발진 성분 추출하기

실습 11-3에서는 혈압을 측정하는 방법 중 일반적으로 많이 쓰이는 오실로메트릭 방법에서 사용하는 신호처리에 대해 실습해보도록 한다. 오실로메트릭 방법은 그림 11-11의 (a)에서 보여주는 바와 같이 커프를 상완에 감고 마이크로프로세서에서 펌프를 제어하여 공기를 주입한 후, 서서히 배기 밸브를 제어하여 공기의 압력을 낮추면서 커프 내의 미세 진동 성분(그림 11-11(b))을 분석하여 혈압을 추정하게 된다. 본 실습에서는 미세 진동 성분 즉, 발진

그림 11-11 오실로메트릭 방법의 원리

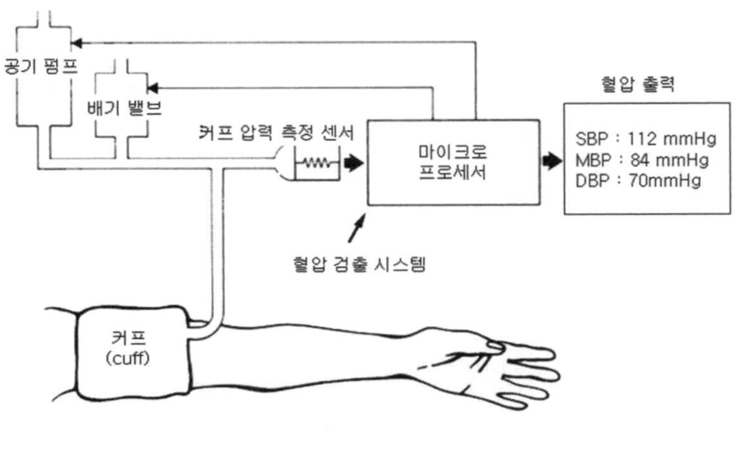

(a)

그림 11-11 오실로메트릭 방법의 원리

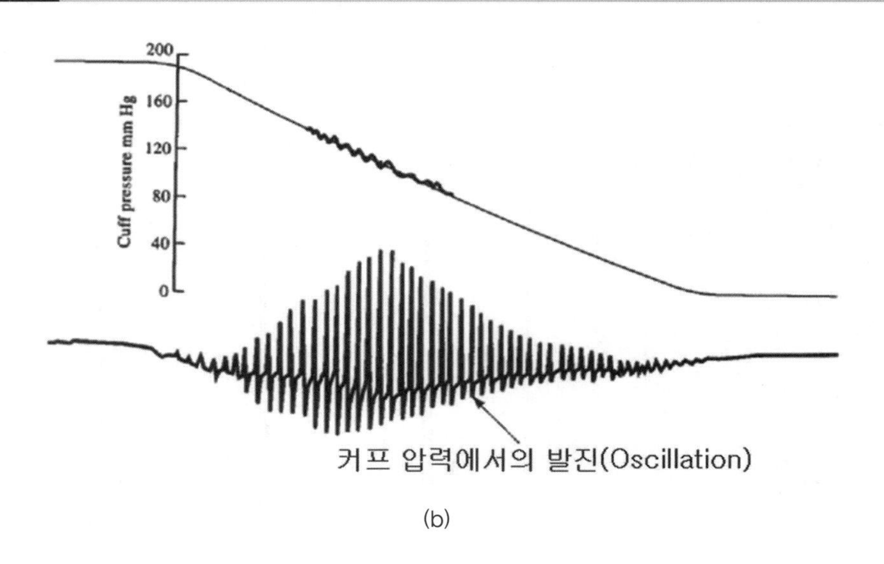

(b)

성분을 필터링을 통해 추출하는 프로그램을 작성해보도록 한다.

주어진 데이터는 그림 11-12에서 보여주는 바와 같이 오실로메트릭 방법을 이용해서 커프 내의 압력을 가압한 후 다시 감압하면서 얻은 압력 데이터이다(pressuredata.cuf, 샘플링주파수: 100Hz).

다음 절차에 의해서 발진성분을 추출해내는 프로그램을 작성해보도록 한다.

① 텍스트 형태로 저장되어 있는 데이터를 읽어들이고 화면에 도시한다.

② 차단주파수가 5Hz인 3차 버터워스 저역통과 필터를 적용하여 미세하게 변화하는 고주파 성분을 제거한다.

그림 11-12 커프 내의 압력 변화 값

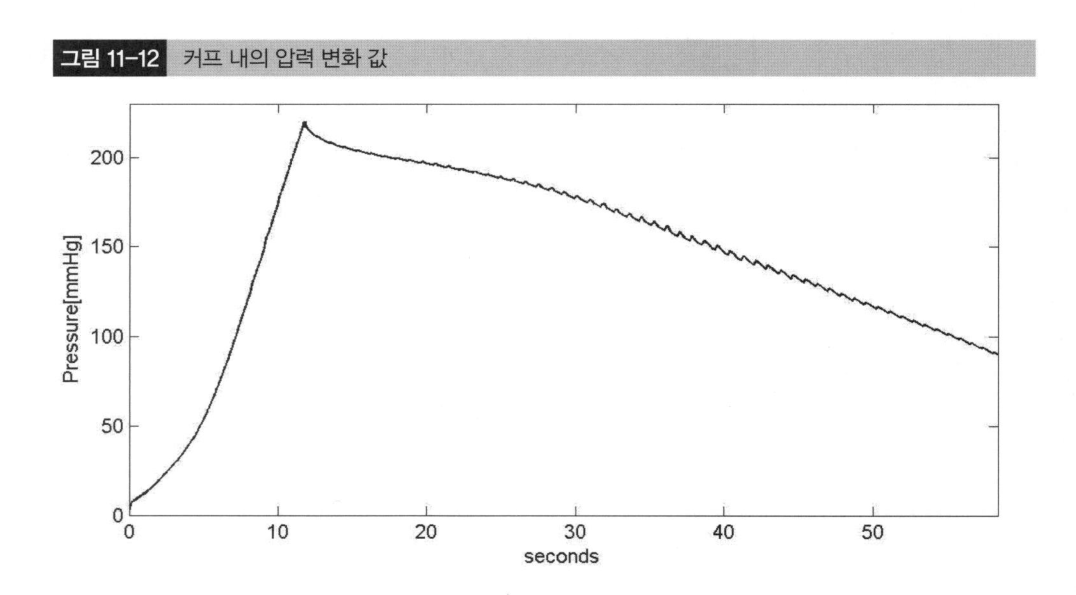

③ 압력값의 최고점 이후 10 샘플 이후의 데이터에만 적용하여 음에서 양으로 변화하는 변곡점을 찾고 이들 점들 중에서 지속적으로 10 샘플 이상 증가하는 변곡점을 찾는다. 그리고 이 점들을 애스테리스크(별표, *)로 표시한다.

④ ③에서 구해진 점들을 선형적으로 이어 ②번 신호에서 빼줌으로써 발진성분을 구한다.

```
%% 실습 11-3
clc;clear;close all;
fs=100;
fmax=fs/2;
%% (1) 데이터 읽어들이기 & 출력하기
[filename, pathname]=uigetfile('*.cuf', 'Select ECG data file');
fid=fopen(filename);
Press=fscanf(fid,'%f');
t=[0:length(Press)-1]/fs;
figure;
plot(t,Press);axis([0 max(t) 0 max(Press)+10 ]);xlabel('seconds');ylabel
('Pressure[mmHg]');

%% (2) 저역통과 필터 : fc=5Hz
wn=5/fmax;
[B A]=butter(3,wn,'low');
lp_Press=filtfilt(B,A,Press);
figure;
plot(t,lp_Press,'k');
diff_Press=diff(lp_Press);
BeatsPoints=zeros(1,200);
BeatsPress=zeros(1,200);
beatcounter=0;
%% (3) 변곡점 찾기
[Y idx]=max(Press);
for i=idx+10:length(Press)-10
    if diff_Press(i-1)<0  && diff_Press(i)>=0 && diff_Press(i+1)>0 diff_Press(i+10)>0
        beatcounter=beatcounter+1;
        BeatsPoints(beatcounter)=i;
        BeatsPress(beatcounter)=lp_Press(i);
        hold on;
        scatter(i/fs,lp_Press(i),'k*');
    end
end
%% (4) 변곡점에 대해 선형적으로 잇기 & (2)에서 빼주기
HP_Press=zeros(1,length(lp_Press));
for i=1:beatcounter-1
    for x=BeatsPoints(i):BeatsPoints(i+1)
        y0=BeatsPress(i);
        y1=BeatsPress(i+1);
```

```
        x0=BeatsPoints(i);
        x1=BeatsPoints(i+1);
        y=y0+(y1-y0)/(x1-x0)*(x-x0);
        HP_Press(x)=lp_Press(x)-y;
    end
end
hold on;
plot(t,HP_Press*50,'k');axis([0 max(t) -10 max(Press)+10 ]);xlabel('seconds');ylabel
('Pressure[mmHg]');
```

실행 결과는 그림 11-13과 같으며, 일부 구간에 대해 자세한 그림은 그림 11-14와 같다.

그림 11-13 실행결과

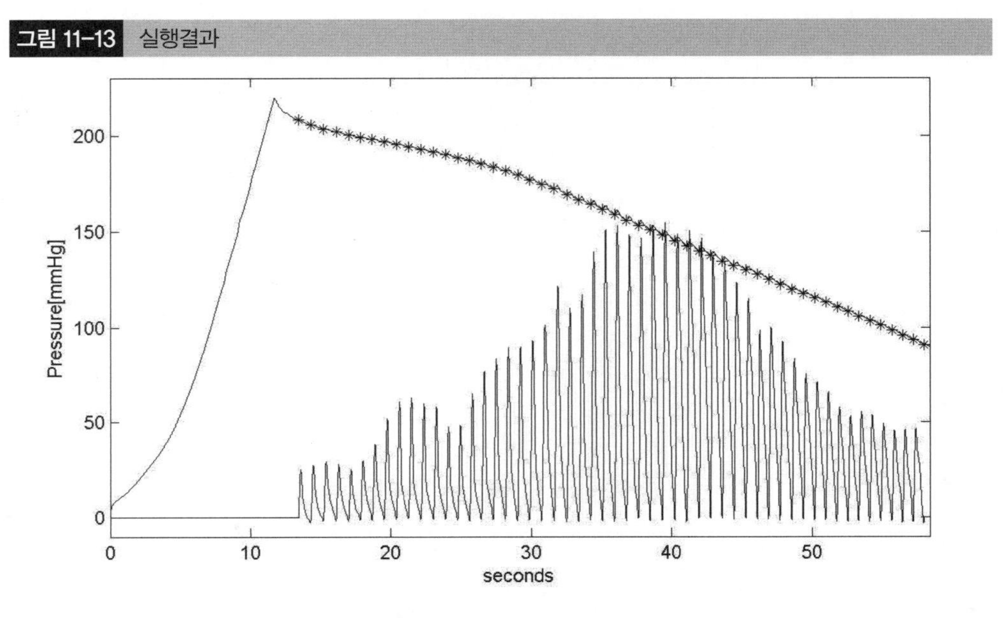

그림 11-14 실행결과 – 일부 구간 확대

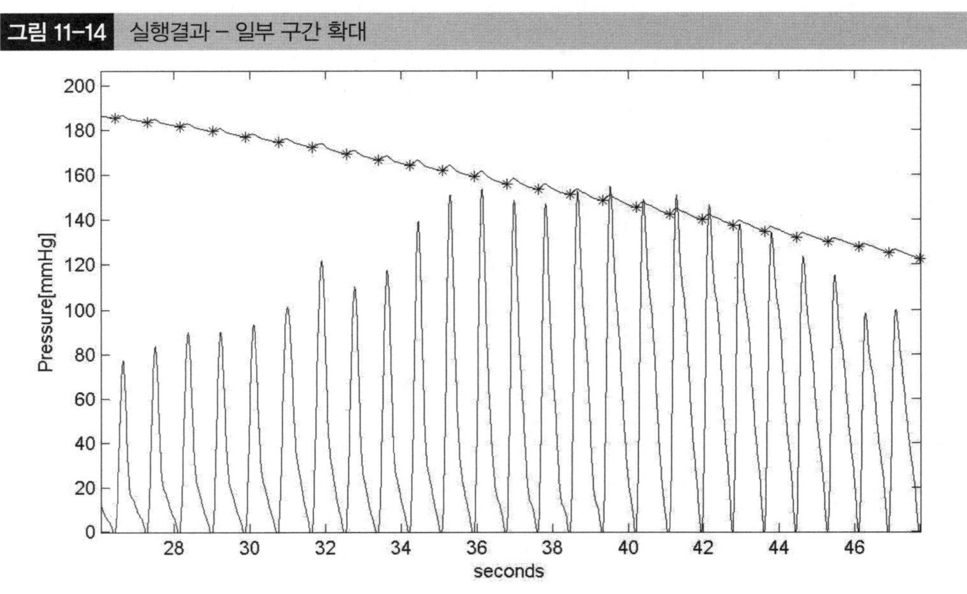

[실습 11-4] 심전도 신호에서 기저선 제거

운동 중에 심전도를 측정하게 되면 그림 11-15와 같이 DC 성분에 가까운 저주파 성분의 잡음이 존재하게 된다. 일반적으로 이를 기저선 변동(baseline wandering)이라 한다. 이를 제거하기 위해서는 고역통과 필터를 적용하면 되나 각 비트 별 심전도 파형은 왜곡을 가져와 임상학적 의미가 없어지게 된다. 따라서 심장이 한 번 뛸 때마다의 심전도 신호를 최대한 유지하기 위하여 각 비트 별 등전위점(iso-electric point)을 구하여 이들을 큐빅 스플라인 커브 피팅을 통하여 기전선 변동을 제거한다. 본 실습에서는 상기 내용을 실습해보도록 한다.

그림 11-15 기저선 변동이 존재하는 심전도 신호

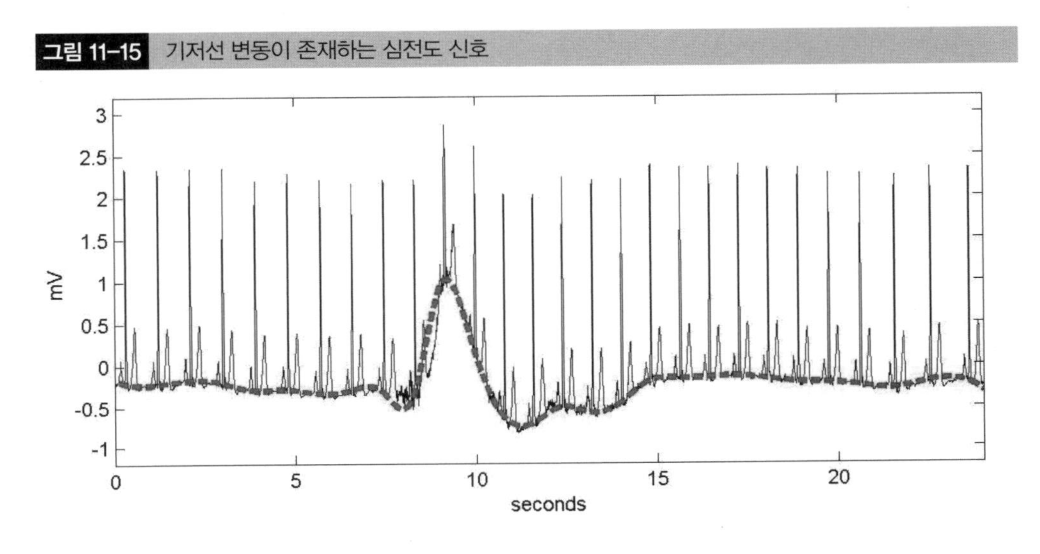

다음 절차에 따라 프로그래밍을 수행해보도록 하자.

① 심전도 관련 데이터베이스로서 가장 잘 알려진 MITBIH의 Long Term ST database의 데이터를 다운받아 본 실습을 수행한다. 용량이 크기 때문에 직접 다운받아 사용하길 권장한다(http://www.physionet.org/physiobank/database/ltstdb/s20011.dat). 또한 MITBIH 데이터베이스는 데이터 파일(*.dat), 헤더 파일(*.hea), 임상의가 수행한 주석파일(*.atr)로 구성되어 있다. 특히 헤더 파일에는 레코딩 데이터에 대한 정보가 들어가 있다. 본 실습에서 수행하고자 하는 s20011.dat 파일에 대한 헤더 파일의 일부는 다음과 같다.

```
s20011 2 250 20594750 17:08:00 09/12/1994
s20011.dat 212 200/mV 12 0 55 -18395 0 ML2
s20011.dat 212 200/mV 12 0 81 5078 0 MV2
#Age: 58  Sex: M
```

프로그램을 작성하는 데 필요한 몇 가지 정보만 알아보면 다음과 같다.

첫 줄의 2는 2채널(ML2, MV2) 데이터가 저장되었음을 의미하며, 250은 샘플링주파수를 의미한다. 두 번째 줄의 212는 2채널의 데이터가 212 포맷으로 저장되었음을 의미하며, 12비트 ADC, ADC zero value=0을 의미한다.

212 포맷에 대해 좀 더 자세히 알아보면 다음과 같다. 2채널의 데이터(12bits × 2= 24bits)가 3바이트에 그림 11-16과 같이 저장된다.

그림 11-16 212 포맷의 디코딩

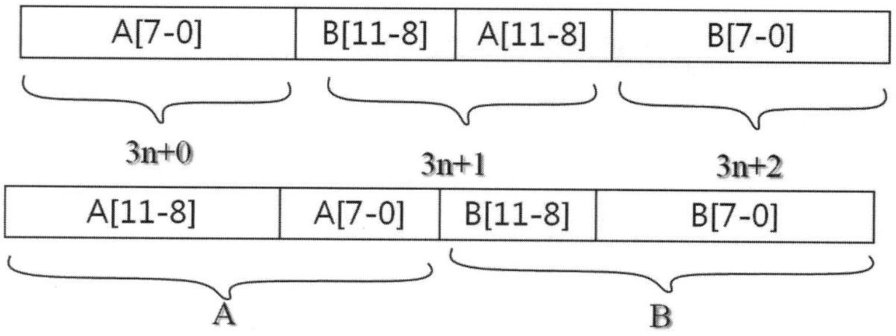

A[7-0]	B[11-8]	A[11-8]	B[7-0]
3n+0	3n+1		3n+2

A[11-8]	A[7-0]	B[11-8]	B[7-0]
A		B	

첫 바이트는 첫 번째 채널 데이터의 하위 8비트가 두 번째 바이트는 첫 번째, 두 번째 채널 데이터의 상위 4비트로 구성되어 있으며, 세 번째 바이트는 두 번째 채널 데이터의 하위 8비트로 구성되어 있다. 그림 11-16의 아래 그림과 같이 재구성을 하여 디코딩 해야 채널 별 데이터를 잘 분리할 수 있다.

주어진 s20011.dat에서 한 시간의 데이터(fs*3600)만 읽어들이고 한 시간의 데이터 중 35.1~35.5분 동안의 데이터에 대해서만 다음 알고리즘을 수행하도록 한다.

② 차단주파수가 5Hz인 버터워스 3차 고역통과필터를 적용한다.

③ 심전도의 R파의 최고점을 검출하기 위해 다음의 절차에 따라 수행한다.

- 저주파 필터링
  A={1,−2,1}, B={1,0,0,0,0,0,−2,0,0,0,0,0,1}
- 고주파 필터링
  A={1,−1}, B=zeros(1,33), B(1)=−1/32, B(18)=−1, B(33)=1/32
- 도함수
  A=1, B={1/4,1/8,0,−1/8,−1/4}
- squaring
- 이동평균 : 80msec 정도의 윈도우를 적용하여 이동 평균

④ 상기 내용은 심전도를 이용하여 심박수를 계산하기 위해 QRS complex를 구하기 위

한 일반적인 방법으로 Pan-Tompkins 알고리즘으로 알려져 있다. 이 내용에 대해서는 12장에서 상세하게 다루므로 12장을 참조하길 바란다.

⑤ ③의 이동평균의 결과값에서 최고값의 20% 이상인 영역을 검출하고,

⑥ 전체 지연(대략 전체 차수의 1/2)만큼 왼쪽으로 시프트시키고, 각 해당 비트에서 최대값을 구한다(R peak).

⑦ 각 비트별 등전위점(iso-electric point) 구하기 : R peak로부터 108ms 동안 거꾸로 이동(search back)하면서 20ms 동안 가장 표준편차가 적은 점을 찾아 애스테리스크(*)로 표시.

⑧ 등전위점들을 스플라인 인터폴레이션을 적용하여 기저선 성분 추출 및 원신호에서 차분함으로써 기저선 성분 제거.

```
Clc; clear all;close all;
%% (1) 데이터 읽기 : 1시간 - 35.1~35.5분 데이터 사용
fs=250;
fmax=fs/2;
ADCgain=200;
Zeroval=0;
Sample2Read=fs*3600;

[filename, pathname]=uigetfile('*.dat', 'Select ECG data file');
fid=fopen(filename,'r');
A=fread(fid,[3, Sample2Read],'uint8');
A=A';
fclose(fid);
Ch2H=bitshift(A(:,2),-4);
Ch1H=bitand(A(:,2),15);
PRL=bitshift(bitand(A(:,2),8),9);    % sign-bit
PRR=bitshift(bitand(A(:,2),128),5);  % sign-bit
Ch1=(bitshift(Ch1H,8)+A(:,1)-PRL-Zeroval)/ADCgain;
Ch2=(bitshift(Ch2H,8)+A(:,3)-PRR-Zeroval)/ADCgain;

startT=35.1*60*fs;
endT=35.5*60*fs;
ECG=Ch1(startT:endT);
t=[0:length(ECG)-1]/fs;
plot(t, ECG,'b');axis([0 max(t) -1 3]);

%% (2) High Pass filtering fc=5Hz
wn=5/fmax;
[B A]=butter(3,wn,'high');
hpECG=filtfilt(B,A,ECG);
```

```
hold on; plot(t,hpECG,'r');
%% (3) R peak detection using Pan & Tompkins
%%
%------------------------ R-peak detection algorithm --------------------
% Lowpass filtering
Alow=[1 -2 1];
Blow=zeros(1,13); Blow(1)=1; Blow(7)=-2; Blow(13)=1;
ECGlow=filter(Blow,Alow,hpECG);  % lowpass filtering of raw data

% Highpass filtering
Ahigh=[1,-1];
Bhigh=zeros(1,33); Bhigh(1)=-1/32; Bhigh(17)=1; Bhigh(18)=-1; Bhigh(33)=1/32;
ECGhigh=filter(Bhigh,Ahigh,ECGlow);    % highpass filtering of LP filtered data

% Derivative
Ader=1;
Bder=[1/4,1/8,0,-1/8,-1/4];
ECGder=filter(Bder,Ader,ECGhigh);    % Deriving of filtered data
ECGsqu=ECGder.*ECGder; % squaring of derived data

% Moving window average
N=fs*80/1000;         % 80msec
Amov=1;
Bmov=ones(1,N);
ECGmov=filter(Bmov,Amov,ECGsqu);    % Moving window
%% (4) 이동평균 결과값에서 최고값의 20% 이상 영역 검출
binECG=zeros(1,length(ECG));
thresECGmov=max(ECGmov)*0.2;

for i=1:length(ECG)
   if ECGmov(i)>thresECGmov
      binECG(i)=1;
   end
end
%% (5) 최대값 R peak 구하기
delay=floor((N+13+33+5)/2);
binECG=[binECG(delay:length(ECG)) zeros(1,delay-1)];
figure;plot(t,hpECG,'b',t,binECG,'r');axis([0 max(t) -1 2]);

beatNum=0;

for i=1:length(binECG)-1
   if binECG(i)==0 && binECG(i+1)==1
      beatNum=beatNum+1;
      beatStart(beatNum)=i+1;
   else if binECG(i)==1 && binECG(i+1)==0
```

```
            beatEnd(beatNum)=i;
        end
    end
end
figure;plot(t,ECG);axis([min(t) max(t) min(ECG) max(ECG)])
for i=1:length(beatStart)
    [Y, Rpeak(i)]=max(ECG( beatStart(i): beatEnd(i)));
    Rpeak(i)=Rpeak(i)+beatStart(i);
    hold on;
    scatter(t(Rpeak(i)),Y,'ro');
end

%% (6) 등전위점 검출 : search back for 108msec and minimum variance point 20msec
for i=1:length(Rpeak)
    searchArea=ECG(Rpeak(i)-floor(108*1e-3*fs):Rpeak(i));
    minStd=1000;
    minPos=0;
    for j=3:length(searchArea)-2
        Std=std(searchArea(j-2:j+2));
        if minStd >= Std
            minStd=Std;
            minPos=length(searchArea)-j;
        end
    end
    ISOpoint(i)=Rpeak(i)-minPos;
    hold on;
    scatter(t(ISOpoint(i)),ECG(ISOpoint(i)),'r*');
end

%% (7) spline interpolation & 기저선 변동 제거
%% interpolation : interp1(X,Y,X1,'spline');
% X = ISOpoint, Y=ECG(ISOpoint), X1=1:length(ECG);
X=ISOpoint;Y=ECG(ISOpoint);X1=1:length(ECG);
Y1=interp1(X,Y,X1,'spline');
figure;plot(t,ECG,'b',t,Y1,'r');axis([0 max(t) -1.2 3.2]);
BaselineRemovalECG=ECG-Y1';
figure;plot(t,ECG,'b', t,BaselineRemovalECG-3,'r');axis([0 max(t) -4 3]);
```

그림 11-17 Pan-Tompkins 알고리즘을 적용한 R파 영역 검출

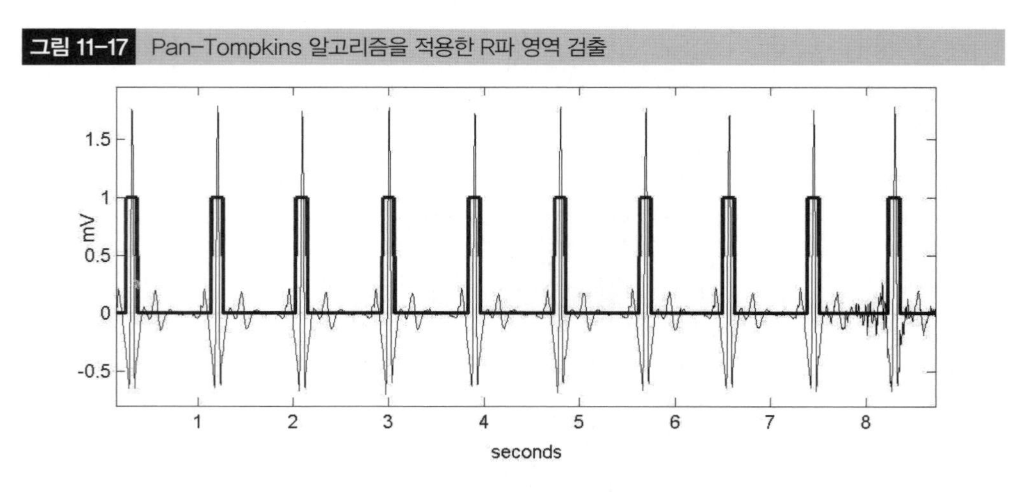

그림 11-18 R파 최대점 및 등전위점 검출

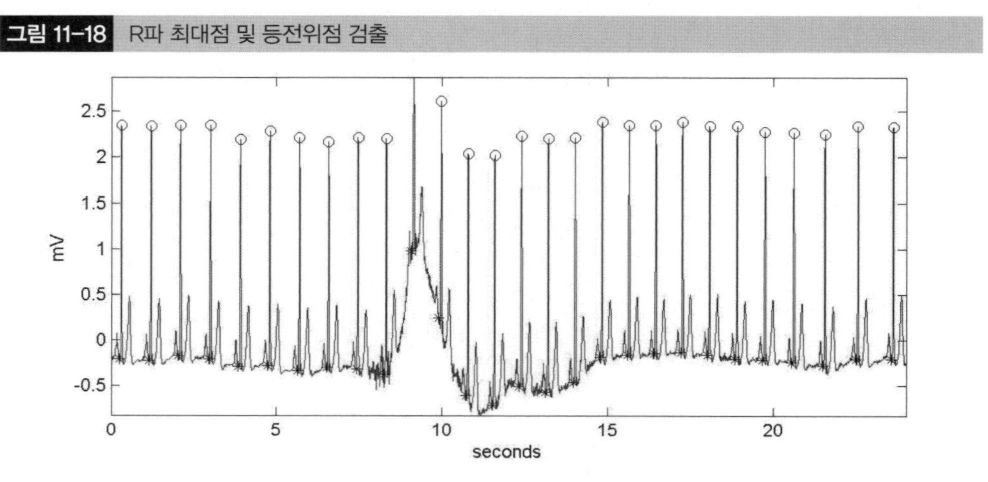

그림 11-19 기저선(baseline) 제거 전, 후

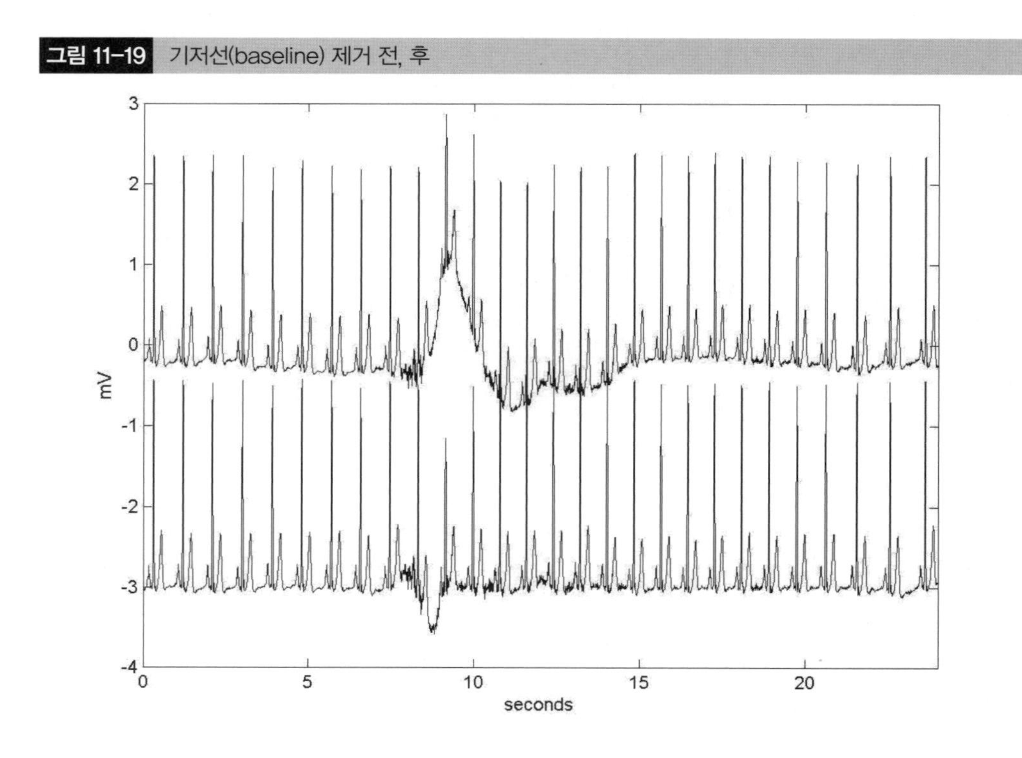

11.4 디지털 필터 활용 – BMDAQ

11.4절에서는 Matlab을 이용하여 간단한 필터를 설계하고 이를 마이크로컨트롤러인 MSP430에 직접 포팅 하고 실행해보도록 한다.

[실습 11-5] 심전도 신호의 실시간 필터링

8장에서 이미 학습한 바와 같이 먼저 TP6 점에서의 심전도 신호를 디지털로 변환하고 이 신호에 설계한 필터를 적용하여 필터링을 수행해보도록 한다. 예제는 실습 8-2에 추가하여 작성하도록 한다. 이때 심전도 신호의 샘플링주파수는 250Hz이며 12비트로 양자화되어 있다. 다음 절차에 따라 실행해보도록 한다.

① Matlab을 활용하여 차단주파수가 30Hz인 3차 버터워스 필터를 설계한다.

```
%% exp 11_5 :
%% (1) 차단주파수 30Hz 저역통과 필터 설계 - 3차 butterworth
close all;clear all;clc;
fs=250; %% 샘플링주파수 : 250hz
fmax=fs/2; %% 최고 주파수 : 125Hz(샘플링 이론)
wn=30/fmax;N=3;
[B A]=butter(N,wn);
%% 설계된 Filter 특성 출력
[H W]=freqz(B,A,100);
w=W*fmax/pi;
figure;plot(w,abs(H)); axis([0 max(w) 0 1.2]);
B
A
```

실행 결과 설계된 필터의 진폭 응답 특성은 그림 11-20과 같다.

설계된 필터의 B, A 행렬은 다음과 같으며, 이들은 각각 수식 11-7의 a_k, b_k를 의미한다.

$$B = \{0.0286,\ 0.0859,\ 0.0859,\ 0.0286\}$$
$$A = \{1,\ -1.5189,\ 0.9600,\ -0.2120\}$$

② ①의 결과를 이용하여 차분방정식을 구한다.

①의 결과 값인 B,A 값들을 이용하여 수식 11-8에 적용하면 차분방정식은 다음과 같다.

$$y[n] = 0.0286 \times x[n] + 0.0859 \times x[n-1] + 0.0859 + \times x[n-2] + 0.0286 \times x[n-3] \\ +1.5189 \times y[n-1] - 0.9600 \times y[n-2] + 0.2120 \times y[n-3]$$

그림 11-20 차단주파수가 30Hz인 3차 Butterworth 필터 진폭 응답 특성

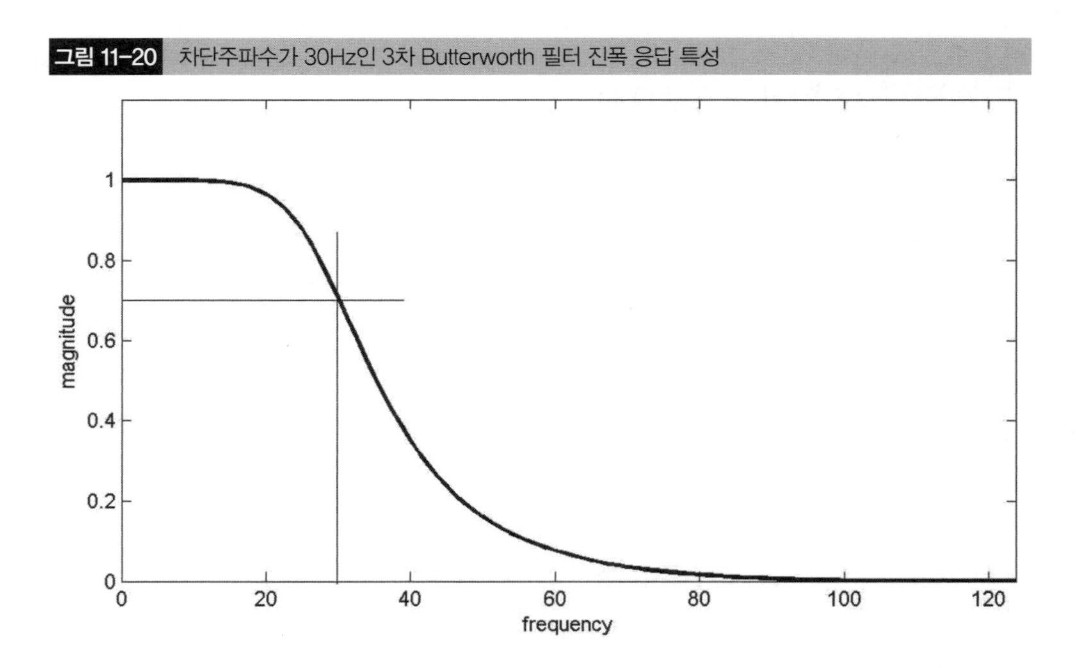

③ ②의 결과를 바탕으로 펌웨어에 프로그래밍한다.

프로그램에 대한 소스코드는 다음과 같으며, 진하게 되어 있는 부분이 이전 8장의 실습 8-2에 추가 또는 변형된 내용이다.

```
// 11-5  TP6의 ADC된 데이터에 필터링 적용하기
// 첫 번째 data는 필터링이 안 된 데이터 보내기
// 두 번째는 30Hz 저역통과 필터 적용된 데이터 보내기
// 세 번째 임의의 숫자 보내기

#include <msp430x16x.h>

int adc1,adc2,adc3,adc4,adc5,adc6;
unsigned char Packet[7];

void ReadAdc12 (void);      // Read data from internal 12 bits ADC
int lpfilt(int indata);

float a[4]={1.0000,-1.1589,0.9600,-0.2120};
float b[4]={0.0286,0.0859,0.0859,0.0286};
void main(void)
{
 unsigned int i;

//  Set basic clock and timer
        WDTCTL = WDTPW + WDTHOLD;                // Stop WDT
        BCSCTL1 &= ~XT2OFF;                      // ACLK= LFXT1= HF XTAL
```

```
        do
        {
                IFG1 &= ~OFIFG;                          // Clear OSCFault flag
                for (i = 0xFF; i > 0; i--);              // Time for flag to set
        }while ((IFG1 & OFIFG));                        // OSCFault flag still set?
        BCSCTL2 |= SELM_2;                             // MCLK =XT2CLK=6Mhz
        BCSCTL2 |= SELS;                               // SMCLK=XT2CLK=6Mhz

// Set Port
        P3SEL = BIT4|BIT5;                             // P3.4,5 = USART0 TXD/RXD
        P6SEL = 0x3f;      P6DIR=0x3f;      P6OUT=0x00;

//Set UART0
        ME1 |= UTXE0 + URXE0;                          // Enable USART0 TXD/RXD
        UCTL0 |= CHAR;                                 // 8-bit character
        UTCTL0 |= SSEL0|SSEL1;                         // UCLK= SMCLK
        UBR00 = 0x34;                                  // 6MHz 115200
        UBR10 = 0x00;                                  // 6MHz 115200
        UMCTL0 = 0x00;                                 // 6MHz 115200 modulation
        UCTL0 &= ~SWRST;                               // Initialize USART state machine

//  Set 12bit internal ADC
        ADC12CTL0 = ADC12ON | REFON | REF2_5V; // ADC on, 2.5 V reference on
        ADC12CTL0 |= MSC; // multiple sample and conversion
        // SMCLK, /8, sequence of channels
        ADC12CTL1 = ADC12SSEL_3 | ADC12DIV_7 | CONSEQ_1;   ADC12CTL1 |= SHP;
        ADC12MCTL0 = SREF_0 | INCH_0;
        ADC12MCTL1 = SREF_0 | INCH_1;
        ADC12MCTL2 = SREF_0 | INCH_2;
        ADC12MCTL3 = SREF_0 | INCH_3;
        ADC12MCTL4 = SREF_0 | INCH_4;
        ADC12MCTL5 = SREF_0 | INCH_5 | EOS;
        ADC12CTL0 |= ENC;                                    // enable conversion

//  SetTimerA
        TACTL=TASSEL_2+MC_1;                           // clock source and mode(UP) select
        TACCTL0=CCIE;
        TACCR0=24000;                                // 6M/24000=250hz
  _BIS_SR(LPM0_bits + GIE);                          // Enter LPM0 w/ interrupt

}
#pragma vector = TIMERA0_VECTOR
__interrupt void TimerA0_interrupt()
{
        int filtdata,tempdata=7000;
```

```
      ReadAdc12();

         Packet[0]=(unsigned char)0x81;
         __no_operation();

         Packet[1]=(unsigned char)(adc6>>7)&0x7F;
         Packet[2]=(unsigned char)adc6&0x7F;

      filtdata=lpfilt(adc6)+5000-650;

         Packet[3]=(unsigned char)(filtdata>>7)&0x7F;
         Packet[4]=(unsigned char)filtdata&0x7F;

         Packet[5]=(unsigned char)(tempdata>>7)&0x7F;
         Packet[6]=(unsigned char)tempdata&0x7F;

         for(int j=0;j<7;j++){
                  while (!(IFG1 & UTXIFG0));              // USART0 TX buffer ready?
                  TXBUF0=Packet[j];
         }
}

void ReadAdc12 (void)
{
         // read ADC12 result from ADC12 conversion memory
         // start conversion and store result without CPU intervention
         adc1 = (int)( (long)ADC12MEM0 * 9000 / 4096) -4500+7000; // adc0 voltage in [mV]
         adc2 = (int)( (long)ADC12MEM1 * 9000 / 4096) -4500+7000;
         adc3 = (int)( (long)ADC12MEM2 * 9000 / 4096) -4500+7000;
         adc4 = (int)( (long)ADC12MEM3 * 9000 / 4096) -4500+7000;
         adc5 = (int)( (long)ADC12MEM4 * 9000 / 4096) -4500+7000;
         adc6 = (int)( (long)ADC12MEM5 * 9000 / 4096) -4500+7000;

         ADC12CTL0|=ADC12SC;  // start conversion
}
// y[n]=0.0286

int lpfilt(int indata){
   static float y0=0,y1=0,y2=0,y3=0;
   static int x0=0,x1=0,x2=0,x3=0;
   int output;
   x0=indata;
   //filtering
   y0=b[0]*x0+b[1]*x1+b[2]*x2+b[3]*x3-a[1]*y1-a[2]*y2-a[3]*y3;
   y3=y2;
   y2=y1;
```

```
    y1=y0;
    x3=x2;
    x2=x1;
    x1=x0;
    output=(int)y0;
    return(output);
}
```

상기 프로그램의 실행 결과를 보기 위해서는 부록 B의 ECGViewer 프로그램을 그대로 사용하면 된다.

실행한 결과는 그림 11-21과 같으며 이전 Matlab을 활용한 예제에서와 같이 잡음이 많이 제거되었음을 알 수 있다. 그러나 QRS 부분이 높은 주파수에 해당되는데 많이 감쇄되었음을 알 수 있다.

그림 11-21 필터링 실행결과

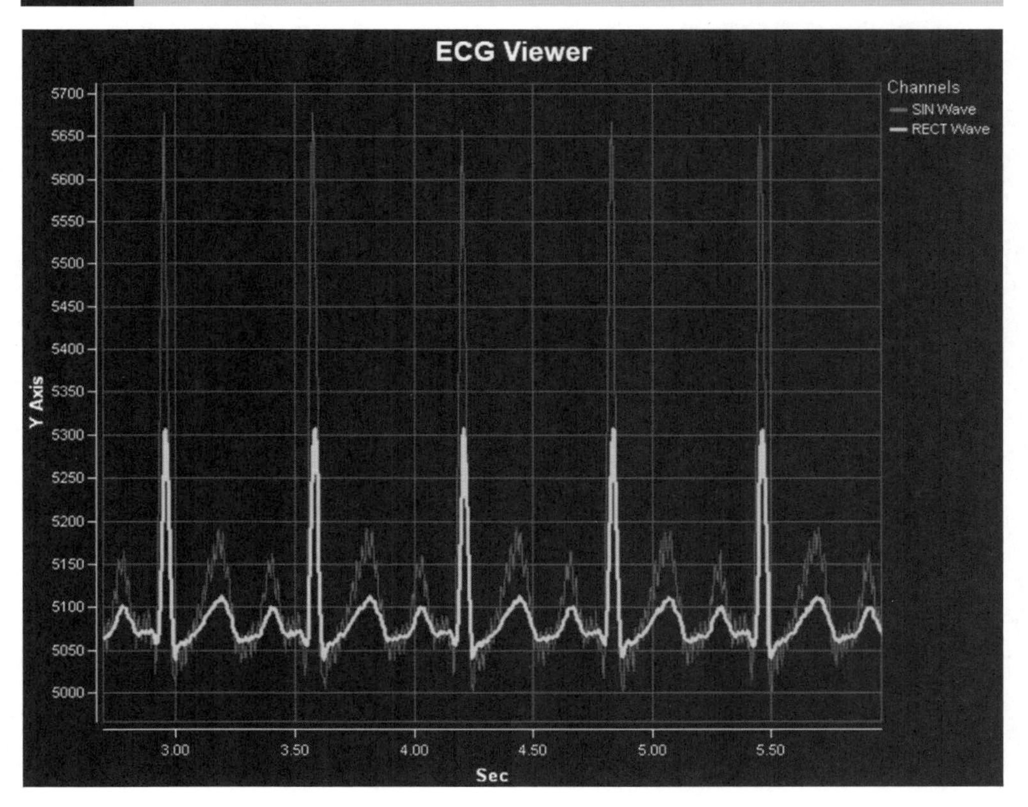

제 12 장

ECG 파형분석 및 신호처리

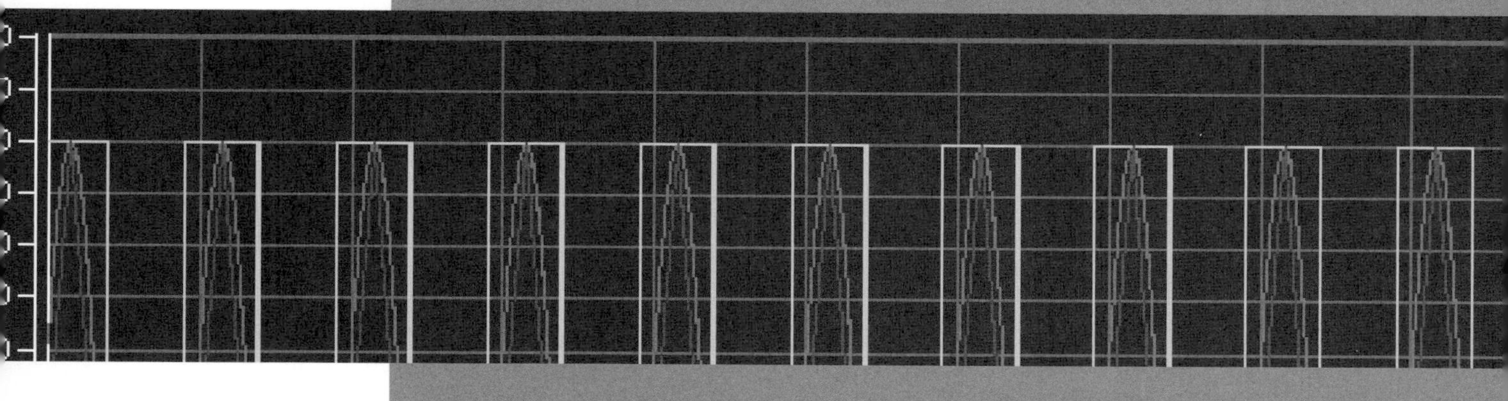

12.1 개 요

어떠한 신호를 획득한 후에는 그 신호를 어떻게 사용할 것인지 그 용도에 맞게 변환을 하거나 특징들을 추출하는 신호처리 과정이 필요하다. 이 책에서 다루고 있는 심전도의 경우 측정 대상자의 심장 활동을 관측하기 위하여 측정하는 신호이다. 하지만 관측하려는 심장의 전기적 활성도가 매우 미약한 신호이고, 함께 측정되는 여러 가지 잡음들(근육 움직임에 의한 신호, 전극 접착 정도에 따른 임피던스 변화, 전원선(power-line)으로부터 생기는 간섭 등)에 의한 영향이 크기 때문에 정확한 분석을 위해서는 그에 따른 정교한 특징 추출 기법이 필요하다.

이번 장에서는 심전도 신호의 특징 분석방법 중에서 모든 분석의 기본이 되는 QRS complex(부록 A 참조)를 검출하는 방법에 대하여 서술하도록 하겠다. QRS complex는 심전도 파형 중에서 가장 큰 진폭을 가지면서 가장 급격하게 변하는 지점이기 때문에 가장 쉽게 얻어낼 수 있는 특징이다. QRS complex를 검출하는 방법에는 여러 가지가 있지만 현재 가장 대표적으로 사용되고 있는 방법은 Pan-Tompkins 알고리즘이다. 이 방법은 신호를 획득하면서 실시간으로 QRS complex를 검출하도록 만든 검출 방법으로 전체적인 처리 순서를 살펴보면 그림 12-1과 같다.

각 단계를 요약해서 말하자면, 제일 처음으로 BMDAQ 보드에서 ADC 과정을 거쳐서 디지털 신호로 전송된 파형에 디지털 필터를 적용한다. 앞서 언급했던 것과 같이 수신된 신호에는 근육 움직임, 전원 간섭, 베이스라인 불안정 등 다양한 잡음이 섞여 있기 때문에 대역통과필터를 이용하여 QRS 분석에 필요한 대역만 남겨 놓고 나머지 부분은 걸러낸다. 다음으로 급격하게 변화하는 QRS complex의 특징을 더욱 확실히 하기 위하여 미분을 취한다. 이 미분된 신호에서는 양수 음수의 변화가 아닌 절대적인 변화의 폭이 중요하기 때문에 신호를 양수화하는 작업을 수행한다. 이 과정에서 제곱을 사용하여 미분 결과에서의 QRS complex를 더욱 확실히 나타낼 수 있지만, 임베디드 상황에서 연산 속도를 고려한다면 단

그림 12-1 QRS 검출 방법의 전체적인 흐름

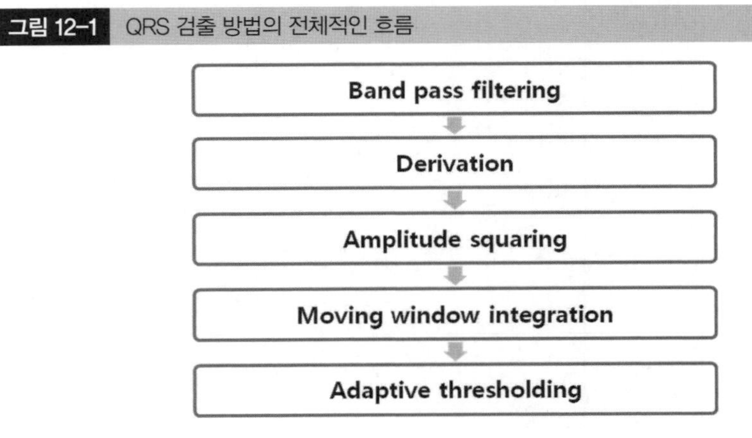

순히 절대값을 취하는 것으로도 충분히 효과를 얻을 수 있다. 마지막으로 양수화된 미분신호에 moving window integration을 적용하여 일정 수치(threshold) 이상이 되는 지점을 기준으로 QRS complex의 위치를 알 수 있고, 이 결과를 분석하여 QRS complex의 기울기와 너비에 대한 정보도 알 수 있다. 여기에서 적용되는 임계(threshold) 값은 매번 QRS complex가 발견되는 시점마다 갱신이 되면서 시시각각 변화하는 심전도 파형에 대응한다.

이렇게 찾아진 QRS complex를 이용하여 가장 간단하게 구할 수 있는 특징은 분당 심박수이다. 분당 심박수란 1분 동안 심장이 몇 번이나 뛰는지를 정량화 하는 것으로 심장에 걸리는 부하의 정도를 알 수 있는 요소 중의 하나이다. 하지만 이 수치를 구하기 위해서 1분 동안 심장 박동을 세어서 결과를 내보내는 것은 상당히 비효율적이기 때문에 매번 심장이 뛸 때마다 하나의 QRS complex와 바로 뒤따르는 QRS complex의 검출 시점 사이 간격을 이용하여 이 수치를 구한다.

상기 나열한 방법을 24비트 고해상도 ADC 되고 PC로 실시간으로 전송된 신호에 대해 상기 절차를 순차적으로 적용하여 QRS complex를 검출하는 알고리즘을 구현해보도록 한다.

12.2 QRS complex 검출 알고리즘

12.2.1 Band pass filter

디지털 회로를 지나 ADC된 신호는 디지털 필터를 지나게 된다. 이는 근육의 영향, 60Hz 전원 간섭, 베이스라인 불안정 등의 잡음을 제거하고 QRS complex를 상대적으로 강화시킨다. QRS complex를 다른 신호에 비해 강화하면 낮은 임계값에 의해 잘못된 결과를 얻는 경우를 방지할 수 있다. 대역통과 필터를 구현하기 위해 저역통과 필터와 고역통과 필터를 순서대로 통과시킨다.

저역통과필터는 샘플링률이 250sps일 때, 11Hz의 차단주파수를 갖도록 설계되었으며, 전달함수 및 차분방정식은 다음과 같다. 입력 신호에 대해 적용한 결과는 그림 12-2와 같다.

전달함수(Transfer Function) : $H(z) = \dfrac{(1-z^{-6})^2}{(1-z^{-1})^2}$

$$y(nT) = 2y(nT-T) - y(nT-2T) + x(nT) - 2x(nT-6T) + x(nT-12T)$$

상기 전달함수는 이득 36, 5샘플의 지연시간을 가지므로 실제 코드에서는 마지막 출력을 36으로 나누어 이득이 1이 되도록 조정하였다.

그림 12-2 저역통과 필터의 적용 전, 후 (a) 적용 전, (b) 적용 후

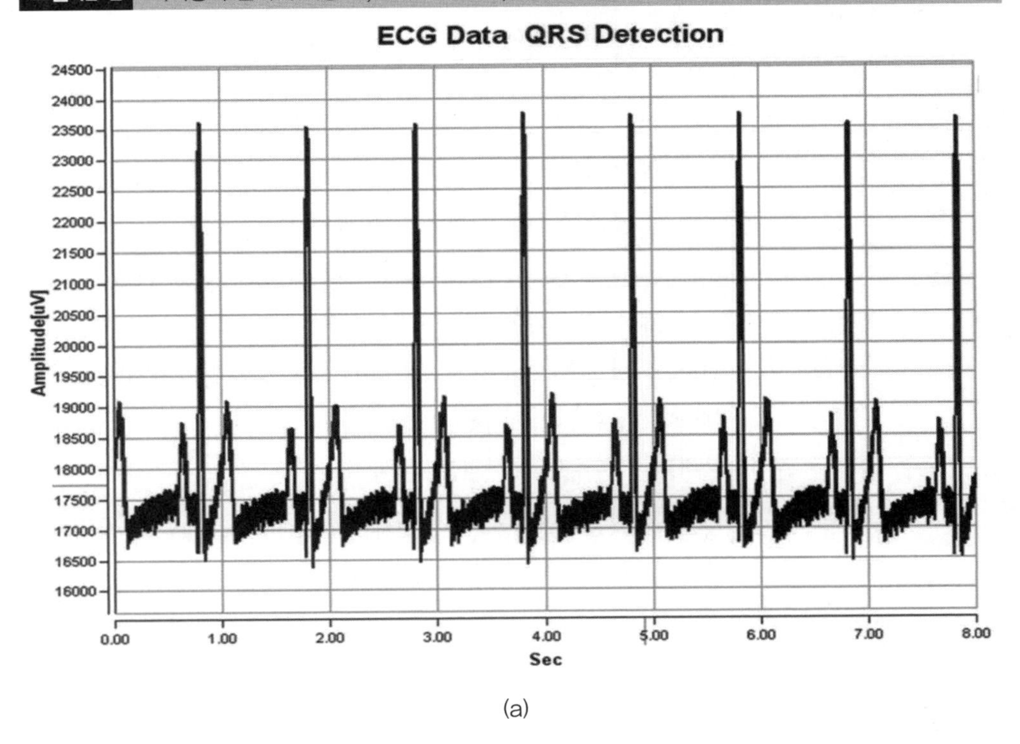

(a)

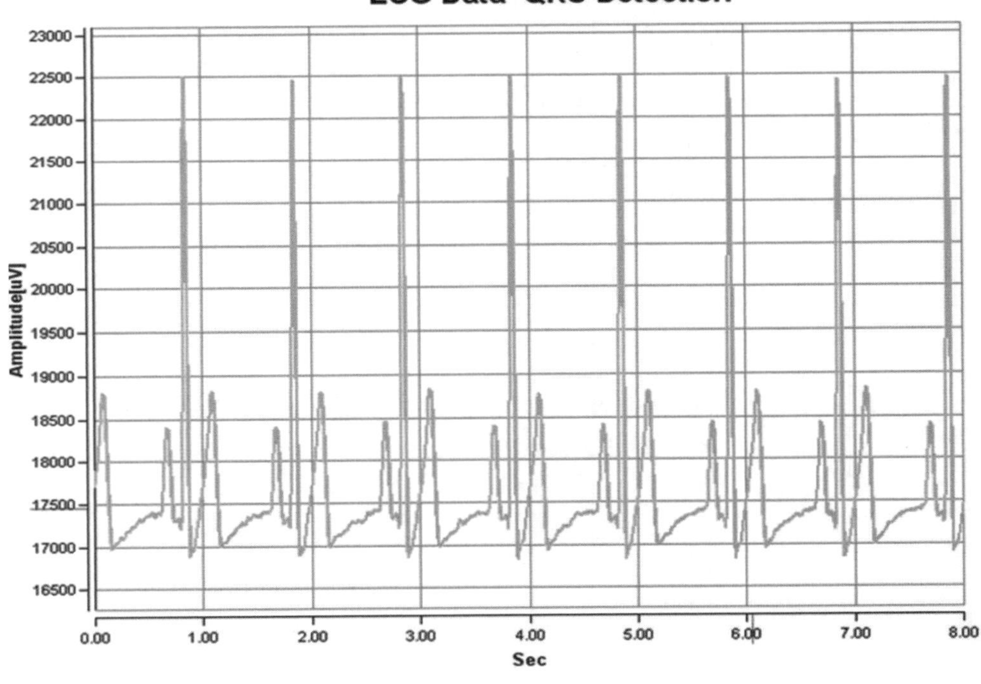

(b)

```
/*************************************************************************
* lpfilt() implements the digital filter represented by the difference
* equation:
*     y[n] = 2*y[n-1] - y[n-2] + x[n] - 2*x[t-24 ms] + x[t-48 ms]
*     Note that the filter delay is (LPBUFFER_LGTH/2)-1
*************************************************************************/
int lpfilt( int datum ,int init)
      {
      static long y1 = 0, y2 = 0 ;
      static int data[LPBUFFER_LGTH], ptr = 0 ;
      long y0 ;
      int output, halfPtr ;
      if(init)
            {
            for(ptr = 0; ptr < LPBUFFER_LGTH; ++ptr)
                  data[ptr] = 0 ;
            y1 = y2 = 0 ;
            ptr = 0 ;
            }
      halfPtr = ptr-(LPBUFFER_LGTH/2) ;  // Use halfPtr to index
      if(halfPtr < 0)                                    // to x[n-6].
            halfPtr += LPBUFFER_LGTH ;
      y0 = (y1 << 1) - y2 + datum - (data[halfPtr] << 1) + data[ptr] ;
      y2 = y1;
      y1 = y0;
      output = y0 / ((LPBUFFER_LGTH*LPBUFFER_LGTH)/4);
      data[ptr] = datum ;                  // Stick most recent sample into
      if(++ptr == LPBUFFER_LGTH)           // the circular buffer and update
            ptr = 0 ;                                 // the buffer pointer.
      return(output) ;
      }
```

고역통과필터는 250sps의 샘플링률일 때 5Hz의 차단주파수를 갖도록 설계되었으며, 적용 결과는 그림 12-3과 같다.

Pan-Tompkins 알고리즘에서 사용한 고역통과필터는 저역통과필터의 출력을 입력에서 차감하는 형태로 설계되었고 전달함수 및 차분방정식은 다음과 같다.

$$H(z) = z^{-16} - \frac{1}{32}\frac{1-z^{-32}}{1-z^{-1}}$$

$$z(nT) = \frac{1}{32}[z(nT-T) + x(nT) - x(nT-32T)]$$

$$y(nT) = x(nT-16T) - z(nT)$$

$z(nT)$는 전달함수의 우변 후반부 저역통과필터 특성을 가지며, 이득이 32이므로 1로 맞추기

그림 12-3 고역통과필터의 적용 결과

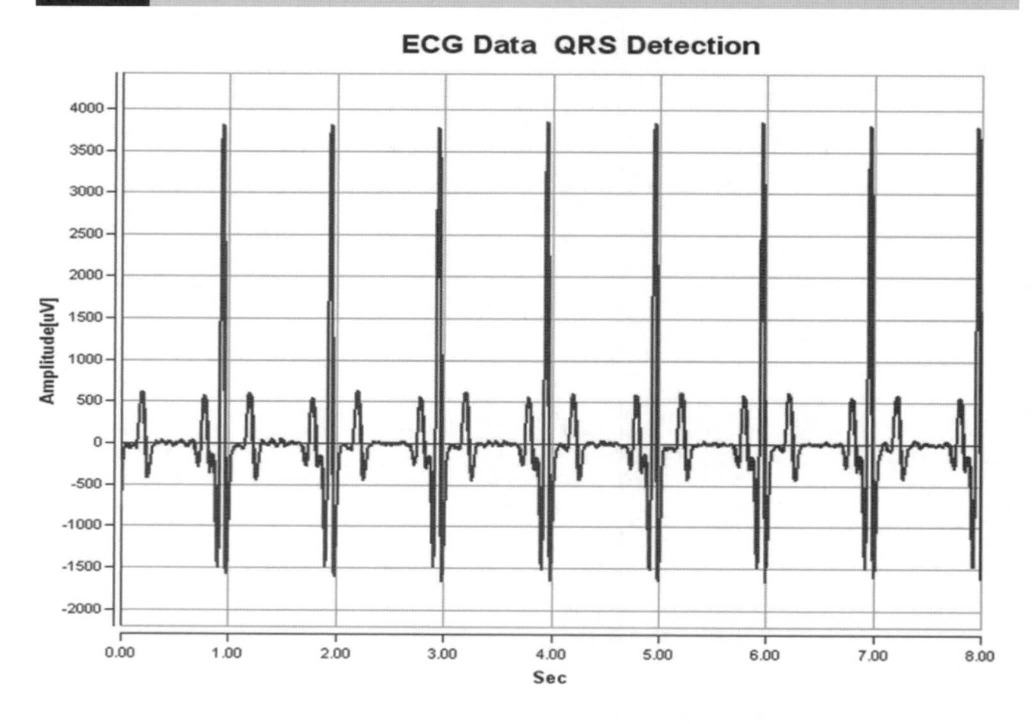

위해 1/32로 처리하였으며, 시간지연은 15.5샘플로, 반올림하여 16샘플로 처리하였다. $y(nT)$는 16샘플 시간지연된 입력에서 저역통과필터를 차감하여 고역통과필터 특성을 갖는다. 상기 내용을 코드로 작성하면 다음과 같다.

```
/*****************************************************************************
 * hpfilt() implements the high pass filter represented by the following
 * difference equation:
 *    z[n] = z[n-1] + x[n] - x[n-128 ms]
 *    y[n] = x[n-64 ms] - z[n] ;
 * Filter delay is (HPBUFFER_LGTH-1)/2
 *****************************************************************************/
int hpfilt( int datum, int init )
     {
     static long z=0 ;
     static int data[HPBUFFER_LGTH], ptr = 0 ;
     int y, halfPtr ;
     if(init)
          {
          for(ptr = 0; ptr < HPBUFFER_LGTH; ++ptr)
               data[ptr] = 0 ;
          ptr = 0 ;
          z = 0 ;
          }
     z += datum - data[ptr];
     halfPtr = ptr-(HPBUFFER_LGTH/2) ;
     if(halfPtr < 0)
```

```
        halfPtr += HPBUFFER_LGTH ;
    y = data[halfPtr] - (z / HPBUFFER_LGTH);
    data[ptr] = datum ;
    if(++ptr == HPBUFFER_LGTH)
        ptr = 0 ;
    return( y );
    }
```

12.2.2 Derivation

QRS complex가 심전도 파형에서 가장 큰 진폭을 가지면서 가장 급격히 변하는 지점이기 때문에 이러한 특성을 더욱 강화하기 위하여 미분을 적용한다. 그림 12-3을 보면 다른 성분들에 비하여 QRS complex 부분이 상하로 길게 뻗은 것을 알 수 있다. 즉 단위 시간당 변화량이 많음을 알 수 있다. Pan-Tompkins 알고리즘에서 사용하는 미분은 1차 미분을 조금 수정하여 사용하고 있다.

미분에 대한 전달함수 및 차분방정식은 다음과 같다.

$$H(z) = 1 - z^{-3}$$
$$y(nT) = x(nT) - x(nT - 3T)$$

위 연산을 코드로 작성하면 다음과 같다.

```
/*****************************************************************************
* deriv1 and deriv2 implement derivative approximations represented by
* the difference equation:*
*     y[n] = x[n] - x[n - 10ms]*
* Filter delay is DERIV_LENGTH/2
*****************************************************************************/
int deriv1(int x, int init)
    {
    static int derBuff[DERIV_LENGTH], derI = 0 ;
    int y ;
    if(init != 0)
        {
        for(derI = 0; derI < DERIV_LENGTH; ++derI)
            derBuff[derI] = 0 ;
        derI = 0 ;
        return(0) ;
        }
    y = x - derBuff[derI] ;
    derBuff[derI] = x ;
    if(++derI == DERIV_LENGTH)
        derI = 0 ;
    return(y) ;
    }
```

그림 12-4 미분의 적용 결과

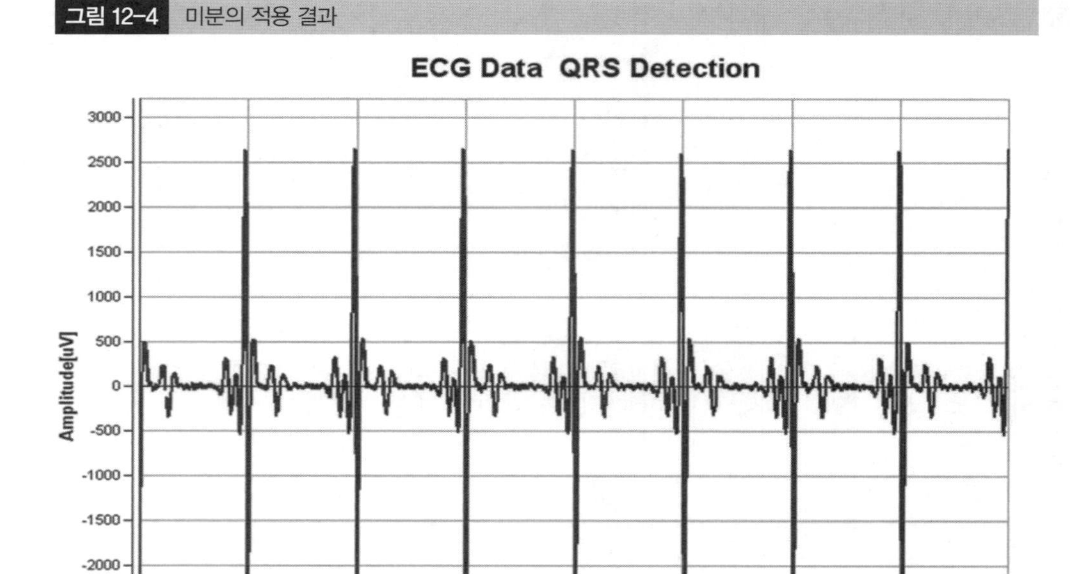

대역통과 필터를 통과한 신호에 미분을 적용한 결과는 그림 12-4와 같다.

12.2.3 Squaring

이 단계에서는 일반적으로 미분의 결과로 강조된 고주파 성분들을 양수화하고 증폭하기 위해 신호 값에 제곱을 취한다. 하지만 이 책에서는 BMDAQ 보드와 같이 임베디드 상황을 염두에 두었기 때문에 연산 부담이 적도록 절대값을 취하는 방법을 사용하였다.

12.2.4 Moving-Window

Moving-Window를 사용하면 QRS complex의 기울기뿐만 아니라 넓이에 대한 정보도 알 수 있으며 이에 대한 전달함수 및 차분방정식은 다음과 같다.

$$H(z) = \frac{1}{N}(1 + z^{-1} + z^{-2} + \cdots + z^{-(N-1)})$$
$$y(nT) = (1/N)[x(nT-(N-1)T) + x(nT-(N-2)T) + \cdots + x(nT)]$$

Moving-Window를 사용할 때는 N 값이 중요하다. 즉 window의 크기를 얼마로 하냐에 따라서 그 결과가 다른데, 윈도우가 너무 크면 QRS complex와 T-wave가 합쳐지게 된다. 또한 윈도우가 너무 작으면 QRS 안에서 여러 개의 피크가 발생하게 된다. 통상적으로 권장되는 window의 너비는 80ms 내외이므로 이에 맞추어 N의 값을 결정하여 사용한다.

차분방정식을 기반으로 하여 코드로 작성하면 다음과 같다.

그림 12-5 미분값에 절대값을 취한 결과

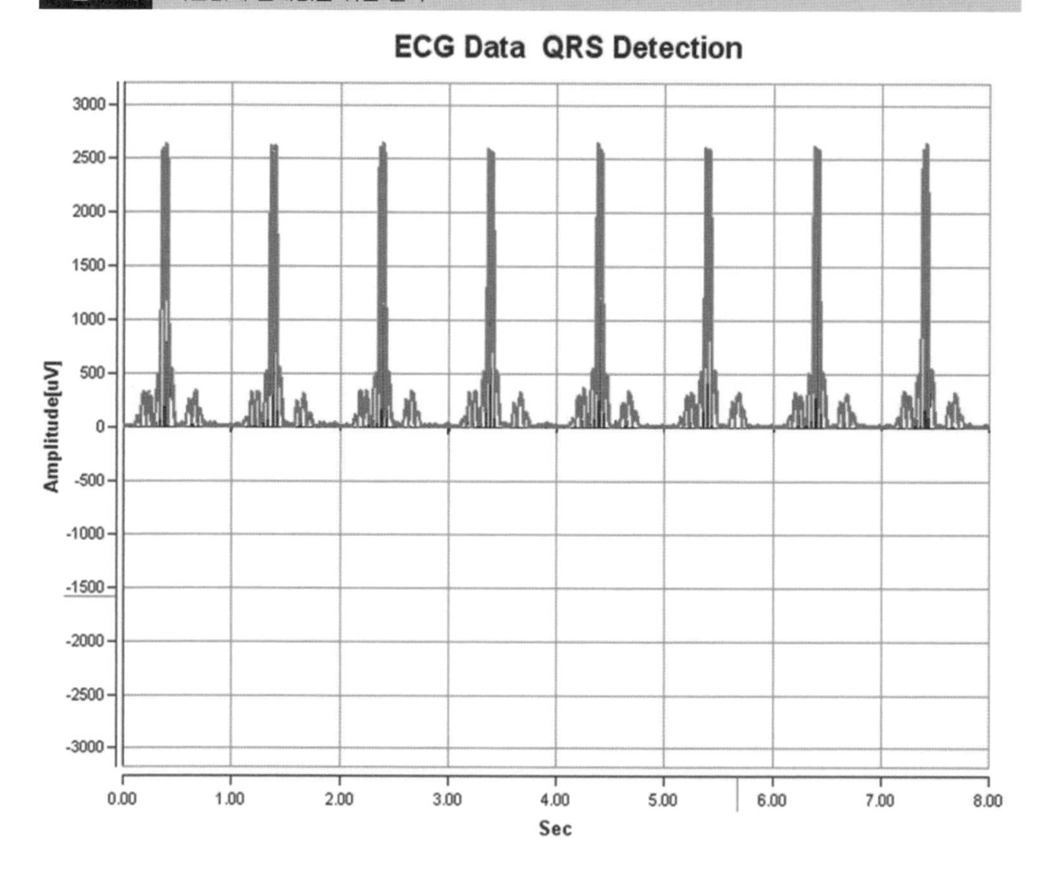


```
/*****************************************************************************
* mvwint() implements a moving window integrator.  Actually, mvwint() averages
* the signal values over the last WINDOW_WIDTH samples.
*****************************************************************************/
int mvwint(int datum, int init)
    {
    static long sum = 0 ;
    static int data[WINDOW_WIDTH], ptr = 0 ;
    int output;
    if(init)
        {
        for(ptr = 0; ptr < WINDOW_WIDTH ; ++ptr)
            data[ptr] = 0 ;
        sum = 0 ;
        ptr = 0 ;
        }
    sum += datum ;
    sum -= data[ptr] ;
    data[ptr] = datum ;
```

```
if(++ptr == WINDOW_WIDTH)
        ptr = 0 ;
if((sum / WINDOW_WIDTH) > 32000)
        output = 32000 ;
else
        output = sum / WINDOW_WIDTH ;
return(output) ;
}
```

절대값을 취한 결과에 대해 Moving-Window를 적용한 결과는 그림 12-6과 같다.

그림 12-6 Moving-Window의 적용 결과

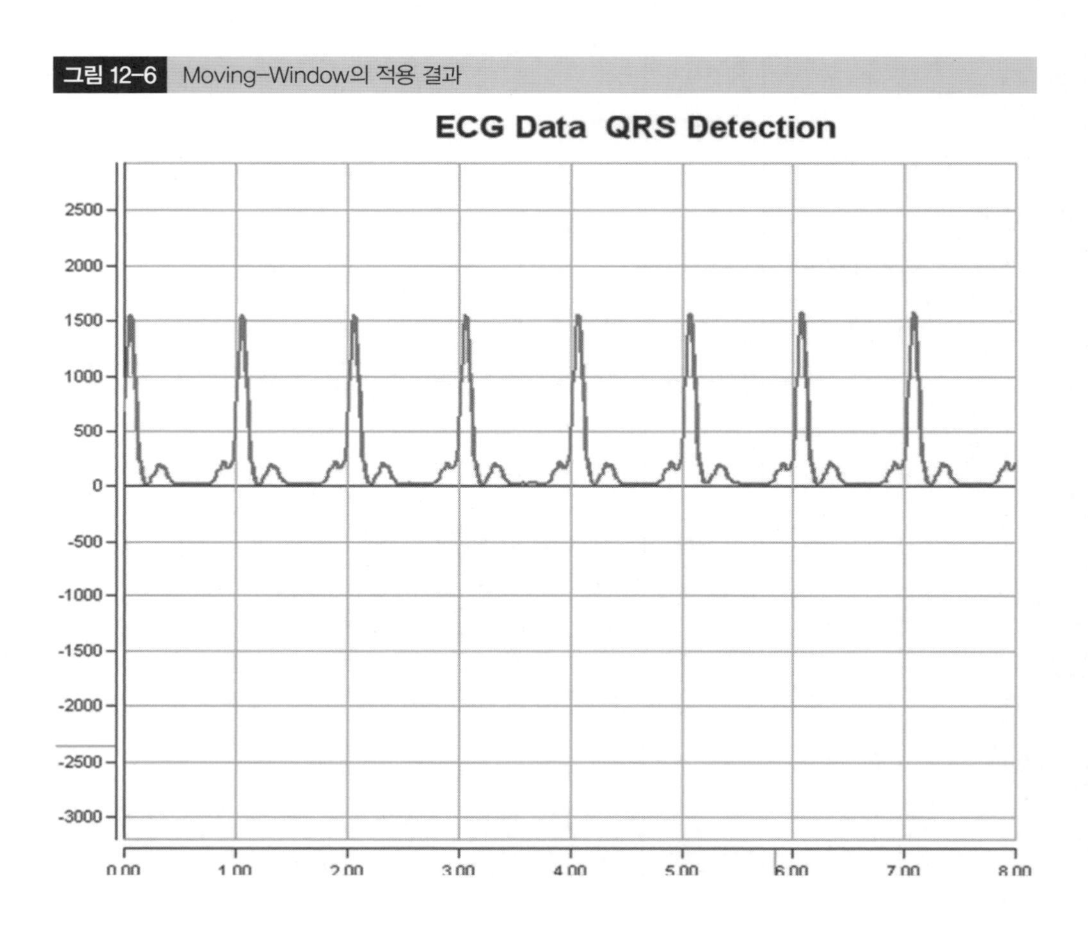

12.2.5 Peak detection

QRS를 검출하는 알고리즘은 크게 세 가지 처리 과정으로 나뉜다.

1) learning phase 1 : 이 과정 동안 발생되는 신호와 잡음 peak detection에 기반하여 detection 임계값을 초기화

2) learning phase 2 : RR interval 평균과 limit values 초기화
3) detection

그리고 QRS를 검출하는 규칙은 다음과 같다.

① 발견된 peak의 전후 200ms 이내에 발생한 모든 작은 peak들은 무시한다.
② peak가 발생했을 때, raw signal이 +기울기와 −기울기를 가지고 있는지 아닌지를 확인한다. 가지고 있지 않다면 베이스라인이다.
③ 이전의 peak 발견 후 360ms 안에 peak가 발생했다면, raw signal의 최대 미분 값이 이전 peak의 절반 이상인지 확인한다. 그렇지 않다면 그 peak는 T-wave이다.
④ peak가 검출 임계값보다 크다면 QRS complex라고 한다. 아니면 잡음이다.
⑤ R-R interval의 1.5배 시간 내에 QRS complex가 발견되지 않았을 때, 이전 peak보다 360ms 이후부터 현재까지 검출 임계값 절반보다 더 큰 peak가 발견되면 QRS complex라고 한다.

이와 같은 규칙을 적용하기 위해서는 우선 모든 peak를 찾아서 비교해야 한다. Peak함수는 모든 양의 Peak를 찾는 함수로 일정시간과 신호의 크기 변화 두 가지 조건에 의하여 위로 볼록한 형태의 peak를 검출한다. 이 함수를 살펴보면 다음과 같다.

```
int Peak( int datum, int init )
    {
    static int max = 0, timeSinceMax = 0, lastDatum ;
    int pk = 0 ;
    if(init)
        max = timeSinceMax = 0 ;

    if(timeSinceMax > 0)
        ++timeSinceMax ;
    if((datum > lastDatum) && (datum > max))
        {
        max = datum ;
        if(max > 2)
            timeSinceMax = 1 ;
        }
    else if(datum < (max >> 1))
        {
        pk = max ;
        max = 0 ;
        timeSinceMax = 0 ;
        Dly = 0 ;
        }
    else if(timeSinceMax > MS95)
        {
```

```
        pk = max ;
        max = 0 ;
        timeSinceMax = 0 ;
        Dly = 4 ;
        }
    lastDatum = datum ;
    return(pk) ;
    }
```

우선 유효한 peak를 찾기 전에 생각해야 하는 것이 생리학적으로 한번 QRS가 나타나면 200ms안에 다시 나타나지 않기 때문에 이 사이에는 peak를 검출하지 않는다.

코드 상에서는 처음으로 유효한 peak가 들어오면 tempPeak에 저장하고 preBlankCnt를 세팅하여 200ms를 계산한다. 계속해서 preBlankCnt를 감소시키면서 다음 peak가 발생하는지 확인하고 혹시 새로 발생한 값이 이전 peak보다 크면 값을 갱신한다. tempPeak에 있는 값보다 큰 peak가 200ms동안 들어오지 않으면 tempPeak가 newPeak가 된다.

```
/* Wait until normal detector is ready before calling early detections. */
aPeak = Peak(fdatum,0) ;
// Hold any peak that is detected for 200 ms
// in case a bigger one comes along.  There
// can only be one QRS complex in any 200 ms window.

newPeak = 0 ;
if(aPeak && !preBlankCnt)           // If there has been no peak for 200 ms
        {
// save this one and start counting.
        tempPeak = aPeak ;
        preBlankCnt = PRE_BLANK ;               // MS200
        }

else if(!aPeak && preBlankCnt)      // If we have held onto a peak for
        {
// 200 ms pass it on for evaluation.
        if(--preBlankCnt == 0)
                newPeak = tempPeak ;
        }

else if(aPeak)                        // If we were holding a peak, but
        {
// this ones bigger, save it and
        if(aPeak > tempPeak)          // start counting to 200 ms again.
                {
```

```
            tempPeak = aPeak ;
            preBlankCnt = PRE_BLANK ; // MS200
            }
        else if(--preBlankCnt == 0)
            newPeak = tempPeak ;
        }
```

위의 알고리즘으로 peak값을 찾으면 임계값으로 QRS가 맞는지 아닌지 검사하게 된다. 임계값은 정상적인 peak와 잡음으로 판명된 peak의 크기를 이용하여 구해지는 값으로 처음 8초 동안 이 값을 초기화 한다.

```
/* Initialize the qrs peak buffer with the first eight         */
/* local maximum peaks detected.                                *
if( qpkcnt < 8 )
    {
    ++count ;
    if(newPeak > 0) count = WINDOW_WIDTH ;
    if(++initBlank == MS1000)
        {
        initBlank = 0 ;
        qrsbuf[qpkcnt] = initMax ;
        initMax = 0 ;
        ++qpkcnt ;
        if(qpkcnt == 8)
            {
            qmedian = median( qrsbuf, 8 ) ;
            nmedian = 0 ;
            rrmedian = MS1000 ;
            sbcount = MS1500+MS150 ;
            det_thresh = thresh(qmedian,nmedian) ;
            }
        }
    if( newPeak > initMax )
        initMax = newPeak ;
    }
```

상기 코드를 보면 우선 처음 8초 동안에는 1초씩의 구간별로 각 구간에서 발견된 가장 큰 peak 값을 저장하고 그 중앙값을 구한다. 평균이 아닌 중앙값을 구하는 이유는 갑자기 오차가 큰 값이 발생했을 경우 평균을 사용하였을 경우에 비해 미미한 영향을 미치기 때문이다.

이렇게 구해진 값은 신호의 peak값이 되고 잡음의 peak값과 함께 thresh 함수에 들어가 임계값이 구해진다. 단, 초기의 잡음 peak의 값은 0으로 설정된다.

```
/****************************************************************************
 thresh() calculates the detection threshold from the qrs median and noise
 median estimates.
****************************************************************************/
int thresh(int qmedian, int nmedian)
	{
	int thrsh, dmed ;
	double temp ;
	dmed = qmedian - nmedian ;
	temp = dmed ;
	temp *= TH ;
	dmed = temp ;
	thrsh = nmedian + dmed ; /* dmed * THRESHOLD */
	return(thrsh) ;
	}
```

8초 이후에 들어온 peak에 대해서는 다음과 같은 코드를 따라 처리가 진행된다.

```
else  /* Else test for a qrs. */
	{
	++count ;
	if(newPeak > 0)
		{

		/* Check for maximum derivative and matching minima and maxima
		   for T-wave and baseline shift rejection. */
		// Classify the beat as a QRS complex
		// if the peak is larger than the detection threshold.
		if(newPeak > det_thresh)
			{
			memmove(&qrsbuf[1], qrsbuf, MEMMOVELEN) ;
			qrsbuf[0] = newPeak ;
			qmedian = median(qrsbuf,8) ;
			det_thresh = thresh(qmedian,nmedian) ;
			memmove(&rrbuf[1], rrbuf, MEMMOVELEN) ;
			rrbuf[0] = count - WINDOW_WIDTH ;
			rrmedian = median(rrbuf,8) ;
			sbcount = rrmedian + (rrmedian >> 1) + WINDOW_WIDTH ;
			count = WINDOW_WIDTH ;

			sbpeak = 0 ;
			lastmax = maxder ;
			maxder = 0 ;
			QrsDelay =  WINDOW_WIDTH + FILTER_DELAY ;
```

```
                initBlank = initMax = rsetCount = 0 ;
    //          preBlankCnt = PRE_BLANK ;
                }

// If a peak isn't a QRS update noise buffer and estimate.
// Store the peak for possible search back.

        else
        {
                memmove(&noise[1],noise,MEMMOVELEN) ;
                noise[0] = newPeak ;
                nmedian = median(noise,8) ;
                det_thresh = thresh(qmedian,nmedian) ;

        // Don't include early peaks (which might be T-waves)
        // in the search back process.  A T-wave can mask
        // a small following QRS.
                if((newPeak > sbpeak) && ((count-WINDOW_WIDTH) >= MS360))
                        {
                        sbpeak = newPeak ;
                        sbloc = count  - WINDOW_WIDTH ;
                        }
                }
        }
    }
```

앞에서 구한 newPeak 값과 임계값을 비교하여 newPeak가 임계값보다 크면 qrsbuf 맨 앞에 새로운 peak를 저장한다. 그렇지 않다면 해당 peak를 일단 잡음 peak로 간주하고 잡음의 맨 앞에 새로운 peak를 저장한다. 두 가지 경우 모두 새로운 값이 입력되었기 때문에 다시 임계값을 갱신한다.

- **Search back**

모든 peak들이 일정한 진폭을 가지고 발생을 한다면 앞의 코드만으로도 거의 모든 QRS complex를 검출할 수 있다. 하지만 가끔은 QRS complex의 진폭이 들쑥날쑥 한 경우가 있고, 특히 급격히 작아지는 경우가 발생한다면 임계값에 미치지 못하여 잡음 peak로 여겨지고 넘어갈 가능성도 있다. 따라서 주어진 시간(평균 R-R interval의 1.5배) 동안 정상적인 peak가 발생되지 않았다면 이러한 peak가 발생했을지 확인하기 위해 search back을 수행한다.

```
        /* Test for search back condition.  If a QRS is found in  */
        /* search back update the QRS buffer and det_thresh.      */
        if((count > sbcount) && (sbpeak > (det_thresh >> 1)))
```

```
            {
            memmove(&qrsbuf[1],qrsbuf,MEMMOVELEN) ;
            qrsbuf[0] = sbpeak ;
            qmedian = median(qrsbuf,8) ;
            det_thresh = thresh(qmedian,nmedian) ;
            memmove(&rrbuf[1],rrbuf,MEMMOVELEN) ;
            rrbuf[0] = sbloc ;
            rrmedian = median(rrbuf,8) ;
            sbcount = rrmedian + (rrmedian >> 1) + WINDOW_WIDTH ;
            QrsDelay = count = count - sbloc ;
            QrsDelay += FILTER_DELAY ;
            sbpeak = 0 ;
            lastmax = maxder ;
            maxder = 0 ;
            initBlank = initMax = rsetCount = 0 ;
            }
    }
```

마지막으로 peak를 검출하고 평균 R-R interval의 1.5배가 넘는 시간 동안 임계값을 넘는 peak가 검출되지 않았다면 잡음 peak로 평가됐던 peak에 대해 조금 더 낮은 임계값을 적용한다. 새로운 임계값은 기존 값의 1/2로 이 조건을 만족한다면 해당 peak를 정상 peak로 인정한다.

12.2절에서 설명한 함수들에서 사용한 변수들에 대한 헤더 파일의 내용은 다음과 같다.

```
#define PRE_BLANK   MS200
#define SAMPLE_RATE         250            /* Sample rate in Hz. */
#define MS_PER_SAMPLE       ((double) 1000/ (double) SAMPLE_RATE)
#define MS10         ((int) (10/ MS_PER_SAMPLE + 0.5))
#define MS25         ((int) (25/MS_PER_SAMPLE + 0.5))
#define MS30         ((int) (30/MS_PER_SAMPLE + 0.5))
#define MS80         ((int) (80/MS_PER_SAMPLE + 0.5))
#define MS95         ((int) (95/MS_PER_SAMPLE + 0.5))
#define MS100        ((int) (100/MS_PER_SAMPLE + 0.5))
#define MS125        ((int) (125/MS_PER_SAMPLE + 0.5))
#define MS150        ((int) (150/MS_PER_SAMPLE + 0.5))
#define MS160        ((int) (160/MS_PER_SAMPLE + 0.5))
#define MS175        ((int) (175/MS_PER_SAMPLE + 0.5))
#define MS195        ((int) (195/MS_PER_SAMPLE + 0.5))
#define MS200        ((int) (200/MS_PER_SAMPLE + 0.5))
#define MS220        ((int) (220/MS_PER_SAMPLE + 0.5))
#define MS250        ((int) (250/MS_PER_SAMPLE + 0.5))
#define MS300        ((int) (300/MS_PER_SAMPLE + 0.5))
```

```
#define MS360        ((int) (360/MS_PER_SAMPLE + 0.5))
#define MS450        ((int) (450/MS_PER_SAMPLE + 0.5))
#define MS1000       SAMPLE_RATE
#define MS1500       ((int) (1500/MS_PER_SAMPLE))
#define DERIV_LENGTH        MS10
#define LPBUFFER_LGTH ((int) (2*MS25))
#define HPBUFFER_LGTH MS125

#define WINDOW_WIDTH        MS80          // Moving window integration width.
#define       FILTER_DELAY (int) (((double) DERIV_LENGTH/2) +
((double) LPBUFFER_LGTH/2 - 1) + (((double) HPBUFFER_LGTH-1)/2) + PRE_BLANK)   //
filter delays plus 200 ms blanking delay
#define DER_DELAY    WINDOW_WIDTH + FILTER_DELAY + MS100
```

12.3 실습 예제

[실습 12-1] QRS complex 검출 및 분당 심박수 구하기

본 실습은 9장에서 이미 실습한 실습 9-1과 펌웨어 측면에서는 샘플링주파수 및 일부 내용이 변경된 것을 제외하고는 동일하다. 다른 점은 실습 9-1에서는 BMDAQ 보드로부터 PC로 전송된 데이터를 단순히 PC 소프트웨어를 이용하여 화면에 출력만 하는 반면, 본 실습에서는 PC로 전송된 데이터를 2절에서 기술한 Pan-Tompkins 알고리즘을 적용하여 QRS complex를 검출하고 이를 바탕으로 분당 심박수를 구하는 것이다.

BMDAQ 보드에 부착된 ADS1254를 이용하여 4채널(TP1, TP2, TP3, TP4)에 대해 ADC를 행하고 TP1(차동증폭기 입력신호), TP3(차동증폭기 출력신호), TP4(DRL 회로 출력신호)의 데이터를 PC로 전송한다. PC쪽에서는 TP3 차동증폭기의 출력신호에 대해 Pan-Tompkins 알고리즘을 적용하여 QRS complex를 검출하고 이를 이용하여 분당 심박수를 구하는 것이다.

샘플링주파수는 250Hz이며, 펌웨어에 대한 소스코드는 main.c, DAQ.h 및 DAQllf.c로 구성되어 있다. 소스코드는 다음과 같다.

```
//Main.c
//*****************************************************************************
// Project: BMDAQ08
//
// Description:  BMDAQ08 main program
//
```

```
//
// MSP430F1610
// Jan 2009
// Built with IAR Embedded Workbench Version: 5.2
//******************************************************************************

#include   "DAQ.h"

void main(void)
{
   SetClock();         // basic clock
   SetDefaultValues();
   SetTimerA();         // timer A
   SetPort();          // port & peripheral setting
   SetUART0();         // Host interface - UART
   SetSPI1();         // 24 bit ADC (ADS1222) interface - SPI
   SetDMA0();          // Host interface - UART data send using DMA

   _EINT();           // General Interrupt Enable

   while (true)
   {
      if (AdcDataReadyFlag)  ProcessAdcData();
   }
}

void ProcessAdcData (void)
{
   static int data_count;

   AdcDataReadyFlag = false;

   // Operation indicator LED
   // blink 1 time per sec
   data_count++;
   if (data_count >= 500) data_count = 0;

   if (data_count < 250) {
      LED1ON;
      LED2OFF;
   }
   else {
      LED1OFF;
      LED2ON;
   }
```

```
    // ****************************************************************************
    // 이 function은 Adc에서 새 data를 읽은후 set 되는 ProcessAdcDataFlag에 의해 호출된다.
    // 이 function의 처리는 다음  Adc data가 입력되기 전에 전부 종료되어야 한다.
    // ****************************************************************************

    long EcgIn = adc24[0];

    long EcgWave = adc24[2];

    long DRL = adc24[3];

//    long out = adc24[3];

    // ****************************************************************************
    // Host로 전송할 data를 SendDataBuffer에 넣어라.
    // SendDataBuffer의 내용은 다음번 adc data가 입력되어 이 function이 호출되기 직전에
    // DMA 동작으로 Host로 송출 되기 시작함.
    // ****************************************************************************

    if ((data_count % 2) == 0)
    {
            SendDataBuffer [0] = 0x81;                  // data packet header

        SendDataBuffer [1] = (EcgIn >> 14) & 0x7f;
        SendDataBuffer [2] = (EcgIn >> 7) & 0x7f;
        SendDataBuffer [3] = (EcgIn) & 0x7f;

        SendDataBuffer [4] = (EcgWave >> 14) & 0x7f;
        SendDataBuffer [5] = (EcgWave >> 7) & 0x7f;
        SendDataBuffer [6] = (EcgWave) & 0x7f;

        SendDataBuffer [7] = (DRL >> 14) & 0x7f;
        SendDataBuffer [8] = (DRL >> 7) & 0x7f;
        SendDataBuffer [9] = (DRL) & 0x7f;

        SendDataToHost(PACKET_SIZE);
    }
}

// end of main.C
```

```
// DAQ.h
```

```
// DAQ.h

// Include files ********************************************************************
#include    <msp430x16x.h>
```

```
#include   <stdlib.h>
#include   <math.h>
#include   <limits.h>
#include   <stdbool.h>


// Constants, macros and .... ******************************************************

// *****************************************************************************
// HW 관련 *************************************************************************

#define    SMCLK_FREQ        6000000

// LED test
#define    LED1ON            (P3OUT &= (~BIT0))
#define    LED1OFF           (P3OUT |= BIT0)
#define    LED2ON            (P3OUT &= (~BIT1))
#define    LED2OFF           (P3OUT |= BIT1)

// ADC24 channel
//#define    ADC24_CAL_FACTOR   595
#define    ADC24_NUM_CH       4
#define    ADC24CH1           (P5OUT = (P5OUT & 0x3F))
#define    ADC24CH2           (P5OUT = (P5OUT & 0x3F) | BIT6)
#define    ADC24CH3           (P5OUT = (P5OUT & 0x3F) | BIT7)
#define    ADC24CH4           (P5OUT = (P5OUT & 0x3F) | BIT6 | BIT7)

// host 와의 통신 관련
#define    PACKET_SIZE        10
#define    MAX_PACKET_SIZE     32
#define    RXBUFSIZE          64
#define    TXBUFSIZE          64

// Function Prototypes **************************************************************
void ProcessAdcData (void);

void SetClock (void);
void SetDefaultValues (void);
void SetTimerA (void);
void SetPort (void);
void SetUART0 (void);
void SetSPI1 (void);
void SetDMA0 (void);
void SendDataToHost (int num_byte);

// Global Variables *****************************************************************
```

```
extern  bool    AdcDataReadyFlag;

extern  char    SendDataBuffer [MAX_PACKET_SIZE];

extern long         adc24[4];
extern  int     SystemTickDivisionFactor;
extern  int     num_channel;

// end of DAQ.h
```

```
//DAQ11f.c

#include   "DAQ.h"

int AdcDacConversionFreq;
bool AdcDataReadyFlag;

char  TXBuffer[TXBUFSIZE];
char  SendDataBuffer [MAX_PACKET_SIZE];

long adc24buff[4];
long adc24[4];
int channel;

int SystemTickDivisionFactor;
int num_channel;

long   UartBaudRate;

// ****************************************************************************
//     Basic Clock
// ****************************************************************************

void SetClock (void)
{
   volatile int i;

   // ***** Watchdog Timer *****
   WDTCTL = WDTPW + WDTHOLD;               // Stop watchdog timer

   // ***** Basic Clock *****
   BCSCTL1 &= ~XT2OFF;                     // XT2 on

   do                                   // wait until XT2 oscillator stabilizing
   {                                    // fault detector monitors XT2
      IFG1 &= ~OFIFG;                      // clear oscillator fault flag
      for (i = 255; i > 0; i--);           // time for flag to set
```

```
    }
    while (IFG1 & OFIFG);                  // loop if oscillator fault flag

    BCSCTL2 = SELM_2;                      // MCLK = XT2CLK = 6 MHz
    BCSCTL2 |= SELS;                       // SMCLK = XT2CLK = 6 MHz
}

// ****************************************************************************
//     Default Values
// ****************************************************************************

void SetDefaultValues (void)
{
     SystemTickDivisionFactor = 4;
     num_channel = 4;
     AdcDacConversionFreq = 1000;
     UartBaudRate = 115200;
}

// ****************************************************************************
//     Port and Peripheral
// ****************************************************************************

void SetPort (void)
{
    // ***** Port 1 *****
     // P1.1을 제외하고 out port로
     P1DIR = 0xFF & (~BIT1);
     P1OUT = 0x00;

     // ***** Port 2 *****
     P2SEL = 0x00;
     P2DIR = 0x00;
     P2IE  = 0x00;
     P2IFG = 0x00;

     // ***** Port 3 *****
     P3DIR = 0xFF;
     P3OUT = 0x00;
     P3SEL = BIT4 | BIT5;                 // P3.4, P3.5 for UART

     // ***** Port 4 *****
     P4DIR = 0xFF;
     P4OUT = 0x00;

     // ***** Port 5 *****
```

```
    P5DIR = 0xFF;
    P5OUT = 0x00;
    P5SEL = BIT1 | BIT2 | BIT3;           // P5.1, P5.2, P5.3 for SPI
    P5SEL |= BIT4 | BIT5;                 // P5.4 for MCLK, P5.5 for SMCLK

    // ***** Port 6 *****
    P6SEL = BIT0 | BIT1 | BIT2 | BIT3 | BIT4 | BIT5 | BIT6 | BIT7;
}

// ****************************************************************************
//                  High resolution 24 bit ADC ADS1254 Interface
//                        using the MSP430 Timer and SPI
// ****************************************************************************

void SetSPI1 (void)
{
   U1CTL |= SWRST;                        // SPI1 reset

   U1CTL |=  CHAR + SYNC + MM;            // 8-bit data, SPI, Master mode
   U1TCTL |=  CKPH + SSEL1 + STC;         // SMCLK, 3-pin SPI, U1RCTL = default
   U1BR1 = 0;  U1BR0 = 2;  U1MCTL = 0;    // SMCLK / 2      3 mhz clock
   ME2 = USPIE1;                          // USART 1 SPI enable

   U1CTL &= (~SWRST);                     // SPI1 reset released for operation
}

void SetTimerA (void)
{
   TACTL = TASSEL_2 + MC_1;               // SMCLK, up mode
   TACCR0 = (int)(SMCLK_FREQ / AdcDacConversionFreq);
   TACCR1 = 2160;                         // Adc24 conversion time - 2160 clock cycles

   TACCTL0 = CCIE;                        // Timer A0 - interrupt enable
   TACCTL1 = CCIE;                        // Timer A1 - interrupt enable
}

#pragma vector = TIMERA0_VECTOR
__interrupt void SystemTick()
{

   // sampling rate control
   static int sub_cycle;

   sub_cycle++;
   if (sub_cycle >= SystemTickDivisionFactor) sub_cycle = 0;
```

```
    channel = sub_cycle;
    // next ch - high resol adc

    if (channel == 0)        ADC24CH1;
    else if (channel == 1)   ADC24CH2;
    else if (channel == 2)   ADC24CH3;
    else                     ADC24CH4;


    // each data ready timing
    if (sub_cycle == 0) {

        // copy adc24 data from temporal buffer
        adc24[0] = adc24buff[0];
        adc24[1] = adc24buff[1];
        adc24[2] = adc24buff[2];
        adc24[3] = adc24buff[3];

        // set data ready flag
        AdcDataReadyFlag = true;

    }
}

#pragma vector = TIMERA1_VECTOR
__interrupt void ReadADC24()
{
    volatile int i;
    long tmpL1;
    long tmpL2;
    long tmpL3;
    long data;

    i = TAIV;       // reset highest pending interrupt flag

    U1TXBUF = 0x00;
    for (i = 3; i > 0; i--);
    tmpL1 = U1RXBUF;

    U1TXBUF = 0x00;
    for (i = 3; i > 0; i--);
    tmpL2 = U1RXBUF;

    U1TXBUF = 0x00;
    for (i = 3; i > 0; i--);
    tmpL3 = U1RXBUF;
```

```
    data = (tmpL1 << 16) + (tmpL2 << 8) + tmpL3;

    if (channel < ADC24_NUM_CH) {
        adc24buff[channel] = data >> 3;
    }
}

// ******************************************************************************
//     Host interface
//        send output data to host    using DMA0
// ******************************************************************************

void SetUART0 (void)
{
    unsigned int tmp;

    ME1 = UTXE0 + URXE0;        // USART0 Transmit and Receive enable
                            // USART logic held in reset state)
    U0CTL |= CHAR;        // no parity, 1 stop bits, 8-bit data
    U0TCTL |= SSEL1 | SSEL0;

    tmp = (unsigned int)(SMCLK_FREQ / UartBaudRate);
    U0BR0 = tmp & 0x00FF;
    U0BR1 = tmp >> 8;
    U0MCTL = 0x00;
    U0CTL &= ~SWRST;                 // USART reset released for operation
    IE1 |= UTXIE0 + URXIE0;           // USART0 interrupt enable
}

void SetDMA0 (void)
{
    IE1 &= (~UTXIE0);            // use DMA - USART0 UART TX

    DMACTL0 = DMA0TSEL_4;         // DMA0: USART0 UTXIFG0

    DMA0SA = (int) TXBuffer;      // source : TXbuffer
    DMA0DA = U0TXBUF_;            // destination : U0TXBUF
    DMA0SZ = PACKET_SIZE;

    // single transfer mode, dest addr fixed, src addr increment  // byte mode
    DMA0CTL =  DMASRCINCR_3 + DMADSTBYTE + DMASRCBYTE;
}

void SendDataToHost (int num_byte)
{
    int i;
```

```
    for (i = 0; i < num_byte; i++) {
        TXBuffer [i] = SendDataBuffer [i];
    }

    DMA0SZ = num_byte;

    DMA0CTL |= DMAEN;        // enable DMA
    IFG1 &= ~UTXIFG0;        // clear UTXIFG0
    IFG1 |= UTXIFG0;         // set UTXIFG0
}
// end of DAQ11f.c
```

PC 상의 소프트웨어는 부록 B의 프로그램을 기반으로 하여 수정하여 사용하였다. 기본적으로 고해상도의 ADC된 데이터가 전송되므로 3바이트를 기준으로 디코딩을 수행하고 복원된 TP3의 데이터를 대상으로 2절에서 기술한 Pan-Tompkins 알고리즘을 구현하였다. 그리고 추가적으로 분당 심박수를 계산하여 화면에 출력하도록 하였다. 소스 코드 및 실행 파일은 http://www.ecga2z.com에서 다운로드 받아 사용하길 바란다.

실행한 결과는 그림 12-7과 같다. Channel1의 신호는 BMDAQ 보드로부터 전송된 TP3의 신호이며, Channel2는 저역통과 필터를 적용한 결과, Channel3는 고역통과 필터를 적용한 결과, Channel4는 미분 결과, Channel5는Moving-window를 적용한 QRS complex를 검출한 결과를 보여주고 있다. 그리고 아래 부분의 Heart Rate 옆에 분당 심박수를 bpm 단위로 출력한 것이다.

그림 12-7 QRS complex 검출 및 심박수 출력 결과

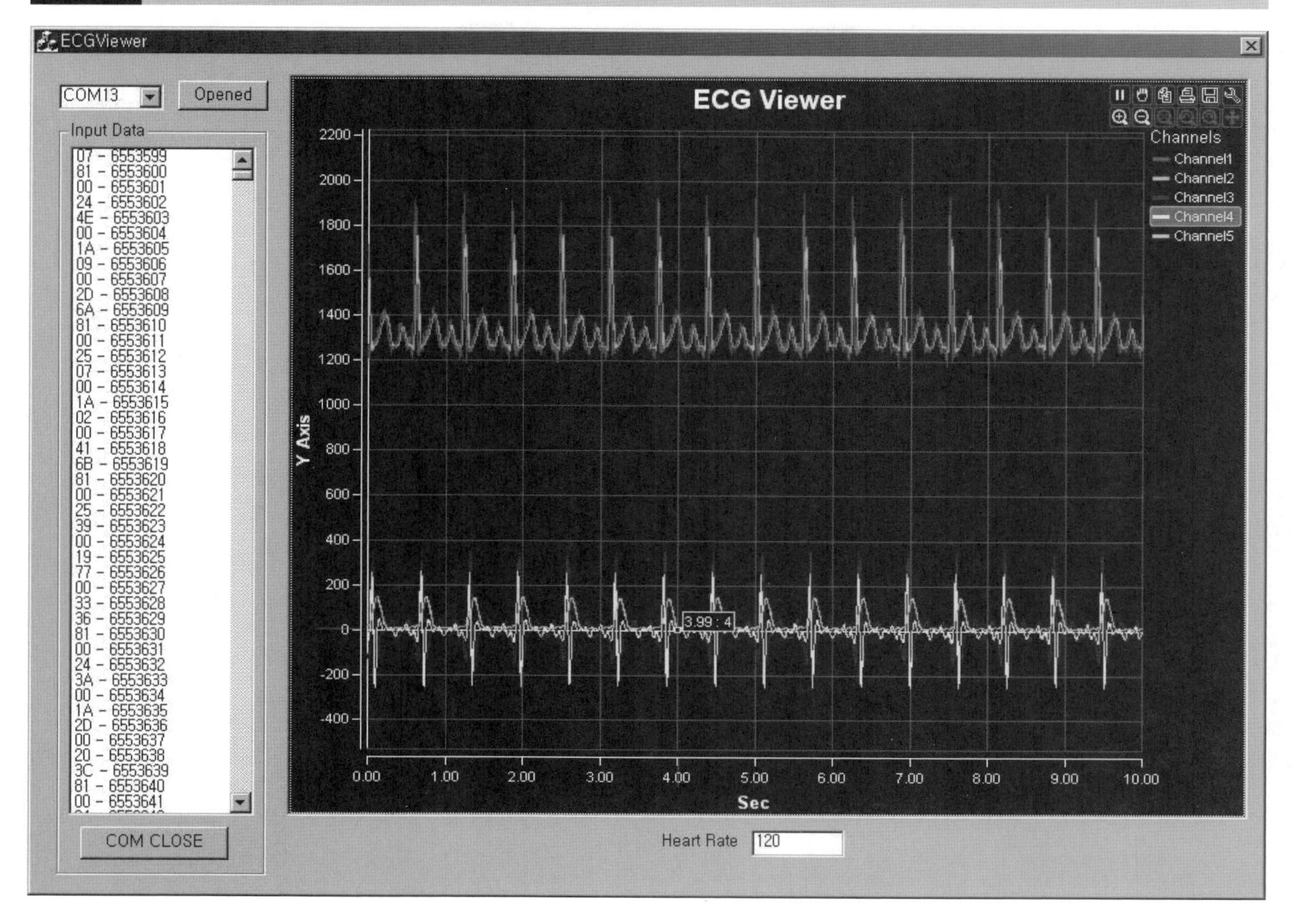

제 13 장

BMDAQ 보드 활용

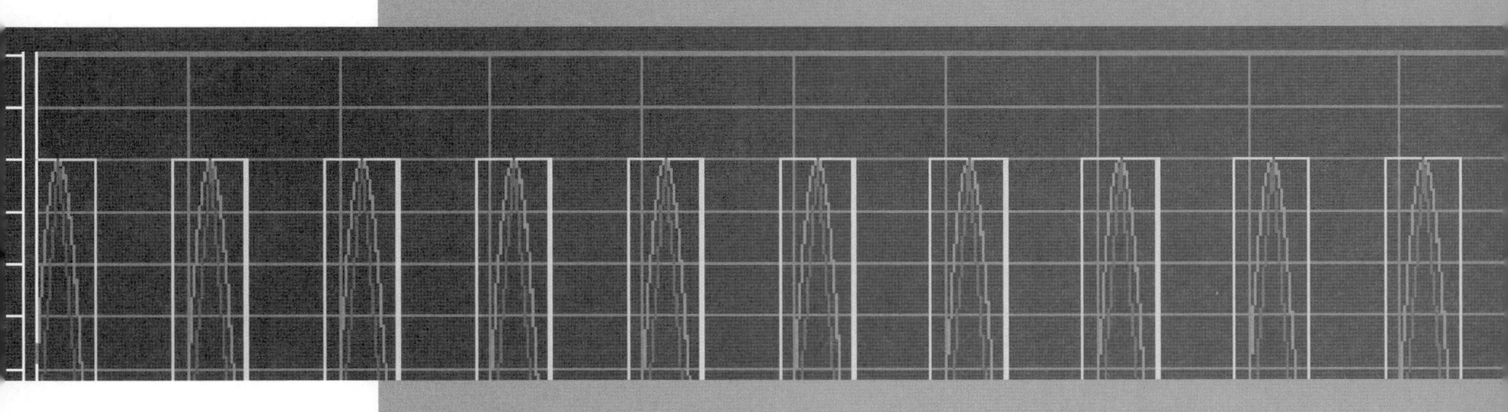

13.1 개 요

본 교재에서 사용하는 보드인 BMDAQ 보드는 심전도 신호 측정뿐만 아니라 범용적으로 사용할 수 있도록 설계되었다. BMDAQ 보드는 아날로그 보드와 디지털 보드가 서로 탈부착이 가능하도록 설계되어 현재의 아날로그 부분인 심전도 부분을 제거하고 별도로 설계한 보드로 교체함으로써 범용적으로 사용이 가능하다.

본 장에서는 이러한 활용 예로서 휠체어의 양쪽 바퀴에 부착된 두 개의 엔코더와 휠체어의 방석 내부에 64개의 힘 센서를 배치하여 두 개의 엔코더로부터 휠체어의 이동거리를 계산하고, 동시에 64개의 힘 센서를 이용하여 가해지는 힘의 분포를 알 수 있는 시스템을 소개하고자 한다.

상기에서 기술한 전체 시스템 개념도는 그림 13-1과 같다.

그림 13-1과 같이 배치되어 있는 64 채널의 힘 센서(FSR; Force Sensitive Resistors, TEKSCAN, USA)에 대해 두 개의 MUX(multiplexer)를 이용하여 센서를 선택할 수 있도록 하였으며 센서에 가해진 압력값을 TI MSP430 마이크로컨트롤러의 내부 12비트 아날로그 디지털 변환기를 이용하여 디지털화 하였다. 이때 64 채널 전체에 대한 샘플링률은 10Hz(0.1second)로 하였으며, 휠체어의 좌우 바퀴에 장착된 엔코더(Rotary Encoder, Autonics, Korea)를 이용하여 진행방향을 고려한 이동거리를 측정할 수 있도록 하였다. 이러한 두 가지 데이터(압력, 엔코더 정보)들은 마이크로컨트롤러의 USART를 통해 PC로 연

그림 13-1 전체 시스템 개념도

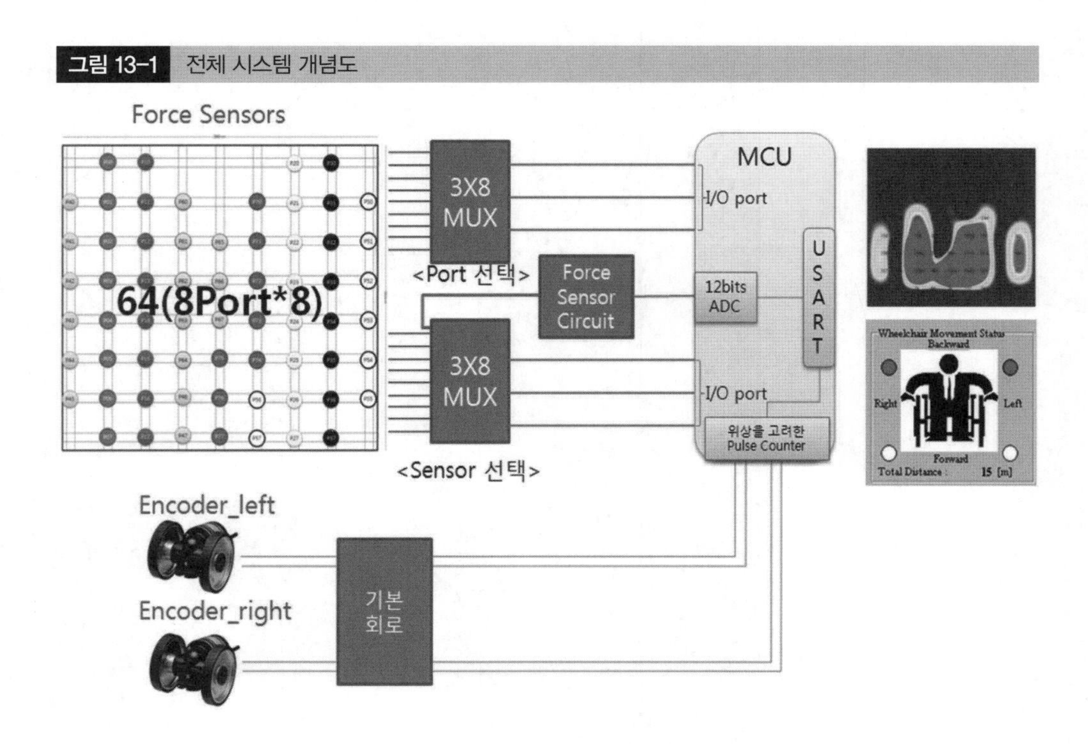

결하였으며, PC에서는 입력된 64채널의 힘 값을 Bicubic spline interpolation 방법을 이용하여 보간을 수행하였으며 이를 화면에 출력할 수 있도록 하였다. 또한 엔코더 정보는 휠체어의 그림을 이용하여 진행 방향을 실시간으로 알 수 있도록 하였으며, 총 누적거리를 출력할 수 있도록 하였다.

13.2 시스템 상세 내용

그림 13-2는 전체적인 시스템에 대한 보드를 보여주고 있다. 64채널의 힘 센서(FSR) 및 엔코더와 연결된 아날로그 회로와 이들을 아날로그 디지털 변환, 입출력 포트로 연결된 엔코더의 펄스 정보를 처리, PC로의 전송을 위한 디지털 부분으로 나뉜다. 이들 데이터는 PC로 전송되어 처리된다.

그림 13-3은 설계된 아날로그 회로도와 힘 센서 및 엔코더와의 연결 개념도를 보여주고 있다. 64채널의 힘 센서는 두 개의 MUX만을 이용하여 MCU를 통해 디지털로 변환되고, 엔코더의 정보는 MCU의 입출력 포트와 연결되어 있다.

아날로그 회로도를 확대하여 도시하면 그림 13-4와 같다.

그림 13-5는 실제 제작된 힘 센서부 및 보드를 보여주고 있다. Force Sensor Part는 64개의 FSR 센서의 배치를 보여주고 있으며, 이들 센서를 배치하기 위하여 실리콘 시트를 이용하였으며 센서를 부착하기 위한 센서 배치 가이드, 64개의 센서를 배선 처리하기 위한 배선가이드를 두어 외부에서 가해지는 압력에 대해 배선의 영향을 최소화할 수 있도록 하였다.

그림 13-2 시스템에서 사용한 설계된 보드

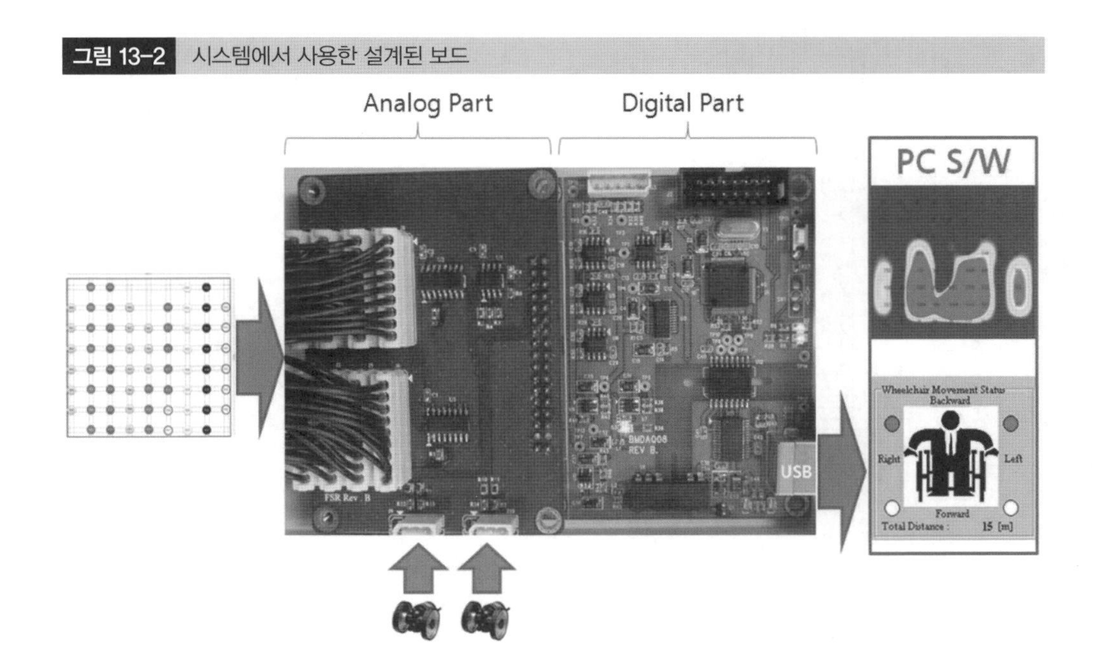

그림 13-3 아날로그 회로와 힘 센서 및 엔코더와의 연결 개념도

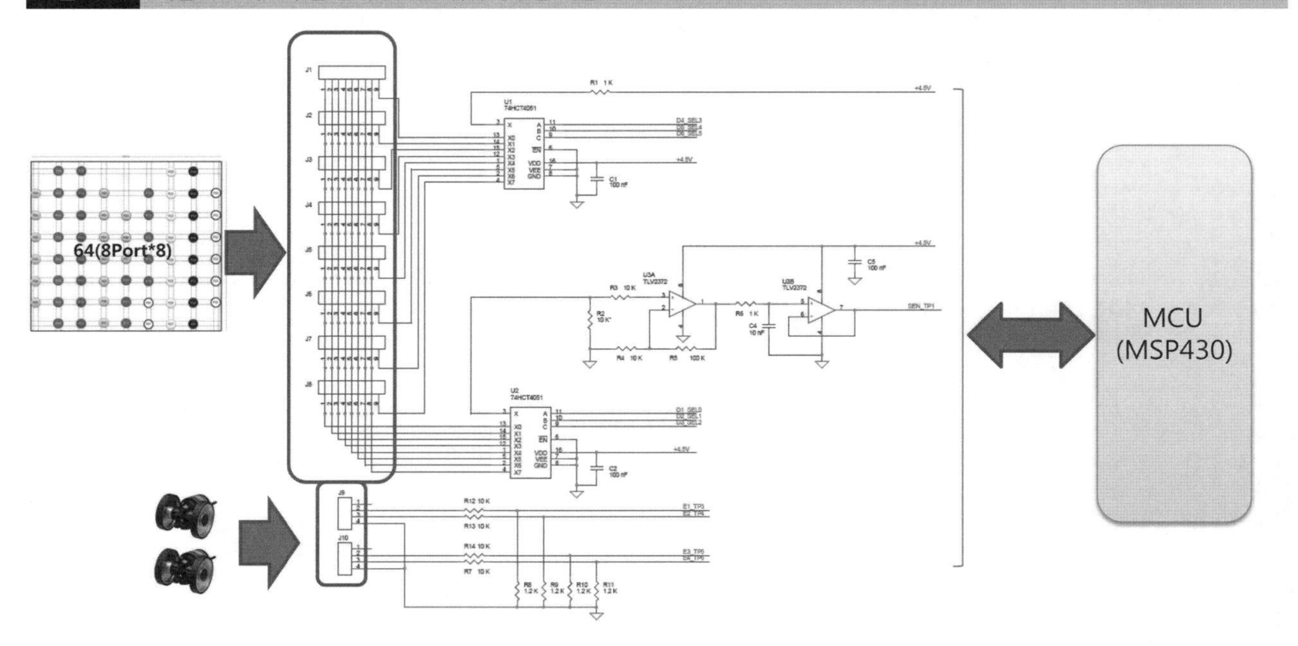

그림 13-4 아날로그 회로도

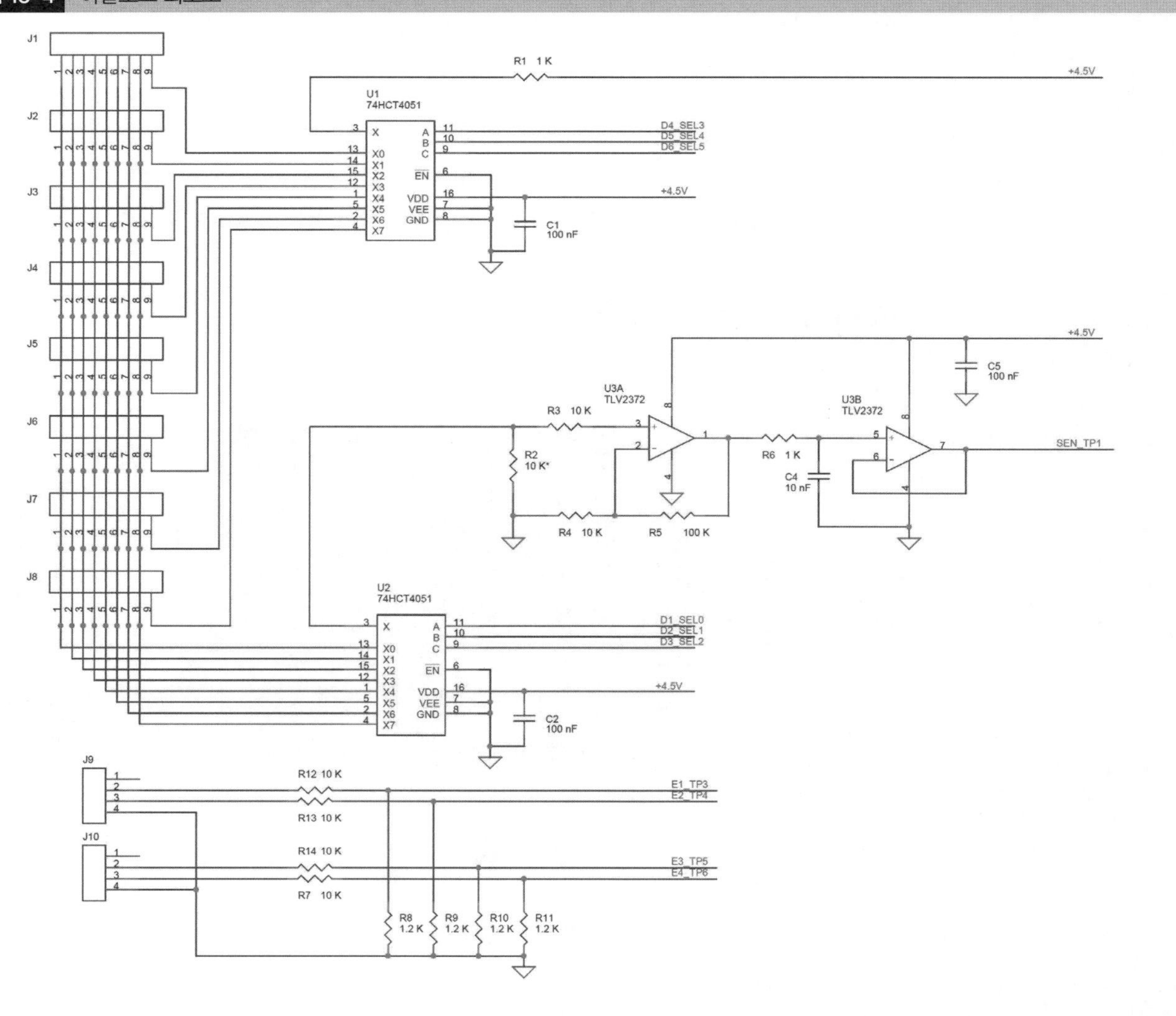

그림 13-5 FSR 센서부 구현 사진

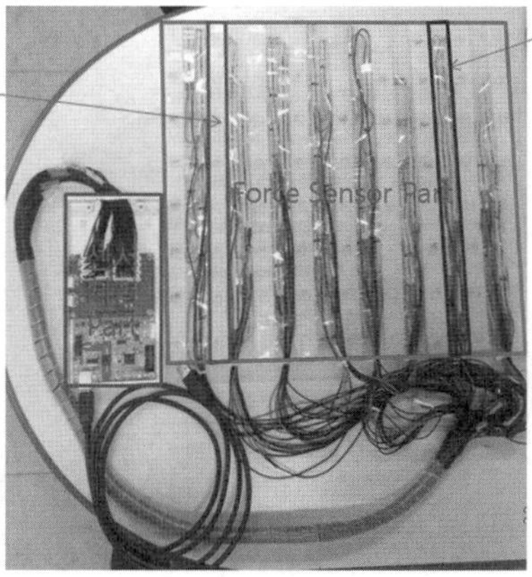

센서처리 part는 본 교재에서 사용하는 BMDAQ 보드의 디지털 부분과 새로 제작된 아날로그 부분이 결합된 형태이며, 사용하는 전원은 엔코더는 별도의 전원을 이용하였으며, 나머지 부분은 통신용으로 사용하는 USB 전원을 사용할 수 있도록 하였다.

13.3 펌웨어 소스코드

상기 기능을 구현하기 위한 MSP430 펌웨어에 대한 소스코드는 PS.h, PSmain.c, PSllf.c 파일로 구성하였다.

PS.h 코드는 다음과 같다.

```
// PS.h

// Include files ********************************************************************

#include <msp430x16x.h>
#include <stdlib.h>
#include <math.h>
#include <limits.h>
#include <stdbool.h>
// Constants, macros and .... ******************************************************
// *********************************************************************************
// HW 관련 *************************************************************************

#define SMCLK_FREQ 6000000
```

```
#define NUM_SENSOR 64
// LED test
#define LED1ON (P3OUT &= (~BIT0))
#define LED1OFF (P3OUT |= BIT0)
#define LED2ON (P3OUT &= (~BIT1))
#define LED2OFF (P3OUT |= BIT1)

// ADC24 channel
#define ADC24_CAL_FACTOR 560 //595
#define ADC24_NUM_CH 4
#define ADC24CH1 (P5OUT = (P5OUT & 0x3F))
#define ADC24CH2 (P5OUT = (P5OUT & 0x3F) | BIT6)
#define ADC24CH3 (P5OUT = (P5OUT & 0x3F) | BIT7)
#define ADC24CH4 (P5OUT = (P5OUT & 0x3F) | BIT6 | BIT7)

// ADC12
#define ADC12_START_CONVERSION (ADC12CTL0 |= ADC12SC) // start conversion

// ******************************************************************************
// ******************************************************************************
// host 와의 통신 관련
#define MAX_PACKET_SIZE 138
#define PACKET_SIZE 11
#define RXBUFSIZE 64
#define TXBUFSIZE 512

// Function Prototypes *************************************************************
void ProcessAdcData (void);
void DecodeCommand (void);
long EcgDcRejectionFilter (long EcgInput);
int multiChannelEcgDcRejectionFilter (long Input, int ch);

void SetClock (void);
void SetTimerA (void);
void SetPort (void);
void SetUART0 (void);
void SetSPI1 (void);
void SetADC12 (void);
void SetDMA0 (void);
void SetDAC12 (void);
void SetP2Interrupt (void);
void SendDataToHost (int num_byte);
void SetDefaultValues (void);
void CalcValues (void);
void TestSignalGeneration (void);
int UART0RXCharCount (void); // count of chars in receive buffer
```

```
char UART0GetChar (void); // read a character from receiver buffer

void ReadAdc12 (void);

long readEncoderA (void);
long readEncoderB (void);
void resetEncoder (void);
void setEncoder (void);

// Global Variables ************************************************************
extern int sensor_data[NUM_SENSOR];
extern bool SensorDataReadyFlag;

extern int adc0;
extern int adc1;
extern int adc2;
extern int adc3;
extern int adc4;
extern int adc5;
extern long HighResolutionAdc;
extern bool AdcDataReadyFlag;
extern bool SendDataToHostFlag;

extern char SendDataBuffer [MAX_PACKET_SIZE];
extern int SineTable [512];

extern long adc24[4];
extern long adc12[6];
extern int SystemTickDivisionFactor;
extern int num_channel;

extern long encoderA;
extern long encoderB;

// end of PS64.h
```

PSmain.c에 대한 소스코드는 다음과 같다.

```
//*****************************************************************************
//  Project: PSDAQ
//
//  Description:  PSDAQ main program
//
//
```

```
// MSP430F1611
//
// Nov 2010
// Built with IAR Embedded Workbench Version: 5.2
//******************************************************************************
#include  "PS.h"

long prevEncoderA;
long prevEncoderB;

void main(void)
{
   SetClock();         // basic clock
   SetDefaultValues();
   SetTimerA();         // timer A
   SetPort();           // port & peripheral setting
   SetUART0();          // Host interface - UART
   SetADC12();          // 12 bit internal ADC setting
   SetDMA0();           // Host interface - UART data send using DMA
   setEncoder();
   _EINT();             // General Interrupt Enable

   while (true)
   {
      if (SensorDataReadyFlag)  ProcessAdcData();
//       if (UART0RXCharCount()) DecodeCommand();
   }
}

void ProcessAdcData (void)
{
//   static int data_count;

      SensorDataReadyFlag = false;
      static int count;
      int i;
      long enc;
      long diff;
      count++;
     SendDataBuffer [0] = 0x82;                     // data packet header
     SendDataBuffer [1] = count & 0x00FF;
     for(i=0;i<64;i++)
     {
       SendDataBuffer [(i+1)*2] = (sensor_data[i] >> 7) & 0x7f;
       SendDataBuffer [(i+1)*2+1] = (sensor_data[i]) & 0x7f;
     }
```

```
    enc = readEncoderA();
    diff = prevEncoderA - enc;       // mm/(1/10 sec), at 18 km per hour, diff = 500;
    prevEncoderA = enc;

    SendDataBuffer [130] = (diff >> 21) & 0x7f;
    SendDataBuffer [131] = (diff >> 14) & 0x7f;
    SendDataBuffer [132] = (diff >> 7) & 0x7f;
    SendDataBuffer [133] = (diff) & 0x7f;

    enc = readEncoderB();
    diff = prevEncoderB - enc;
    prevEncoderB = enc;

    SendDataBuffer [134] = (diff >> 21) & 0x7f;
    SendDataBuffer [135] = (diff >> 14) & 0x7f;
    SendDataBuffer [136] = (diff >> 7) & 0x7f;
    SendDataBuffer [137] = (diff) & 0x7f;

    SendDataToHost(138);
}

// end of PSmain.C
```

PSllf.c는 다음과 같다.

```
//******************************************************************************
// Project: PSDAQ
//
// Description:  PSDAQ low-level functions
//
//
// MSP430F1611
//
// Nov 2010
// Built with IAR Embedded Workbench Version: 5.2
//******************************************************************************


#include   "PS.h"

int     sensor_data[NUM_SENSOR];
int      AdcConversionFreq;

int adc0;
```

```
int adc1;
int adc2;
int adc3;
int adc4;
int adc5;
long HighResolutionAdc;
bool SensorDataReadyFlag;
bool SendDataToHostFlag;

char  RXBuffer[RXBUFSIZE];
int   RXReadIndex;
int   RXWriteIndex;
int   RXCharCount;


char  TXBuffer[TXBUFSIZE];
char  SendDataBuffer [MAX_PACKET_SIZE];

long zzz;
long adc24buff[4];
long adc24[4];
long adc12[6];
int channel;

int SystemTickDivisionFactor;
int num_channel;

int DataRate;

long   UartBaudRate;


long encoderA;
long encoderB;

// ******************************************************************************
//    Basic Clock
// ******************************************************************************

void SetClock (void)
{
   volatile int i;

   // ***** Watchdog Timer *****
   WDTCTL = WDTPW + WDTHOLD;              // Stop watchdog timer
```

```
    // ***** Basic Clock *****
    BCSCTL1 &= ~XT2OFF;                        // XT2 on

    do                                        // wait until XT2 oscillator stabilizing
    {                                         // fault detector monitors XT2
      IFG1 &= ~OFIFG;                          // clear oscillator fault flag
      for (i = 255; i > 0; i--);               // time for flag to set
    }
    while (IFG1 & OFIFG);                      // loop if oscillator fault flag

    BCSCTL2 = SELM_2;                          // MCLK = XT2CLK = 6 MHz
    BCSCTL2 |= SELS;                           // SMCLK = XT2CLK = 6 MHz
}

// ******************************************************************************
//     Default Values
// ******************************************************************************

void SetDefaultValues (void)
{
     SystemTickDivisionFactor = 4;
     num_channel = 4;

     DataRate = 250;

     UartBaudRate = 115200;

}

// ******************************************************************************
//     Port and Peripheral
// ******************************************************************************

void SetPort (void)
{
/*
 Port and Peripheral Usage

 P1.0   pin 12                 output
 P1.1   pin 13                 input     (reserved for BSL)
 P1.2   pin 14                 output
 P1.3   pin 15                 output
 P1.4   pin 16                 output     SEL3 output
 P1.5   pin 17                 output     SEL4 output
 P1.6   pin 18                 output     SEL5 output
 P1.7   pin 19                 output
```

```
P2.0  pin 20               input
P2.1  pin 21               input
P2.2  pin 22               input     (reserved for BSL)
P2.3  pin 23               input     interrupt input from 24 bit ADC - ADS1254
P2.4  pin 24               output    SEL0 output
P2.5  pin 25               output    SEL1 output
P2.6  pin 26               output    SEL2 output
P2.7  pin 27               output

P3.0  pin 28               output    LED1 driver
P3.1  pin 29               output    LED2 driver
P3.2  pin 30               output
P3.3  pin 31               output
P3.4  pin 32  USART0 UTXD0   (output)   TX DATA for host interface
P3.5  pin 33  USART0 URXD0   (input)    RX DATA for host interface
P3.6  pin 34               output
P3.7  pin 35               output

P4.0  pin 36               output
P4.1  pin 37               output
P4.2  pin 38               output
P4.3  pin 39               output
P4.4  pin 40               output
P4.5  pin 41               output
P4.6  pin 42               output
P4.7  pin 43               output

P5.0  pin 44               output
P5.1  pin 45  USART1 SIMO1  (output)    not used
P5.2  pin 46  USART1 SOMI1  (input)     ADS1254 DOUT
P5.3  pin 47  USART1 UCLK1  (output)    ADS1254 SCLK
P5.4  pin 48               output
P5.5  pin 49  SMCLK          output     ADC1254 CLK
P5.6  pin 50               output    ADS1254 CHSEL1
P5.7  pin 51               output    ADS1254 CHSEL0

P6.0  pin 59  ADC0          (input)    analog input
P6.1  pin 60  ADC1          (input)    analog input
P6.2  pin 61                input
P6.3  pin 2                 input
P6.4  pin 3                 input
P6.5  pin 4                 input
P6.6  pin 5   DAC0          (output)   voltage output
P6.7  pin 6   DAC1          (output)   voltage output

*/
```

```
  // ***** Port 1 *****
    // P1.1을 제외하고 out port로
    P1DIR = 0xF0;                    // P1.0 - P1.3 input port
                                   // P1.4 - P1.7 output port
    P1OUT = 0x00;

    // ***** Port 2 *****
    P2SEL = 0x00;
    P2DIR = 0xF0;                    // P2.0 - P2.3 input port
                                   // P2.4 - P2.7 output port
    P2IE  = 0x00;
    P2IFG = 0x00;

    // ***** Port 3 *****
    P3DIR = 0xFF;
    P3OUT = 0x00;
    P3SEL = BIT4 | BIT5;                  // P3.4, P3.5 for UART

    // ***** Port 4 *****
    P4DIR = 0xFF;
    P4OUT = 0x00;

    // ***** Port 5 *****
    P5DIR = 0xFF;
    P5OUT = 0x00;
    P5SEL = BIT1 | BIT2 | BIT3;          // P5.1, P5.2, P5.3 for SPI
    P5SEL |= BIT4 | BIT5;                // P5.4 for MCLK, P5.5 for SMCLK

    // ***** Port 6 *****
    P6SEL = BIT0 | BIT1 | BIT6 | BIT7;   // P6.0, P6.1 adc port
                                       // P6.6, P6.7 output port
    P6DIR = 0x00;                        // P6.2 - P6.5 input port
}

// ******************************************************************************
//      TimerA
// ******************************************************************************


void SetTimerA (void)
{
   TACTL = TASSEL_2 + MC_1;                 // SMCLK, up mode

   TACCR0 = 6000;                           // SMCLK = 6 MHz, 1 msec interval
   TACCTL0 = CCIE;                          // Timer A0 - interrupt enable
}
```

```
#pragma vector = TIMERA0_VECTOR
__interrupt void SystemTick()
{
    static int tickCount;
    int sensor_index;
    int i;

    // start adc12 conversion, wait conversion time and read result
    ADC12_START_CONVERSION;
    for (i = 100; i > 0; i--);    // conversion이 끝날 때까지 대기
          // 현재 i 값을 임의로 설정했음
          // 정상 동작에 필요한 최소값(약간의 여유는 두고)으로 설정할 것

    if (tickCount < 64) sensor_index = tickCount;
    else sensor_index = 0;

    sensor_data[sensor_index] = ADC12MEM0 - 2063;
    if (sensor_data[sensor_index] < 0) sensor_data[sensor_index] = 0;

    ADC12CTL0|=ADC12SC;

    // new sensor index
    tickCount++;
    if (tickCount > 99) tickCount = 0;

    if (tickCount < 64) sensor_index = tickCount;
    else sensor_index = 0;

    P1OUT &= 0x8F;
    P1OUT |= ((sensor_index & 0x38) << 1);
    P2OUT &= 0x8F;
    P2OUT |= ((sensor_index & 0x07) << 4);

    // after scanning all sensors.....
    if (tickCount == 64) {
        // set data ready flag
        SensorDataReadyFlag = true;
    }
}

// ******************************************************************************
//     ADC 12
// ******************************************************************************

void SetADC12 (void)
{
```

```
    ADC12CTL0 = ADC12ON | REFON | REF2_5V; // ADC on, 2.5 V reference on
    ADC12CTL0 |= MSC; // multiple sample and conversion
    ADC12CTL1 = ADC12SSEL_3 | ADC12DIV_7 | CONSEQ_1; // SMCLK, /8, sequence of channels
    ADC12CTL1 |= SHP;

    ADC12MCTL0 = SREF_0 | INCH_0 | EOS;

    ADC12CTL0 |= ENC;   // enable conversion
}
// *****************************************************************************
//      Host interface
//        send output data to host     using DMA0
// *****************************************************************************
void SetUART0 (void)
{
    unsigned int tmp;

    RXWriteIndex = 0;  RXReadIndex = 0;  RXCharCount = 0;

    ME1 = UTXE0 + URXE0;        // USART0 Transmit and Receive enable
                            // USART logic held in reset state)
    U0CTL |= CHAR;        // no parity, 1 stop bits, 8-bit data
    U0TCTL |= SSEL1 | SSEL0;

    tmp = (unsigned int)(SMCLK_FREQ / UartBaudRate);
    U0BR0 = tmp & 0x00FF;
    U0BR1 = tmp >> 8;
    U0MCTL = 0x00;
//    U0BR0 = 0x34;  U0BR1 = 0x00;         // source SMCLK 6 Mhz, 115200 baud

    U0CTL &= ~SWRST;                  // USART reset released for operation
    IE1 |= URXIE0;          // USART0 interrupt enable
}

int UART0RXCharCount (void)
{
     return(RXCharCount);
}

char UART0GetChar (void)
{
     char  Byte;

     if (RXCharCount)
     {
          Byte = RXBuffer[RXReadIndex++];
```

```
            RXReadIndex &= RXBUFSIZE - 1;
            IE1 &= ~URXIE0;         // RX interrupt disable
            RXCharCount--;
            IE1 |= URXIE0;          // RX interrupt enable
            return(Byte);
        }
        else
            return (0);
}

#pragma vector = USART0RX_VECTOR
__interrupt void RXInterrupt (void)
{
        _EINT();
        RXBuffer[RXWriteIndex++] = U0RXBUF;
        RXWriteIndex &= RXBUFSIZE - 1;
        RXCharCount++;
}

void SetDMA0 (void)
{
    IE1 &= (~UTXIE0);              // use DMA - USART0 UART TX

    DMACTL0 = DMA0TSEL_4;          // DMA0: USART0 UTXIFG0

    DMA0SA = (int) TXBuffer;       // source : TXbuffer
    DMA0DA = U0TXBUF_;             // destination : U0TXBUF
    DMA0SZ = PACKET_SIZE;

    // single transfer mode, dest addr fixed, src addr increment  // byte mode
    DMA0CTL =  DMASRCINCR_3 + DMADSTBYTE + DMASRCBYTE;
}

void SendDataToHost (int num_byte)
{
    int i;
    for (i = 0; i < num_byte; i++) {
        TXBuffer [i] = SendDataBuffer [i];
    }

    DMA0SZ = num_byte;

    DMA0CTL |= DMAEN;       // enable DMA
    IFG1 &= ~UTXIFG0;       // clear UTXIFG0
    IFG1 |= UTXIFG0;        // set UTXIFG0
}
```

```
long readEncoderA (void)
{
   long rtnValue;

   __disable_interrupt();
   rtnValue = encoderA;
   __enable_interrupt();
   return(rtnValue);
}

long readEncoderB (void)
{
   long rtnValue;

   __disable_interrupt();
   rtnValue = encoderB;
   __enable_interrupt();
   return(rtnValue);
}

void resetEncoder (void)
{
   encoderA = 0;
   encoderB = 0;
}

void setEncoder (void)
{
   P1IE = BIT1;                      // P1.1 interrupt enable
   P2IE = BIT2;                      // P2.2 interrupt enable
   P1IES = 0;                        // select rising edge
   P2IES = 0;                        // select rising edge
}

#pragma vector = PORT1_VECTOR
__interrupt void encoderAInterrupt (void)
{
   if ((P1IFG & BIT1) == BIT1)       // P1.1 - phase A input
   {
      if (P6IN & BIT3)  encoderA++;  // P6.3 - phase B input
      else           encoderA--;
   }
   P1IFG = 0;                        // clear interrupt flag
}

#pragma vector = PORT2_VECTOR
```

```
__interrupt void encoderBInterrupt (void)
{
   if ((P2IFG & BIT2) == BIT2)        // P2.2 - phase A input
   {
      if (P6IN & BIT5)  encoderB++;   // P6.5 - phase B input
      else              encoderB--;
   }
   P2IFG = 0;                         // clear interrupt flag
}

// end of PS11f.c
```

13.4 PC 소프트웨어

64개의 힘 센서 및 엔코더의 정보를 보드로부터 PC로 전송하여 센서 위치 별 가해지는 힘의 분포와 이동거리를 알 수 있도록 그림 13-6과 같은 PC 프로그램을 작성하였다.

그림 13-6에서 보여주는 프로그램에서 구현된 내용을 정리하면 다음과 같다.

그림 13-6 데이터 처리 및 화면 출력 소프트웨어

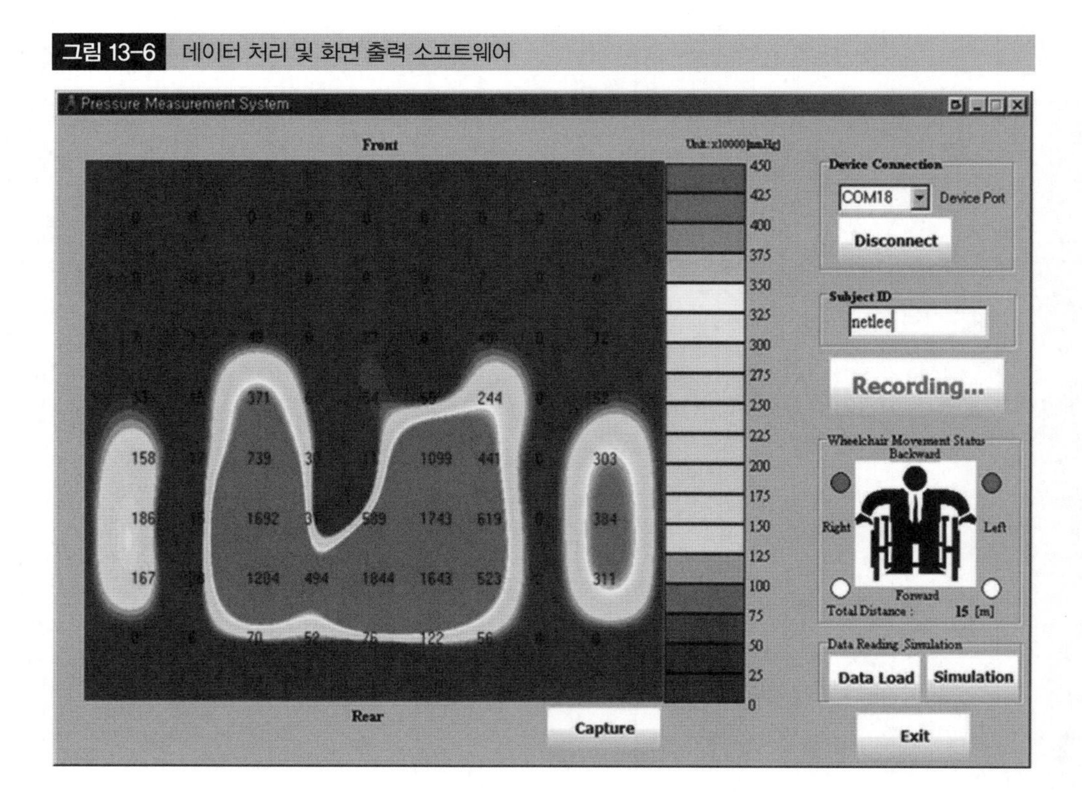

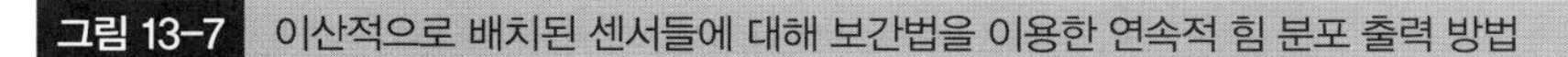
그림 13-7 이산적으로 배치된 센서들에 대해 보간법을 이용한 연속적 힘 분포 출력 방법

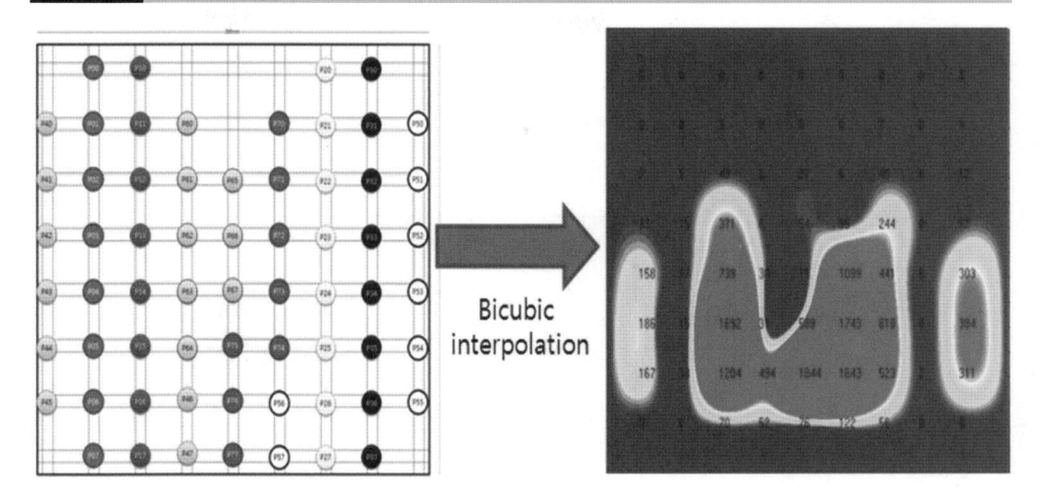

- 64채널의 힘 센서(FSR) 값 디스플레이 : Bicubic spline interpolation을 이용
- 보드와 USB로 연결
- 데이터 기록 저장 기능
- 저장된 데이터 로딩 후 실제 획득 시와 동일하게 시뮬레이션 가능
- 휠체어의 좌우 누적 이동거리 계산 기능
- 현재 휠체어의 전진, 후진 모니터링 기능

소프트웨어에서 보여주는 압력의 분포는 이산적으로 배치되어 있는 64개의 센서로는 불가능하다. 이러한 분포를 연속적인 분포로 나타내기 위하여 일반적으로 많이 사용되고 있는 Bicubic spline 보간법을 이용하였다(그림 13-7).

보간법의 원리를 간략하게 소개하면 다음과 같다. 그림 13-8에서 보여주는 것과 같이 이산

그림 13-8 2차원 공간사의 보간법

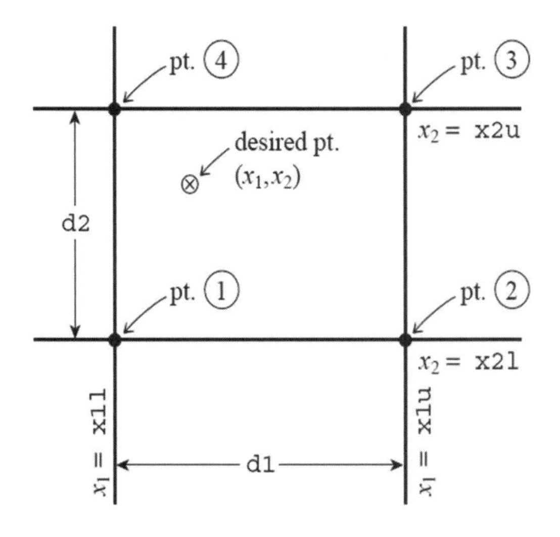

그림 13-9 Cubic spline interpolation을 이용한 일차원 보간법 예시

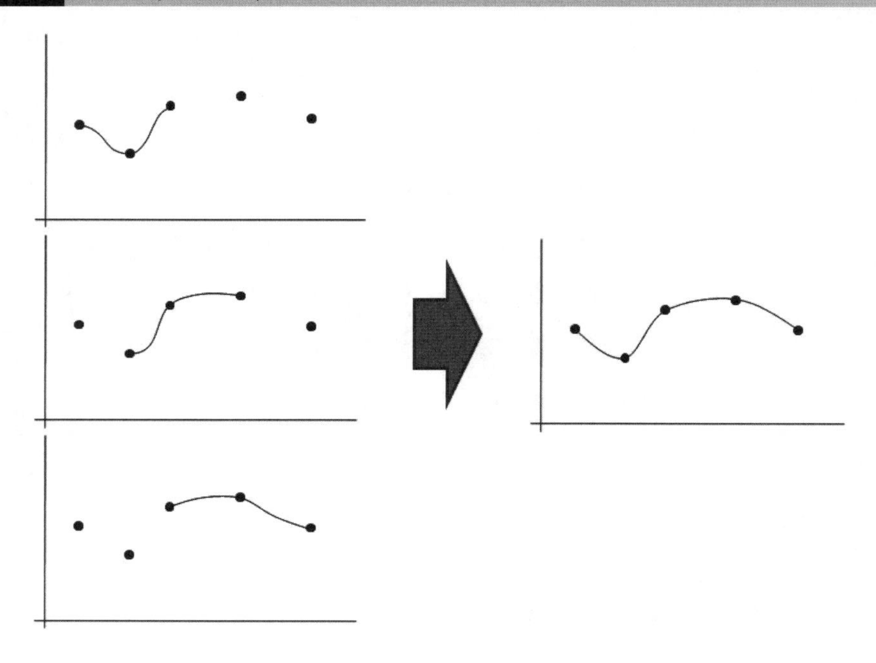

적으로 분포되어 있는 4점이 있을 경우, 그 사이에는 많은 점들이 존재하는데 이들을 보간법을 이용하여 채울 수 있다.

이들을 보간(interpolation)한 방법은 먼저 가로 방향에 대해 일차원 cubic spline 보간을 수행하고, 그 결과에 다시 세로 방향으로 일차원 cubic spline 보간을 수행하면 2차원에 대한 보간을 수행할 수 있다.

cubic spline interpolation을 이용한 일차원에 대한 보간법 예시는 그림 13-9와 같다.

cubic spline interpolation의 수식적 계산은 다음과 같다. 먼저 이산적인 점들에 대해 2차 도함수를 계산하고, 다음과 같은 수식을 이용하여 보간을 수행하게 된다.

$$y = Ay_j + By_{j+1} + Cy''_j + Cy''_{j+1}$$

$$A = \frac{x_{j+1} - x}{x_{j+1} - x_j},\ B = \frac{x - x_j}{x_{j+1} - x_j}$$

$$C = \frac{1}{6}(A^3 - A)(x_{j+1} - x_j)^2,\ D = \frac{1}{6}(B^3 - B)(x_{j+1} - x_j)^2$$

본 시스템에 대한 PC windows 프로그램은 Borland C++ builder을 사용하였으므로 VC++로도 쉽게 구현이 가능할 것으로 생각된다. 소스코드의 내용은 13장 소스코드의 PMS-Software source code 폴더에 들어 있는 것을 참조하길 바란다. 또한 실행이 가능한 인스톨 프로그램을 제공하였으므로 설치 후 이미 저장되어 있는 데이터를 로딩(Data Load)하여 실행(Simulation)해보길 바란다.

부록

부록 A

심전도의 기초

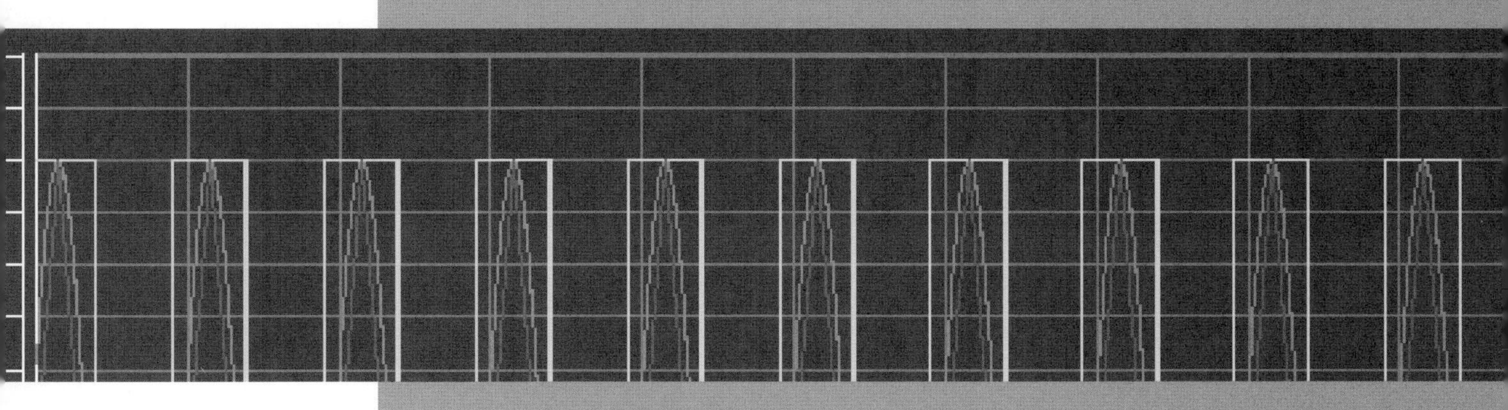

A.1 심장

A.1.1 심장의 해부와 생리(anatomy and physiology of the heart)

■ 순환계

우리 몸을 정상적으로 유지하기 위해서는 온몸의 조직에 산소와 영양분을 공급하여 세포가 살아갈 수 있도록 하여야 하며 또한 이 조직에서 (예로 심장, 뇌, 폐, 신장 등) 배출하는 이

그림 A-1 인간의 순환계

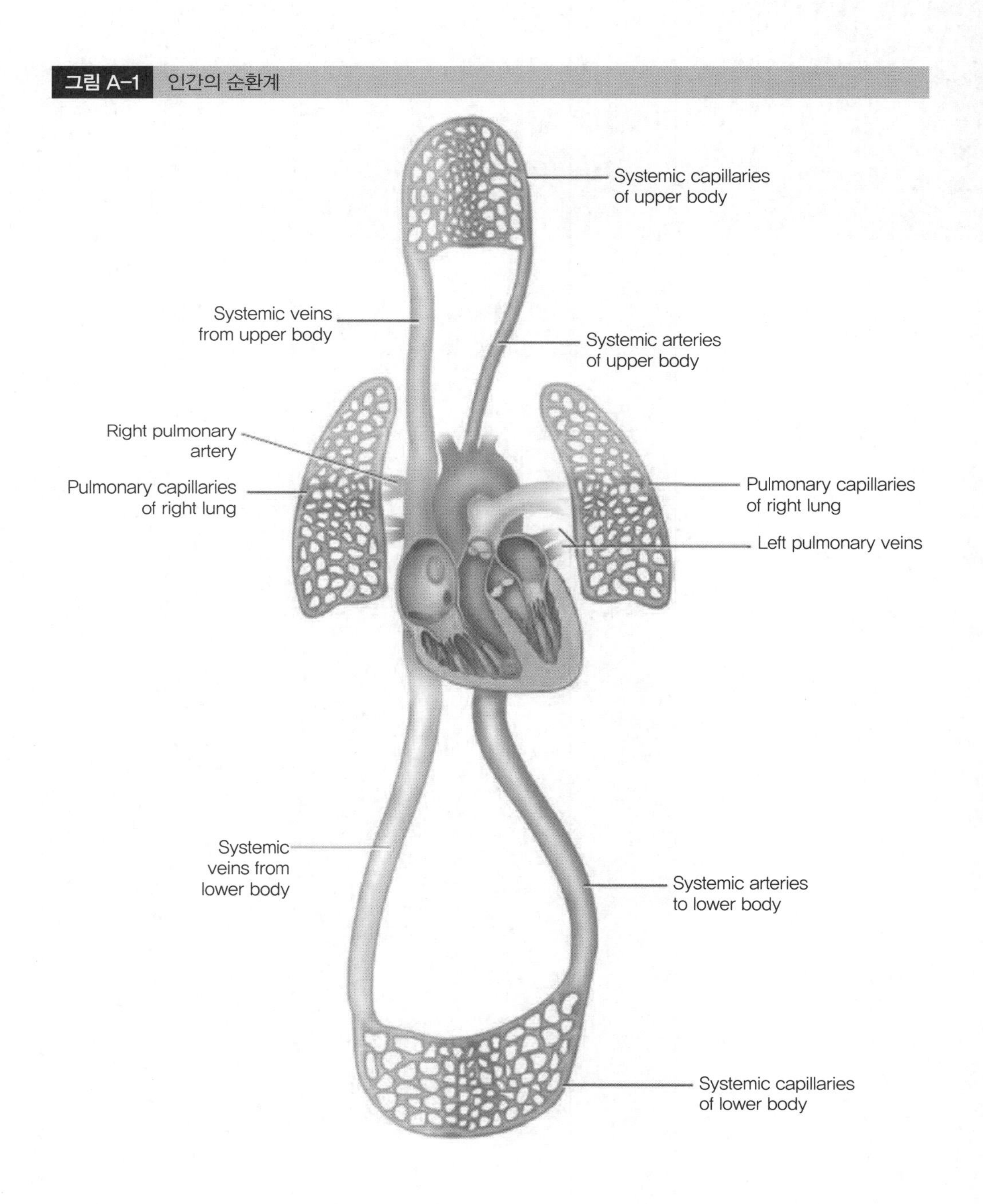

산화탄소나 요산 등 노폐물들을 제거하여야 한다. 심장과 혈관은 우리 몸의 각 조직들이 기능을 잘 유지할 수 있도록 산소와 영양분을 공급하고, 노폐물들을 제거하는 기능을 담당하며 이것을 의학적으로 순환계라 한다.

순환계는 심장, 동맥 및 정맥으로 크게 나눌 수 있다. 심장은 동맥혈액을 대동맥을 통하여 온몸으로 분출하는 역할을 한다. 동맥혈액이 모세혈관(실핏줄)까지 도달하면 이곳에서 산소와 영양분을 각 조직으로 공급한다. 이곳 모세혈관에서는 조직들이 사용하고 남은 불필요한 이산화탄소와 다른 노폐물들을 혈액 내로 배출하게 되면 이 혈액은 정맥혈이 되어 대정맥을 통하여 심장(우심장)으로 들어간다. 대정맥을 통하여 심장으로 돌아온 정맥혈은 우심방에서 우심실로 들어와 이 심장이 수축을 하면 폐동맥을 통하여 폐(허파)로 들어간다. 폐동맥으로 들어간 정맥혈액은 폐 모세혈관에서 숨을 쉼(호흡이라 함)에 따라 폐 내의 폐 꽈리로 들어온 공기와 만나 이산화탄소가 제거되고 산소가 공급된다. 산소가 공급된 이 혈액은 폐정맥을 통하여 좌심방으로 돌아 들어가고 이 혈액은 좌심실로 들어와 심장이 수축하면 다시 온몸으로 가게 된다.

우리 몸의 순환계는 좌심실에서 혈액을 온몸으로 분출한 다음 모세혈관을 거쳐 정맥을 통하여 우심방까지 들어오는 것을 전신순환이라 하며 우심실에서 폐동맥과 폐 모세혈관을 거쳐 폐정맥을 통하여 좌심방까지 들어가는 것을 폐순환이라 한다. 일반적으로 전신순환과 폐순환의 순환되는 혈액량은 거의 같다.

■ 심장의 위치

그림 A-2 심장의 위치

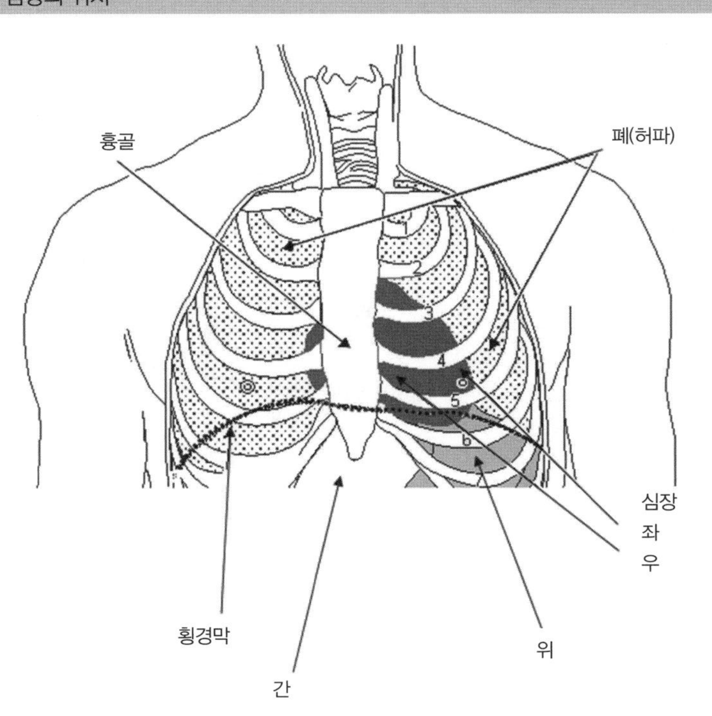

심장은 흉골(sternum) 안쪽의 허파와 횡경막(diaphragm) 사이의 흉곽(chest)의 중앙 위쪽에 위치해 있다. 그리고 심낭(pericardium)이라는 주머니 형태에 의해 둘러싸여 있다. 심낭은 섬유성(fibrous) 심낭과 장막성(serous) 심낭으로 구성되어 있으며, 섬유성 심낭은 바깥 부분에 위치하여 폐를 싸고 있는 늑막(pleura)과 직접 접해 있고, 장막성 심낭은 장측 심낭과 벽측 심낭으로 구성되어 있으며 수액을 분비한다. 심낭의 역할은 미끈미끈한 수액을 분비하여 심낭과 심장벽 사이의 마찰을 감소시켜 심낭 내에서 심장이 자유롭게 움직이도록 한다. 크기는 사람의 주먹 크기와 비슷하며 무게는 대략 250~300g이다. 심장 중심은 왼쪽으로 치우쳐 있다.

■ 심장의 해부

심장의 벽은 심근(myocardium)이라 불리는 근육으로 이루어져 있다. 그리고 이러한 근육으로 둘러싸인 네 개의 둥근 모양의 방으로 구성되어 있다(그림 A-3). 즉, 위쪽에 위치한 우심방(right atrium)과 좌심방(left atrium), 아래쪽에 위치한 우심실(right ventricle)과 좌심실(left ventricle)로 나누어져 있다. 네 개의 방의 압력은 심실 쪽이 높으므로 심실 부위의 심근의 두께가 심방 부위보다 훨씬 두꺼우며, 폐동맥 쪽보다는 대동맥 쪽의 압력이 높으므로 좌심실의 심근의 두께는 우심실의 심근의 두께보다 두껍다.

인간의 심장은 네 개의 밸브로 되어 있으며 각 밸브를 설명하면 다음과 같다. 우심방과 우심실 사이의 밸브를 삼첨판(tricuspid valve), 좌심방과 좌심실 사이의 밸브를 승모판(mitral

그림 A-3 심장의 단면도

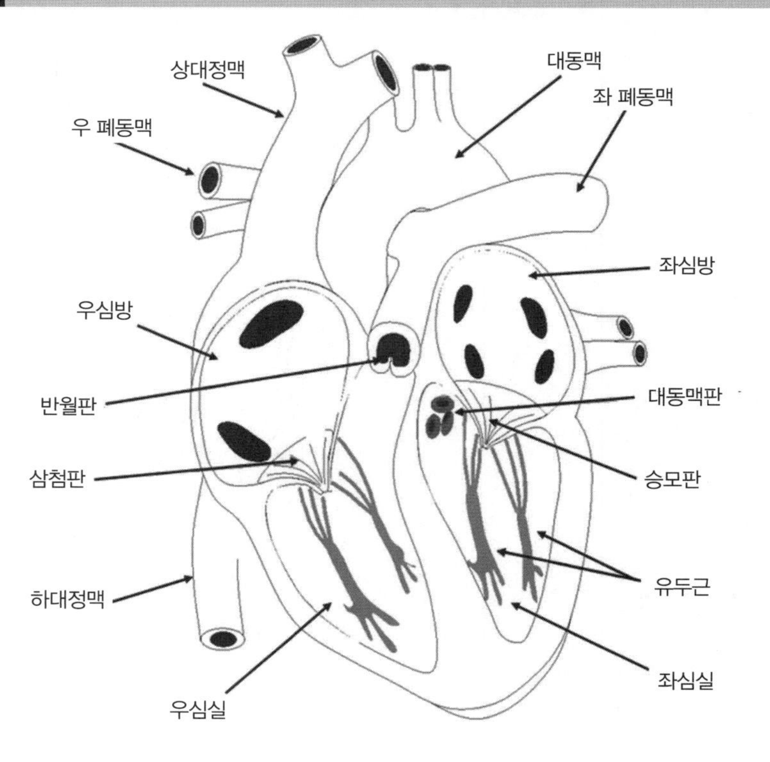

valve), 우심실과 폐동맥(pulmonary artery) 사이의 밸브를 반월판(semilunar valve), 그리고 좌심실과 대동맥 사이의 밸브를 대동맥판(aortic valve)이라 한다.

우심방과 우심실은 전신순환으로부터 들어온 혈액을 폐순환으로 좌심방과 좌심실은 폐순환을 거쳐 들어온 혈액을 펌프질 하여 전신순환으로 순환하게 한다.

그림 A-4 심장 자체의 혈액 순환계

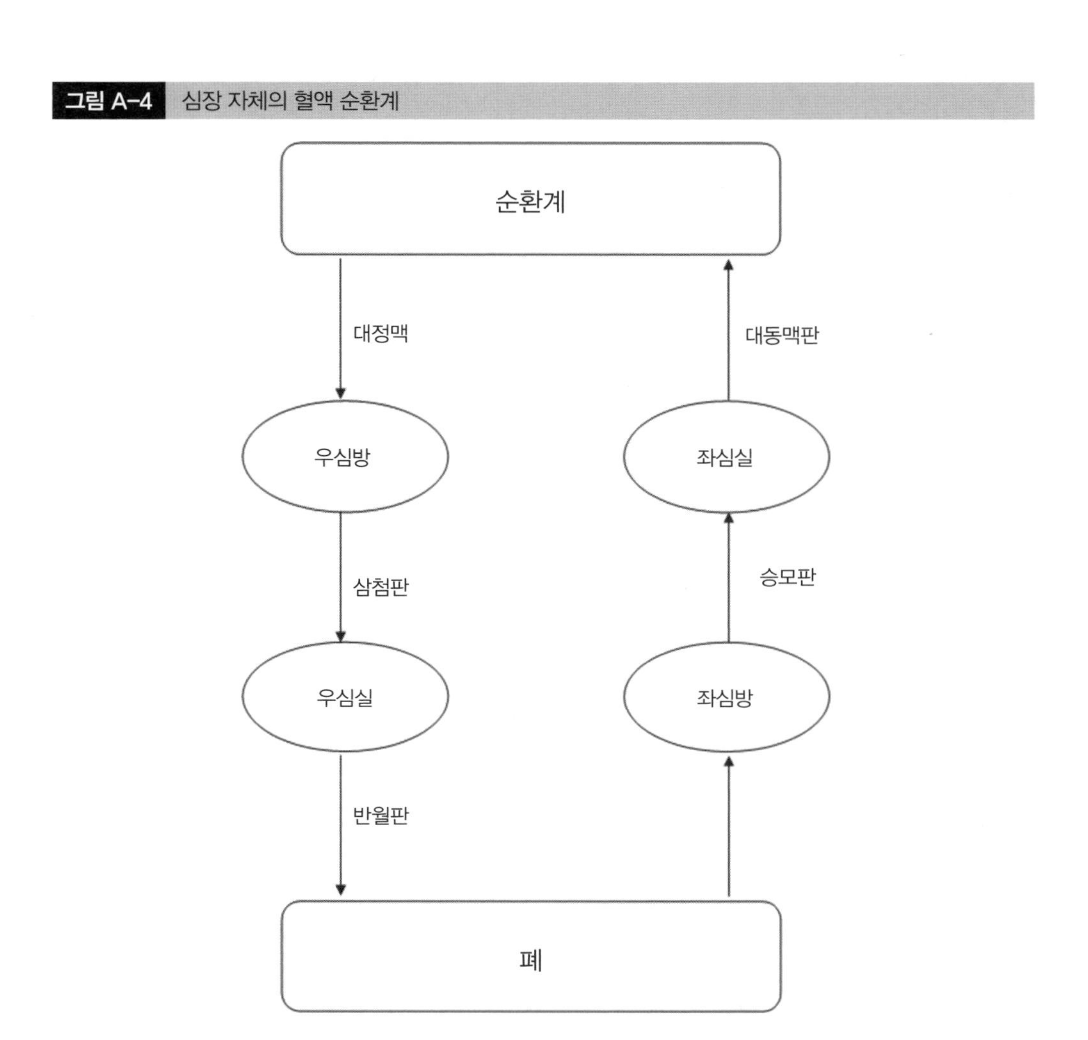

전신의 혈액 순환계를 돌아 심장으로 유입되는 혈액은 상대정맥(superior vena cava)과 하대정맥(inferior vena cava)을 통해 우심방으로 들어오며, 심장 자체의 혈액순환 후에 되돌아온 혈액은 관상정맥동(coronary sinus)을 통해서 우심방으로 들어온다. 그리고 삼첨판을 통해 우심실로, 다시 반월판을 거쳐 폐동맥을 통해서 폐순환으로 들어가 산소를 공급받아 폐정맥(pulmonary veins)을 통해서 좌심실로 유입된 후 승모판을 통하여 좌심실로 이동하고 대동맥판과 대동맥을 거쳐 전신으로 순환하게 된다. 이와 같은 심장의 운동은 주기적으로 반복되며, 심장의 주기적인 수축(systole)과 이완(diastole)에 의해서 이루어진다. 먼저 심방이 이완하게 되면 전신순환과 폐순환의 혈액이 심장의 심방으로 유입되어 심방을 채우게 되고 심방의 압력이 심실의 압력보다 높게 되면 삼첨판과 승모판이 열리게 되어 심실로 혈액이 유입되기 시작하며 심방이 수축하여 혈액을 모두 심실로 보내게 된다. 심방이 완전히 수축되면 심실의 압력과 심방의 압력이 같아지면서 자동적으로 삼첨판과 승모판이 닫히게 되고, 심실은 수축을 시작하고 수축이 진행되면서 심실의 압력이 급격히 증가하여 대동맥판과 반월판을 열리게 하고 심실의 혈액이 전신과 폐로 흘러가게 된다. 이러한 심실의 수축 과정을 심실 수축기라 하고, 다시 혈액이 유입되는 시기를 심실 이완기라 한다. 이러한 심실 이완기, 수축기의 과정을 심장 주기라고 한다.

A.1.2 심장의 전도계(conduction system of the heart)

■ 심장의 전기생리학

● 탈분극과 재분극

심장세포(cardiac cell)는 심근세포(cardiac muscle cell)의 수축과 이완을 가능하게 하는 전기자극을 발생하고 전도시키는 역할을 한다. 세포벽은 세포막으로 작용하게 된다. 일반적으로 안정상태에서는 Na^+은 세포 외부에, K^+는 세포 내부에 위치한다. 세포막을 중심으로 'sodium-potassium pump'로 알려진 현상에 의하여 Na^+은 세포 내부로 K^+는 세포 외부로 보내져 평형을 유지하려 한다. 그러나 안정 상태에서의 세포막은 Na^+ 이온에 대하여 투과도가 높지 않으며 K^+ 이온은 다소 자유롭게 투과시킨다. 확산에 의해 K^+ 이온이 빨리 외부로 이동하기 때문에 세포 내부는 외부에 대하여 더욱 음의 성분이 크게 되어 세포막 양단에 전위차(electrical potential)가 형성된다. 이때 세포막을 경계로 확산에 의한 힘과 전계에 의한 힘이 평형이 될 때 정상상태에 도달하게 된다. 이렇게 심장세포가 안정상태일 때 세포막을 경계로 이온들이 정렬된 상태를 '분극(polarization)'이라 한다. 그리고 안정상태의 심장세포의 세포막 전위차를 안정막 전위(resting membrane potential)라 한다. 안정막 전위

그림 A-5 세포막 전위

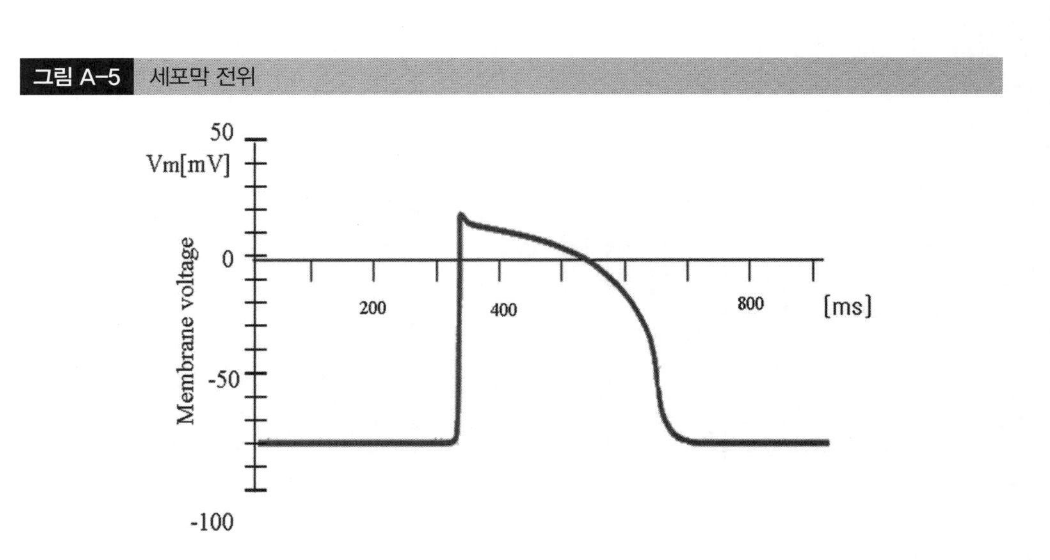

는 대략 −70 ~ −90mV이다.

분극 상태에 있는 세포막이 자극을 받으면 Na^+이 세포막을 투과하여 세포 내부로 밀려들어 안정전위에서 대략 -60mV로 변화하게 되어 순간적으로 통로가 열리면서 Na^+이 세포막을 빠르게 세포 안쪽으로 이동하게 된다. 그 결과 그림 A-5와 같이 활동전위(action potential)가 발생하여 세포 내부는 외부에 비하여 대략 20mV가 된다. 이때 세포 외부는 전기적으로 음전기, 내부는 양전기가 되면서 탈분극(depolarization) 상태가 된다(그림 A-6-①). 심장세포가 탈분극 되면 K^+는 세포 외부로 이동하여 세포가 안정되고, 다시 분극 상태로 되돌아가는 과정을 시작하는데 이를 재분극(repolarization)이라 한다(그림 A-6-②).

한 개의 심장세포가 탈분극하면 이 탈분극된 세포는 곁에 있는 세포를 전기적으로 자극하여 탈분극하도록 하여 이렇게 세포에서 세포로 전기자극이 전파되면서 파형을 형성하게 된다. 이때 발생하는 전류의 방향과 크기는 심방과 심실의 심근세포의 탈분극과 재분극에 의해 결정되며, 표면 전극에 의해 탐지되어 심전도로 기록된다. 심근세포의 탈분극은 P파, QRS complex, 재분극은 T파로 심전도에서 표시된다.

그림 A-6 탈분극, 재분극, 안정상태로의 복원

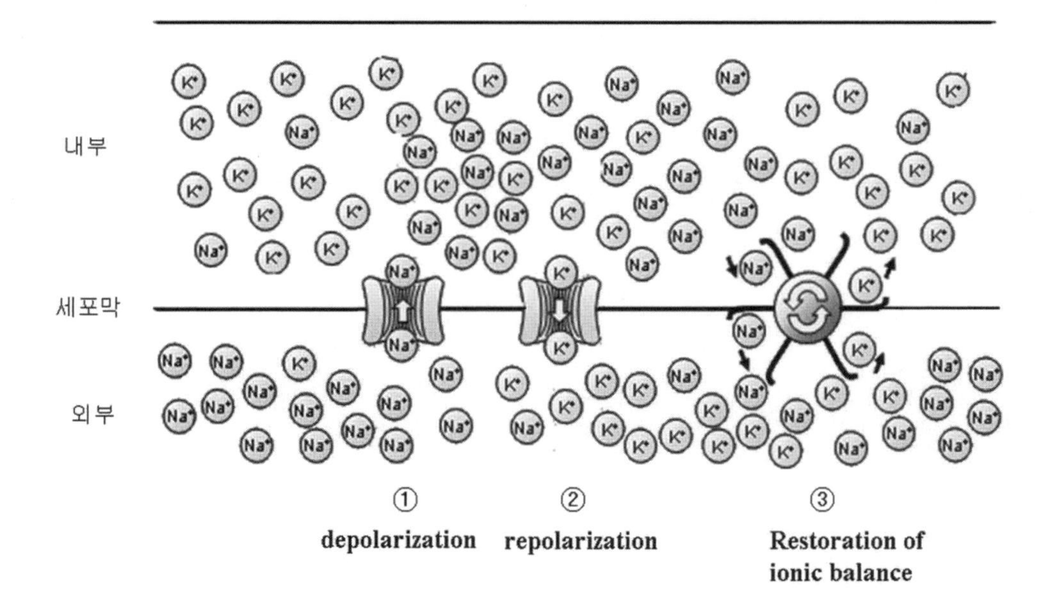

- **심장 활동전위**(cardiac action potential)

심장의 활동전위를 이해하는 데 표준모델로 사용되는 것은 심실의 심근세포이다. 그림 A-7은 전형적인 심근세포 활동전위의 다섯 단계를 보여주고 있다. 이들 각 단계를 알아보면 다음과 같다.

□ 4단계 : 안정막전위(resting membrane potential)

외부에서 자극이 주어지기 전까지 또는 인전 인접 세포의 전기적 자극이 주어지기 전까

그림 A-7 심근세포의 단계별 활동전위

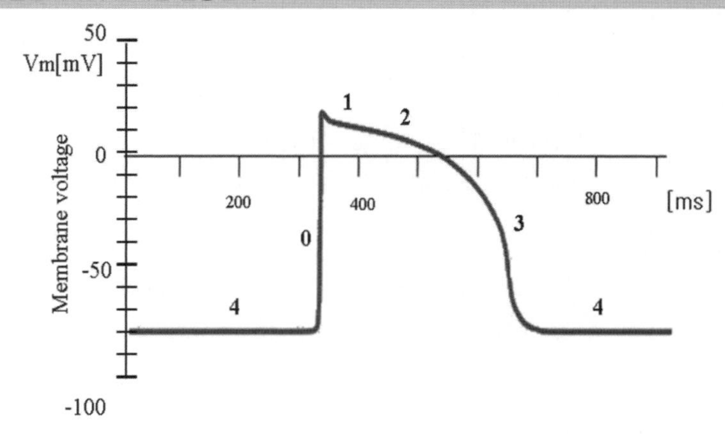

지의 안정상태를 의미한다.

□ 0단계 : 탈분극 단계

0단계는 활동전위가 직선의 높은 상승 곡선 단계로, 세포막이 빠른 통로를 열어 순간적으로 Na^{+}이 세포막을 빠르게 세포 안쪽으로 이동하게 한다. 그 결과 활동전위(action potential)가 발생하여 세포 내부는 외부에 비하여 대략 20mV가 된다. 이때 세포 외부는 전기적으로 음전기, 내부는 양전기가 되면서 탈분극(depolarization) 상태가 된다. 상승곡선 동안에 세포는 탈분극하고 수축을 시작한다.

□ 1단계 : 빠른 재분극 단계

0단계의 Na^{+}의 이동이 중단되고 K^{+}는 세포 외부로 유출된다. 그 결과 빠른 재분극이 일어나 세포 안의 양전하의 감소로 막전위는 0mV로 떨어지게 된다.

□ 2단계 : 느린 재분극 단계

2단계는 세포의 느린 재분극(plateau repolarization) 단계로 K^{+}는 세포 외부로 계속해서 유출되는 반면 느린 속도로 Na^{+}과 Ca^{++} 세포 내부로 유입되게 된다. 이때 유입되는 양과 유출되는 양이 균형을 이루어 막전위가 0mV로 유지된다. 그리고 2단계 동안 심근세포는 수축을 마치고 이완을 시작한다.

□ 3단계 : 빠른 재분극 단계

3단계는 빠른 재분극 단계로 K^{+}의 많은 양이 세포 외부로 유출되어 현저하게 음전위로 감소하게 되어 −90mV의 안정막전위에 이르게 된다.

■ 심장의 전도계(conduction system)

심장의 전도계는 그림 A-8과 같이 동방결절(sinoatrial node, SA node), 결절간 심방 전도 트랙(internodal atrial conduction tract), 심방간 전도 트랙(interatrial conduction tract, Bachmann's bundle), 방실결절(atrioventricular node, AV node), His 번들(bundle of His), 번들 브랜치(bundle branch) 및 퍼킨제 섬유조직(Purkinje fibers)으로 구성된다.

심장 전도계의 중요한 기능은 동방결절에서 자율적이고 규칙적으로 전기자극을 발생시켜 심박조율기(pacemaker) 역할을 하여 미세한 전기자극을 심방과 심실로 전달하여 심방과 심실을 수축하게 하는 것이다.

동방결절은 상부 대정맥이 붙어 있는 아래쪽 우심방의 뒤쪽 벽에 위치하고 있으며 자율적이고 규칙적인 전기 임펄스를 발생시킨다.

그림 A-8 심장의 전도계

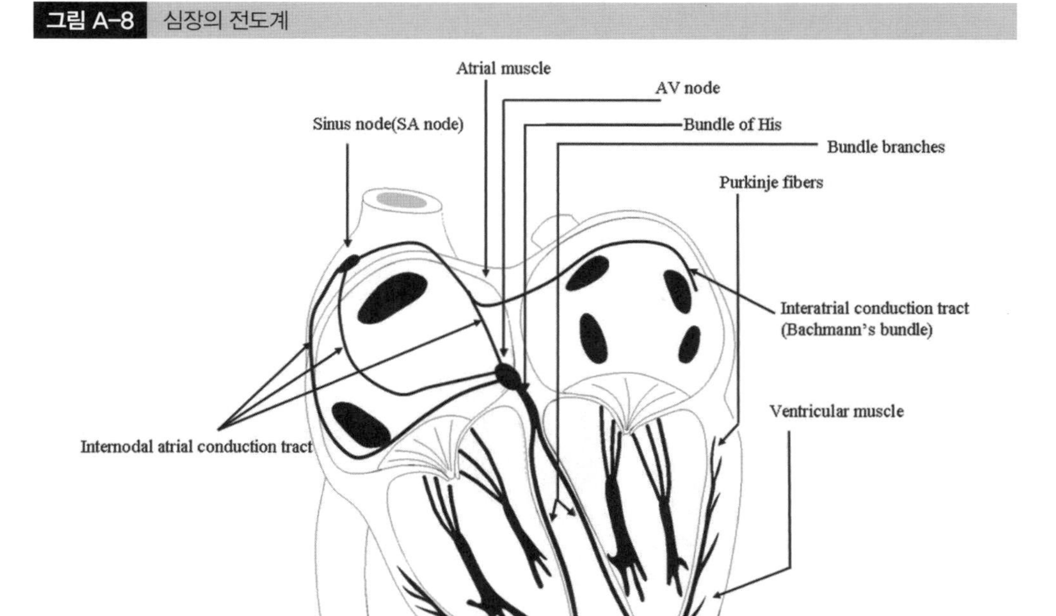

동방결절에서 발생한 활동전위가 심방조직(atrial tissue)에서 대략 0.3m/s의 전도속도를 가지고 전파된다. 그리고 이 전파 신호는 심실에 전달되게 된다. 이때 방실결절은 심방에서의 자극신호가 소멸되기 전에 활동전위에 반응하여 심실이 수축되는 것을 막기 위한 시간 지연 기능을 한다.

전기자극은 방실결절을 느리게 통과하여 His 번들까지 전달되는데 이러한 시간적 여유로 심방은 수축하여 혈액을 비울 수 있게 되고, 심실은 수축 전에 충분한 혈액을 받게 된다. His 번들은 방실 접합 부분의 가장 끝부분에 위치하고 있으며, 방실결절과 두 개의 좌, 우 브랜치를 연결시켜 준다.

심실 근세포(ventricular muscle)는 퍼킨제 섬유에 의해 자극을 받는데, 활동전위는 퍼킨제 섬유를 따라 매우 빠른 속도로 전달된다.

동방결절에서 발생된 활동전위는 심근을 구성하고 있는 근섬유를 자극하여 수축운동을 발생시키며 동시에 수많은 근세포들이 수축하게 되면 흉곽이나 사지에 부착된 전극을 통하여

그림 A-9 심장 전도계의 흐름도

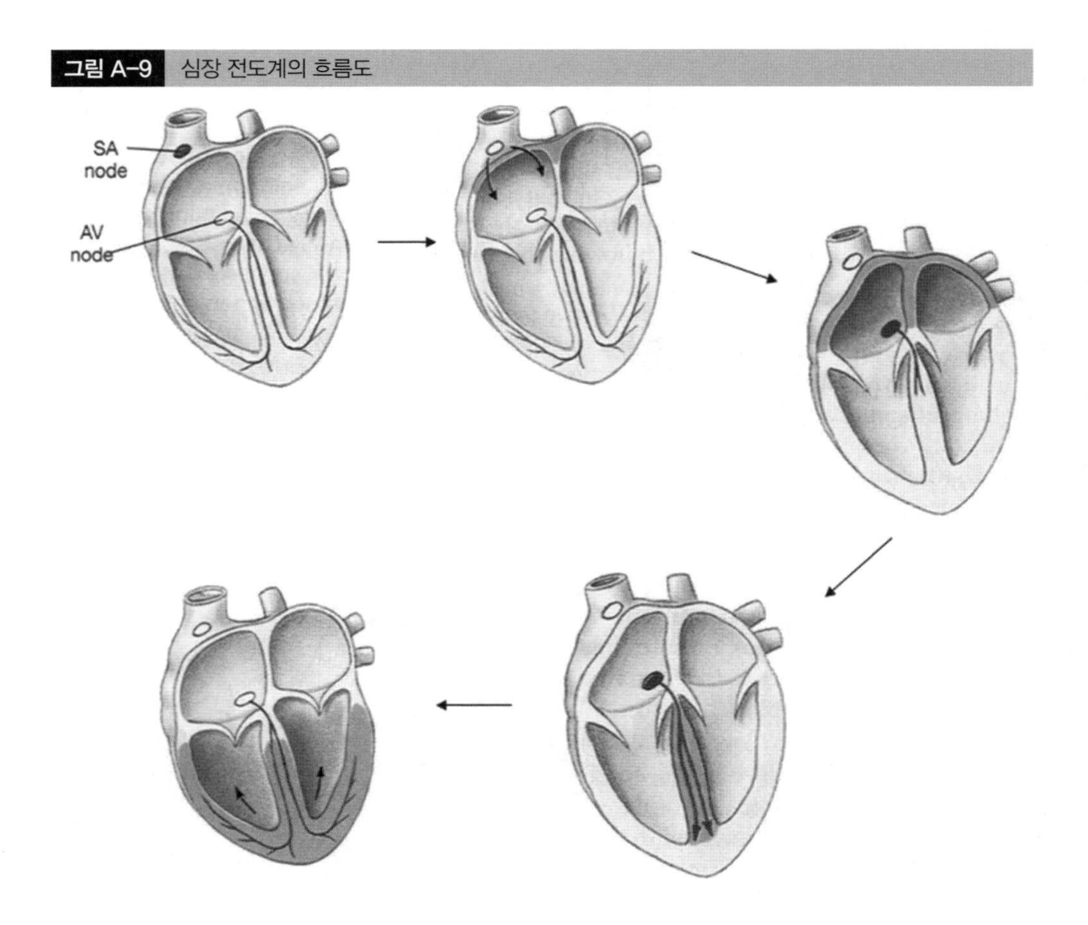

검출될 수 있을 정도의 큰 전기신호를 발생시키게 된다. 이 전기신호의 파형은 시간의 함수로서 심전도(electrocardiogram, ECG, EKG)라 한다. 그림 A-9는 전기신호가 전도되면서 동시에 혈액의 입출입을 보여주고 있다.

그림 A-10(a)는 심장의 여러 종류의 조직들(동방결절, 방실결절, His 번들, 번들 브랜치, 퍼킨제 섬유조직)의 고유한 활동전위를 갖는데 이를 보여주고 있으며, (b)는 외부에 부착된 전극을 통하여 검출되는 전기신호를 시간의 함수로 나타낸 것으로 스칼라 심전도(ECG)를 보여주고 있다.

심전도는 심방과 심실의 탈분극과 재분극에 의해 발생된 전류의 크기와 방향의 변화를 그래프로 나타낸 것이다. 이러한 전기적 활동은 피부에 부착된 전극에 의해 쉽게 측정이 가능하나, 전기적 자극에 의해 발생, 전파되는 전기적 활동에 의한 결과나 심방과 심실의 기계적인 수축과 이완은 신호가 미약하여 심전도에서는 검출되지 않는다. 심전도는 여러 가지 특징을 갖는 파형들로 구성되는데, 대표적으로 P파, QRS complex, T파가 있다. 심방의 탈분극은 P파로 기록되며, 심실의 탈분극은 QRS complex로 기록된다. 심실의 재분극은 T파로 기록되며, 심방의 재분극은 정상적인 경우 심실 탈분극과 거의 동시에 발생하기 때문에 QRS complex에 묻혀 나타나지 않는다. 이를 다시 정리하면 다음과 같다.

- P파 : 심방 탈분극(atrial depolarization)

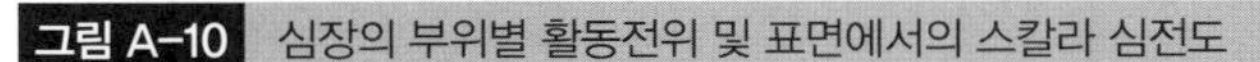

그림 A-10 심장의 부위별 활동전위 및 표면에서의 스칼라 심전도

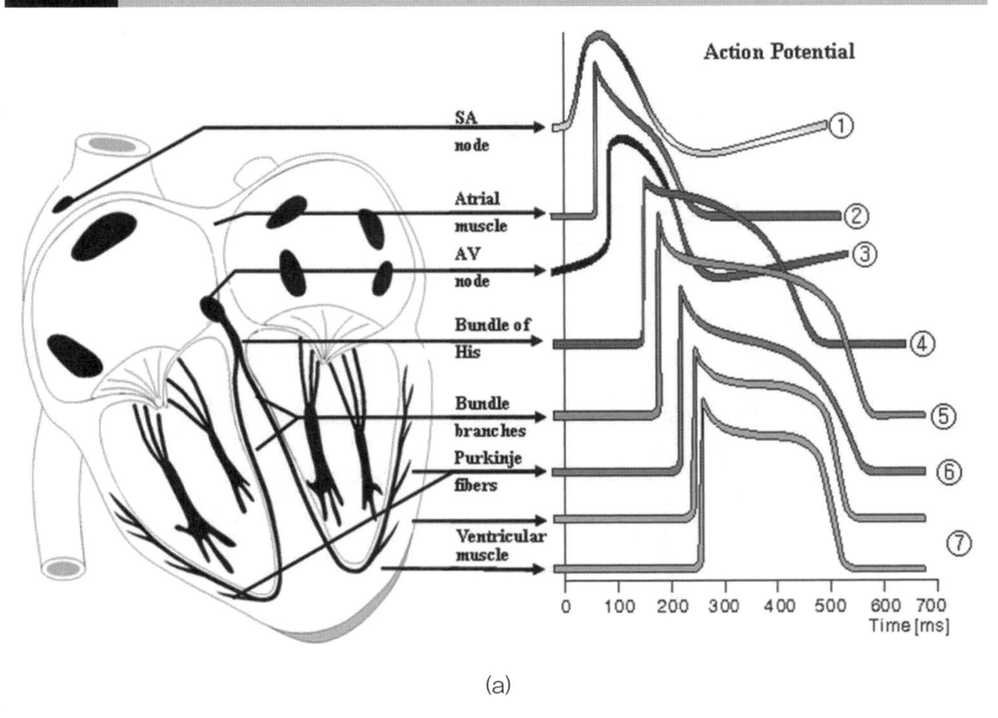

(a)

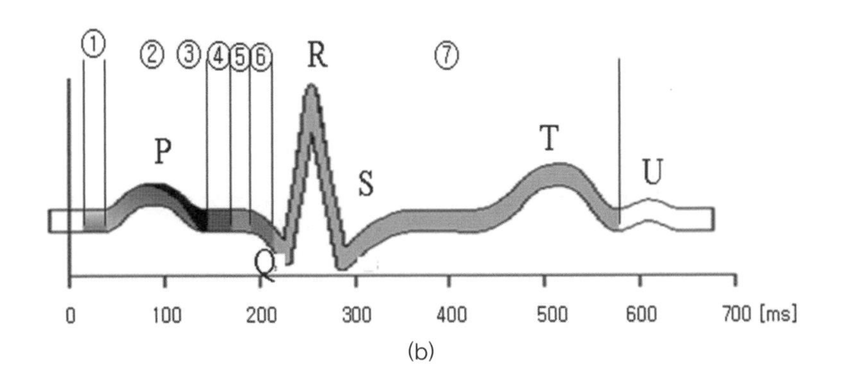

(b)

- QRS complex : 심실의 탈분극(ventricular depolarization)
- T파 : 심실의 재분극(ventricular repolarization)

그림 A-10(b)에서 보면 P파와 QRS complex 사이에 평탄한 영역이 존재하는데, 이는 이미 기술한 바와 같이 방실결절(AV node)의 지연성으로 인한 것이다.

A.1.3 심장 질환

병원에서 의사들은 심장의 질환상태를 판단하기 위하여 심전도와 그 밖의 다른 방법들을 이용한다.

심장은 온몸에 피를 보내주는 펌프와 같다. 심장의 근육(심근)이 펌프질을 하는 데 필요한 산소와 영양소를 심장에 공급하는 혈관을 관상동맥이라 하는데 이 관상동맥이 동맥경화증에 걸리면 심장으로 가는 혈액의 공급이 원활하지 못하게 되어 협심증이 나타나게 된다. 이러다가 어느 순간 혈관이 혈전(굳은 피)으로 완전히 막히면 피가 통하지 아니하여 심장근육의 일부분이 죽는데, 이를 심근경색(myocardial infarction, MI)증 흔히 '심장발작'이라고 한다. 심근경색이 오면 협심증과 마찬가지로 가슴이 아파 오지만 협심증보다 통증이 좀 더 심하고 오래간다. 관상동맥 경색증과 같은 뜻으로 사용되기도 한다.

심근경색의 종류로는 급성심근경색과 진구성 심근경색이 있는데 급성심근경색은 급격히 심장의 일부가 썩는 것을 말하며 30% 이상의 환자가 사망하는 대단히 중증인 병이다. 진구성 심근경색은 일단 썩은 부분은 원상태로 회복되지 않으므로 이것이 흉터로 남아 있게 되는 상태를 말한다. 이러한 심근경색의 원인을 알아보면 다음과 같다.

관상동맥 죽상경화증(coronary atherosclerosis)의 죽종(atheroma) 내부에서 출혈이나 부종이 생기면 그 부분의 관동맥 내강이 급격하게 좁아져서 혈류가 정체한다. 그 결과로 협착부에는 혈전(thrombus)이 형성되어 혈류가 완전히 차단되어 그곳에서부터 말초의 심근까지 완전히 허혈 상태에 빠지므로 심 내막의 하층으로부터 심외막 하층으로 급격히 상해가 진전되어 관벽성 괴사를 일으킨다. 대동맥 판막증의 경우에는 관상동맥 순환혈류량이 저하하여 관경화가 있는 곳에 혈전을 형성하는 원인이 되는 수가 있다. 또 승모판협착증(mitral stenosis)의 경우에는 좌심방 안의 혈전이 떨어져나가 관동맥색전증(coronary embolism)을 일으키고 그것이 심근경색의 원인이 되는 수가 있다.

위험요인으로는 고지혈증, 고혈압, 흡연, 당뇨 등이 가장 중요하고 기타 관상동맥질환의 가족력, 비만, 운동부족, 여성의 폐경기 이후 등이 위험요인으로 작용한다. 이들 위험 요인들을 복수로 많이 가지고 있을수록 심근경색증이 발생할 위험도 증가한다. 여성은 남성에 비해 심근경색증이 약 10세 뒤늦게 발생하며, 여성은 폐경기 전에는 남성의 약 1/3미만으로 발생하고 폐경기 이후에는 남자와 비슷하게 된다.

또 다른 질환은 부정맥(arrhythmia)이다. 근육이 수축하기 위해서는 전기가 발생되어야 가능하고, 심장 내에는 자발적으로 규칙적인 전기를 발생시키고 심장 전체로 전기 신호를 전달하는 전기 전달 체계의 변화나 기능부전 등에 의해 초래되는 불규칙한 심박동을 부정맥이라 한다. 부정맥은 빠른 빈맥(tachycardia)과 아주 느린 서맥(bradycardia), 기외수축(premature contraction)으로 크게 나눌 수 있다.

빈맥은 심장박동수가 분당 100회 이상인 경우로 정상적으로는 운동할 때와 그 직후 또는 스트레스를 받을 때 나타나는데, 건강한 사람에게는 아무런 위험이 없다. 빈맥은 박동 시작 지점에 따라 심방성, 심실성, 결절성 등으로 나눌 수 있다. 모든 빈맥의 주요 증상으로는 피로, 실신, 어지럼증, 숨가쁨, 가슴에서 심장이 고동치거나 떨림을 느끼는 것 등이다. 빈맥인 경우 심장은 매분 240회까지 박동할 수 있다. 발작성 빈맥은 해가 없으며, 몇 분 또는 몇 시간 지속되다가 저절로 사라지고 합병증을 일으키지 않는다. 다소성심방 빈맥이나 심실성 빈맥과 같은 형태는 대개 심각한 심장 · 폐 · 순환기 질환을 앓고 있는 사람에게서 발생하며 즉각적인 치료를 요한다. 더 심한 빈맥은 심방세동(atrial fibrillation)이나 심장발작을 예고할 수도 있다. 빈맥은 일단 환자를 눕히고 다른 기본적인 신체 상태를 측정하고, 심장이 규칙적인 율동을 회복하도록 전기자극을 가하거나 퀴니딘(quinidine), 아트로핀(atropine), 리도카인(lidocaine), 프로카인아마이드(procainamide) 등과 같은 항부정맥 약을 투여한다.

서맥은 성인 맥박이 1분에 60회 이하로 비정상적으로 천천히 뛰는 것을 의미하며, 생리적 서맥은 젊은 사람들, 특히 훈련을 많이 하는 운동선수나 수면 중에 흔히 나타난다. 서맥 자체는 의학적 의미가 별로 없지만 다른 증상과 함께 나타나면 심장질환을 의미할 수도 있다. 심장박동을 일으키는 동방결절의 기능부전으로 인한 서맥은 흔히 쇠약 · 착란 · 심계항진(palpitation) · 기절을 초래한다. 동부전증후군에서 서맥이 빈맥(tachycardia)과 교대로 나타나거나 동서맥이 울혈성심부전이나 다른 심각한 합병증과 함께 나타날 때는 심박동수를 조절하기 위해 인공 심박조율기가 필요하다. 서맥의 다른 원인으로는 방실결절에서 전기전도가 차단되는 것을 들 수 있는데 증상이 동서맥과 비슷하다. 또한 디기탈리스나 모르핀 같은 약물에 의해서도 서맥이 생길 수 있고, 급성심근경색(심장마비)에 나타나는 서맥은 예후가 좋음을 암시한다.

심장에서의 전기는 동방결절에서만 발생되고 방실결절, 히스 번들 순으로 전달되어야 한다. 그리고 정상적으로는 심방이나 심실 근육 자체에서 전기 발생은 없어야 한다. 그러나 많은 원인들에 의해 심근 내의 전기적 성질을 갖는 조직에서 전기파를 발생시켜 동방결절에서의 전기파 생성보다 빨리 전기파를 발생시킬 수가 있다. 이런 연속되지 않은 심장 전기파를 조기박동이라 하고 발생되는 장소에 따라 심실 기외수축(premature ventricular contraction, PVC), 심방 기외수축(premature atrial contraciton, PAC), 심방과 심실 접합부에서 발생하는 접합부 기외수축(premature junctional contraction, PJC)으로 나눌 수 있다. 성인의 80% 이상에서 심방 기외수축이나 심실 기외수축을 볼 수 있고 심장병이 없다면 그 자체로는 위험하지 않다. 이러한 기외수축의 원인으로는 불안, 스트레스, 피로, 음주, 카페인, 흡연, 전해질 이상, 심근 허열, 선천성 심장병 등을 들고 있다. 기외 수축의 증상으로는 조기박동이 발생되고 나면 심장 내의 전기전달체계는 잠시 혼돈 속에 있기 때문에 전기전달이 다소 늦어진다. 그래서 조기박동 후의 심박동은 정상일 때보다 늦어지게 된다. 이때 환자는 맥이 빠지는 듯한 느낌을 가지게 되는 것이다. 그리고 환자는 불규칙한 맥박을 느끼게 된다. 흉통과 동반된 심계항진이면 빨리 심장내과 전문의를 찾는 것이 좋다.

A.2 심전도

A.2.1 심전도 파형

앞절 심장의 전도계에서 이미 기술한 바와 같이 심근 섬유세포는 흥분하면 탈분극이 되고

그림 A-11 전형적인 심전도(ECG) 파형

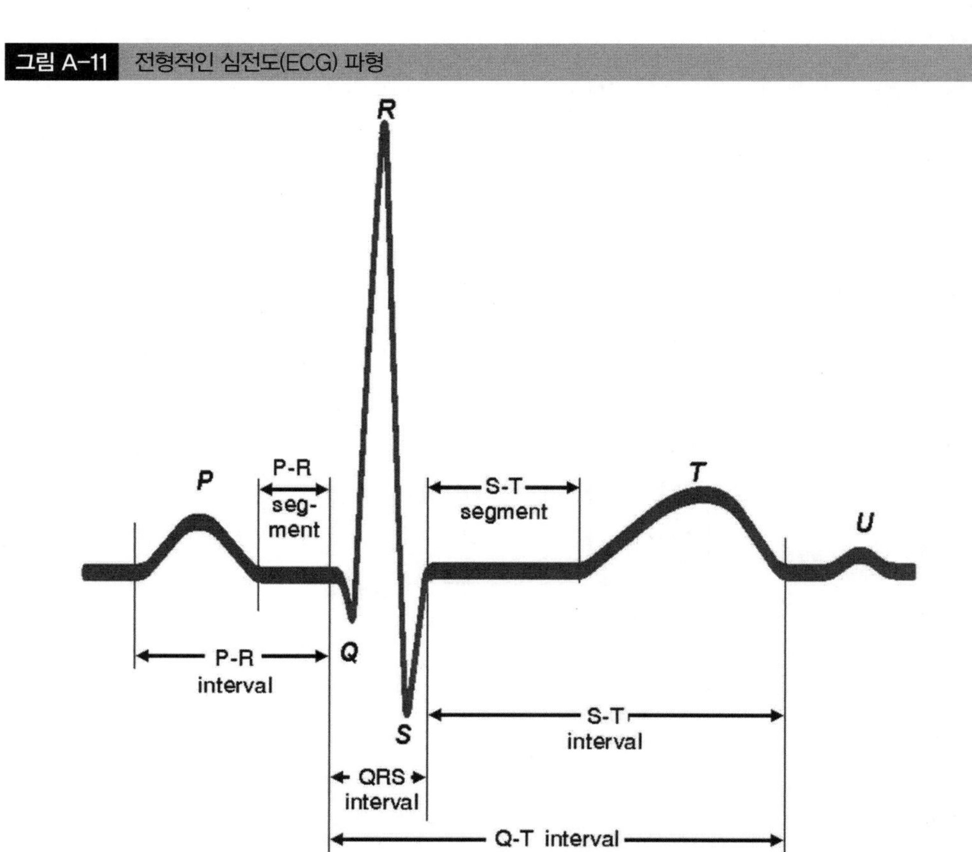

흥분이 끝나면 바로 재분극이 되는 연속적인 패턴으로 동방결절(SA Node)에서 시작되어 심방, 방실결절(AV Node), His 번들(Bundle Of His), 퍼킨제 섬유(Purkinje fiber)를 통하여 우심실과 좌심실 순으로 반복된다. 심전도의 전기곡선(electrogram)은 상향 또는 하향을 하게 되는데 이러한 방향곡선은 심근의 탈분극, 재분극과 전극의 위치와 밀접한 관계가 있다. 심장의 근육운동에 의해 발생하는 탈분극(depolarization), 재분극(repolarization) 현상을 체표면상에 전극을 부착하여 검출한 것이 심전도 파형이다. 그림 A-11은 전형적인 ECG 파형을 나타내고 있다.

심전도 파형의 특징점인 P, Q, R, S, T, U는 아인트호벤이 제창한 명칭이다. P파는 심방의 탈분극에 의해 발생되는 파형으로 심방의 흥분을 나타내며, 심방에서 심실로 전도되는 과정을 의미한다. Q파는 심실 격벽 탈분극을 나타내며, R파는 심실의 탈분극, S파는 심실 기저부 탈분극을 나타낸다. QRS 콤플렉스(QRS Complex)는 날카로운 파로서 약 0.10초 이내이고, 심장 전체의 탈분극을 나타내며, 심실의 흥분과정이다. S파에서 T파로 전도되어 가는 과정은 심심 흥분 극기를 나타낸다. T파는 심실의 재분극을 나타내며, 심실 흥분의 회복과정이다.

A.2.2 심전도 리드시스템

심장의 활동전위는 약 20~30mV로 큰 편이지만, 체표면에서는 약 1mV 정도로 매우 낮은 활동전위를 가지고 있어, 이러한 ECG 전위를 측정하기 위해서는 심전도계를 이용하게 된다. 일반적인 심전도계의 구성은 입력부, 증폭부, 출력부, 전원부 등으로 이루어진다. ECG의 측정방법에는 표준 사지유도(standard limb lead), 증폭(augumented lead), 흉부유도(precordial lead)등으로 크게 나눌 수 있다.

■ 사지유도(limb leads)

Waller는 모세관 전위계(capillary electrometer)를 사용하여 1887년에 인간의 심전도를 측정하였다. 그는 사지와 입에 5개의 전극을 위치하였다. 따라서 총 10개의 리드를 제공하였으며 이들 중 5개를 심장과 관련된 리드로 선택하였다. 이 5개중 2개는 아인트호벤의 리드 I, III와 동일하다(그림 A-12 참조).

심장의 신호를 신체표면에서 처음으로 기록한 것은 1903년이다. 네델란드의 노벨상 수상자인 아인트호벤(Willem Einthoven)에 의해 처음으로 만들어진 심전도계는 지금도 라이덴시 국립박물관에 보관 중이며 검류계(galvanometer)에 전선을 이용하여 기록하였으므로 'string galvanometer'라고 불렀다. 저항을 줄여줄 특별한 물질을 발견하지 못하였던 때이므로 그림 A-13과 같이 양손과 왼쪽 다리를 물통에 넣고 전선을 연결하여 검류계로 측정하였다.

이때의 기록은 쌍극 리드로 두 개의 전극으로 전압차를 기록하였으며 한쪽을 -극으로 기준점으로 하였으며 다른 쪽을 +극으로 기록 전극으로 사용하였다. 아인트호벤은 세 개의 조합으로 측정하였으며 오른쪽 팔과 왼쪽 팔, 왼쪽 팔과 왼쪽 다리, 오른쪽 팔과 왼쪽 다리 간의

그림 A-12 (a) Waller의 10유도 심전도, (b) 아인트호벤 사지 유도와 삼각

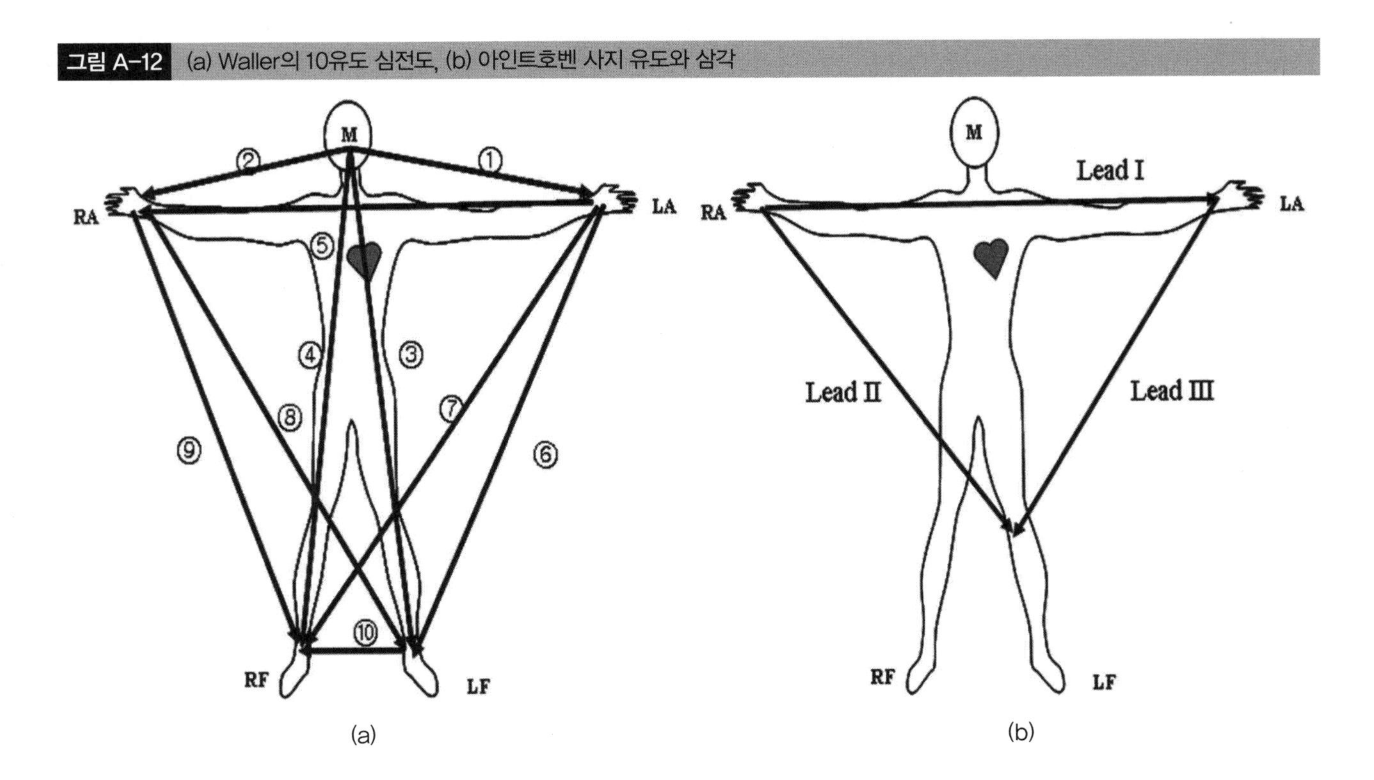

그림 A-13 아인트호벤의 심전도 기록

전압차를 기록하였다. 이것이 시초가 되었으므로 표준 유도(standard leads)라고 하며, 순서대로 각각 앞에 것을 −극으로 뒤쪽 것을 +극으로 사용하였다. 이것을 유도 I, II, III라고 부른다. 왼쪽 다리를 사용한 것은 심장이 왼쪽에 있기 때문이다.

유도는 양전극과 음전극 간의 전기 부하의 차이를 측정하므로 각각의 유도는 양극과 음극을 가지고 있다. 유도의 극을 연결하는 가상선을 유도축(lead axis)이라 한다. 한 유도 내의 양극과 음극의 위치는 유도축의 방향을 결정하므로 유도축은 방향과 극을 가지고 있다.

아인트호벤의 표준 사지유도의 양극은 전기적으로 심장의 참고점(reference point)으로부터 대략 동일 거리이기 때문에 세 개의 유도축을 그릴 수 있다(그림 A-12(b)). 이를 아인트호벤의 삼각형(Einthoven' s triangle)이라 한다. 그림 A-14와 같이 유도 I, II, III에 각기 60도 각도를 가진 3축 참고도(reference figure)를 그릴 수 있다.

아인트호벤의 표준 사지유도는 전위차를 이용해서 나타내면 다음과 같다.

Lead I : $V_I = V_{LA} - V_{RA}$
Lead II : $V_{II} = V_{LF} - V_{RA}$
Lead III : $V_{III} = V_{LF} - V_{LA}$

여기서 V_{LA}, V_{LF}, V_{RA}는 각각 왼쪽 팔, 왼쪽 발, 오른쪽 팔의 전위(potential)을 나타낸다. 키르히호프(Kirchhoff) 법측을 적용하면 다음과 같다.

$$V_I + V_{III} = V_{II}$$

즉, 유도 I과 III에 기록된 전류의 합은 유도 II에서 기록된 전류와 같다.

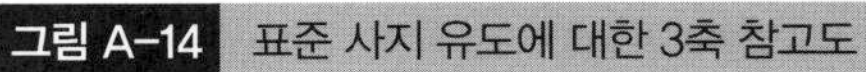
그림 A-14 표준 사지 유도에 대한 3축 참고도

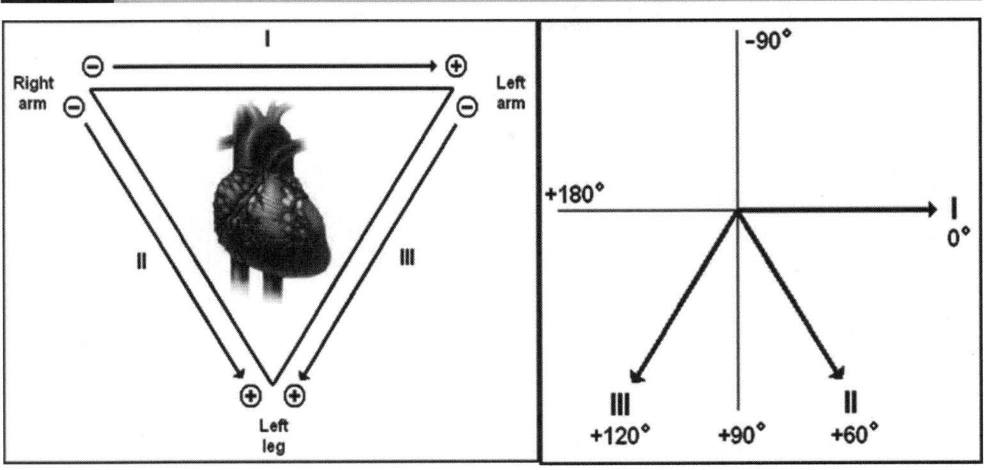

■ **증폭 유도(augmented leads)**

등을 지표에 대고 누울 때 지표에 평행인 신체의 평면을 전두평면(frontal plane)이라 하고 똑바로 서있을 때 지표에 평행인 신체의 평면을 횡평면(tansverse plane)이라 한다. 앞의 표준 사지 유도가 전두평면에 해당한다. 임상 심전도를 측정하는 방법에는 일반적으로 전두평면에 대한 세 개의 부가적인 유도가 포함된다. 이들 유도는 하나 이상의 전극쌍으로부터 얻

그림 A-15 윌슨 중앙 단자

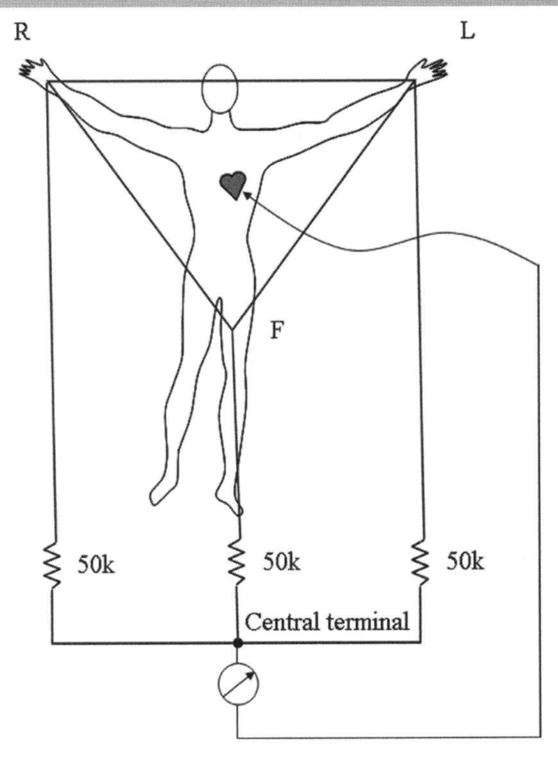

은 신호에 기초한다. 둘 또는 그 이상의 전극에 나타나는 신호의 평균치를 갖는 등가 기준 전극(reference elecrode)에 대한 하나의 전극에 나타나는 전위로 구성되기 때문에 단극성 유도(unipolar lead)라고 부른다.

이러한 등가 기준 전극 중의 하나가 그림 A-15에 나타낸 윌슨 중앙단자(Willson central terminal)이다. 그림에 나타낸 세 개의 사지 전극은 같은 값의 저항(50kΩ)을 통해 공통 절점에 접속되어 있다. 윌슨 중앙단자인 이 절점의 전압은 각 전극 전압의 평균치가 된다. 이는 중앙단자로부터 나아가는 전류의 합은 0이므로 이를 정리하면 다음과 같다.

$$I_R + I_L + I_F = \frac{V_{CT} - V_R}{5k} + \frac{V_{CT} - V_L}{5k} + \frac{V_{CT} - V_F}{5k} = 0$$

위 식을 풀면 다음을 얻을 수 있다.

$$V_{CT} = \frac{V_R + V_L + V_F}{3}$$

따라서 윌슨의 중앙단자의 위치는 심장 주위로 아인트호벤 삼각형의 중심이 된다.

그림 A-15에서 보면 각 유도에 대해 윌신 중앙단자(중앙점)과 사진 전극 사이의 회로가 저항으로 연결되어 있으므로 관찰하고자 하는 신호의 진폭이 감소되기 때문에, 이를 변형하여 중앙 단자와 측정중인 사지 사이의 접속을 제거한 것이 증폭 유도이다. 이렇게 함으로써 유도 벡터의 영향을 주지 않으면서 신호의 진폭을 증가시키게 한다. 그림 A-16은 증폭 사지 리드(또는 단극사지 리드) aVR, aVF, aVL을 보여주며, 유도 세 개에 대한 참고도를 보여준다.

■ 흉부유도(precordial leads, chest leads)

횡단면상의 심전도를 측정하기 위하여 전흉부 유도(precordial leads)를 사용한다. 그림 A-17과 같이 해부학적으로 정의된 가슴의 여러 곳에 전극을 부착하며, 이 전극과 윌슨 중앙단자 사이의 전위가 해당 유도의 심전도가 된다.

전극은 6개이며 개개의 흉부 전극은 우측에서 좌측으로 전흉부벽을 가로질러 부착하므로 우심실(V1, V2), 심실중격(V3), 좌심실(V4, V5, V6)의 전측면 위에 위치하게 된다. 흉부유도의 위치는 V1은 4번째 늑골간에 있는 우측 흉골연, V2는 4번째 늑골간에 있는 좌측 흉골연, V3는 V2와 V4의 중간, V4는 5번째 늑골간에 있는 중앙쇄골선, V5는 V4와 같은 높이에 있는 전면액와선, V6는 V4와 같은 높이에 있는 중앙액와선 위치이다. 이를 도시하면 그림 A-17과 같다. 그리고 유도의 벡터의 방향 즉, 참고도를 도시하면 그림 A-18과 같다.

■ 표준 12유도(standard 12 leads)

표준 12 유도 심전도는 6개의 사지 유도(limb lead)와 6개의 흉부유도를 사용한다. 즉, 유도 I, II, III, aVR, aVL, aVF, V1, V2, V3, V4, V5, V6를 사용한다. 상기 기술한 바와 같이 표

그림 A-16 (a) aVR, (b) aVL, (c) aVF, (d) 참고도

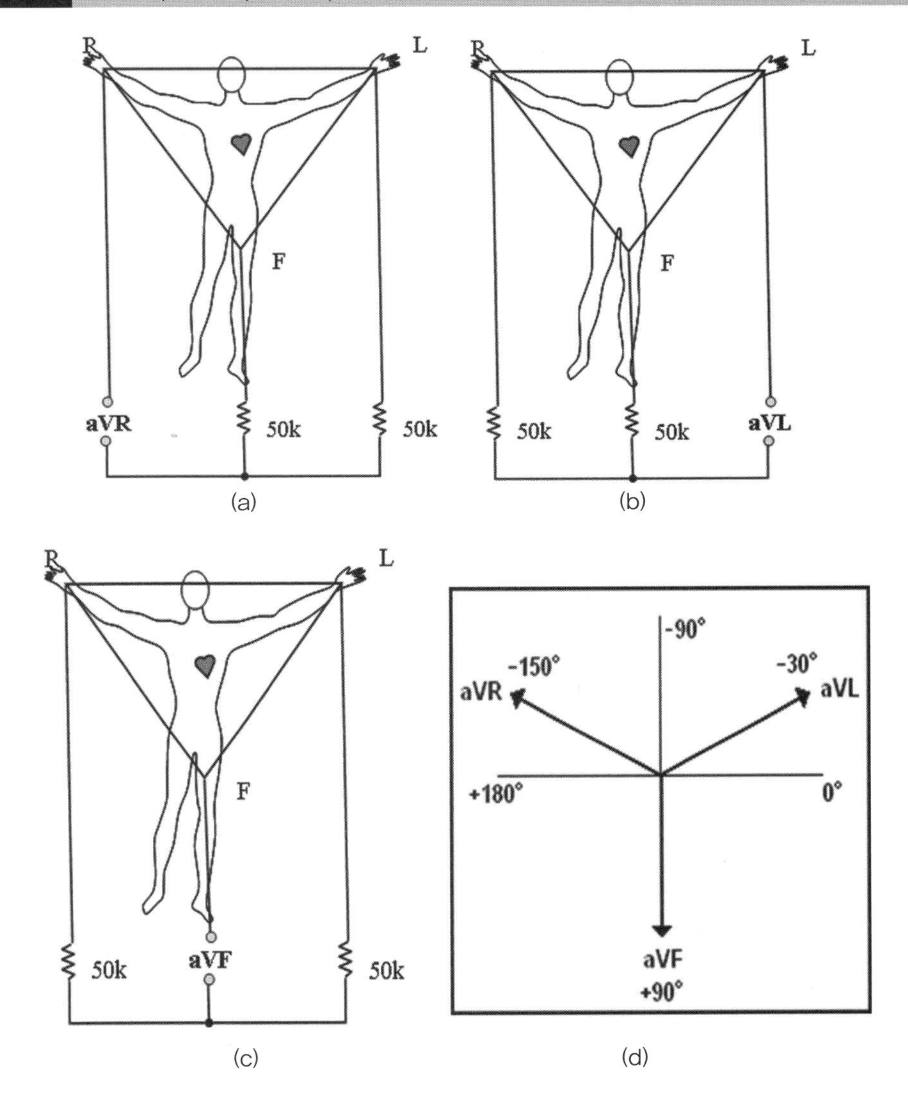

그림 A-17 흉부유도의 전극 부착 위치, (a) 흉벽상에서의 위치, (b) 횡평면상에서의 위치

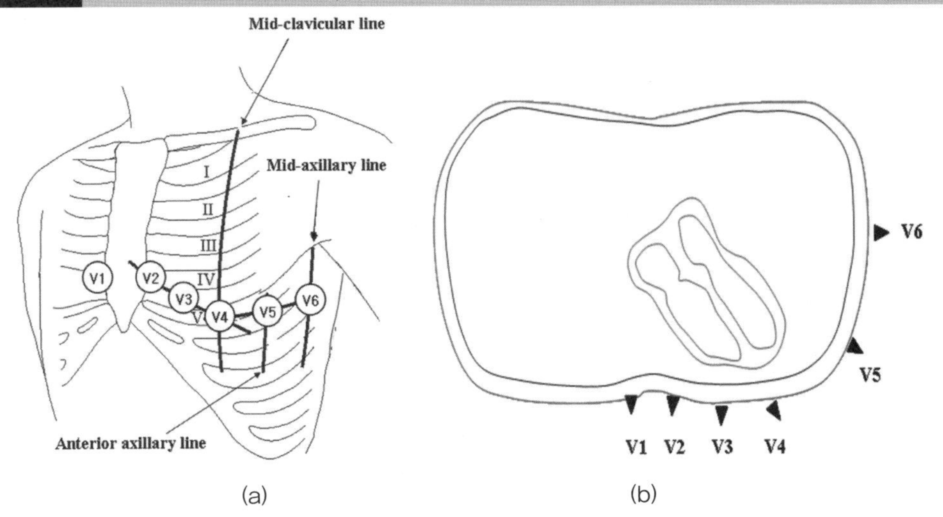

그림 A-18 유도 벡터의 방향(참고도)

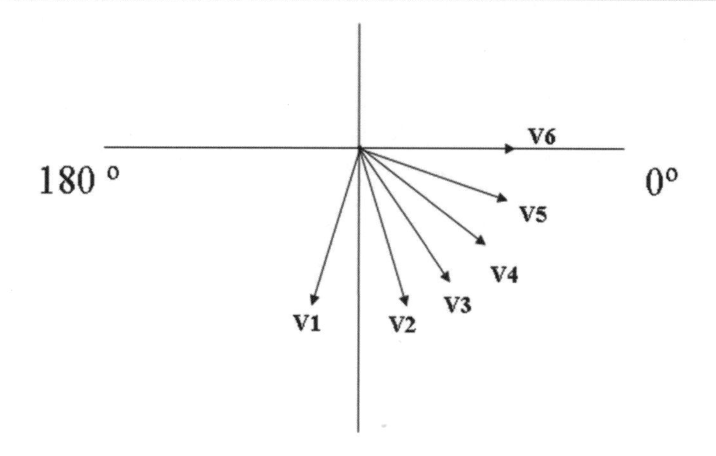

준사지유도는 쌍극(bipolar)유도이며, 증폭유도와 흉부유도는 중앙단자를 이용한 단극(unipolar) 유도이다.

A.2.3 심전도 증폭기

심전도기는 전극을 통해 들어온 신호를 받아 들이는 입력부와 OP-amp IC를 이용한 증폭부 및 필터, 그리고 측정된 신호를 디지털화하기 위한 아날로그-디지털 변환기로 구성되어 있다.

사람으로부터 나오는 심전도 신호는 매우 낮은 활동전위로 이러한 신호를 측정하기 위해서는 낮은 전압레벨 차이도 감지할 수 있는 전극이 필요하다. 전극을 통해 입력된 신호는 증폭기의 입력신호가 되며, 이때 증폭기는 높은 차동 이득과 낮은 차동 모드 이득을 갖도록 하여 높은 공통모드제거율(CMRR, Common Mode Rejection Ratio)를 얻어야 한다. 이때 증폭기가 전극의 부하로 작용하므로 입력 임피던스가 매우 높아야 한다.

그림 A-19는 전형적인 심전도 증폭기의 회로도를 나타낸 것이다. 첫 번째 단은 차동 증폭단, 두 번째는 반전증폭단, 세 번째는 출력단으로 비반전 증폭단으로 구성되어 있다. 이와 같은 증폭기는 매우 높은 입력 임피던스를 필요로 하는 곳에 사용되며 가변저항(R_4)을 조정하면 높은 CMRR을 얻을 수 있다.

두 번째 단과 세 번째 단의 커패시터(C_1)와 저항(R_5)으로 구성되어 있는 부분은 고역통과필터(HPF, High Pass Filter)이다. 심전도 신호는 0.05~100Hz의 대역폭을 가지므로 커패시터와 저항을 잘 선택하여 0.05Hz 이상을 통과시킬 수 있도록 설계하여야 한다.

출력단의 C_2 커패시터와 R_7은 저주파 통과 필터로 위의 100Hz 이하를 통과시킬 수 있도록 설계하여야 한다.

각 단의 이득을 구해보면 다음과 같다. A3 증폭기 −, + 입력부의 전압을 V_3, V_4라 하고, 그때 흐르는 전류를 i라 하면 다음 수식을 얻을 수 있다.

그림 A-19 전형적인 심전도 증폭기

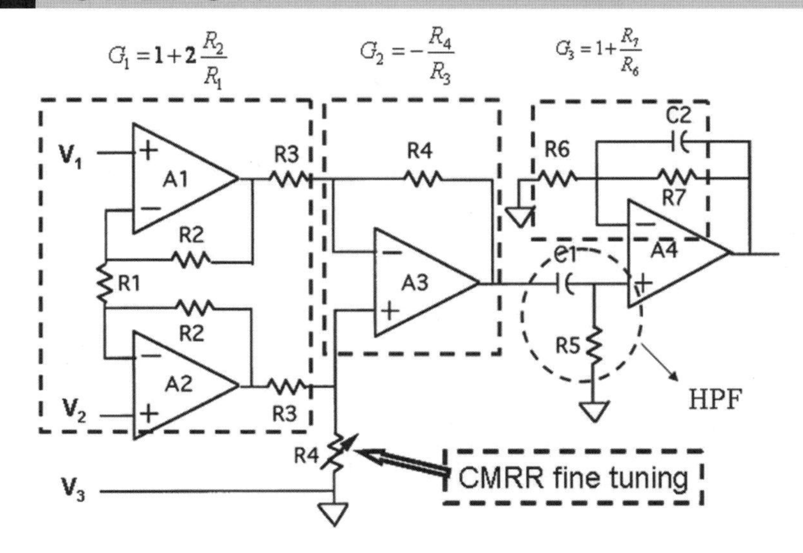

$$V_3 - V_4 = i(R1 + 2R2),\ V_1 - V_2 = iR1$$

그러므로 차동 증폭 이득은 다음과 같다.

$$G_1 = \frac{V_3 - V_4}{V_1 - V_2} = 1 + 2\frac{R2}{R1}$$

두 번째 단의 증폭은 반전 증폭기이므로 쉽게 다음이 됨을 알 수 있다.

$$G_2 = -\frac{R4}{R3}$$

그리고 세 번째 단, 즉 출력단의 이득은 비반전 증폭기로 다음과 같다.

$$G_3 = 1 + \frac{R7}{R6}$$

따라서 전체이득은 $G = G_1 G_2 G_3$가 된다.

A.2.4 벡터 심전도

일반적으로 사용되는 심전도는 스칼라 심전도이다. 심전계에 있어 이미 기술한 바와 같이 참고도 또는 벡터 방향의 특정한 성분을 기록할 수 있다. 벡터 심전도(VCG, Vector Cardio Gram)는 스칼라 심전도보다 더 많은 정보를 제공할 수 있다. 벡터 심전도는 인체의 3차원 즉, X, Y, Z면을 따라 발생된 심전도의 전위를 측정하는 것으로 그림 A-20과 같이 X벡터는 몸통의 양팔 아래 두 점(I, A) 사이의 전위를 측정하고, Y벡터는 머리와 오른쪽 다리 사이의 전위를 측정하고, Z벡터는 몸의 안쪽에서 뒤쪽 사이의 전위를 측정한다.

그림 A-20 프랭크 유도 심전도 (a) 전극의 위치, (b) 프랭크 시스템의 구성

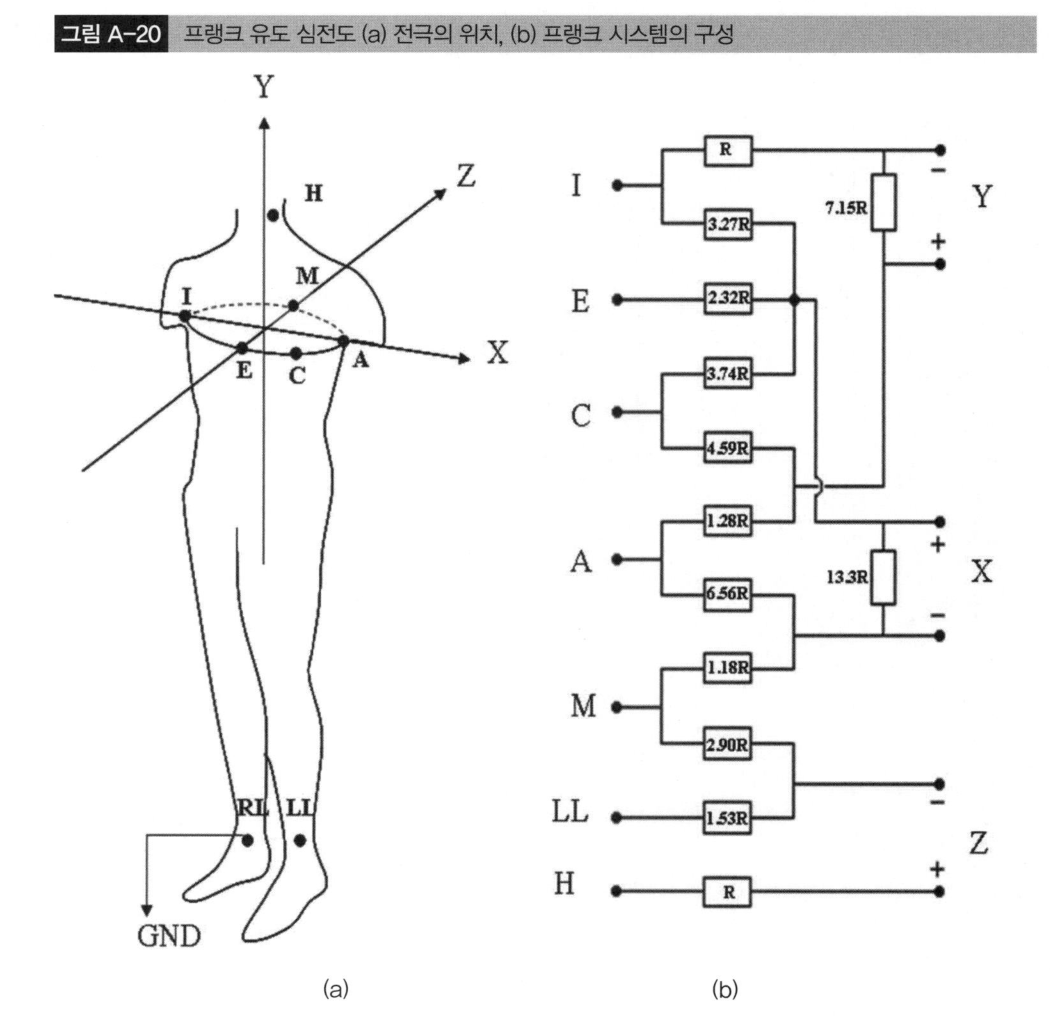

벡터 심전도의 유도 시스템은 프랭크 유도 시스템(Frank lead system), 맥피 유도 시스템(McFee-Parungao Lead System), 넬슨 유도 시스템(Nelson Lead System) 등이 있다. 그림 A-20은 프랭크 유도 시스템을 보여주고 있다.

VCG는 P파, QRS complex, 그리고 T파에 해당하는 각각의 세 가지 루프(loop)로 구성되며, 이들 각각을 P 벡터 루프, QRS 벡터 루프, T 벡터 루프로 불린다. 이들 세 가지 루프는 모두가 단일등전위점인 0에서 만난다.

부록 B

Visual C++를 이용한 시리얼 통신 및 Display 구현

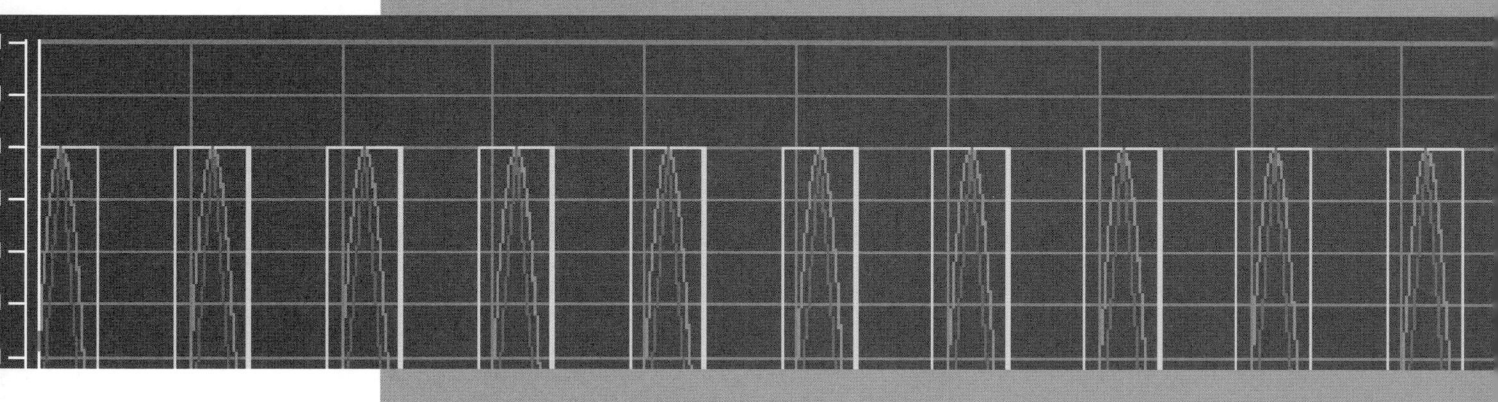

B.1 개 요

일반적으로 어떠한 기기나 장비로부터 디지털화 된 데이터는 적절한 처리, 또는 원 데이터를 PC로 전송하여 데이터를 모니터 화면 출력, PC로 전송된 데이터를 처리, 또는 저장할 경우가 종종 발생한다. 이번 부록에서는 이러한 프로그램을 Visual C++를 활용하여 작성해 보도록 하자.

그림 B-1 Serial 통신 및 데이터 화면 출력 개념도

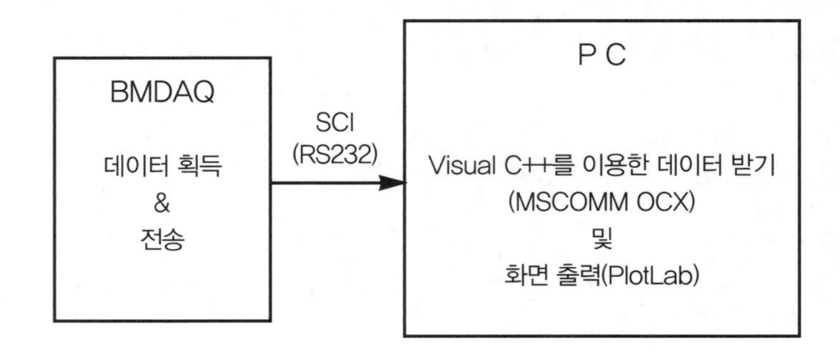

그림 B-1에 도시한 바와 같이 BMDAQ 보드에서 획득된 또는 처리된 데이터를 PC로 시리얼 통신을 통해 전송하고 이를 Microsoft에서 제공하는 MSCOMM ActiveX를 이용하여 데이터를 받고 Mitov Software(www.mitov.com)에서 무료로 제공하는 display library인 plotlab을 이용하여 수신된 데이터를 화면에 출력하는 프로그램을 작성해본다.

작성할 프로그램의 구체적인 내용은 다음과 같다.

■ **BMDAQ 보드**

① 주기가 1초인 Sine파, 구형파, 삼각파 발생(DC = 0인 파형)
② 각 파형의 1초당 데이터 개수(200개 = 200Hz)
③ 각 파형의 데이터 길이는 12bits(데이터의 범위는 −2048~2047)
④ 전송 시 2048을 더하여 전송(데이터 범위는 0~4095)
⑤ Data Packet : 여러 개의 데이터를 전송하므로 데이터 전송 시 묶어서 전송하는 것이 필요함. 본서에서는 그림 B-2와 같은 data packet을 사용함.

여러 바이트의 데이터를 전송할 때 받는 쪽에서 데이터와 데이터 사이를 구분하여 원 데이터를 복원(decoding)하기 위해서는 데이터의 시작과 끝을 알 수 있도록 하는 별도의 구분자(discriminator)를 전송하여야만 한다. 여기서는 전송하고자 하는 데이터를 일부 조작하여 헤더에 들어갈 값이 실제 전송하고자 하는 데이터에는 존재하지 않도록 하여 헤더를 만나면 데이터의 시작임을 알 수 있도록 하였다. 그림 B-2는 이러한 과정을 보여주고 있다. 물론 다른 여러 가지 방법들이 존재하나 여기서는 다음과 같은

그림 B-2 전송 packet 프로토콜

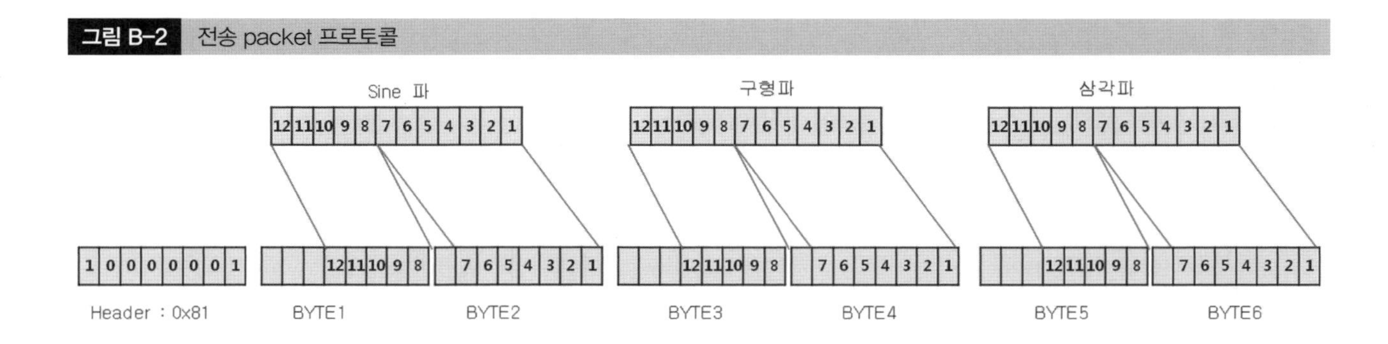

방법을 사용하여 프로그램을 작성해보도록 하자.

즉, packet의 제일 앞부분에 0x81을 전송하여 packet의 시작임을 알려주고, Sine파의 상위 5개 비트와 나머지 3개 비트는 '0'으로 채워 한 byte를 만들고, 하위 7비트와 나머지 상위 1개 비트는 '0'으로 채움으로써 0x81과 중복되는 값이 없도록 조작한다. 구형파 및 삼각파의 경우도 동일하게 할 수 있다. 상기와 같은 방법을 사용하여 총 7개 바이트가 하나의 packet이 됨을 알 수 있다.

⑥ 전송속도(Baud rate) 설정 : 초당 200개의 packet(7바이트)을 전송, non-parity, start/stop bit(2bits), 8bits 데이터 전송으로 전송할 경우 전송속도는 다음과 같이 결정된다.

7bytes × 200 × 10bits=14,000bps 이상

그림 B-3 전송된 packet 복원

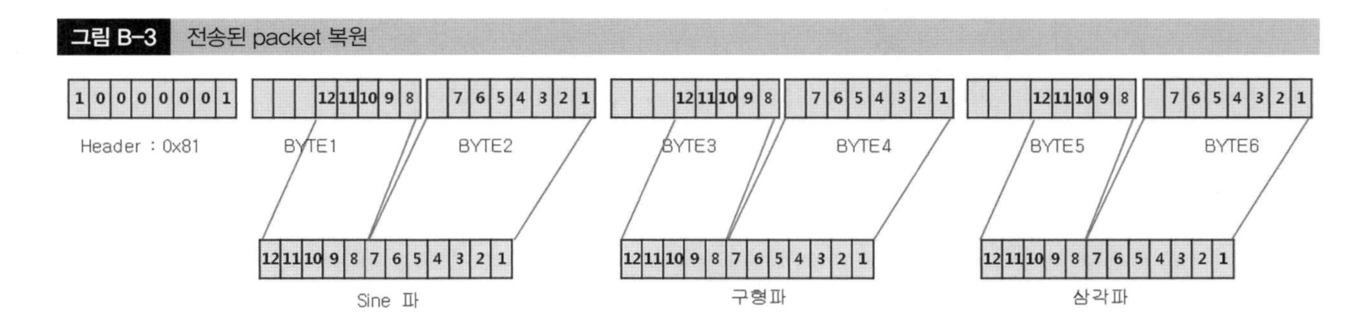

■ PC

그림 B-3에서 보여주는 바와 같이 PC에서는 먼저 0x81 데이터가 수신되면 계속해서 6개의 바이트를 받아들이고 이들을 두 개의 byte씩 모아서 원 신호를 복원하면 된다. 복원하는 과정은 다음과 같다.

```
short sine_wave, rect_wave, tri_wave;
sine_wave=BYTE2 +(BYTE1<<7)-2048;
rect_wave=BYTE4+(BYTE3<<7)-2048;
tri_wave=BYTE6+BYTE5<<&)-2048;
```

B.2 BMDAQ 보드에서의 Firmware code

개요에서 설명한 내용을 바탕으로 BMDAQ에서 초당 200Hz의 타이머 인터럽트를 사용하여 데이터를 발생시키고 시리얼 통신을 통해 전송하는 코드는 다음과 같다.

```
// test program - Timera0에서 파형을 발생시켜 데이터 전송
#include <math.h>
#include <msp430x16x.h>

#define HEADER 0x81
#define pi 3.141592

int sin_wave;
int rect_wave;
int tri_wave;
unsigned char Packet[7];

void main(void)
{
// Set Clock Timer
  WDTCTL = WDTPW + WDTHOLD;                // Stop WDT
  BCSCTL1 &= ~XT2OFF;                      // ACLK= LFXT1= HF XTAL
  BCSCTL2 |= SELM_2;                       // MCLK =XT2CLK=6Mhz
  BCSCTL2 |= SELS;                         // SMCLK=XT2CLK=6Mhz
// END - Set Clock Timer

// Set Port
//  P3DIR = 0xFF;
//  P3OUT = 0x00;
  P3SEL = BIT4|BIT5;                       // P3.4,5 = USART0 TXD/RXD
// END-Set Port

//Set UART0
  ME1 |= UTXE0 + URXE0;                    // Enable USART0 TXD/RXD
  UCTL0 |= CHAR;                           // 8-bit character
  UTCTL0 |= SSEL0|SSEL1;                   // UCLK= SMCLK
  UBR00 = 0x34;                            // 6MHz 115,200
  UBR10 = 0x00;                            // 6MHz 115,200
  UMCTL0 = 0x00;                           // 6MHz 115,200 modulation
  UCTL0 &= ~SWRST;                         // Initialize USART state machine
// IE1 |= URXIE0|UTXIE0; // Enable USART0 RX interrupt
//END - Set UART0
```

```
  TACTL=TASSEL_2+MC_1;               // clock source and mode(UP) select
  TACCTL0=CCIE;
  TACCR0=30000;                        // 6M/30000=200hz
  _BIS_SR(LPM0_bits + GIE);              // Enter LPM0 w/ interrupt
}

#pragma vector = TIMERA0_VECTOR
__interrupt void TimerA0_interrupt()
{
  static unsigned int i=0;
  sin_wave=2000*sin(2*pi*i/200);         // Generate Sine Wave
  if(i<100) rect_wave = 2000;          // Generate Rectangular Waves
  else rect_wave =-2000;

  if(i<51) tri_wave = 40 * i;          // Generate Triangle Wave
  else if((i>=51) && (i <151)) tri_wave = -40 * i + 4000;
  else if(i>=151) tri_wave = 40 * i - 8000;

  sin_wave=sin_wave+2048;
  rect_wave=rect_wave+2048;
  tri_wave=tri_wave+2048;

  i=i+1;
  if(i==200) i=0;

  Packet[0]=HEADER;

  Packet[1]=(sin_wave>>7)&0x7F;
  Packet[2]=sin_wave&0x7F;

  Packet[3]=rect_wave>>7;
  Packet[4]=rect_wave&0x7F;

  Packet[5]=tri_wave>>7;
  Packet[6]=tri_wave&0x7F;

  for(int j=0;j<7;j++){
    while (!(IFG1 & UTXIFG0));             // USART0 TX buffer ready?
    TXBUF0=Packet[j];
  }
}
```

B.3 PC에서 전송된 데이터의 복원 및 출력

Visual C++ 6.0을 이용하여 전송된 데이터를 복호하여 그림 B-4와 같이 화면에 출력 및 그래프로 출력하는 프로그램을 작성해보도록 하자.

그림 B-4 전송된 데이터 보여주기 및 그래프로 출력하기

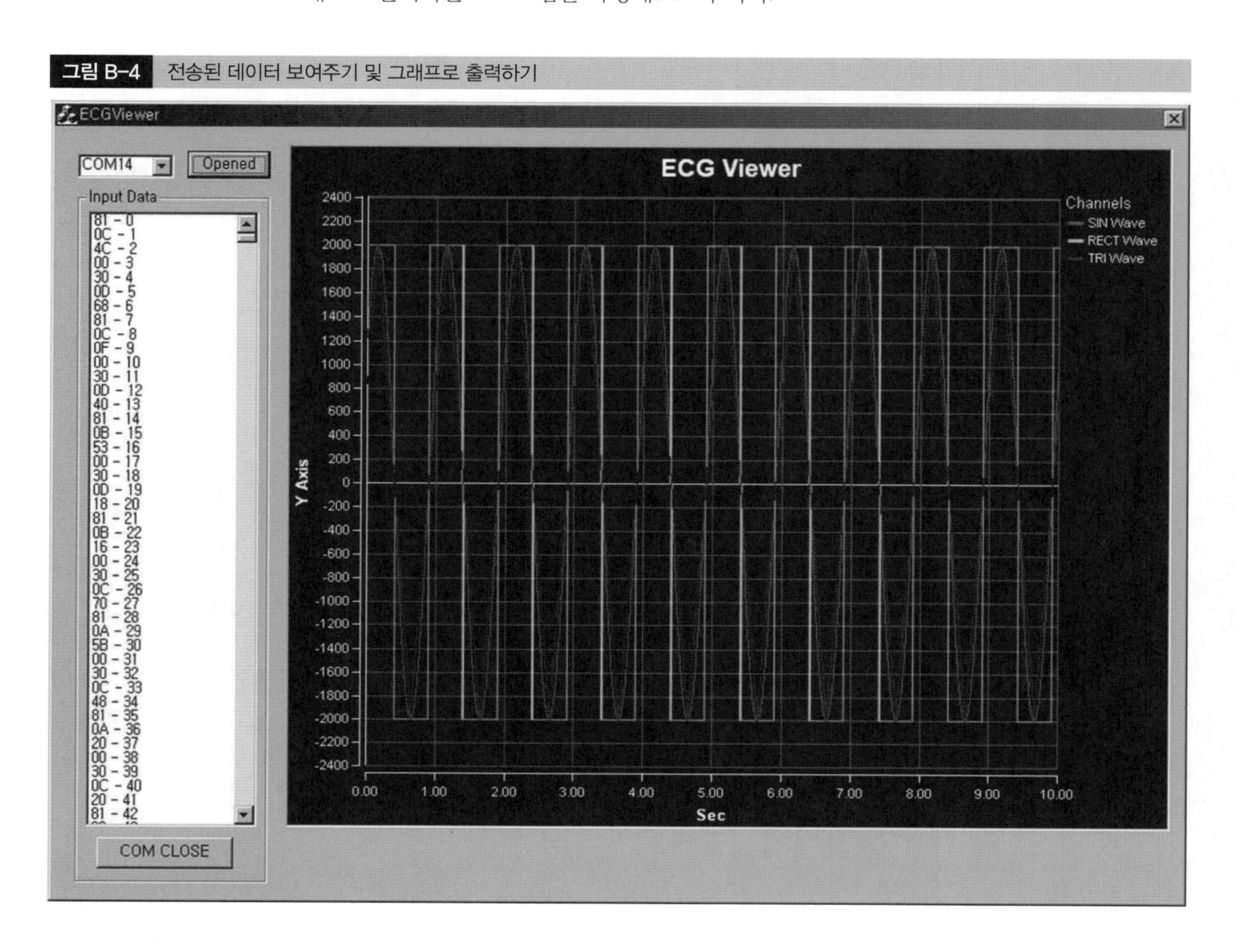

① Visual C++ 실행 후, File → New → Projects → MFC AppWizard(exe) 선택, 프로젝트 이름(ECGViewer) 및 위치 지정(임의의 위치)

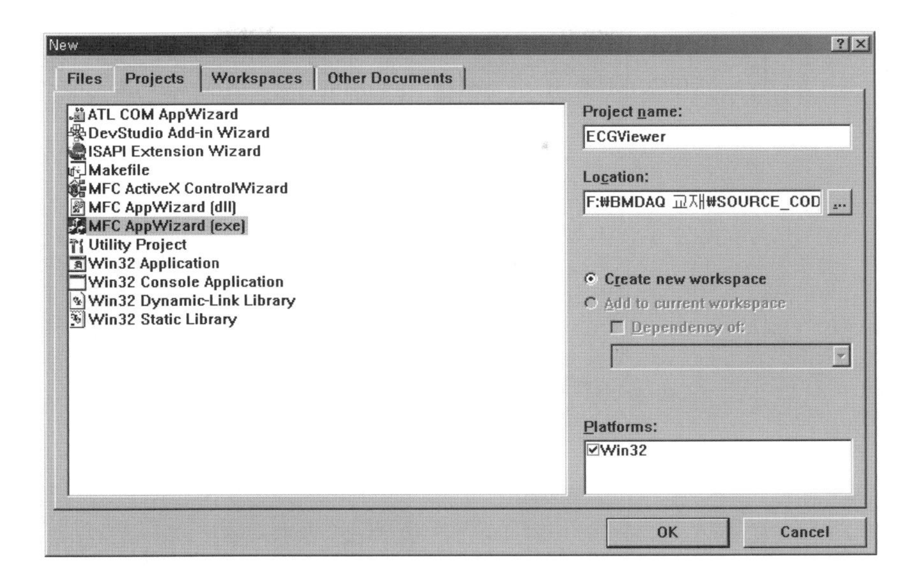

② MFC AppWizard - step1 : Dialog based 선택 후 Finish

③ ResourceView tab - Dialog의 IDD_ECGVIEWER_DIALOG을 더블 클릭하면 우측에 ECGViewer가 보임 - 확인/취소 버튼 및 TODO:~ text 선택하여 삭제하기

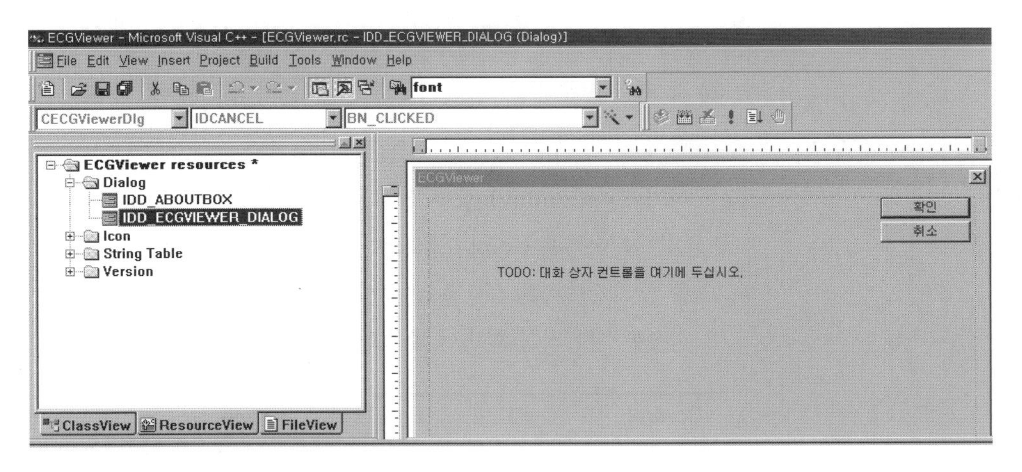

④ 통신을 위한 MSCOMM ActiveX control 추가하기

통신을 하기 위하여 Microsoft에서 제공하는 MSCOMM ActiveX를 Controls에 추가하고 Dialog에 배치하여 사용하도록 한다.

Menu상의 [Project] 클릭 → [Add To Project] 선택 → [Components and Controls…] 선택 → [Registered ActiveX Controls] 폴더 클릭 → [Microsoft Communications Control, version 6.0] 선택 → [Insert] 버튼 클릭 → [OK] → [Close] 버튼 클릭

상기 과정을 수행하면 그림과 같이 Controls에 전화기 모양의 MSCOMM ActiveX가 추가됨을 알 수 있다.

⑤ Controls에서 Combo box, Button 두 개(Button1, Button2), Group box, List box, MSCOMM, Static text를 이용하여 다음 그림과 같이 배치한다.

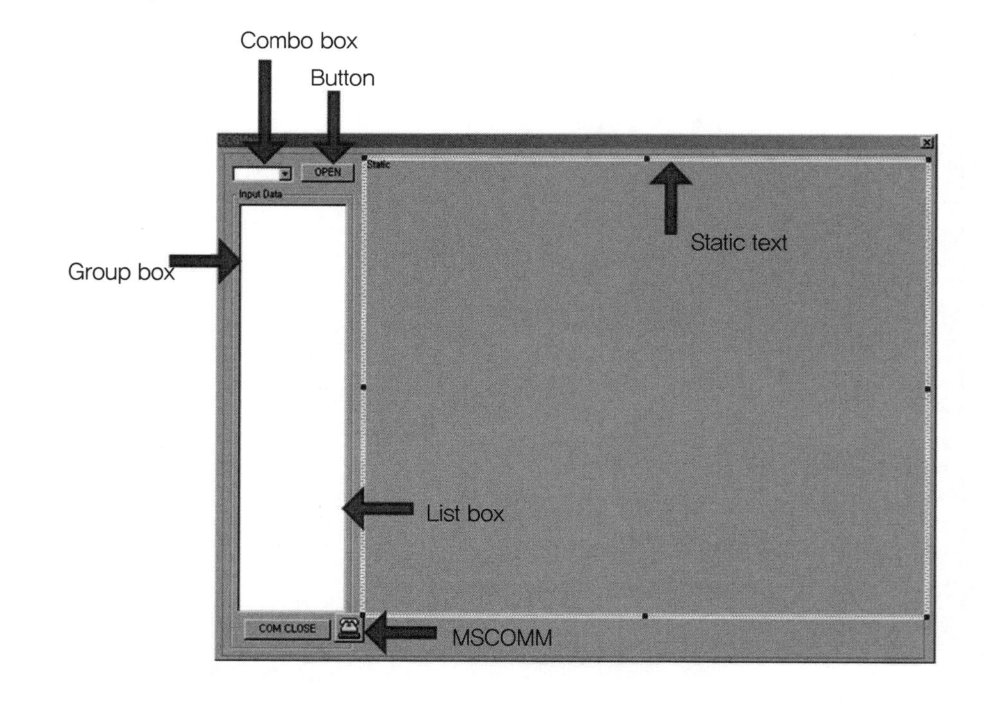

⑥ 각 컨트롤에 대한 특성(각 컨트롤을 클릭 후 오른쪽 마우스 클릭 - Properties 선택)을 다음과 같이 설정한다.

여기에서 Combo box는 현재 PC와 연결되어 있는 COM port를 나열하기 위한 것이며, OPEN 버튼은 Combo box로부터 선택된 Port를 연결하는 기능, COM CLOSE는 연결을 끊기 위한 것, List box는 전송된 데이터를 출력하기 위한 것이다. Static Text는 추후 전송된 데이터를 화면에 출력하기 위한 것이다.

Control	ID	Style	Caption
Combo box	IDC_SELCOM	Dropdown–vertical scroll만 선택	
Button1	IDC_COMOPEN		OPEN
Button2	IDC_COMCLOSE		COM CLOSE
Group box	IDC_STATIC		Input Data
List box	IDC_LIST_INPUTDATA	Sort 선택 안함, 나머지는 그대로	Input Data
Static text	IDC_SCOPE	"Extended Styles" tab에서 "client edge" check	

⑦ 다음으로는 멤버 변수들을 추가한다. 메뉴 ->View ->ClassWizard->Member Variables 탭 선택 후, 각 Control ID별 멤버 변수 및 Category를 다음과 같이 설정한다.

ID	Variable name	Category
ID_SCOPE	m_Scope	Control
IDC_COMCLOSE		
IDC_COMOPEN		
IDC_LIST_INPUTDATA	m_ctrlList	Control
IDC_MSCOMM1	m_ctrlComm	Control
IDC_SELCOM	m_ctrlCb1	Control

⑧ Combo box에 PC에서 연결 가능한 포트들을 나열하기 위해 CECGViewerDlg 클래스에 다음과 같은 함수를 추가하여 작성한다.

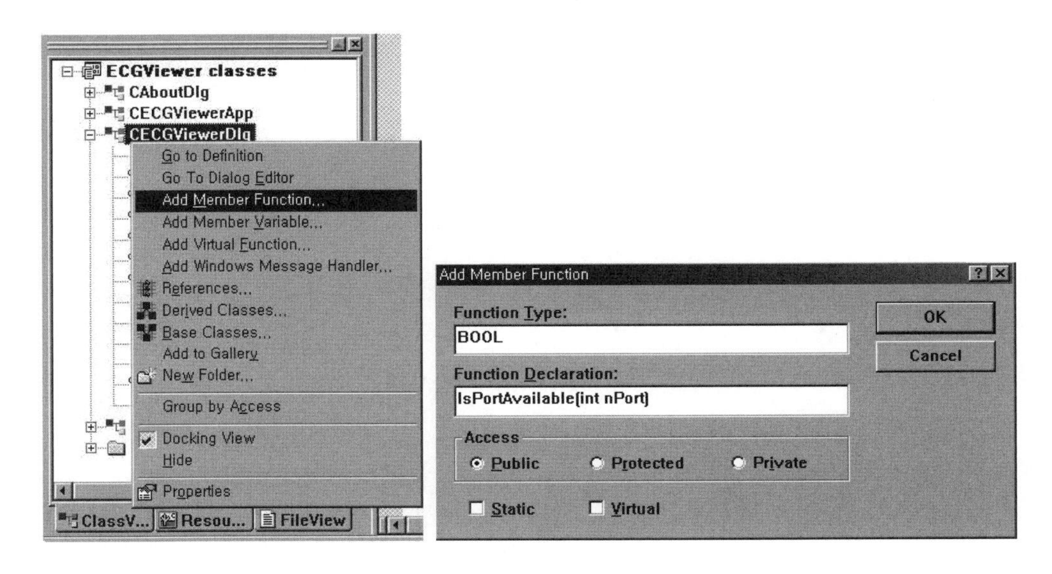


```
BOOL CECGViewerDlg::IsPortAvailable(int nPort)
{
      TCHAR szPort[15];
      COMMCONFIG cc;
      DWORD dwCCSize;
      _stprintf(szPort, _T("COM%d"), nPort);
// Check if this port is available
      dwCCSize = sizeof(cc);
      return GetDefaultCommConfig(szPort, &cc, &dwCCSize);
}
```

그리고 unsigned int PortNum[20]을 CECGViewerDlg 클래스를 더블클릭 하여 헤더 파일에 선언한다. CECGViewerDlg 클래스의 OnInitDialog() 함수에 다음과 같이(진하게 표시된 부분)을 추가한다.

```
BOOL CECGViewerDlg::OnInitDialog()
{
	CDialog::OnInitDialog();

	// Add "About..." menu item to system menu.

	// IDM_ABOUTBOX must be in the system command range.
	ASSERT((IDM_ABOUTBOX & 0xFFF0) == IDM_ABOUTBOX);
	ASSERT(IDM_ABOUTBOX < 0xF000);

	CMenu* pSysMenu = GetSystemMenu(FALSE);
	if (pSysMenu != NULL)
	{
		CString strAboutMenu;
		strAboutMenu.LoadString(IDS_ABOUTBOX);
		if (!strAboutMenu.IsEmpty())
		{
			pSysMenu->AppendMenu(MF_SEPARATOR);
			pSysMenu->AppendMenu(MF_STRING, IDM_ABOUTBOX, strAboutMenu);
		}
	}

	// Set the icon for this dialog.  The framework does this automatically
	//  when the application's main window is not a dialog
	SetIcon(m_hIcon, TRUE);			// Set big icon
	SetIcon(m_hIcon, FALSE);		// Set small icon

	// TODO: Add extra initialization here
	// Serial Port list
	CString cszTemp;
	m_ctrlCbl.AddString("=Select=");
	int portcount=0;
	PortNum[portcount]=0;
	for (int nPort = 1; nPort <= 30; nPort++){
		if (IsPortAvailable(nPort)){
			PortNum[++portcount]=nPort;
			cszTemp.Format("COM%d",nPort);
			m_ctrlCbl.AddString(cszTemp);
		}
	}
	m_ctrlCbl.SetCurSel(0);
	return TRUE;  // return TRUE  unless you set the focus to a control
}
```

⑨ 선택된 COM port에 대해 연결 및 설정하기(OPEN 버튼)

ResourceView 탭에서 Dialog의 IDD ECGVIEW_DIALOG를 클릭하여 ECGViewer 폼이 보이도록 한 후 OPEN 버튼 더블클릭 후 함수 생성(OnComopen()함수)후 다음과 같이 작성한다.

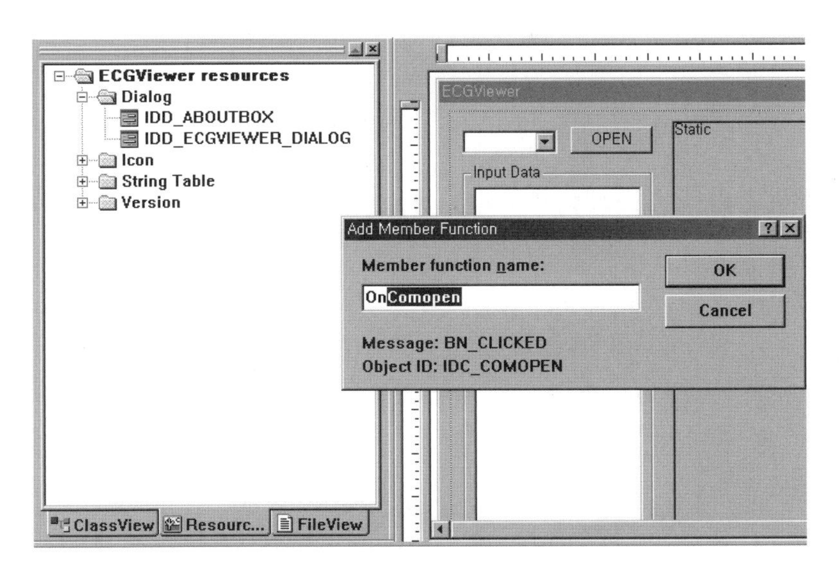


```
void CECGViewerDlg::OnComopen()
{
      // TODO: Add your control notification handler code here
      int iPort = 0;
      if((iPort = m_ctrlCbl.GetCurSel()) == 0)
      {
            AfxMessageBox("COM Port를 선택하세요");
            return;
      }
      m_ctrlComm.SetCommPort(PortNum[m_ctrlCbl.GetCurSel()]);
      m_ctrlComm.SetSettings("115200,n,8,1");
      m_ctrlComm.SetInputLen(100);
      m_ctrlComm.SetInputMode(1);
      m_ctrlComm.SetRTSEnable(false);
      m_ctrlComm.SetNullDiscard(false);
      m_ctrlComm.SetRThreshold(1);
      m_ctrlComm.SetPortOpen(TRUE);
      SetDlgItemText(IDC_COMOPEN, "Opened");
}
```

⑩ 동일한 방식으로 OnComclose() 함수를 다음과 같이 작성한다.

```
void CECGViewerDlg::OnComclose()
{
```

```
        // TODO: Add your control notification handler code here
        m_ctrlComm.SetPortOpen(FALSE);
        SetDlgItemText(IDC_COMOPEN, "OPEN");
}
```

이제 통신을 통해 수신되는 데이터를 List box에 출력해 보도록 한다.

⑪ CECGViewerDlg 클래스를 더블클릭 하면 header file이 열린다. 이 헤더파일에 다음과 같은 부분(진하게 표시된 부분)을 추가 작성한다.

```
.........
#if _MSC_VER > 1000
#pragma once
#endif // _MSC_VER > 1000

#define HEADER 0x81 //Packet의 시작
#define BUFSIZE 2000 // sample rate=200hz이므로 10초간의 데이터를 저장하기 위함.
/////////////////////////////////////////////////////////////////////////////
// CECGViewerDlg dialog

class CECGViewerDlg : public CDialog
{
// Construction
public:
        BOOL IsPortAvailable(int nPort);
        CECGViewerDlg(CWnd* pParent = NULL); // standard constructor

// Dialog Data
        //{{AFX_DATA(CECGViewerDlg)
        enum { IDD = IDD_ECGVIEWER_DIALOG };
        CComboBox       m_ctrlCb1;
        CStatic         m_Scope;
        CString         m_comport;
        CString         m_ctrlList;
        CMSComm         m_ctrlComm;
        //}}AFX_DATA

        // ClassWizard generated virtual function overrides
        //{{AFX_VIRTUAL(CECGViewerDlg)
        protected:
        virtual void DoDataExchange(CDataExchange* pDX);        // DDX/DDV support
        //}}AFX_VIRTUAL

// Implementation
```

```
        unsigned int PortNum[20];

        DWORD datacounter;
        bool flag81;
        unsigned int inputData[6];
        unsigned int DATAcount;
        int sine_data[BUFSIZE];
        int rect_data [BUFSIZE];
        int tri_data[BUFSIZE];
         // .........
```

⑫ 상기 선언한 변수들에 대한 초기화를 OnInitDialog()함수에 추가

```
BOOL CECGViewerDlg::OnInitDialog()
{
        //............
        datacounter=0;
        flag81=false;
        DATAcount=0;
        for(int i=0;i<BUFSIZE;i++){
                sine_data [i]=0;
                rect_data [i]=0;
                tri_data [i]=0;
        }
        return TRUE;  // return TRUE  unless you set the focus to a control
}
```

⑬ ResourceView → IDD_ECGVIEWER_DIALOG 더블클릭 하여 ECGViewer이 보이도록 함 → MSCOMM을 더블클릭 하여 OnOnCommMscomm1()함수를 생성 후 다음과 같이 작성한다.

```
void CECGViewerDlg::OnOnCommMscomm1()
{
// TODO: Add your control notification handler code here
   UpdateData(TRUE);
   COleVariant myVar;
   int hr;
   long lLen=0;
   BYTE *pAccess;
   unsigned char buffer[255];
   int sinwave,rectwave,triwave;
   CString tempStr;
   if (m_ctrlComm.GetCommEvent()==2 )
```

```
{
    myVar.Attach(m_ctrlComm.GetInput());
    hr=SafeArrayGetUBound(myVar.parray,1,&lLen);
    if(hr==S_OK)
    {
        lLen++;
        hr=SafeArrayAccessData(myVar.parray,(void**)&pAccess);
        if(hr==S_OK)
        {
            for(int i=0;i<lLen;i++)
            buffer[i]=pAccess[i];
            SafeArrayUnaccessData(myVar.parray);
            for(i=0;i<lLen;i++)
            {
                tempStr.Format("%02X - %d",buffer[i],datacounter++);
                if(datacounter%65536*10==0) m_ctrlList.ResetContent();
                m_ctrlList.AddString(tempStr);
                if(flag81)
                {
                    inputData[DATAcount]=buffer[i];
                    DATAcount++;
                    if(DATAcount==6)
                    {
                        sinwave=((unsigned int)inputData[0]<<7)+((unsigned int)inputData[1])-2048;
                        rectwave=((unsigned int)inputData[2]<<7)+((unsigned int)inputData[3])-2048;
                        triwave=((unsigned int)inputData[4]<<7)+((unsigned int)inputData[5])-2048;
                        for(int ii=0;ii<(BUFSIZE-1);ii++) {
                        sine_data[ii]=sine_data[ii+1];
                        rect_data[ii]=rect_data[ii+1];
                            tri_data[ii]=tri_data[ii+1];
                        }

                      sine_data[BUFSIZE-1]=sinwave;
                      rect_data[BUFSIZE-1]=rectwave;
                  tri_data[BUFSIZE-1]=triwave;
                      flag81=false;
                      DATAcount=0;
                    }
                }
                if(buffer[i]==HEADER) flag81=true;
            }
        }
    }
}
UpdateData(FALSE);
}
```

이 결과를 실행해보면 그림과 같다.

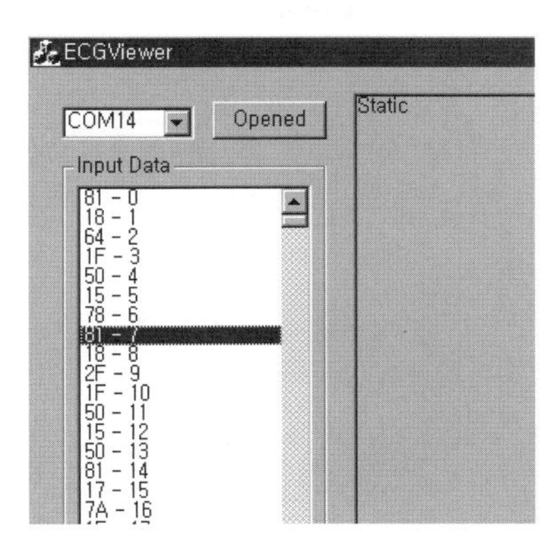

그림에서 보는 바와 같이 0x81이후 6개씩 데이터가 들어오고 있음을 확인할 수 있다.

다음은 plotlab을 이용하여 수신된 데이터를 그래프로 출력하는 과정에 대해 설명한다.

① http://www.mitov.com/에서 Visual C++ MFC용 Plotlab을 다운받아 설치한다. 본서에서는 Plotlab 4.0.1를 다운받아 이용하였다. 프로그램이 원활히 동작하도록 하기 위해서는 동일한 버전을 사용하기를 권장한다(http://www.ecga2z.com에서 다운로드)

② Projects → Settings 선택 → Link tab : Category - input 선택 → Additional library path에 다음과 같이 작성한다.

C:\Program Files\LabPacks\Visual C++\Lib

③ C/C++ tab : Category - Preprocessor 선택 → Additional include directories에 다음과 같이 작성한 후 OK 버튼 클릭

C:\Program Files\LabPacks\Visual C++\include

④ CECGViewerDlg 더블클릭 하여 헤더파일에 다음과 같이 추가한다.

```
.........
#if _MSC_VER > 1000
#pragma once
#endif // _MSC_VER > 1000
#include <CSLScope.h>
#define HEADER 0x81 //Packet의 시작
//.........
//.........
protected:
	HICON m_hIcon;
	CTSLScope Scope1;
	// Generated message map functions
	//{{AFX_MSG(CECGViewerDlg)
//.........
```

⑤ VCL 초기화를 위한 CECGViewerDlg의 OnInitDialog() 함수에 다음과 같이 추가 한다 (진한 부분 추가).

```
BOOL CECGViewerDlg::OnInitDialog()
{
//......................
      for(int i=0;i<BUFSIZE;i++){
            sine_data[i]=0;
            rect_data[i]=0;
            tri_data[i]=0;
      }

      VCL_InitControls(m_hWnd);
      Scope1.Open(m_Scope.m_hWnd);
      Scope1.Channels.Add();
      Scope1.Channels.Add();
      Scope1.Title.Text = "ECG Viewer";
      Scope1.Channels[0].Name = "SIN Wave   ";
      Scope1.Channels[1].Name = "RECT Wave ";
      Scope1.Channels[2].Name = "TRI Wave";
      Scope1.YAxis.AutoScaling.Enabled=true;
      Scope1.XAxis.TicksMode=atmTime ;
      Scope1.Channels[0].Data.SampleRate=200;
      Scope1.XAxis.Min.Value=0;

      return TRUE;  // return TRUE  unless you set the focus to a control
}
```

⑥ 이제 TIMER를 이용하여 sine_data, rect_data, tri_data를 화면에 그래프로 출력하도록 한다(10초 동안의 데이터를 스크롤 되면서 보여주기).

View|Resource Symbols에서 New를 클릭하여 다음과 같이 설정한 후 OK 버튼을 누른다(Name: ID_COUNT_TIMER, Value: 1).

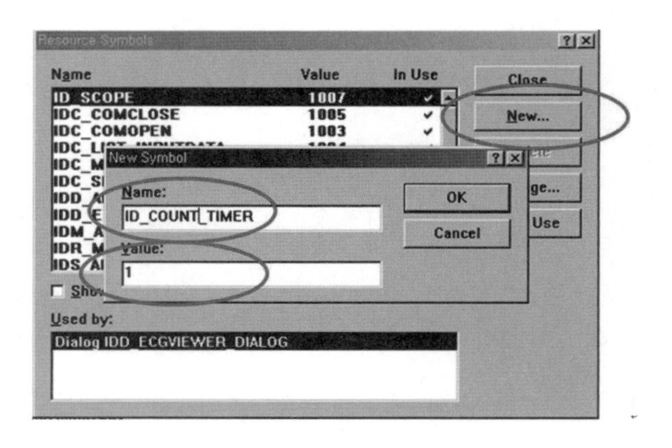

⑦ View|ClassWizard ->Message Maps tab->CECGViewerDlg(Objects IDs:), Messages: 에서 WM_TIMER선택 후 Add Function 버튼을 클릭하면 다음과 같이 OnTimer 함수가 생성된다.

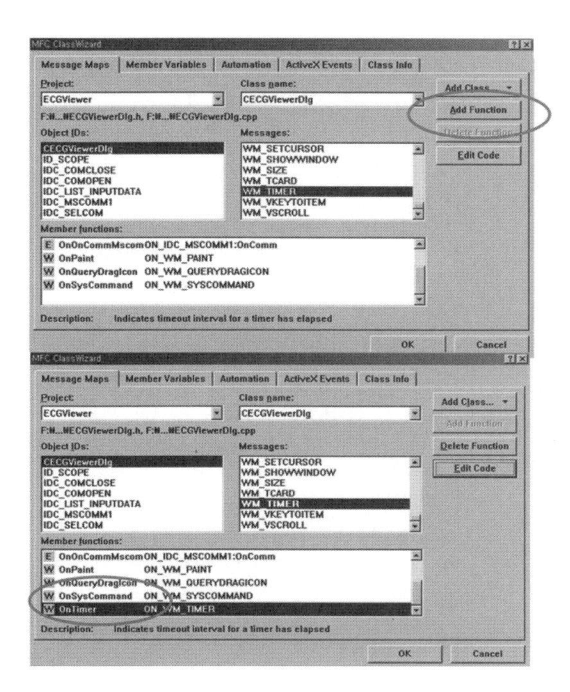

⑧ 생성된 OnTimer(UNIT nIDEvent)함수에 다음과 같이 작성한다.

```
void CECGViewerDlg::OnTimer(UINT nIDEvent)
{
	// TODO: Add your message handler code here and/or call default
	int i;
	int draw_sine[BUFSIZE], draw_rect[BUFSIZE], draw_tri[BUFSIZE];
	switch(nIDEvent)
	{
		case ID_COUNT_TIMER:

			for(i=0;i<BUFSIZE;i++){
				draw_sine[i]=sine_data[i];
				draw_rect[i]=rect_data[i];
				draw_tri[i]=tri_data[i];
			}
			Scope1.Channels[0].Data.SetYData(draw_sine,BUFSIZE);
			Scope1.Channels[1].Data.SetYData(draw_rect,BUFSIZE);
			Scope1.Channels[2].Data.SetYData(draw_tri,BUFSIZE);
			break;

		default : break;
	}
```

```
    CDialog::OnTimer(nIDEvent);
}
```

⑨ 다음으로는 Timer의 주기를 20msec로 정하고 Open Button을 눌렀을 경우 타이머를 동작시키고, COM CLOSE 버튼을 클릭하였을 경우 Timer를 정지시키는 명령을 추가한다.

```
void CECGViewerDlg::OnComopen()
{
     // ......................
    SetDlgItemText(IDC_COMOPEN, "Opened");
    SetTimer(ID_COUNT_TIMER,100,NULL);
}
void CECGMonitorDlg::OnButtonClose()
{
    // TODO: Add your control notification handler code here
    m_comm.SetPortOpen(FALSE);
    SetDlgItemText(IDC_BUTTON_OPEN, "OPEN");

    KillTimer(ID_COUNT_TIMER);
}
```

⑩ 최종 실행 화면은 다음과 같다.

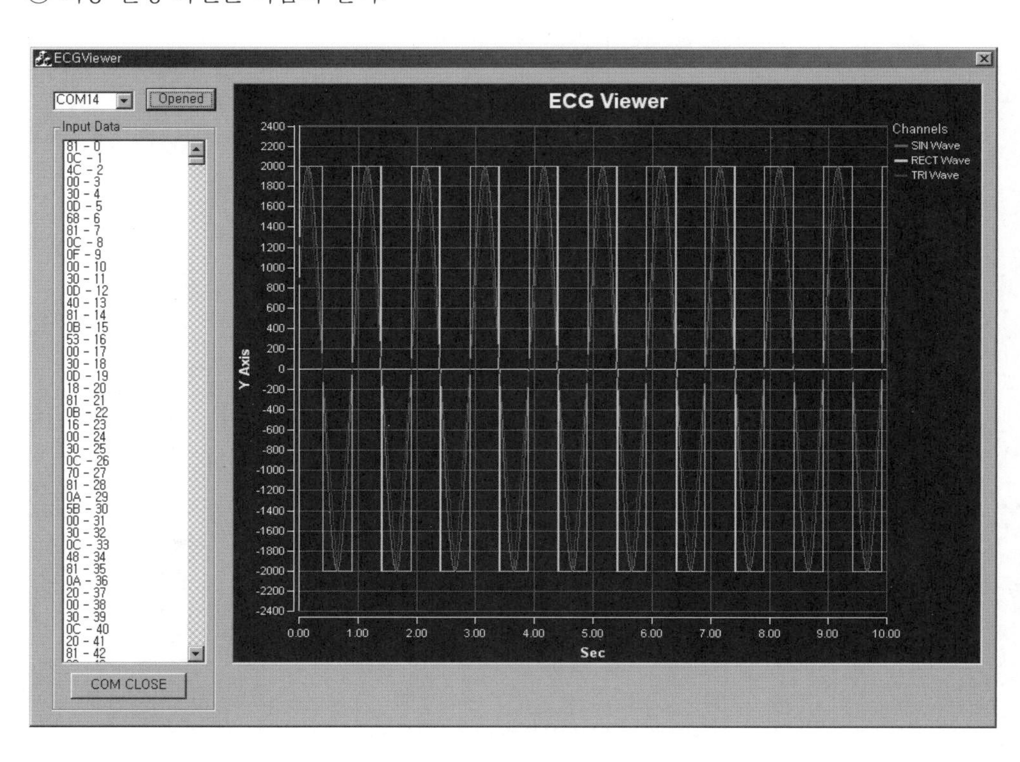

부록 C

기타 참고사항

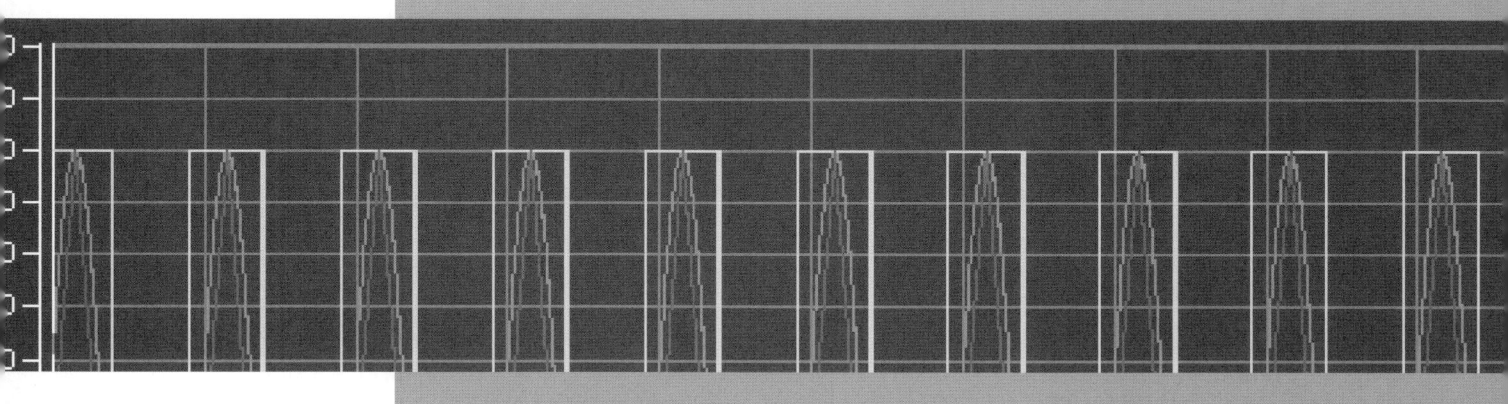

C.1 MSP430F1610/1611 핀 기능

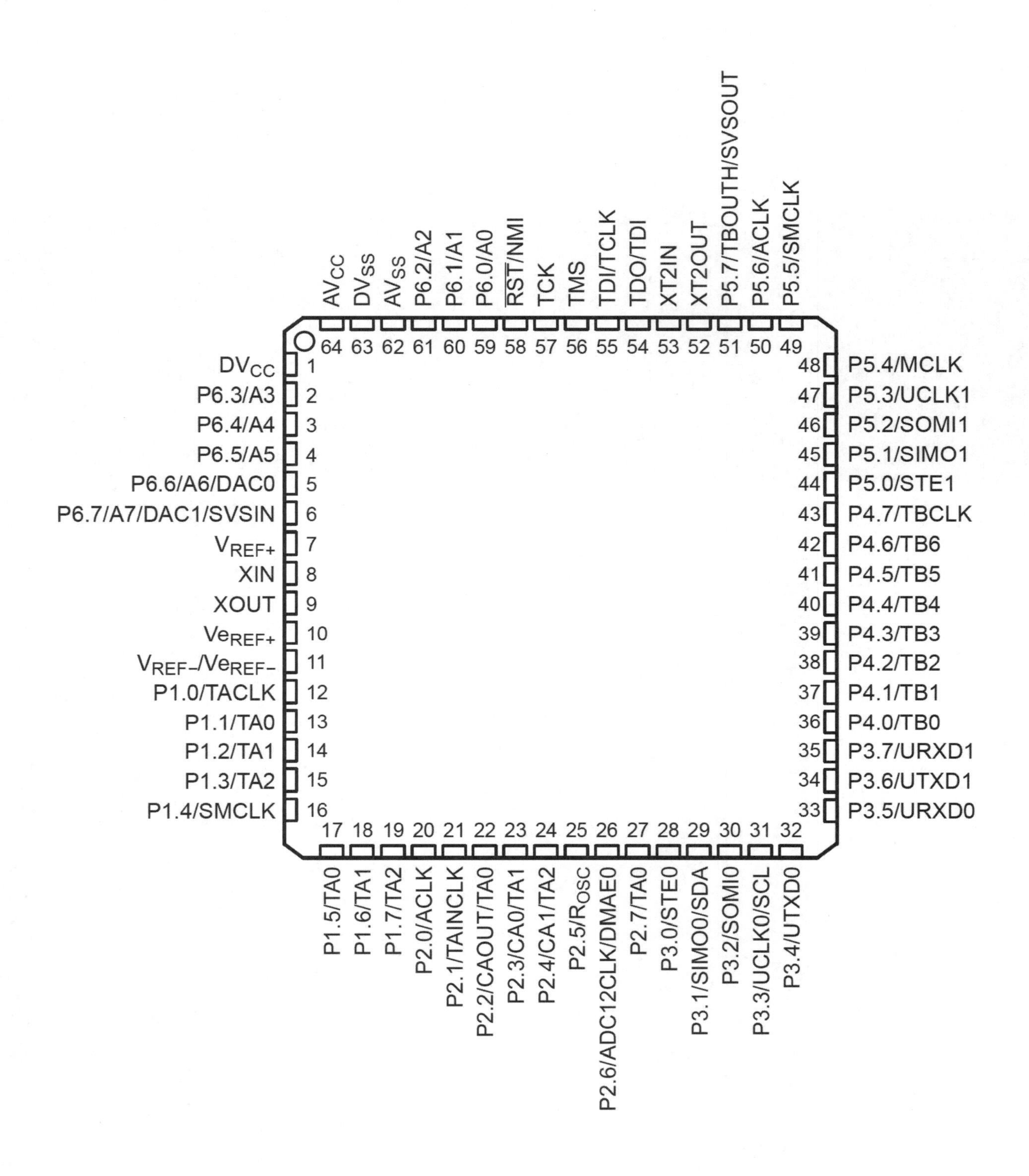

C.2 BMDAQ 회로도

C.2.1 아날로그 회로도

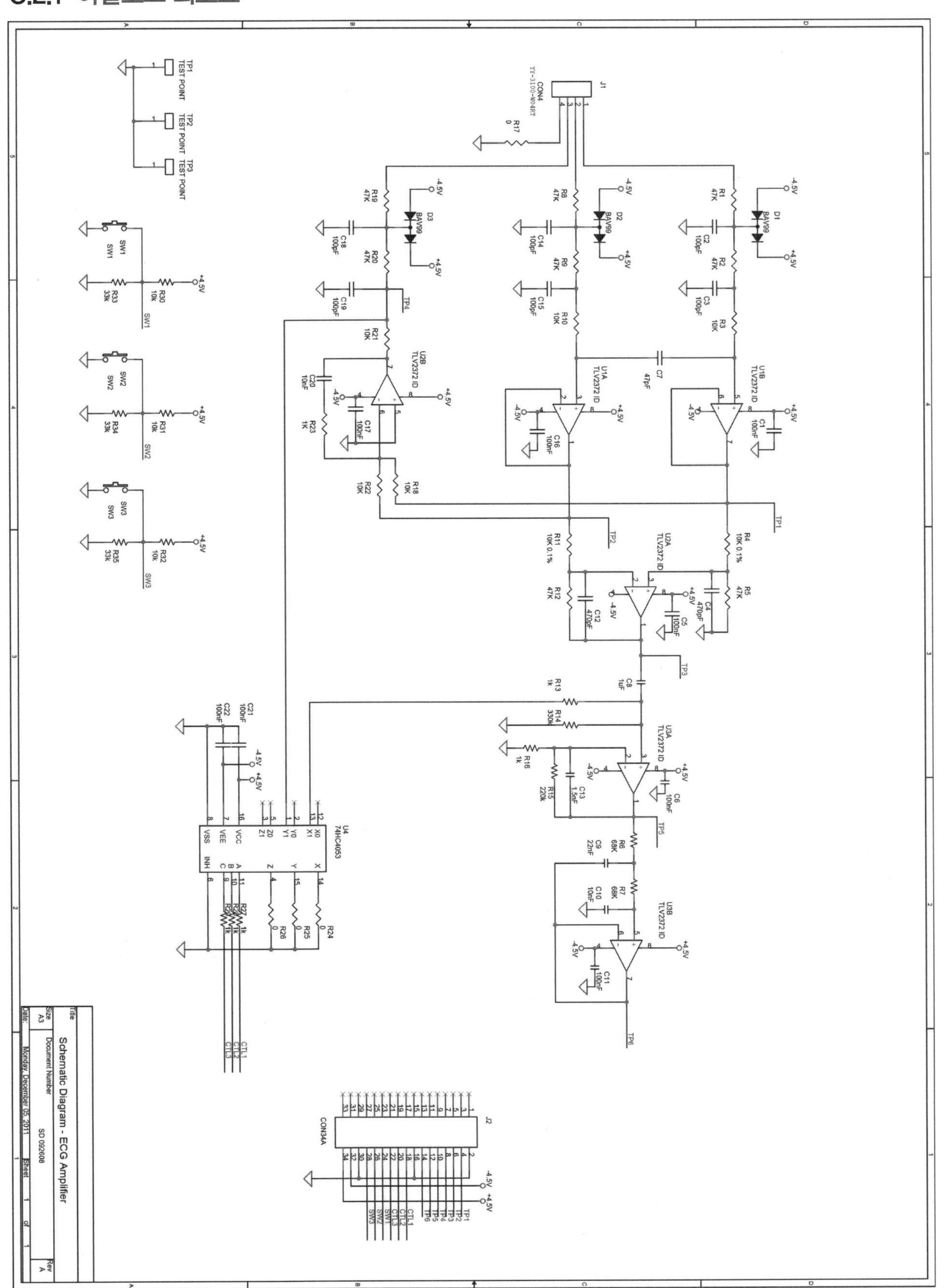

C.2.2 디지털 회로도 I

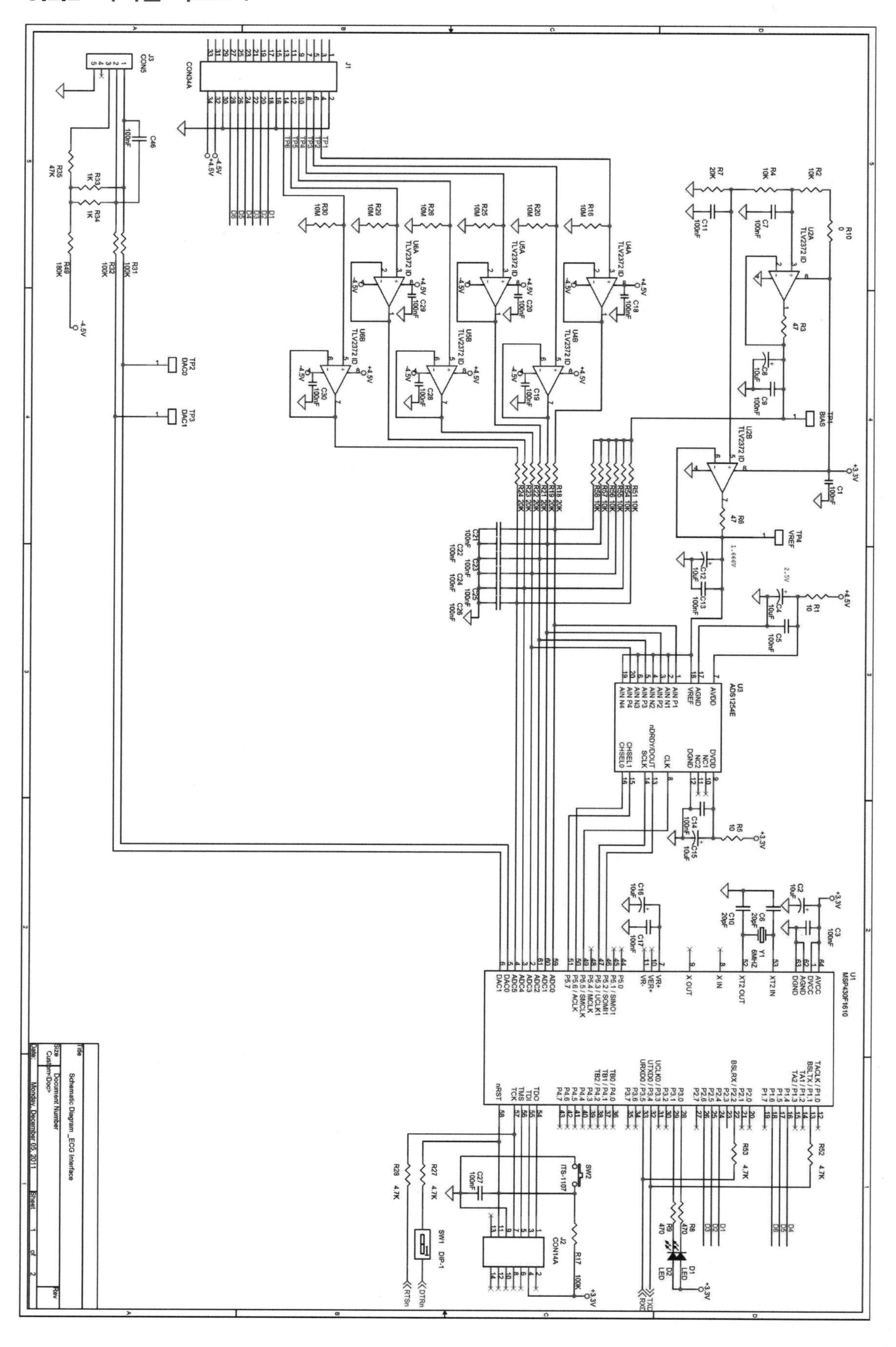

C.2.3 디지털 회로도 II

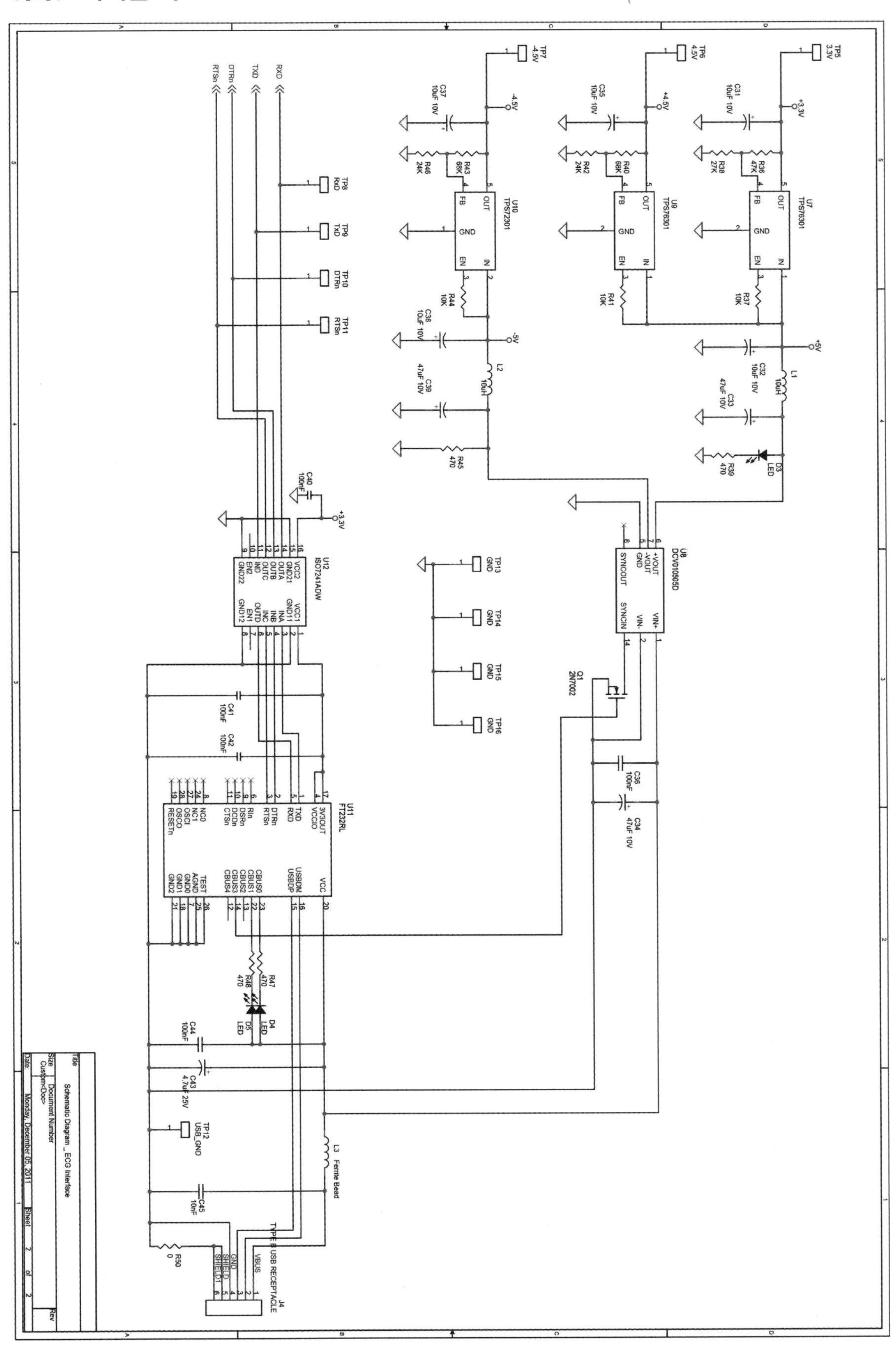

C.1 안전수칙 확인서

안전수칙 확인서

이름 : ____________________ (서명)　　날자 :　　년　월　일

학번 :____________________________

본인은 생체시스템 설계 프로젝트 과목을 수강하면서 실습 및 제작에 담당 교수 및 조교의 안전수칙을 따를 것을 확인합니다. 특히 심전도 측정 시, 안전장치가 되어 있지 않은 회로물을 함부로 몸에 연결하고, 계측기를 들이대는 등의 안전수칙을 어기는 행위를 하지 않겠습니다. 이러한 안전수칙을 어겨서 발생하는 감전 및 기타의 사고에 대해서 전적으로 본인의 책임임을 확인합니다.

안 전 수 칙

1. 조립, 분해에 앞서 항상 전원을 제거하고 작업을 한다.
2. 전원 인가 전에 멀티미터를 사용하여 회로의 Short여부를 확인하고 전원을 인가한다.
3. 생체신호 측정 시 안전이 고려된 회로물이 완성된 후에, 담당교수와 조교의 지시에 따라 자신의 몸에 전극을 부착하고 측정을 한다. 절대로 안전회로가 완성되지 않은 상태의 중간 제작물을 함부로 몸에 연결하여 측정을 시도하지 않는다.
4. 과전류 방지 장치가 부착된 작업장소에서만 작업한다.
5. 여러 명이 사용하는 실험실에서 뛰거나, 소란을 피워서 타인의 안전을 위협하는 행동을 하지 않는다.
6. 기타 담당 교수 및 조교의 지시에 적극적으로 따르며, 전기적 지식이 부족함에서 오는 무모한 시도를 하지 않는다.

찾아보기

저자 소개

이종실
한양대학교 의공학연구소

김인영
한양대학교 의공학교실

김범룡
한양대학교 전기생체공학부

김선일
한양대학교 전기생체공학부

실전도 응용을 중심으로
MSP430을 활용한 신호 획득 및 처리

초판 1쇄 발행 : 2012년 1월 30일
초판 2쇄 발행 : 2012년 7월 31일

지은이 이종실 · 김인영 · 김범룡 · 김선일
발행인 최규학

편집인 고광노
표지디자인 (주)코리아하우스콘텐츠
편집디자인 늘푸른나무

발행처 도서출판 ITC
등록번호 제8-399호
등록일자 2003년 4월 15일

주소 경기도 파주시 교하읍 문발동 파주출판단지 세종출판벤처타운 307호
전화 031-955-4353(대표)
팩스 031-955-4355
이메일 chaeon365@itcpub.co.kr

용지 신승지류유통 인쇄 예림인쇄

ISBN-10 : 89-6351-036-0
ISBN-13 : 978-89-6351-036-1 (93560)

값23,000원

www.itcpub.co.kr